COMO FAZER EXPERIMENTOS

B277c   Barros Neto, Benício de.
   Como fazer experimentos : pesquisa e desenvolvimento na ciência e na indústria / Benício de Barros Neto, Ieda Spacino Scarminio, Roy Edward Bruns. – 4. ed. – Porto Alegre : Bookman, 2010.
   414 p. ; 25 cm.

   ISBN 978-85-7780-652-2

   1. Química. 2. Química experimental. III. Química de pesquisa. I. Scarminio, Ieda Spacino. II. Bruns, Roy Edward. III. Título.

   CDU 542.06

Catalogação na publicação: Renata de Souza Borges CRB-10/1922

BENÍCIO DE BARROS NETO
Departamento de Química Fundamental
Universidade Federal de Pernambuco

IEDA SPACINO SCARMINIO
Departamento de Química
Universidade Estadual de Londrina

ROY EDWARD BRUNS
Departamento de Físico-Química
Instituto de Química – Unicamp

COMO FAZER EXPERIMENTOS

4ª ED.

PESQUISA E DESENVOLVIMENTO NA CIÊNCIA E NA INDÚSTRIA

2010

© 2010 Artmed Editora S.A.

Capa: *Paola Manica*

Leitura final: *Sandro Waldez Andretta*

Editora Sênior: *Arysinha Jacques Affonso*

Editoração eletrônica: *Techbooks*

Reservados todos os direitos de publicação, em língua portuguesa, à
ARTMED® EDITORA S.A.
(BOOKMAN® COMPANHIA EDITORA é uma divisão da ARTMED® EDITORA S.A.)
Av. Jerônimo de Ornelas, 670 - Santana
90040-340 Porto Alegre RS
Fone (51) 3027-7000   Fax (51) 3027-7070

É proibida a duplicação ou reprodução deste volume, no todo ou em parte, sob quaisquer formas ou por quaisquer meios (eletrônico, mecânico, gravação, fotocópia, distribuição na Web e outros), sem permissão expressa da Editora.

SÃO PAULO
Av. Embaixador Macedo Soares, 10.735 - Pavilhão 5 - Cond. Espace Center
Vila Anastácio 05095-035 São Paulo SP
Fone (11) 3665-1100 Fax (11) 3667-1333

SAC 0800 703-3444

IMPRESSO NO BRASIL
PRINTED IN BRAZIL

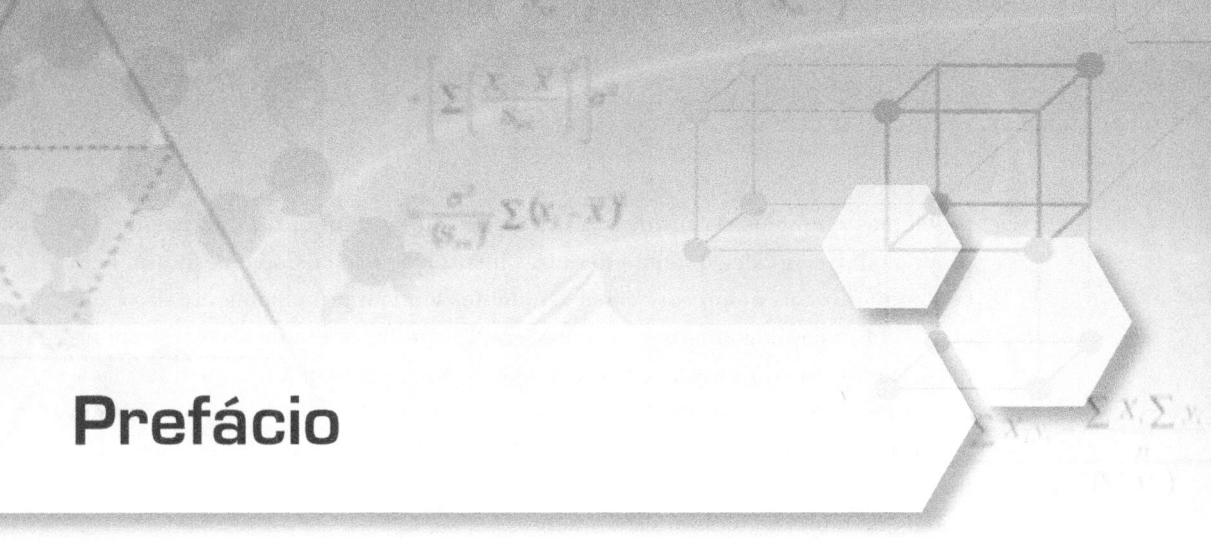

Prefácio

A utilidade deve ser a principal intenção de qualquer publicação. Onde quer que essa intenção não apareça claramente, nem os livros nem seus autores têm o menor direito à aprovação da humanidade. Assim escreveu William Smellie no prefácio à primeira edição da *Encyclopaedia Britannica*, publicada em 1768.

Nosso livro tem a modesta intenção de ser útil às pessoas que desejarem — ou precisarem — fazer experimentos. A edição que você está lendo é uma versão consideravelmente revista, corrigida e ampliada do nosso texto anterior, *Planejamento e otimização de experimentos*, que esgotou quatro tiragens. Como foram muitas as mudanças que fizemos, concluímos que seria apropriado mudar também o título, para torná-lo uma descrição mais fiel do conteúdo e do propósito do livro.

Na preparação desta edição, cada sentença foi reconsiderada, com o objetivo de tornar o texto mais claro. Todos os erros que conseguimos descobrir, ou que os leitores tiveram a bondade de nos apontar, foram corrigidos. A principal mudança, porém, é que vários novos assuntos foram incluídos, enquanto outros tantos passaram a ter um tratamento mais aprofundado.

Entre as novidades, gostaríamos de chamar a atenção para o capítulo dedicado à metodologia de superfícies de resposta, e para as seções contendo aplicações reais das várias técnicas de planejamento e análise que discutimos no texto principal. Muitos leitores da primeira edição comentaram que gostariam de ver menos teoria e mais prática. Os 35 exemplos reais que agora incluímos (quase 90 novas páginas dedicadas a eles, no total) representam um esforço no sentido de, se não diminuir a teoria, pelo menos incrementá-la com bastante prática. As pessoas que usaram a edição anterior notarão ainda que o projeto gráfico também foi modificado, na esperança de tornar a leitura mais agradável.

Nos mais de 20 anos em que nos dedicamos a tentar ensinar quimiometria — isto é, o emprego de técnicas estatísticas, matemáticas e gráficas para resolver problemas químicos —, tivemos centenas de alunos e alunas, tanto nas nossas próprias universidades quanto em outras instituições de ensino e pesquisa, bem como em diversas empresas. Esses estudantes vinham principalmente das ciências exatas e das engenharias, mas várias outras profissões também estiveram representadas, da administração à medicina, passando pela biologia, pela farmácia e pela tecnologia de alimentos, para mencionar as primeiras que nos ocorrem agora. Essa diversidade nos faz acreditar que as técnicas que apresentamos podem ser aprendidas e usadas, com maior ou menor esforço, por qualquer profissional que tenha de realizar experimentos.

Gostaríamos de reiterar que a estatística não faz milagres, e que não pode substituir de forma alguma o conhecimento técnico especializado. O que continuamos esperando demonstrar, com esta nova edição, é que um profissional que junte conhecimentos de planejamento de experimentos e de análise de dados a uma sólida formação técnica em sua área torna-se um profissional mais competente, e por isso mesmo mais competitivo.

Nós mesmos somos químicos, não estatísticos, e talvez seja isso que diferencie o nosso livro de outros com um conteúdo semelhante. Embora não acreditemos que alguém possa dominar as técnicas de planejamento e análise de experimentos sem um certo conhecimento dos fundamentos da estatística, neste livro procuramos reduzir a discussão dessa base ao mínimo que consideramos necessário, e passar logo para o que interessa — problemas de pesquisa e desenvolvimento. Por outro lado, como sabemos que a estatística não costuma figurar entre as disciplinas mais populares na formação de diversas categorias profissionais, partimos do princípio de que nossos leitores não têm nenhum conhecimento prévio dessa ciência. Mesmo assim, chegamos mais cedo aos problemas experimentais com muitas variáveis do que os textos mais tradicionais.

Um número muito grande de pessoas contribuiu para que este livro se tornasse realidade. Se na primeira edição a lista já era extensa demais para que citássemos a todos nominalmente, temos a satisfação de reconhecer que de lá para cá ela só fez ampliar-se, e nossa gratidão aumentou na mesma proporção. Queremos, porém, agradecer especialmente àqueles cujo trabalho permitiu que incluíssemos tantas aplicações na presente edição. Esses são chamados pelo nome quando discutimos seus respectivos dados.

As universidades em que trabalhamos são muito distantes uma da outra, e a nossa colaboração tem se beneficiado do apoio da Fapesp, da Faep-Unicamp e do CNPq, pelo que também somos muito gratos.

Por uma coisa somos os únicos responsáveis: os defeitos que não conseguimos remediar. Contamos com a ajuda dos leitores para resolver esse problema de otimização. Nossos endereços eletrônicos estão aí embaixo. Se você sabe como poderíamos melhorar o livro, ficaremos muito satisfeitos em ouvir sua opinião.

Campinas, janeiro de 2010.

B. B. Neto (bbn@ufpe.br)
I. S. Scarminio (ieda@qui.uel.br)
R. E. Bruns (bruns@iqm.unicamp.br)

Sumário

1 Como a Estatística Pode Ajudar — 15

1.1 Em que a estatística pode ajudar — 17
1.2 Modelos empíricos — 18
1.3 Planejamento e otimização de experimentos — 19

2 Quando as Coisas Funcionam Normalmente — 23

2.1 Erros — 24
2.2 Populações, amostras e distribuições — 29
2.3 A distribuição normal — 39
2.4 Covariância e correlação — 53
2.5 Combinações lineares de variáveis aleatórias — 58
2.6 Amostragem aleatória em populações normais — 62
2.7 Aplicando a distribuição normal — 70

2A Aplicações — 85

2A.1 De casa para o trabalho — 85
2A.2 Bioequivalência de medicamentos genéricos e de marca — 92

2A.3	Mais feijões?	94
2A.4	Produtividade de algas marinhas	96

3 Como Variar Tudo ao Mesmo Tempo — 99

3.1	Um planejamento fatorial 2^2	101
3.2	Um planejamento fatorial 2^3	120
3.3	Um planejamento fatorial 2^4	129
3.4	Análise por meio de gráficos normais	132
3.5	Operação evolucionária com fatoriais de dois níveis	138
3.6	Blocagem em planejamentos fatoriais	141

3A Aplicações — 145

3A.1	Hidrólise de resinas	145
3A.2	Voltametria cíclica do azul de metileno	147
3A.3	Tempo de retenção em cromatografia líquida	148
3A.4	Separação de gases por adsorção	151
3A.5	Melhorando funções de onda	153
3A.6	Desempenho de eletrodos de Ti/TiO_2	155
3A.7	Controlando a espuma	158
3A.8	Desenvolvimento de um detergente	161

4 Quando as Variáveis são Muitas — 165

4.1	Frações meias de planejamentos fatoriais	166
4.2	O conceito de resolução	175
4.3	Triagem de variáveis	182

4A Aplicações — 200

- 4A.1 Adsorção em sílicas organofuncionalizadas — 200
- 4A.2 Termogravimetria do oxalato de cálcio — 202
- 4A.3 Análise cromatográfica de gases — 204
- 4A.4 Resposta catalítica da Mn-porfirina — 206
- 4A.5 Escoamento de óxidos na indústria siderúrgica — 207
- 4A.6 Produção de violaceína por bactérias — 209
- 4A.7 Cura de uma resina poliéster — 212

5 Como Construir Modelos Empíricos — 215

- 5.1 Um modelo para $y = f(T)$ — 215
- 5.2 Análise da variância — 227
- 5.3 Intervalos de confiança — 231
- 5.4 Significância estatística da regressão — 237
- 5.5 Um novo modelo para $y = f(T)$ — 238
- 5.6 Falta de ajuste e erro puro — 242
- 5.7 Correlação e regressão — 250

5A Aplicações — 252

- 5A.1 A flexibilidade do ar — 252
- 5A.2 Calibração em cromatografia — 255
- 5A.3 Calibração multivariada — 258
- 5A.4 Intervalo de energias proibidas em semicondutores — 259
- 5A.5 Determinação de um calor de vaporização — 260
- 5A.6 Outra calibração — 263

6 Andando na Superfície de Resposta — 265

6.1 Metodologia de superfícies de resposta — 265
6.2 A importância do planejamento inicial — 278
6.3 Um experimento com três fatores e duas respostas — 280
6.4 Como tratar problemas com muitas variáveis — 288
6.5 Planejamentos compostos centrais — 294

6A Aplicações — 299

6A.1 Resposta catalítica do Mo(VI) — 299
6A.2 Desidratação osmótica de frutas — 300
6A.3 Diminuindo o colesterol — 303
6A.4 Produção de lacase — 307
6A.5 Aumentando o oxigênio do ar — 308

7 Como Modelar Misturas — 315

7.1 Misturas de dois componentes — 317
7.2 Misturas de três componentes — 324
7.3 Um exemplo: misturas de três componentes — 328
7.4 Modelos cúbicos para misturas de três componentes — 331
7.5 Avaliação de modelos — 334
7.6 Pseudocomponentes — 337
7.7 Outros planejamentos — 340
7.8 Misturas com mais de três componentes — 344

7A Aplicações — 347

7A.1 Influência do solvente na complexação do íon Fe(III) — 347
7A.2 Resistência à tração de misturas poliméricas — 349
7A.3 Determinação catalítica de Cr(VI) — 353
7A.4 Condutividade de uma blenda polimérica — 355
7A.5 Não precisa comer para conhecer o pudim — 359

8 Otimização Simplex — 363

8.1 O simplex básico — 364
8.2 O simplex modificado — 370
8.3 O simplex supermodificado — 380

Respostas aos Exercícios — 385
Tabelas — 399
Referências — 407
Índice — 411

Capítulo 1
Como a Estatística Pode Ajudar

> ... *Porque ter a mente boa não é o bastante; o principal é aplicá-la bem. As maiores almas são capazes tanto das maiores virtudes quanto dos maiores vícios, e aqueles que marcham lentamente podem avançar muito mais, se seguirem o caminho certo, do que os que correm porém dele se afastam.*
>
> Descartes, *Discurso sobre o método*, parte I.

Este é um livro sobre o bom senso. Mais especificamente, sobre o bom senso na realização de experimentos e na análise de seus resultados. No início do *Discurso sobre o método*, um pouco antes da citação acima, Descartes diz que, de todas as coisas no mundo, a mais bem distribuída é o bom senso, porque "todos se acham tão abundantemente providos [de bom senso] que mesmo aqueles mais difíceis de se contentar em outros assuntos comumente não desejam mais bom senso do que já têm" (Descartes, 1637). Se você acredita nisso (Descartes obviamente não acreditava), este livro não é para você.

Digamos, porém, que você esteja de acordo com Descartes — afinal, você continuou lendo — e ache que nem tudo que parece óbvio é tão óbvio assim. Nesse caso, se você estiver envolvido com experimentação, seja na vida acadêmica, seja na indústria, seja num laboratório de pesquisa ou desenvolvimento, este livro poderá lhe ser bastante útil. Com ele você poderá aprender a realizar seus experimentos e tirar suas conclusões de forma mais econômica e eficaz.

Nos capítulos seguintes apresentaremos algumas técnicas relativamente simples e fáceis de empregar. Como o ovo de Colombo, essas técnicas poderão até parecer óbvias depois que você refletir um pouco sobre elas, mas isso não lhes tira o mérito nem a eficácia. Para deixar mais claro o que queremos dizer, vamos considerar um exemplo prático, muito fácil de encontrar na vida real, principalmente na indústria, onde a relação custo/benefício é sempre uma questão importante.

Digamos que um químico deseje obter o rendimento máximo em uma certa reação, e que essa reação seja controlada por apenas duas variáveis: a temperatura e a concentração de um determinado reagente. Na nomenclatura que adotaremos neste livro, a propriedade de interesse, que neste caso é o rendimento, é chamada de **resposta**. As variáveis que em princípio influenciam a resposta (isto é, a temperatura e a concentração) são os **fatores**, e a função que descreve essa influência é chamada de **superfície de resposta**. O objetivo do pesquisador é descobrir quais os valores — os **níveis** — dos dois fatores que produzem a maior resposta possível. Como você faria para resolver esse problema?

Eis uma sugestão. Para manter as coisas sob controle, fixamos um dos fatores num certo nível e variamos o outro até descobrir qual o nível desse outro fator que produz o maior rendimento. Variando só um dos fatores estaremos nos assegurando de que qualquer mudança na resposta terá sido causada pela modificação do nível desse fator. Depois, mantendo esse fator no nível ótimo encontrado, variamos o nível do primeiro fator (o que tinha sido fixado), até descobrir o valor dele que também produz um rendimento máximo. Pronto. O experimento acabou, e descobrimos os valores ótimos que estávamos procurando, certo?

Errado! Esse pode ser o senso comum, mas certamente não é *bom* senso. Quase todas as pessoas a quem perguntamos concordaram que o procedimento que acabamos de descrever era "o mais lógico", e no entanto existe uma maneira muito mais eficaz de fazer o experimento. Aliás, com esse "senso comum" o rendimento máximo só seria descoberto em circunstâncias muito especiais. Ao contrário do que se poderia esperar, é muito melhor fazer variar *todos os fatores ao mesmo tempo*. A razão para isso é que as variáveis podem se influenciar mutuamente, e o valor ideal para uma delas pode depender do valor da outra. Esse comportamento, que chamamos de **interação** entre os fatores, é um fenômeno que ocorre com muita frequência. Raras são as situações em que dois fatores atuam de forma realmente independente.

Este é apenas um exemplo de como o senso comum pode ser enganoso. Voltaremos a ele nos capítulos seguintes, para um tratamento detalhado. Neste capítulo vamos apenas introduzir algumas noções básicas de modelagem e apresentar sumariamente as técnicas que discutiremos ao longo do livro, tentando mostrar a utilidade de cada uma delas na vida real.

1.1 Em que a estatística pode ajudar

É comum, especialmente em indústrias químicas, aparecerem problemas em que precisamos estudar várias propriedades ao mesmo tempo e estas, por sua vez, são afetadas por um grande número de fatores experimentais. Como investigar os efeitos de todos esses fatores sobre todas as propriedades, minimizando o trabalho necessário e o custo dos experimentos? Como melhorar a qualidade do produto resultante? Que fatores experimentais devemos controlar para que a qualidade do produto seja assegurada?

As pesquisas realizadas com o objetivo de fornecer respostas a essas perguntas muitas vezes tomam vários meses de trabalho de pesquisadores e técnicos, a um custo bastante alto em termos de salários, reagentes, análises químicas e testes físicos. O principal objetivo deste livro é mostrar que o emprego de conhecimentos estatísticos pode ajudar a responder a essas perguntas de forma racional e econômica. Usando **planejamentos experimentais** baseados em princípios estatísticos, os pesquisadores podem extrair do sistema em estudo o máximo de informação útil, fazendo um número mínimo de experimentos.

Os métodos mais eficazes que podem ser usados por cientistas e engenheiros para melhorar ou otimizar sistemas, produtos e processos são apresentados nos capítulos seguintes. Esses métodos são ferramentas poderosas, com as quais vários objetivos específicos podem ser alcançados. Podemos fabricar produtos com melhores características, diminuir seu tempo de desenvolvimento, aumentar a produtividade de processos, minimizar a sensibilidade dos produtos às variações nas condições ambientais, e assim por diante.

Voltando ao nosso exemplo inicial, vejamos algumas questões específicas em que o planejamento experimental pode ajudar o pesquisador a atingir seus objetivos mais rapidamente e a um custo menor. Digamos que ele já saiba que a temperatura e a concentração, bem como o tipo de catalisador, afetam o rendimento. Como seria possível ajustar os valores da temperatura e da concentração para obter uma quantidade maior do produto? Variando esses fatores, seria possível maximizar o rendimento? As mudanças nesses valores provocariam mudanças semelhantes nos rendimentos se o catalisador fosse outro? Que experimentos devemos realizar para obter mais informações sobre o sistema? Como podemos quantificar a eficiência dos catalisadores para as diferentes combinações de temperatura e concentração? Como os valores dos fatores experimentais podem ser mudados para obtermos o maior rendimento possível sem que as propriedades mecânicas do produto final deixem de satisfazer às suas especificações? Nos capítulos restantes discutiremos técnicas estatísticas de planejamento e análise capazes de nos auxiliar a encontrar respostas confiáveis para todas essas questões.

Os métodos que veremos independem da natureza do problema a que são aplicados. Servem para estudar reações químicas, sistemas biológicos, processos mecânicos (entre muitos outros), e também podem varrer todas as possíveis escalas de interesse, desde uma única reação em bancada até um processo industrial operando em larga escala. O denominador comum são os princípios estatísticos envolvidos, que são sempre os mesmos. É claro que isso não significa menosprezar o conhecimento técnico que o especialista já detém sobre o sistema em estudo. Como já dissemos no prefácio, ele é insubstituível. As ferramentas estatísticas, embora valiosas, são apenas um complemento a esse conhecimento. O ideal é que as duas coisas — conhecimento básico do problema e estatística — andem juntas.

1.2 Modelos empíricos

Quando se trata de modelar dados resultantes de experimentos ou observações, é importante fazer a distinção entre modelos empíricos e modelos mecanísticos. Tentaremos esclarecer essa diferença considerando dois exemplos práticos.

- Imaginemos que um astrônomo queira calcular a hora em que vai ocorrer o próximo eclipse da Lua. Como sabemos, os fatos acumulados ao longo de séculos de observação e especulação levaram, no final do século XVII, a uma teoria que explica perfeitamente os fenômenos astronômicos não relativísticos: a mecânica newtoniana. A partir das leis de Newton é possível deduzir o comportamento dos corpos celestes como uma consequência inevitável das suas interações gravitacionais. Este é um **modelo mecanístico**: com ele podemos prever as trajetórias dos astros porque sabemos as causas que as provocam, isto é, conhecemos o mecanismo por trás de seu comportamento. O astrônomo só precisa aplicar a mecânica newtoniana às suas observações e fazer as deduções necessárias. Ele não tem, aliás, de ficar restrito ao sistema solar: as leis de Newton aplicam-se universalmente. Em outras palavras, a mecânica newtoniana é também um **modelo global**.
- Agora consideremos uma situação bem diferente e mais próxima de nós. Um químico é encarregado de projetar uma fábrica-piloto baseada numa determinada reação recém-desenvolvida em bancada. Ele sabe que o comportamento dessa reação pode ser influenciado por muitos fatores: as quantidades iniciais dos reagentes, o pH do meio, o tempo de reação, a carga de catalisador, a velo-

cidade com que os reagentes são introduzidos no reator, a presença ou ausência de luz, e assim por diante. Mesmo que exista um modelo cinético para a reação em questão, dificilmente ele poderá levar em conta a influência de todos esses fatores, além de outros mais que costumam aparecer quando se muda da escala de laboratório para a escala piloto. Numa fábrica em larga escala, então, que é normalmente o objetivo de longo prazo, a situação é ainda mais complexa. Surgem elementos imponderáveis, como o nível de impurezas da matéria-prima, a flutuação de fatores ambientais (umidade, por exemplo), a estabilidade do processo como um todo, e até mesmo o próprio envelhecimento do equipamento. Trata-se de uma situação muito complicada, para a qual é difícil ser otimista quanto à possibilidade de se descobrir um modelo mecanístico tão abrangente e eficaz como a mecânica newtoniana. Num caso assim, o pesquisador deve recorrer forçosamente a **modelos empíricos**, isto é, modelos que procuram apenas *descrever*, com base na evidência experimental, o comportamento do processo estudado. Isto é totalmente diferente de tentar *explicar* a partir de umas poucas leis o que está se passando, que é o que procura fazer um modelo mecanístico. Mesmo conseguir descrever, dito assim, sem nenhuma adjetivação, pode ser em muitos casos uma tarefa ambiciosa demais. Na modelagem empírica já nos damos por satisfeitos se somos capazes de descrever o processo estudado *na região experimental investigada*. Isso significa que modelos empíricos são também **modelos locais**. Sua utilização para fazer previsões para situações desconhecidas corre por conta e risco do usuário.

Para resumir o conteúdo deste livro numa única frase, podemos dizer que o seu objetivo é ensinar as técnicas mais empregadas para desenvolver modelos empíricos.

1.3 Planejamento e otimização de experimentos

As pessoas normalmente se lembram da Estatística quando se veem diante de grandes quantidades de informação. Na percepção do chamado senso comum, o emprego de métodos estatísticos seria algo semelhante à prática da mineração.[1] Um estatístico seria um tipo de minerador bem-sucedido, capaz de explorar e processar montanhas de números e delas extrair valiosas conclusões. Como tanta coisa associada ao senso comum, esta também é uma impressão falsa, ou no mínimo parcial. A atividade estatística mais importante não é a análise de dados, e sim o *planejamento*

---

[1] Aliás, o termo *data mining* está se tornando cada vez mais comum para descrever investigações exploratórias em grandes bancos de dados, normalmente de interesse comercial.

dos experimentos em que esses dados devem ser obtidos. Quando isso não é feito da forma apropriada, o resultado muitas vezes é uma montanha de números estéreis, da qual estatístico algum conseguiria arrancar quaisquer conclusões.

A essência de um bom planejamento consiste em projetar um experimento de forma que ele seja capaz de fornecer exatamente o tipo de informação que procuramos. Para isso precisamos saber, em primeiro lugar, *o que é mesmo* que estamos procurando. Mais uma vez, parece óbvio, mas não é bem assim. Podemos mesmo dizer que um bom experimentador é, antes de tudo, uma pessoa que sabe o que quer. Dependendo do que ele queira, algumas técnicas serão mais vantajosas, enquanto outras serão simplesmente inócuas. Se você quer tornar-se um bom planejador, portanto, comece perguntando a si mesmo:

♦ **O que eu gostaria de ficar sabendo quando o experimento tiver terminado?**

Yogi Berra, o astro do beisebol americano, também era conhecido por suas tiradas espirituosas, e às vezes paradoxais. Uma delas se aplica perfeitamente neste contexto: *Se você não sabe para onde está indo, vai terminar batendo em outro lugar.*

Imaginemos um eixo que descreva o progresso de uma investigação experimental, desde uma situação de praticamente nenhuma informação até a construção de um (hipotético) modelo mecanístico global. Caminhar ao longo desse eixo corresponderia a ir descendo as linhas da Tabela 1.1, que mostra um sumário do conteúdo do livro. Na primeira linha, numa situação de pouca informação, sequer sabemos quais são as variáveis mais importantes para o sistema que estamos estudando. Nosso conhecimento talvez se limite a uma pequena experiência prática ou a alguma informação bibliográfica. Nessas condições, a primeira coisa a fazer é realizar uma triagem e descartar as variáveis não significativas, para não perder mais

Tabela 1.1 A evolução de um estudo empírico. O conhecimento do sistema estudado aumenta à medida que percorremos a tabela de cima para baixo

Objetivo	Técnica	Capítulo
Triagem de variáveis	Planejamentos fracionários	4
Avaliação da influência de variáveis	Planejamentos fatoriais completos	3
Construção de modelos empíricos	Modelagem por mínimos quadrados	5,7
Otimização	RSM, simplex	6,8
Construção de modelos mecanísticos	Dedução a partir de princípios gerais	–

tempo e dinheiro com elas no laboratório. O uso de **planejamentos fatoriais fracionários**, discutidos no Capítulo 4, é uma maneira de alcançar esse objetivo. Os planejamentos fracionários são extremamente econômicos e podem ser usados para estudar dezenas de fatores de uma só vez.

Tendo selecionado os fatores importantes, nosso próximo passo seria avaliar quantitativamente sua influência sobre a resposta de interesse, bem como as possíveis interações de uns fatores com os outros. Para fazer isso com o mínimo de experimentos, podemos empregar **planejamentos fatoriais completos**, que são tratados no Capítulo 3. Ultrapassando essa etapa e desejando obter uma descrição mais detalhada, isto é, obter modelos mais sofisticados, podemos passar a empregar a **modelagem por mínimos quadrados**, que é o assunto tratado no Capítulo 5. Esse é provavelmente o capítulo mais importante de todos, porque algumas das técnicas discutidas em outros capítulos nada mais são do que casos particulares da modelagem por mínimos quadrados. Um exemplo é o Capítulo 7, dedicado à **modelagem de misturas**. Os modelos de misturas têm algumas peculiaridades, mas no fundo são modelos ajustados pelo método dos mínimos quadrados.

Às vezes nosso objetivo principal é otimizar nosso sistema, isto é, maximizar ou minimizar algum tipo de resposta. Pode ocorrer que, ao mesmo tempo, também tenhamos de satisfazer determinados critérios. Por exemplo: produzir a máxima quantidade de um determinado produto, ao menor custo possível, e sem fugir das especificações. Nessa situação, uma técnica conveniente é a **metodologia de superfícies de resposta (RSM)**, apresentada no Capítulo 6 e também baseada na modelagem por mínimos quadrados. Mais adiante, no Capítulo 8, apresentamos uma técnica de otimização diferente, o **simplex sequencial**, em que o objetivo é simplesmente chegar ao ponto ótimo, dispensando-se a construção de um modelo.

Construir modelos empíricos não basta. Precisamos também *avaliar* se eles são realmente adequados ao sistema que estamos querendo descrever. Só então tem cabimento procurar extrair conclusões desses modelos. Um modelo mal ajustado faz parte da ficção científica, não da ciência.

É impossível fazer uma avaliação da qualidade do ajuste de um modelo sem recorrer a alguns conceitos básicos de estatística. Isso não significa, porém, que você tenha de se tornar um especialista em estatística para poder se valer das técnicas que apresentamos neste livro. Algumas noções baseadas na famosa distribuição normal são suficientes. Essas noções são apresentadas no Capítulo 2, e são muito importantes para a compreensão e a aplicação dos métodos de planejamento e análise apresentados nos demais capítulos. Para tentar amenizar a costumeira aridez com que são discutidos tais conceitos, baseamos nosso tratamento na solução de um problema prático, de alguma relevância para a culinária nacional.

A utilização de todos os métodos descritos neste livro é praticamente inviável sem a ajuda de um microcomputador para fazer cálculos e gráficos. Quando publicamos a primeira edição, distribuíamos junto com o livro um disquete com vários programas escritos com essa finalidade. Hoje a abundância de programas muito mais sofisticados, vários dos quais de domínio público, não só para Windows como para Linux, tornou o nosso disquete obsoleto. Se mesmo assim você estiver interessado nesses programas (que são para o sistema DOS), pode obtê-los gratuitamente na página do Instituto de Química da Unicamp (www.iqm.unicamp.br), a partir do link *chemkeys*.

Capítulo 2
Quando as Coisas Funcionam Normalmente

O que leva um pesquisador a fazer experimentos é o desejo de encontrar a solução de determinados problemas. Escrevemos este livro para mostrar como qualquer pesquisador (ou pesquisadora, naturalmente), aplicando as técnicas estatísticas apropriadas, pode resolver seus problemas experimentais de forma mais eficiente. Queremos ensinar ao leitor o que fazer para tirar o melhor proveito dessas técnicas, não só na análise dos resultados experimentais, mas principalmente no próprio planejamento dos experimentos, antes de fazer qualquer medição.

Estatística é um termo que, merecidamente ou não, goza de pouca popularidade entre os químicos, e entre pesquisadores e engenheiros em geral. Quem ouve falar no assunto pensa logo num grande volume de dados, valores, percentagens ou tabelas, onde estão escondidas as conclusões que buscamos, e que esperamos que os métodos estatísticos nos ajudem a descobrir. Na verdade, analisar os dados é apenas uma parte da Estatística. A outra parte, tão importante quanto — se não mais —, é *planejar* os experimentos que produzirão os dados. Muita gente já descobriu, da forma mais dolorosa, que um descuido no planejamento pode levar um experimento, feito com a melhor das intenções, a terminar em resultados inúteis, dos quais nem a análise mais sofisticada consegue concluir nada. R. A. Fisher, o criador de muitas das técnicas que discutiremos, escreveu uma advertência eloquente: "Chamar o especialista em estatística depois que o experimento foi feito pode ser o mesmo que pedir a ele para fazer um exame *post-mortem*. Talvez ele consiga dizer de que foi que o experimento morreu".

Felizmente, essa situação desagradável pode ser evitada. Basta que você planeje cuidadosamente a realização do seu experimento, em todos os detalhes e usando as ferramentas estatísticas apropriadas. Com essa precaução, além de minimizar os custos operacionais, você terá a garantia de que os resultados do experimento irão conter informações relevantes para a solução do problema de partida. Com experimentos bem planejados, fica muito fácil extrair conclusões válidas. A análise dos resultados passa a ser trivial.

A recíproca é verdadeira. Um pesquisador que desconheça a metodologia do planejamento experimental corre o risco de chegar a conclusões duvidosas. Pior ainda, pode acabar realizando experimentos que não levem a conclusão alguma, e cujo único resultado prático seja o desperdício de tempo e dinheiro.

Neste livro apresentaremos várias técnicas de planejamento e análise que, com um pouco de esforço, podem ser usadas por qualquer pesquisador no seu dia a dia. Para discuti-las corretamente, precisamos de alguns conceitos de estatística, todos baseados, em última análise, na famosa distribuição normal. É por isso que resolvemos dar a este capítulo o título que ele tem.

Existem vários excelentes livros de estatística, em todos os níveis de dificuldade, desde o muito elementar até o bem avançado. Muitos são voltados para áreas específicas — ciências sociais, ciências humanas, ciências da saúde e, é claro, também ciências físicas e engenharia. Em geral, eles tratam de vários assuntos importantes do ponto de vista estatístico, mas que não são totalmente relevantes para o nosso estudo do planejamento e da otimização de experimentos. Como o nosso objetivo é chegar o quanto antes às aplicações práticas, vamos apresentar neste capítulo somente os conceitos estatísticos essenciais para o trabalho do engenheiro ou do pesquisador, seja em laboratório ou campo.

Por aborrecida que às vezes pareça, a estatística é fundamental para que possamos planejar e realizar experimentos de forma eficiente. Para aproveitar todo o potencial das técnicas apresentadas no restante do livro, é muito importante que você tenha uma compreensão correta do conteúdo deste capítulo.

2.1 Erros

Para obter dados experimentais confiáveis, precisamos executar um procedimento bem definido, com detalhes operacionais que dependem da finalidade do experimento.

Imaginemos que nosso problema experimental seja determinar a concentração de ácido acético numa amostra de vinagre. O procedimento tradicional para resolvê-lo é fazer uma titulação ácido-base. Seguindo o método usual, precisamos:

   a. Preparar a solução do padrão primário;
   b. Usá-la para padronizar a solução de hidróxido de sódio de concentração apropriada;
   c. Realizar a titulação propriamente dita.

Cada uma dessas etapas, por sua vez, envolverá um certo número de operações básicas, como pesagens, diluições e leituras de volume.

Determinações como esta fazem parte da rotina dos laboratórios bromatológicos, que as usam para verificar se o vinagre está de acordo com o estabelecido pela legislação (4% de ácido acético, no mínimo).

Suponhamos que, ao titular duas amostras de procedências diferentes, um analista tenha encontrado 3,80% de ácido acético na amostra A e 4,20% na amostra B. Isso quer dizer que ele deve aceitar a segunda amostra, por estar acima do limite, e condenar a primeira, por conter menos ácido do que o mínimo determinado por lei?

Não sabemos, pelo menos por enquanto. Não podemos dar uma resposta justa sem ter uma estimativa da incerteza associada a esses valores, porque cada uma das operações de laboratório envolvidas na titulação está sujeita a erros, e todos eles irão se juntar para influenciar o resultado final — e portanto nossas conclusões — numa extensão que ainda não temos como avaliar. O resultado insatisfatório pode não ser culpa da amostra, e sim das variações inerentes ao procedimento analítico. O mesmo se pode dizer do resultado aparentemente bom.

Digamos que neste exemplo os erros sejam de tal monta que não tenhamos condições de obter um resultado final com precisão superior a ± 0,30%.[1] Sendo assim, o verdadeiro valor da concentração da primeira amostra pode estar entre 3,50% e 4,10%. O valor observado, 3,80%, seria apenas o ponto médio desse intervalo. O resultado dessa única titulação não excluiria a possibilidade de o verdadeiro teor de ácido estar acima de 4%, e portanto enquadrar-se na lei. Da mesma forma, a verdadeira concentração da segunda amostra pode estar abaixo de 4%. Sem uma indicação da incerteza experimental, os valores 3,80% e 4,20% podem levar a conclusões — e talvez a atitudes, como a rejeição do lote de vinagre — não autorizadas pelos fatos.

2.1 (a) Tipos de erro

Todos sabemos que qualquer medida está sempre afetada por erros — são coisas da vida. Se os erros forem insignificantes, ótimo. Se não forem, corremos o risco de fazer inferências incorretas a partir de nossos resultados experimentais, e possivelmente chegar a uma resposta falsa para o nosso problema. Para evitar esse final infeliz, precisamos saber como levar na devida conta os erros experimentais. Isso é importante não só na análise do resultado final, mas também — e principalmente —

---

[1] Calma, companheiros químicos. Sabemos muito bem que esta é uma precisão absurda para uma análise volumétrica que se preze. O exagero nos erros está sendo cometido no interesse da didática.

no próprio planejamento do experimento, como já dissemos. Não existe análise que possa salvar um experimento mal planejado.

Suponhamos que na titulação do vinagre nosso químico se distraia e se esqueça de acrescentar o indicador (fenolftaleína, como sabemos, porque o ponto de equivalência vai cair em pH básico). A consequência é que a viragem não vai ocorrer nunca, não importa quanta base seja adicionada. Isso, evidentemente, é um daqueles erros que os estatísticos caridosamente chamam de **grosseiros**. Os responsáveis pelo experimento costumam usar outros adjetivos, que não ficam bem num livro de nível.

A estatística não se ocupa desses erros. Aliás, ainda não foi inventada a ciência capaz de tratá-los. Num caso desses não há o que fazer, exceto aprender a lição e prestar mais atenção ao que se faz, para não reincidir. Todos cometemos enganos. O experimentador consciencioso deve fazer o possível para cometê-los cada vez menos.

Imaginemos agora que acabou o estoque de fenolftaleína e o químico decide usar outro indicador que esteja disponível (o vermelho de metila, por exemplo). Como a faixa de viragem do vermelho de metila fica em pH abaixo de sete, o ponto final da titulação vai ocorrer antes que todo o ácido acético tenha sido neutralizado, e com isso o vinagre parecerá ter uma concentração inferior à verdadeira. Se várias amostras forem tituladas dessa maneira, em todas elas o valor encontrado para a concentração de ácido acético será inferior ao valor real, por causa da viragem prematura. Agora, nosso químico cometerá somente erros **sistemáticos**, isto é, erros que afetam o resultado sempre na mesma direção, seja para mais, seja para menos. Usando vermelho de metila em vez de fenolftaleína, sempre obteremos uma concentração de ácido menor do que a verdadeira, nunca maior.

É fácil imaginar outras fontes de erros sistemáticos: o padrão primário pode estar adulterado, a balança pode estar descalibrada, a pipeta pode ter sido aferida erroneamente, quem está titulando pode olhar o menisco de um ângulo incorreto, e assim por diante. Cada um desses fatores exercerá individualmente sua influência sobre o resultado final, fazendo-o tender para uma certa direção.

Com um pequeno esforço, os erros sistemáticos também podem ser evitados. Uma vez que todos os instrumentos estejam funcionando perfeitamente, é só seguir à risca o procedimento estipulado. Por exemplo, se é para você usar fenolftaleína, use fenolftaleína mesmo, e ponto final.

Depois de certificar-se de que todos os erros sistemáticos foram eliminados, e além disso prestando muita atenção no procedimento, nosso persistente químico decide titular duas amostras retiradas do mesmo lote de vinagre. Como tudo no processo agora está sob controle, é natural esperar que as duas titulações produzam o mesmo resultado, já que se trata do mesmo vinagre. Ao comparar os dois valores encontrados, porém, o químico verifica que, apesar de bem parecidos, *eles não são idênticos*. Isso só pode significar que nem tudo estava realmente controlado. Alguma fonte de erro, ainda que aparentemente pequena, continua afetando os resultados.

Para investigar esses erros, o químico resolve então fazer várias titulações em outras amostras retiradas do mesmo lote. Os resultados obtidos em 20 titulações são mostrados na Tabela 2.1 e também na Figura 2.1.

Examinando os resultados das vinte titulações repetidas, percebemos que:

- Os valores obtidos flutuam, mas tendem a concentrar-se em torno de um certo valor intermediário.
- A flutuação em torno do valor central ocorre aparentemente ao acaso. Sabendo que determinada titulação resultou num valor abaixo da média, por exemplo, não conseguimos prever em que direção se deslocará o valor da próxima titulação, nem de quanto será o seu desvio em relação à média.
- Parece que a amostra está mesmo fora da especificação, já que a maioria dos valores determinados está abaixo de 4%.

Situações como essa são corriqueiras nas mais variadas determinações experimentais. Por mais que a gente tente controlar todas as variáveis, algumas fontes de erro sempre terminam permanecendo. Além disso, esses erros, que em geral são pequenos, se manifestam de forma aparentemente aleatória, como na segunda conclusão acima. Ora alteram o resultado para mais, ora para menos, mas o seu efeito parece se dar ao acaso.

Tabela 2.1 Resultados de vinte titulações feitas no mesmo lote de vinagre

Titulação nº	Concentração (%)	Titulação nº	Concentração (%)
1	3,91	11	3,96
2	4,01	12	3,85
3	3,61	13	3,67
4	3,83	14	3,83
5	3,75	15	3,77
6	3,91	16	3,51
7	3,82	17	3,85
8	3,70	18	4,04
9	3,50	19	3,74
10	3,77	20	3,97

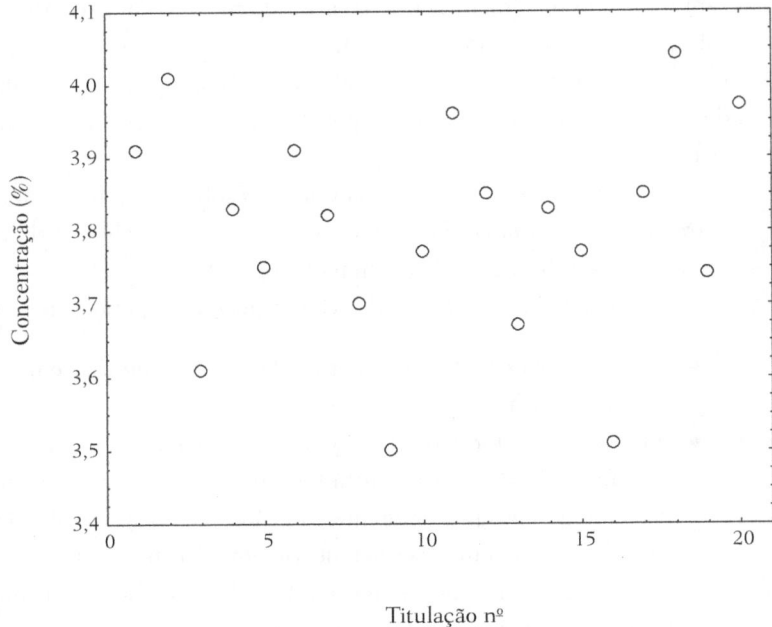

Figura 2.1 Resultados de vinte titulações feitas na mesma amostra de vinagre.

Consideremos a titulação. Mesmo que o procedimento experimental seja rigorosamente obedecido e todas as operações sejam feitas com todo o cuidado, sempre existirão flutuações imprevisíveis. Uma pequena variação no ângulo de leitura da bureta, uma gotinha que fica na pipeta, uma tonalidade diferente na viragem, e o resultado é alterado. Como não conseguimos controlar essas variações, não podemos saber em que direção o resultado será modificado. Atuando em conjunto, essas perturbações provocarão erros que parecem devidos ao acaso, e por isso são chamados de **aleatórios**.

Basta refletir um pouco para ver que é impossível controlar rigidamente todos os fatores envolvidos num experimento, por mais simples que seja. Consequentemente, qualquer determinação experimental estará afetada, em maior ou menor grau, por erros aleatórios. Se queremos chegar a conclusões sensatas, esses erros precisam ser levados em conta. É por isso, entre outros motivos, que precisamos de estatística.[2]

---

[2] *Erro*, neste terceiro sentido, não deve ser entendido como um termo pejorativo, e sim como uma característica com a qual teremos de conviver.

Exercício 2.1

Pense num experimento simples e procure identificar alguns dos fatores que impedem o seu resultado de ser obtido rigorosamente sem erro.

2.2 Populações, amostras e distribuições

O primeiro passo para tratar estatisticamente os erros aleatórios é admitir alguma hipótese sobre sua distribuição. O mais comum, quando se trata de medições, é supor que a distribuição dos erros é **gaussiana** ou, como também é chamada, **normal**. Nesta seção vamos discutir em termos práticos essa hipótese e suas importantes consequências, partindo do seguinte problema:

- Com quantos grãos se faz uma feijoada?

Evidentemente, a resposta depende, entre outras coisas, do tamanho da feijoada. Vamos admitir, de saída, que a nossa receita leva um quilo de feijão. Assim, o problema se transforma em descobrir quantos caroços existem nessa quantidade da leguminosa.

Uma possível solução seria contar todos os caroços, um por um. Ela será descartada desde já, porque estamos interessados numa abordagem estatística da questão. Adotaremos uma solução alternativa, que é descobrir primeiro quanto pesa um caroço, e em seguida dividir 1.000 g por esse valor. O resultado da divisão dará o número de caroços contidos em um quilo.

Exercício 2.2

Tente adivinhar quantos caroços existem em um quilo de feijão preto. É óbvio que este não é o método recomendado para resolver nosso problema (a não ser que você tenha poderes parapsicológicos), mas seu palpite servirá para um teste estatístico, mais adiante.

Pesando numa balança analítica um caroço retirado ao acaso de um pacote de feijão preto, os autores obtiveram o valor 0,1188 g. Pesando um segundo caroço, também escolhido ao acaso, encontraram 0,2673 g. Se todos os caroços fossem iguais ao primeiro, haveria 1.000 g/0,1188 g, ou cerca de 8.418 caroços no quilo de feijão. Se fossem como o segundo, esse número cairia para 3.741. Qual desses valores é a resposta que procuramos?

Em princípio, nenhum dos dois. Como o peso varia de um caroço para outro, não devemos usar pesos individuais nas nossas contas, e sim o peso *médio* do conjunto de todos os caroços. Para obter o peso médio, é só dividir o peso total do pacote de feijão (1 kg) pelo número de caroços que ele contém. Infelizmente, isso nos traz de volta à estaca zero: para descobrir, com esse método, quantos caroços existem em um quilo de feijão, precisamos saber primeiro... quantos caroços existem em um quilo de feijão.

Se todos os caroços fossem idênticos, o peso médio seria igual ao peso de um caroço qualquer. Era só pesar um deles que a questão estaria resolvida. O problema é que, como vimos, o peso varia de caroço para caroço e, mais do que isso, varia — vejam só — de modo imprevisível. Quem poderia adivinhar que, tendo retirado do pacote um caroço com 0,1188 g, a gente iria encontrar logo depois um outro pesando exatamente 0,2673 g?

Apesar de não sabermos prever qual será o peso de um caroço extraído ao acaso, podemos usar o bom senso para estabelecer alguns limites. Por exemplo: o peso não pode ser inferior a zero, e evidentemente deve ser muito menor do que um quilo. Também não deve flutuar muito. Existem caroços maiores e caroços menores, mas é só olhar para um pacote de feijão para ver que a maioria tem mais ou menos o mesmo tamanho. Ou seja, estamos numa situação parecida com a da titulação. Os valores individuais flutuam, mas flutuam em torno de um certo valor central. Agora, porém, a variação se deve ao elemento de acaso presente na escolha dos caroços, e não mais a problemas de medição ou instrumentação.

O conjunto de todos os valores possíveis numa dada situação é o que se chama em estatística de **população**. O alvo de qualquer investigação experimental é sempre uma população. Nosso objetivo, ao coletar e analisar os dados, é chegar a conclusões sobre ela.

É importante definir claramente, em qualquer caso, qual é a população de que estamos falando. Muitas vezes, por incrível que pareça, nem isso está suficientemente claro para o pesquisador, que corre então o risco de estender suas conclusões a sistemas mais amplos do que os realmente estudados pelo experimento. Na nossa abordagem "gravimétrica" do problema dos feijões, por exemplo, a população é o conjunto dos pesos individuais de todos os caroços do pacote. A resposta que procuramos se refere ao pacote como um todo, mesmo que os caroços não sejam investigados um por um. E, a menos que a gente introduza alguma hipótese a mais (como, por exemplo, que o pacote é representativo de toda uma colheita), se refere a esse pacote em particular, e só a ele.

Pesando individualmente todos os caroços no pacote, teríamos a distribuição exata dos pesos na população. Poderíamos então calcular a verdadeira média populacional, que seria o peso médio, correto, de um caroço no pacote. No entanto, se já descartamos a ideia de contar todos os caroços, por que agora iríamos pesá-los? Evidentemente, a solução não virá por aí.

Em vez de nos preocuparmos com a verdadeira média, que só poderíamos descobrir examinando todos os caroços, tentaremos nos contentar com uma estimativa, calculada a partir de apenas alguns deles, isto é, a partir de uma **amostra** da população. Se a amostra for suficientemente representativa, a média amostral deverá ser uma boa aproximação da média populacional, e poderemos usá-la para concluir alguma coisa sobre a população.

> **População:** Qualquer coleção de indivíduos ou valores, finita ou infinita.
>
> **Amostra:** Uma parte da população, normalmente selecionada com o objetivo de se fazer inferências sobre a população.

Exercício 2.3

No exemplo dos feijões a população é finita: o número total de caroços pode ser grande, mas é limitado. O conjunto de todas as concentrações que podem em princípio ser obtidas na titulação de uma dada amostra constitui uma população finita ou infinita? (Note a expressão "em princípio". Imagine que é possível fazer quantas titulações você quiser, sem correr o risco de esgotar os estoques da amostra e dos reagentes.)

Para que a amostra seja uma representação realista, não tendenciosa, da população completa, é necessário que seus elementos sejam escolhidos de forma rigorosamente aleatória. No caso dos feijões, por exemplo, é preciso que a chance de um caroço ser pesado seja exatamente a mesma para todos eles. Depois de escolher um caroço ao acaso e pesá-lo, devemos colocá-lo de volta no pacote e misturá-lo aos outros, para que volte a ter uma chance igual à deles de ser escolhido. Se não tomarmos essa precaução, a população se modifica à medida que os caroços são retirados e a amostra não poderá mais representar de forma fidedigna a população original. Esta condição é muito importante na prática, porque as inferências estatísticas sempre supõem que as amostras são representativas da população. Por isso, ao realizar um experimento, devemos sempre tomar cuidado para coletar os dados de modo que a hipótese de aleatoriedade seja, se não rigorosamente, pelo menos aproximadamente obedecida.

> **Amostra representativa:** Apresenta as características relevantes da população na mesma proporção em que elas ocorrem na própria população.
>
> **Amostra aleatória:** Amostra de N valores ou indivíduos obtida de tal forma que todos os possíveis conjuntos de N valores na população tenham a mesma chance de ser escolhidos.

2.2 (a) Como descrever as características da amostra

A Tabela 2.2 mostra os pesos individuais de 140 caroços retirados aleatoriamente de um pacote contendo um quilo de feijão preto. Examinando com atenção esses dados, podemos confirmar nossa expectativa de uma flutuação mais ou menos restrita. O maior valor observado é 0,3043 g (quinto valor na penúltima coluna), o menor é 0,1188 g (o primeiro de todos), e a maioria dos caroços parece ter um peso em torno de 0,20 g.

Tabela 2.2 Pesos de caroços extraídos aleatoriamente de um pacote de 1 kg de feijão preto (em gramas)

0,1188	0,2673	0,1795	0,2369	0,1826	0,1860	0,2045
0,1795	0,1910	0,1409	0,1733	0,2146	0,1965	0,2326
0,2382	0,2091	0,2660	0,2126	0,2048	0,2058	0,1666
0,2505	0,1823	0,1590	0,1722	0,1462	0,1985	0,1769
0,1810	0,2126	0,1596	0,2504	0,2285	0,3043	0,1683
0,2833	0,2380	0,1930	0,1980	0,1402	0,2060	0,2097
0,2309	0,2458	0,1496	0,1865	0,2087	0,2335	0,2173
0,1746	0,1677	0,2456	0,1828	0,1663	0,1971	0,2341
0,2327	0,2137	0,1793	0,2423	0,2012	0,1968	0,2433
0,2311	0,1902	0,1970	0,1644	0,1935	0,1421	0,1202
0,2459	0,2098	0,1817	0,1736	0,2296	0,2200	0,2025
0,1996	0,1995	0,1732	0,1987	0,2482	0,1708	0,2465
0,2096	0,2054	0,1561	0,1766	0,2620	0,1642	0,2507
0,1814	0,1340	0,2051	0,2455	0,2008	0,1740	0,2089
0,2595	0,1470	0,2674	0,1701	0,2055	0,2215	0,2080
0,1848	0,2184	0,2254	0,1573	0,1696	0,2262	0,1950
0,1965	0,1773	0,1340	0,2237	0,1996	0,1463	0,1917
0,2593	0,1799	0,2585	0,2153	0,2365	0,1629	0,1875
0,2657	0,2666	0,2535	0,1874	0,1869	0,2266	0,2143
0,1399	0,2790	0,1988	0,1904	0,1911	0,2186	0,1606

Fica mais fácil interpretar os dados se dividirmos a faixa total dos pesos em intervalos menores e contarmos os caroços situados dentro de cada intervalo. Com os valores extremos que observamos, a faixa 0,10 − 0,32 g é suficiente para acomodar todos os valores da Tabela 2.2. Dividindo-a em intervalos de largura igual a 0,02 g e atribuindo cada peso medido ao intervalo apropriado, obtemos os resultados que aparecem na Tabela 2.3. Percorrendo a coluna do meio, verificamos imediatamente que os intervalos em torno de 0,20 g são mesmo os que contêm mais caroços.

Dividindo o número de caroços em um certo intervalo pelo número total de caroços pesados, obtemos a **frequência relativa** correspondente a esse intervalo. No intervalo 0,26 − 0,28 g, por exemplo, foram observados sete caroços, de um total de 140. A frequência relativa é, portanto, 7 ÷ 140, ou 0,050. Isso significa que 5% dos pesos medidos ficaram entre 0,26 e 0,28 g.

As frequências calculadas para todos os onze intervalos aparecem na última coluna da Tabela 2.3. É preferível analisar a distribuição dos pesos dos caroços em termos de frequências, porque as distribuições estatísticas teóricas são distribuições de frequências, não de números absolutos de observações. Conhecendo as frequências, podemos determinar as probabilidades de que certos valores de interesse ve-

Tabela 2.3 Distribuição dos pesos de 140 caroços extraídos aleatoriamente de um pacote de 1 kg de feijão preto

Intervalo (g)	Nº de caroços	Frequência*
0,10 − 0,12	1	0,007
0,12 − 0,14	4	0,029
0,14 − 0,16	11	0,079
0,16 − 0,18	24	0,171
0,18 − 0,20	32	0,229
0,20 − 0,22	27	0,193
0,22 − 0,24	17	0,121
0,24 − 0,26	15	0,107
0,26 − 0,28	7	0,050
0,28 − 0,30	1	0,007
0,30 − 0,32	1	0,007
Total	140	1,000

*Número de caroços no intervalo dividido pelo número total de caroços, 140.

nham a ser observados. Com essas probabilidades podemos então testar hipóteses sobre a população, como veremos logo mais.

Exercício 2.4

Use os dados da Tabela 2.3 para confirmar que 54,3% dos caroços observados têm peso entre 0,18 g e 0,24 g.

Qualquer conjunto de dados fica mais fácil de analisar se for representado graficamente. No gráfico tradicional para uma distribuição de frequências, cada intervalo é representado por um retângulo, cuja base coincide com a largura do próprio intervalo e cuja área é idêntica, ou pelo menos proporcional, à sua frequência. A figura geométrica obtida dessa forma é chamada de **histograma**. Como a soma de todas as frequências tem de ser igual a 1 (isto é, a soma de todas as percentagens tem de dar 100%), a área total do histograma também é igual a 1, quando a área de cada retângulo for igual à frequência do intervalo correspondente. A Figura 2.2 mostra um histograma das frequências da Tabela 2.3. Para facilitar a comparação com os

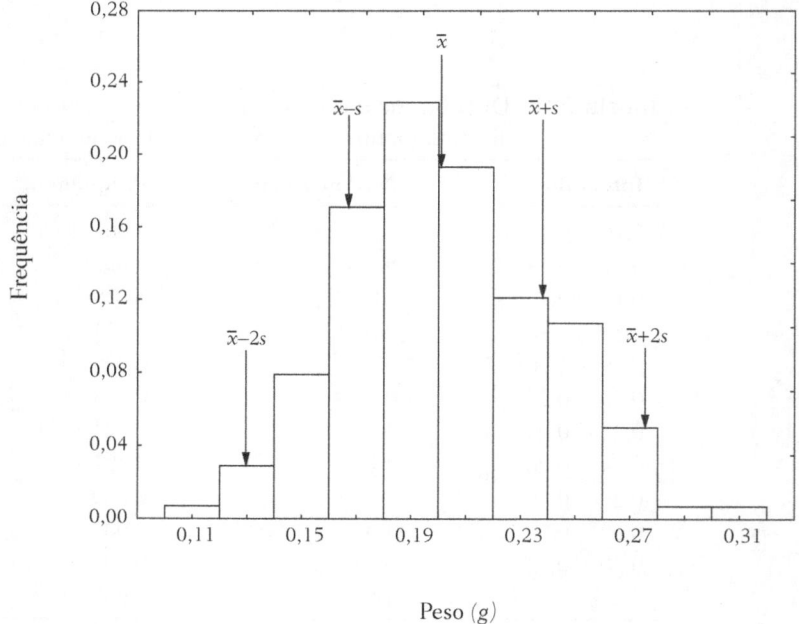

Figura 2.2 Histograma dos pesos de 140 caroços extraídos aleatoriamente de um pacote de 1 kg de feijão preto. O significado dos símbolos é explicado no texto.

dados da tabela, fizemos a altura de cada retângulo, não a sua área, igual à frequência do intervalo. Isso não altera o aspecto geral do histograma, já que as bases dos retângulos são todas iguais.

As vantagens da representação gráfica são evidentes. A concentração dos pesos dos caroços em torno do valor 0,20 g é percebida imediatamente, assim como o escasseamento progressivo dos dados à medida que nos afastamos desse valor, em ambas as direções. Também podemos notar uma simetria na distribuição: a parte que fica à direita da região central é mais ou menos a imagem especular da parte que fica à esquerda. Essa característica seria muito difícil de perceber se a representação dos dados se limitasse à Tabela 2.2.

Fica, portanto, o conselho: quando temos um conjunto de dados para analisar, desenhar um gráfico é uma das primeiras coisas que devemos fazer. Essa é uma regra geral da estatística, equivalente ao velho ditado que diz que uma imagem vale por mil palavras.

Exercício 2.5

Construa um histograma para os dados da Tabela 2.1. A literatura em geral recomenda que o número de barras seja aproximadamente igual à raiz quadrada do número total de observações. Como a tabela tem 20 valores, seu histograma deve ter 4 ou 5 barras. Prefira cinco, que é um número ímpar, e lhe permitirá enxergar melhor possíveis simetrias.

O histograma da Figura 2.2 é uma representação gráfica de todos os 140 valores numéricos da nossa amostra. Suas características básicas são:

- A *localização* do conjunto de observações numa certa região do eixo horizontal;
- Sua *dispersão*, ou espalhamento, ao longo dessa região.

Essas características podem ser representadas numericamente, de forma abreviada, por várias grandezas estatísticas. As mais usadas nas ciências físicas, onde as variáveis normalmente assumem valores numa faixa contínua, são a média aritmética e o desvio-padrão, respectivamente.

A **média aritmética** de um conjunto de dados, que é uma medida da sua localização, ou *tendência central*, é simplesmente a soma de todos os valores, dividida pelo número total de elementos no conjunto. Este é o conceito de média que utilizaremos neste livro. Daqui em diante nos referiremos a ele empregando apenas o termo "média", ficando o adjetivo "aritmética" subentendido.

O valor médio numa amostra costuma ser indicado por uma barra colocada sobre o símbolo que representa os elementos da amostra. Se usarmos o símbolo x

para representar o peso de um caroço, a média no nosso exemplo será representada por $\bar{x}$, e dada por

$$\bar{x} = \frac{1}{140}\left(0{,}1188 + 0{,}2673 + \ldots + 0{,}1606\right)$$
$$= 0{,}2024 \text{ g}.$$

Com esse valor[3] podemos estimar que o quilo de feijão contém cerca de 1.000 g ÷ 0,2024 g/caroço = 4.940 caroços. Essa estimativa, no entanto, foi obtida a partir da observação de apenas 140 caroços, isto é, menos de 3% do total, supondo-se que haja mesmo cerca de 5.000 caroços no pacote. Por isso, não deve corresponder ao valor exato. Trata-se apenas de uma **média amostral**, e não da média populacional. Veremos adiante como proceder para estimar sua incerteza.

- *Média amostral:*

$$\bar{x} = \frac{1}{N}\sum_{i=1}^{N} x_i \qquad (2.1)$$

$x_i = i$-ésimo valor
$N = $ Número total de valores na amostra

Para obter nossa medida do espalhamento das observações em torno da média, que é o desvio-padrão, primeiro calculamos a diferença, ou **desvio**, de cada valor individual em relação à média amostral:

$$d_i = x_i - \bar{x}.$$

Em seguida, somamos os quadrados de todos os desvios e dividimos o total por $N-1$. O resultado dessas operações é a **variância** do conjunto de observações, representada pelo símbolo s^2:

- *Variância amostral:*

$$V(x) = s^2 = \frac{1}{N-1}\sum_{i=1}^{N} d_i^2 = \frac{1}{N-1}\sum_{i=1}^{N}\left(x_i - \bar{x}\right)^2 \qquad (2.2)$$

$x_i = i$-ésimo valor
$N = $ Número total de valores na amostra
$\bar{x} = $ Média amostral

---

[3] O costume é calcular a média com uma casa decimal a mais do que os dados originais. No nosso exemplo, com quatro algarismos significativos, isso não tem importância prática.

Note que a variância é uma espécie de média dos quadrados dos desvios, só que o denominador não é o número total de observações, N, e sim $N-1$. Para entender a razão dessa mudança, devemos lembrar que as observações originais, obtidas por amostragem aleatória, eram todas independentes. Mesmo conhecendo os pesos de todos os 139 primeiros caroços, não teríamos como prever exatamente qual seria o peso do próximo caroço, o 140º. Usando a linguagem da Estatística, dizemos que esse conjunto tem 140 **graus de liberdade**. É um grupo de 140 valores totalmente independentes, em que um valor individual qualquer não depende dos valores restantes.

Com os desvios a situação é um pouco diferente. Vejamos o que acontece quando somamos os valores de todos eles (os somatórios todos são feitos de $i = 1$ até $i = N$):

$$\sum_i d_i = \sum_i (x_i - \bar{x}) = \sum_i x_i - \sum_i \bar{x} = \sum_i x_i - N\bar{x}.$$

Lembrando que a média é definida por $\bar{x} = \dfrac{1}{N}\sum_{i=1}^{N} x_i$, podemos substituir o termo $N\bar{x}$ pelo somatório $\sum_i x_i$, e portanto

$$\sum_i d_i = \sum_i x_i - N\bar{x} = \sum_i x_i - \sum_i x_i = 0. \qquad (2.3)$$

Ou seja: os 140 desvios não são todos independentes. Se conhecermos 139 deles, o valor que falta estará automaticamente determinado: é aquele que torna o total igual a zero. A restrição expressa pela Equação 2.3, que vem do cálculo da média, retira um grau de liberdade do conjunto de desvios. Já que, dos N desvios, só $N-1$ podem flutuar aleatoriamente, é natural que o denominador na definição da variância seja $N-1$, e não N.

O conceito de grau de liberdade é muito importante. Mais tarde veremos exemplos em que várias restrições como esta são impostas a um determinado conjunto de valores. Se houver p restrições diferentes, o número de graus de liberdade se reduzirá de N, o total de elementos do conjunto, para $\nu = N - p$. Esse último valor é que será usado como denominador, numa **média quadrática** semelhante à Equação 2.2.

Em nossa amostra, onde $\bar{x} = 0{,}2024$ g, a variância é, de acordo com a Equação 2.2,

$$\begin{aligned}s^2 &= \frac{1}{139}\Big[(0{,}1188-0{,}2024)^2 + (0{,}2673-0{,}2024)^2 \\ &\quad + \ldots + (0{,}1606-0{,}2024)^2\Big] \\ &\cong 0{,}00132\,\text{g}^2.\end{aligned}$$

Enquanto a média tem as mesmas unidades que as observações originais, as unidades da variância são, pela própria definição, o quadrado das unidades de partida. Para que as medidas de dispersão e de posição tenham as mesmas unidades, costumamos substituir a variância pela sua raiz quadrada, que é chamada de **desvio-padrão**. No nosso exemplo, o desvio-padrão é

$$s = \sqrt{(0,00132 g^2)} = 0,0363 \text{ g}.$$

- *Desvio-padrão amostral*:

$$s = \sqrt{V(x)} = \sqrt{s^2} \quad (2.4)$$

$s^2 = $ Variância das observações na amostra

Exercício 2.6

Calcule a média e o desvio-padrão dos dez primeiros valores da Tabela 2.2 (de 0,1188 g até 0,1409 g).

O desvio-padrão geralmente é usado para definir intervalos em torno da média.[4] Em nossa amostra de 140 caroços, por exemplo, os limites do intervalo definido por um desvio-padrão em torno da média são 0,2024 ± 0,0363, ou 0,1661 g e 0,2387 g. A região compreendida entre esses dois valores (Figura 2.2) corresponde a 66,6% da área total do histograma, o que significa que nela caem dois terços de todos os pesos observados. Já a região definida por dois desvios-padrão tem como limites 0,1298 g e 0,2750 g, e contém 96,8% da área total. Dentro de certas suposições, que discutiremos adiante, esses intervalos amostrais podem ser utilizados para testar hipóteses a respeito da população.

Estas contas por extenso foram feitas a bem da didática. Você não deve preocupar-se com a perspectiva de calcular somatórios intermináveis para poder determinar médias e desvios-padrão. Qualquer calculadora científica já vem da fábrica programada para realizar todas as operações necessárias. Além disso, existem vários programas para microcomputadores, de fácil acesso, capazes de realizar não só estes como muitos outros cálculos estatísticos. Quanto mais cedo você aprender a usar um desses programas, melhor. A estatística lhe parecerá bem mais leve.

---

[4] O desvio-padrão costuma ser calculado com duas casas decimais a mais do que os dados de partida. Aqui também não estamos nos importando com esse detalhe.

> **Exercício 2.7**
>
> Calcule a média e o desvio-padrão do conjunto de valores da Tabela 2.1 e determine os limites do intervalo definido por dois desvios-padrão em torno da média. Compare com o intervalo de confiança dado no texto para os valores da titulação.

Os valores $\bar{x} = 0{,}2024$ g e $s = 0{,}0363$ g foram obtidos a partir dos 140 pesos individuais e portanto representam a amostra: são estimativas amostrais. Os valores que nos interessam, porém, são os **parâmetros populacionais**: queremos saber quantos caroços existem em todo o quilo de feijão, não numa pequena amostra.

Os estatísticos costumam empregar símbolos latinos para representar valores amostrais, reservando o alfabeto grego para os parâmetros populacionais. Seguindo essa convenção, vamos representar a média e o desvio-padrão populacionais do nosso exemplo pelas letras gregas μ e σ, respectivamente. O que podemos inferir a respeito desses valores, dispondo apenas dos valores amostrais $\bar{x}$ e s?

2.3 A distribuição normal

Suponhamos que os caroços cujos pesos aparecem na Tabela 2.2 sejam separados do resto do pacote, e passem a ser tratados como uma minipopulação de 140 elementos. Já vimos, na Tabela 2.3, que 5% desses elementos pesam entre 0,26 g e 0,28 g. Isso nos permite dizer que a probabilidade de retirarmos aleatoriamente um caroço com o peso na faixa entre 0,26 e 0,28 g é exatamente de 5%. Temos condições de fazer essa afirmação porque conhecemos a distribuição *exata* das frequências dos pesos nessa pequena população. Poderíamos fazer o mesmo com um caroço retirado ao acaso do pacote de um quilo, ou seja, da própria população original, se conhecêssemos exatamente a distribuição populacional, e não apenas a amostral. Infelizmente, para isso seria necessário pesar todos os caroços, um por um.

Imagine agora que tivéssemos à disposição um **modelo** que fosse adequado para a distribuição dos pesos de todos os caroços do pacote. Nesse caso, não precisaríamos mais pesar cada caroço para fazer inferências sobre a população. Poderíamos tirar nossas conclusões do próprio modelo, sem ter de fazer nenhum esforço experimental a mais.

Esta ideia — usar um modelo para representar uma dada população — é o tema central deste livro. Ela estará presente, implícita ou explicitamente, em todas as técnicas estatísticas que vamos discutir. Mesmo quando não referirmos expressamente qual o modelo adotado, pelo contexto você saberá do que estamos falando. É claro que nossas inferências a respeito da população só poderão estar corretas se o modelo escolhido for válido. Em qualquer situação, porém, o procedimento que devemos seguir será sempre o mesmo:

- Postular um modelo para representar os dados extraídos da população na qual estamos interessados;
- Verificar se essa representação é satisfatória;
- Nesse caso, tirar as conclusões apropriadas; caso contrário, trocar de modelo e tentar novamente.

Um dos modelos estatísticos mais importantes — talvez o mais importante — é a **distribuição normal** (ou **gaussiana**), que o famoso matemático Karl F. Gauss propôs no início do século XIX, para calcular probabilidades de ocorrência de erros em medições. Tantos foram — e continuam sendo — os conjuntos de dados que podem ser bem representados pela distribuição normal, que ela passou a ser considerada o comportamento natural de qualquer tipo de erro experimental: daí o adjetivo *normal*. Se alguma vez se constatasse que a distribuição dos erros não seguia uma gaussiana, a culpa era jogada na coleta dos dados. Depois ficou claro que existem muitas situações experimentais em que a distribuição normal de fato *não* é válida, mas ela permanece sendo um dos modelos fundamentais da estatística.

Muitos dos resultados que apresentaremos daqui em diante só são rigorosamente válidos quando os dados obedecem à distribuição normal. Na prática, isso não é uma restrição muito séria, porque quase todos os testes que veremos continuam eficientes na presença de desvios moderados da normalidade.

2.3 (a) Como calcular probabilidades de ocorrência

Uma distribuição estatística é uma função que descreve o comportamento de uma **variável aleatória**. Uma variável aleatória é uma grandeza que pode assumir qualquer valor dentro do conjunto de valores possíveis para o sistema a que ela se refere, só que cada valor desses tem uma certa probabilidade de ocorrência, governada por uma determinada distribuição de probabilidades. Se tivermos como descobrir ou estimar qual é essa distribuição, poderemos calcular a probabilidade de ocorrência de qualquer valor de interesse, ou seja, teremos uma modesta bola de cristal estatística, que poderemos usar para fazer previsões. Logo mais veremos como fazer isso com a distribuição normal.

A distribuição normal é uma distribuição **contínua**, isto é, uma distribuição em que a variável pode assumir qualquer valor dentro de um intervalo previamente definido. Para uma variável normalmente distribuída, o intervalo é $(-\infty, +\infty)$, o que significa que ela pode assumir, pelo menos em princípio, qualquer valor real.

Uma distribuição contínua da variável x é definida pela sua **densidade de probabilidade** $f(x)$, que é uma expressão matemática contendo um certo número de parâmetros. Na distribuição normal os parâmetros são, por definição, apenas dois: a média e a variância populacionais (Equação 2.5).

Para indicar que uma variável aleatória x se distribui normalmente, com média μ e variância σ^2, empregaremos a notação $x \approx N(\mu, \sigma^2)$, onde o sinal $\approx$ pode ser lido como "distribui-se de acordo com". Se x tiver média zero e variância igual a um, por exemplo, escreveremos $x \approx N(0, 1)$. Nesse caso, diremos também que x segue a **distribuição normal padrão** (ou **padronizada**).

◆ *Distribuição normal:*

$$f(x)dx = \frac{1}{\sigma\sqrt{2\pi}}\, e^{\frac{-(x-\mu)^2}{2\sigma^2}}\, dx \qquad (2.5)$$

$f(x)$ = Densidade de probabilidade da variável aleatória x
μ = Média populacional
σ^2 = Variância populacional

A Figura 2.3 mostra a famosa curva em forma de sino que é o gráfico da densidade de probabilidade de uma distribuição normal padrão,

$$f(x) = \frac{1}{\sqrt{2\pi}}\, e^{\frac{-x^2}{2}}. \qquad (2.5a)$$

Note que a curva é perfeitamente simétrica em torno do ponto central, que é a média μ (aqui, igual a zero). O valor da densidade é máximo sobre a média, e cai rapidamente quando nos afastamos dela, em ambas as direções. A três desvios-padrão de distância da média, a densidade de probabilidade praticamente se reduz a zero. São características parecidas com as que vimos no histograma dos 140 caroços, na Figura 2.2.

O produto $f(x)dx$ é, por definição, a probabilidade de ocorrência de um valor da variável aleatória no intervalo de largura dx em torno do ponto x. Em termos práticos, isso significa que, ao extrairmos aleatoriamente da população um valor de x, as chances de que esse valor esteja no intervalo de largura infinitesimal que vai de x a $x + dx$ são dadas por $f(x)dx$. Para obter probabilidades correspondentes a intervalos finitos, que são os únicos com sentido físico, temos de integrar a densidade de pro-

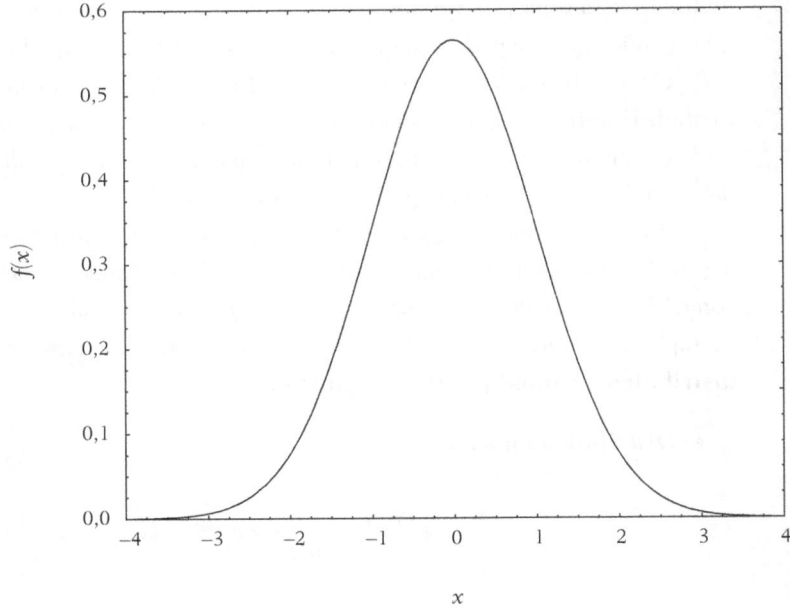

Figura 2.3 Distribuição de frequências de uma variável aleatória $x \approx N(0, 1)$. Note que x é o afastamento em relação à média (que é zero), em número de desvios-padrão.

babilidade entre os limites apropriados. A integral é a área sob a curva $f(x)$ entre esses limites, o que equivale a dizer que a Figura 2.3 é também um histograma. Como a variável aleatória agora é contínua, as probabilidades passam a ser calculadas por integrais, não mais por somatórios. Essa formulação teórica torna automaticamente nula a probabilidade de se observar *exatamente* (no sentido matemático do termo) um determinado valor, já que isso corresponderia a fazer dx igual a zero. Para uma distribuição contínua, portanto, não faz diferença se o intervalo de que estamos falando é aberto ou fechado. A probabilidade de que a $\leq x \leq$ b é igual à probabilidade de que a $< x <$ b:

$$P(a < x < b) = P(a \leq x \leq b) = \int_a^b f(x)dx$$

$=$ Probabilidade de que o valor da variável aleatória de densidade de probabilidade $f(x)$ seja observado no intervalo $[a, b]$.

Como vemos na Figura 2.3, a maior parte da área sob uma gaussiana está contida no intervalo definido por um desvio-padrão em torno da média, e praticamente toda ela está situada entre $\mu - 3\sigma$ e $\mu + 3\sigma$. Para obter os valores numéricos correspondentes a esses fatos, integramos, entre os limites apropriados, a expressão de $f(x)$ dada pela Equação 2.5:

$$P(\mu - \sigma < x < \mu + \sigma) = \int_{\mu-\sigma}^{\mu+\sigma} f(x)dx = 0{,}6826 \text{ (isto é, 68,26\%)};$$

$$P(\mu - 3\sigma < x < \mu + 3\sigma) = \int_{\mu-3\sigma}^{\mu+3\sigma} f(x)dx = 0{,}9973 \text{ (99,73\%)}.$$

Calculando integrais semelhantes, podemos obter as probabilidades correspondentes a quaisquer limites de interesse. Na prática, felizmente, não precisamos calcular integral nenhuma, porque podemos consultar na Tabela A.1 (página 400) os valores das integrais para vários intervalos de uma variável $z \approx N(0, 1)$. Apesar de corresponderem à distribuição padrão, com média zero e variância um, esses valores podem ser usados para fazermos inferências a respeito de qualquer distribuição normal.

Para explicar como se utiliza a Tabela A.1, precisamos introduzir o conceito de **padronização**. Por definição, **padronizar** uma variável aleatória x de média μ e variância σ^2 é construir a partir dela uma nova variável aleatória z, cujos valores são obtidos subtraindo-se de cada valor de x a média populacional e dividindo-se o resultado pelo desvio-padrão:

◆ *Variável normal padronizada:*

$$z = \frac{x - \mu}{\sigma} \qquad (2.6)$$

$x =$ Variável aleatória com distribuição $N(\mu, \sigma^2)$
$z =$ Variável aleatória com distribuição $N(0,1)$

Para dar um exemplo, vamos admitir que o peso de um caroço de feijão se distribua normalmente, com $\mu = 0{,}2024$ g e $\sigma = 0{,}0363$ g. Com isso, estamos fazendo duas suposições questionáveis:

◆ Que os pesos seguem uma distribuição normal;
◆ Que os parâmetros populacionais são iguais aos valores que calculamos para a amostra.

Na verdade, estamos tentando descrever os dados experimentais com nosso primeiro modelo. Chegará a hora de nos perguntarmos se ele é adequado. Por enquanto, vamos admitir que sim.

O peso padronizado será simplesmente, de acordo com a Equação 2.6,

$$z = \frac{x - 0{,}2024\,g}{0{,}0363\,g},$$

onde x é o peso de um caroço. Como o numerador e o denominador têm as mesmas unidades, z é adimensional.

O valor numérico de z representa o afastamento do valor de x em relação à média populacional μ, medido em desvios-padrão, o que fica claro quando reescrevemos a Equação 2.6 como $x = \mu + z\sigma$. Fazendo $z = -2$, por exemplo, temos $x = \mu - 2\sigma$, ou seja, o valor de x está dois desvios-padrão abaixo da média. No nosso exemplo, o peso do caroço correspondente a $z = -2$ seria $x = 0{,}2024\,g - 2 \times 0{,}0363\,g = 0{,}1298\,g$.

Exercício 2.8

Use os resultados do Exercício 2.7 para padronizar (no sentido estatístico que acabamos de ver) o resultado de uma titulação. Que concentração seria obtida numa titulação cujo resultado estivesse 2,5 desvios-padrão acima da média?

O efeito da padronização torna-se evidente quando utilizamos a definição de variável padronizada para substituir x por z, na expressão geral da distribuição normal. Da Equação 2.6 temos $x = \mu + z\sigma$, como já vimos, e consequentemente $dx = \sigma\,dz$. Substituindo essas duas expressões na Equação 2.5, temos

$$f(x)dx = \frac{1}{\sigma\sqrt{2\pi}}\,e^{\frac{-(\mu + z\sigma - \mu)^2}{2\sigma^2}}\,\sigma\,dz.$$

Com a eliminação de μ e σ, esta expressão se reduz a

$$f(z)dz = \frac{1}{\sqrt{2\pi}}\,e^{\frac{-z^2}{2}}\,dz,$$

onde escrevemos $f(z)dz$ do lado esquerdo, porque a expressão agora é uma função de z, e não de x. A equação ficou idêntica à Equação 2.5a. A padronização simplesmente alterou a escala e deslocou a origem do eixo da variável aleatória, transformando a variável original x, que se distribuía de acordo com $N(\mu, \sigma^2)$, numa nova variável z que segue a distribuição padrão, $z \approx N(0, 1)$. Como essa transformação não depende dos valores numéricos de μ e de σ, sempre poderemos usar a distribuição normal padrão para discutir o comportamento de uma distribuição normal qualquer.

2.3 (b) Como usar as caudas da distribuição normal padrão

A Tabela A.1 contém, para valores de z que vão de 0,00 a 3,99, o que se chama de **área da cauda** (à direita) da distribuição normal padrão. A primeira coluna dá o valor de z até a primeira casa decimal, enquanto a linha superior da tabela dá a segunda casa. Para saber a área da cauda correspondente a um certo z, temos de procurar na tabela o valor localizado na interseção da linha e da coluna apropriadas. O valor correspondente a $z = 1,96$, por exemplo, está na interseção da linha referente a $z = 1,9$ com a coluna encabeçada por 0,06. Esse valor, 0,0250, é a fração da área total sob a curva que está localizada à direita de $z = 1,96$. Como a curva é simétrica em torno da média, uma área idêntica está situada *à esquerda* de $z = -1,96$ na outra metade da gaussiana (Figura 2.4). A soma dessas duas caudas, a da direita e a da esquerda, dá 5% da área total. Daí concluímos que os 95% restantes estão entre $z = -1,96$ e $z = 1,96$. Se extrairmos aleatoriamente um valor de z, há

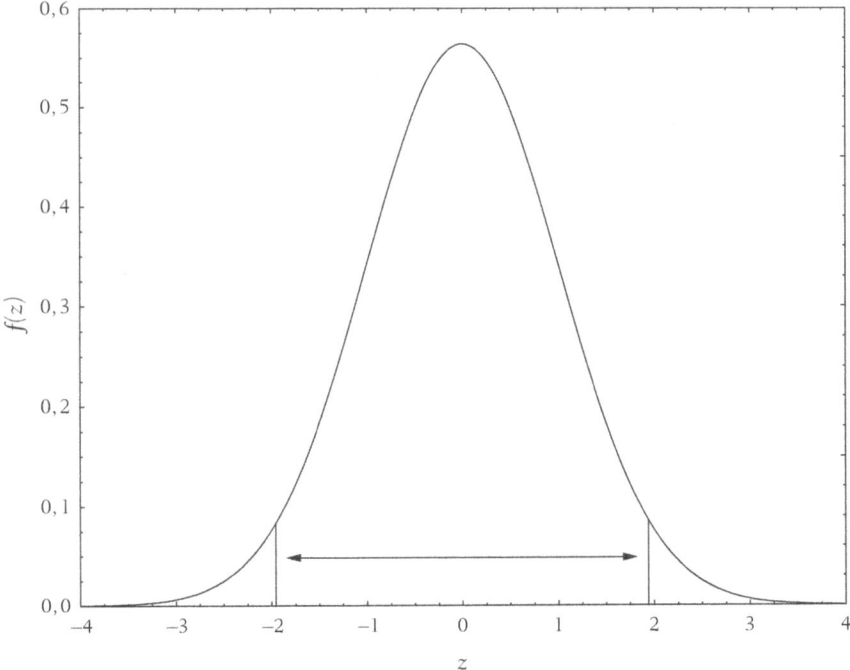

Figura 2.4 Intervalo simétrico em torno da média, contendo 95% da área total sob a curva da distribuição normal padrão.

uma chance em cada vinte (5%) de que esse valor fique abaixo de −1,96, ou acima de 1,96. Nas outras dezenove vezes, a probabilidade é de que ele esteja no intervalo [−1,96, 1,96].

Aceitando o modelo normal como uma representação adequada da distribuição populacional dos pesos dos caroços, podemos usar a Tabela A.1, juntamente com os valores dos parâmetros amostrais, para responder a questões sobre a probabilidade de ocorrência de valores de interesse. Por exemplo:

- Qual a probabilidade de um caroço retirado ao acaso pesar entre 0,18 g e 0,25 g?

Em primeiro lugar, precisamos padronizar os valores dos pesos:

$$z_1 = \frac{0,18g - 0,2024g}{0,0363g} = -0,62 \; ;$$

$$z_2 = \frac{0,25g - 0,2024g}{0,0363g} = 1,31$$

Com isso, a pergunta não se refere mais aos pesos, e sim a z. O que queremos saber agora é "qual a probabilidade de z cair no intervalo [−0,62, 1,31]?".

Essa probabilidade corresponde à área situada entre os limites indicados pela seta na Figura 2.5. Ela é a área total, que é 1, menos as áreas das duas caudas, a que fica acima de 1,31 e a que fica abaixo de −0,62. A da direita podemos ler diretamente na Tabela A.1, procurando o valor correspondente a $z = 1,31$, que é 0,0951. A área da cauda da esquerda não pode ser tirada diretamente da tabela, porque ela não contém valores negativos. No entanto, por causa da simetria da curva, a área que fica abaixo de −0,62 tem de ser igual à que está localizada acima de 0,62. Encontramos, assim, o valor 0,2676.

Subtraindo da área total as áreas das duas caudas, temos finalmente a probabilidade desejada: $(1,0 − 0,0951 − 0,2676) = 0,6373$. A resposta à nossa questão inicial, portanto, é que 63,73% dos caroços (cerca de dois terços) devem pesar de 0,18 g a 0,25 g. Não devemos nos esquecer, porém, de que essa resposta se baseia na validade de nossas duas suposições: a de que a distribuição dos pesos dos caroços é normal e a de que os parâmetros populacionais são iguais aos valores amostrais.

Exercício 2.9

a. Qual a probabilidade de um caroço pesar mais de 0,18 g?
b. Defina os pesos-limite de um intervalo que contenha 95% dos caroços.
c. Sua resposta para o Exercício 2.2 pode ser transformada numa estimativa do peso médio de um caroço. Com base no que vimos até agora, quais são as chances de você encontrar um caroço com um peso maior ou igual a esse?

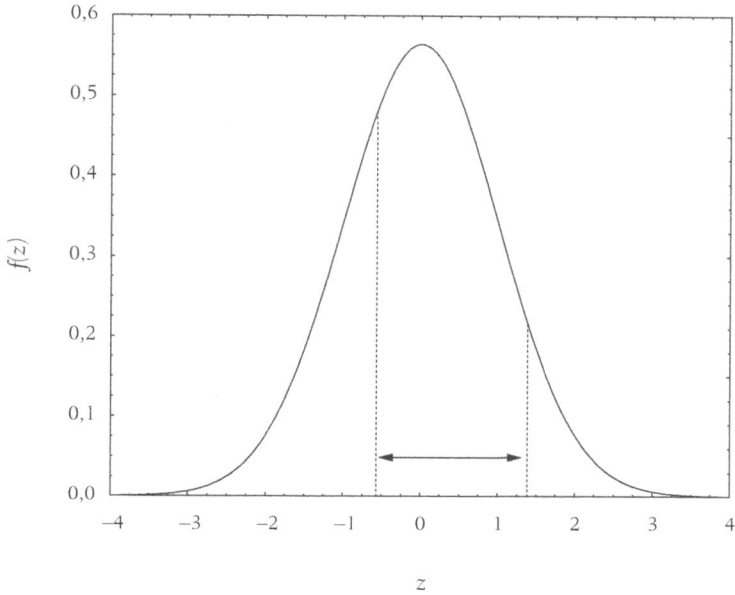

Figura 2.5 Área correspondente a P(−0,62 < z < 1,31).

Exercício 2.10

A área da cauda *à esquerda* de um ponto é chamada de **probabilidade cumulativa** desse ponto, e representa a probabilidade de que o valor observado para a variável aleatória seja *no máximo* igual ao valor definido pelo ponto. As probabilidades cumulativas vão ser utilizadas no próximo capítulo, quando fizermos análises baseadas nos chamados gráficos normais. Use a Tabela A.1 para calcular as probabilidades cumulativas dos seguintes valores numa distribuição normal:

(a) $-\infty$;   (b) μ;   (c) $\mu - \sigma$;   (d) $\mu + \sigma$;   (e) $+\infty$.

Que aspecto deve ter a curva de probabilidades cumulativas de uma distribuição normal?

O histograma da Figura 2.2 tem uma aparência bastante simétrica. À primeira vista, não dá para perceber nele nada que realmente contradiga a hipótese de que a amostra tenha vindo de uma população normal.

Uma maneira de testar quantitativamente se essa hipótese é adequada é comparar as frequências observadas com as frequências previstas pela teoria. Como nossa amostra consiste em um número razoável de observações (140), podemos imaginar que ela seja uma boa aproximação da distribuição populacional dos pesos dos caroços de feijão. Se a população — os pesos de todos os caroços no pacote de 1 kg — se desviar muito da normalidade, devemos ter condições de descobrir alguma evidência desse comportamento nas frequências amostrais. Ou seja, elas devem se afastar das frequências previstas pela distribuição normal.

Usando os valores amostrais $\overline{x} = 0{,}2024$ g e $s = 0{,}0363$ g para determinar os limites dos intervalos $[\overline{x} - s, \overline{x} + s]$, $[\overline{x} - 2s, \overline{x} + 2s]$ e $[\overline{x} - 3s, \overline{x} + 3s]$, verificamos que eles correspondem, respectivamente, a 66,6%, 96,8% e 100% da área total do histograma amostral. Para uma variável aleatória realmente normal, os intervalos populacionais correspondentes, $[\mu - \sigma, \mu + \sigma]$, $[\mu - 2\sigma, \mu + 2\sigma]$ e $[\mu - 3\sigma, \mu + 3\sigma]$, contêm 68,3%, 95,4% e 99,7% de todas as observações. Esses valores estão em ótima concordância com os valores amostrais (a pior diferença não chega a 2%). A julgar por isso, podemos continuar aceitando a distribuição normal para descrever nossa amostra. A comparação, porém, é subjetiva. Não especificamos de quanto deveria ser a diferença para que passássemos a rejeitar a hipótese normal.

A discussão de critérios mais objetivos foge ao âmbito deste livro. No Capítulo 5 apresentaremos um teste alternativo, em que precisaremos decidir se determinado gráfico é suficientemente retilíneo. Como teremos de tomar a decisão olhando a disposição dos pontos no gráfico, esse teste também encerra sua carga de subjetividade, e desse ponto de vista não representa um avanço em relação ao primeiro.

2.3 (c) Por que a distribuição normal é tão importante?

Felizmente, existe uma boa razão para não nos preocuparmos demais com a ausência (neste livro) de um teste rigoroso para verificar se a distribuição é normal: as técnicas estatísticas que apresentaremos são **robustas** em relação a desvios da normalidade. Mesmo que a população de interesse *não* se distribua normalmente, as técnicas podem ser usadas porque continuam aproximadamente válidas.

Essa robustez vem, em última análise, do **teorema do limite central**, um dos teoremas fundamentais da estatística, que diz essencialmente o seguinte:

> Se a flutuação total numa certa variável aleatória for o resultado da soma das flutuações de muitas variáveis independentes e de importância mais ou menos igual, a sua distribuição tenderá para a normalidade, não importa qual seja a natureza das distribuições das variáveis individuais.

O exemplo clássico das implicações do teorema do limite central é o jogo de dados. A distribuição das probabilidades de observarmos um certo número de pontos, jogando um dado não viciado, é mostrada na Figura 2.6(a). Os valores possíveis são os inteiros de 1 a 6, é claro, e se o dado for honesto todos eles têm as mesmas chances de ocorrer, levando a uma distribuição que não tem nada de normal.

Suponhamos agora que sejam jogados cinco dados, ao invés de um, ou que o mesmo dado seja jogado cinco vezes consecutivas, e a média dos cinco valores observados seja calculada. Essa média é uma função de cinco variáveis aleatórias, cada uma se distribuindo independentemente das demais, já que o valor observado para um certo dado ou jogada não afeta os valores observados para os outros. Além disso, o número de pontos de cada dado contribui com o mesmo peso para o resultado final — nenhuma das cinco observações é mais importante do que as outras quatro. As duas premissas do teorema do limite central — (1) flutuações independentes e (2) de igual importância – são, portanto, satisfeitas, e o resultado aparece na Figura 2.6(b): a distribuição das médias já se parece com a distribuição normal. Quando o número de observações que compõem o resultado final cresce, a tendência para a normalidade torna-se mais pronunciada, como mostra a distribuição da média dos pontos de dez dados [Figura 2.6(c)].

Muitas vezes, o erro final de um valor obtido experimentalmente vem da agregação de vários erros individuais mais ou menos independentes, sem que nenhum deles seja dominante. Na titulação, por exemplo, lembramos o erro de leitura na bureta, o erro causado por uma gota que fica na pipeta, o erro devido a uma tonalidade diferente no ponto final, e assim por diante. Com os caroços de feijão é mais ou menos a mesma coisa: o peso de cada um depende do grau de desidratação, da ação das pragas, da própria carga genética do feijão, etc. *A priori*, não temos motivo para imaginar que esses erros — tanto nos feijões quanto na titulação — sigam distribuições normais, mas também não devemos supor que eles sejam dependentes uns dos outros, ou que um deles seja muito mais importante do que os demais. O teorema do limite central nos diz então que o erro final se distribuirá de forma aproximadamente

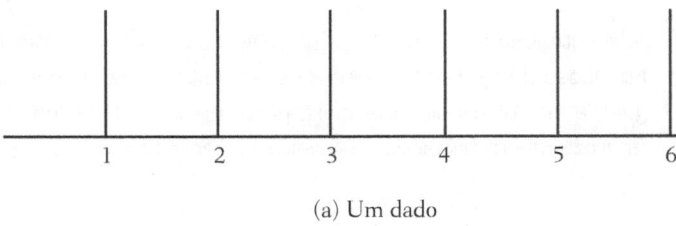

(a) Um dado

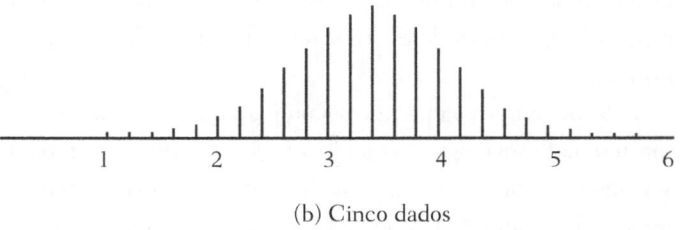

(b) Cinco dados

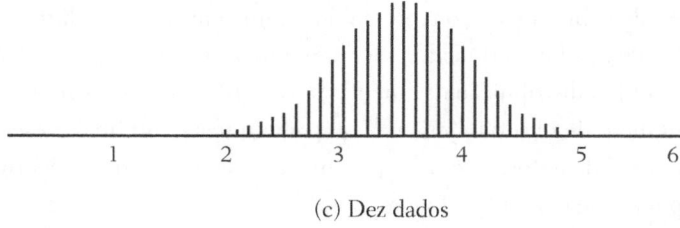

(c) Dez dados

Figura 2.6 Distribuição de frequências para um jogo de dados não viciados.

normal, e tanto mais normal quanto mais numerosas forem as fontes de erros individuais. Como situações desse tipo são muito comuns na prática, podemos nos dar por satisfeitos com a hipótese normal na maioria dos casos, e deixar para fazer testes mais sofisticados quando existir muita evidência em contrário. Talvez o teorema do limite central explique o entusiasmo de *Sir* Francis Galton, o inventor da regressão linear: "Dificilmente existirá algo tão impressionante para a imaginação como a admirável forma da ordem cósmica expressa pela Lei da Frequência do Erro (*isto é, a distribuição normal*). Se os gregos a tivessem conhecido, certamente a teriam personificado e endeusado".

2.3 (d) Como calcular um intervalo de confiança para a média

O principal motivo para querermos um modelo é a perspectiva de usá-lo para fazer inferências sobre os parâmetros populacionais. Esqueçamos por um momento que foram pesados 140 caroços. Suponhamos que tenha sido pesado apenas um, escolhido aleatoriamente, e que o peso encontrado tenha sido de 0,1188 g, o primeiro valor da Tabela 2.2. O que esse valor nos permite dizer a respeito do peso médio populacional, μ?

Caso a distribuição populacional dos pesos dos caroços seja normal, sabemos que o intervalo $[\,\mu - 1{,}96\sigma, \mu + 1{,}96\sigma\,]$ deve conter 95% de todas as possíveis observações. Isso significa que a observação avulsa 0,1188 g tem 95% de probabilidade de ter sido feita dentro desse intervalo. É claro que também tem 5% de chances de ter caído fora dele. Aceitando o modelo normal, podemos dizer então que temos 95% de confiança na dupla desigualdade

$$\mu - 1{,}96\sigma < 0{,}1188 \text{ g} < \mu + 1{,}96\sigma.$$

Tomando a desigualdade da esquerda e somando $1{,}96\sigma$ aos dois lados, ficamos com

$$\mu < 0{,}1188 \text{ g} + 1{,}96\sigma.$$

Subtraindo $1{,}96\sigma$ da desigualdade da direita, temos também

$$0{,}1188 \text{ g} - 1{,}96\sigma < \mu.$$

Combinando as duas, chegamos a um intervalo de 95% de confiança para a média populacional:

$$0{,}1188 \text{ g} - 1{,}96\sigma < \mu < 0{,}1188 \text{ g} + 1{,}96\sigma.$$

Para determinar numericamente os limites desse intervalo, só nos falta o valor do desvio-padrão populacional. Supondo, por exemplo, que $\sigma = 0{,}0363$ g (que é realmente, como sabemos, apenas um valor amostral), temos

$$0{,}0477 \text{ g} < \mu < 0{,}1899 \text{ g}.$$

A partir desses valores, e com todas as suposições feitas, podemos dizer que o número total de caroços de feijão no pacote de um quilo deve estar entre 5.266 e 20.964. Mesmo assim, ainda há 5% de probabilidade de estarmos enganados. Não é uma precisão muito animadora, mas, afinal, o que é que a gente esperava?

Baseando nossa estimativa no peso de um solitário caroço, não poderíamos mesmo querer chegar a conclusões muito significativas. Logo mais faremos estimativas a partir de médias, e veremos que elas são bem mais precisas, o que por sua vez é natural, já que valores médios são representações mais adequadas da população como um todo.

- ◆ **Intervalo de confiança para a média populacional, a partir de uma observação:**

$$x_i - z\sigma < \mu < x_i + z\sigma \qquad (2.7)$$

μ = Média populacional
x_i = Uma Observação
σ = Desvio-padrão populacional
z = Ponto da distribuição $N(0,1)$ correspondendo ao nível de confiança desejado

2.3 (e) Como interpretar um intervalo de confiança

Muitas vezes, as pessoas têm a impressão de que, quando determinamos os limites de um intervalo de confiança, estamos estabelecendo o valor da média populacional com uma certa probabilidade. Não é bem assim. Ao contrário do peso de um caroço, a média μ não é uma variável aleatória. É um valor perfeitamente determinado, que poderíamos conhecer sem nenhuma dúvida se pudéssemos examinar a população inteira. Para saber a média populacional no exemplo dos feijões, bastaria estarmos dispostos a pesar todos os caroços do pacote. Não faz sentido, portanto, atribuir a ela nenhuma probabilidade.

A interpretação formal dos intervalos de confiança é a seguinte: se construirmos todos os possíveis intervalos correspondentes a um certo nível de confiança α, então α por cento deles conterão a média populacional, e os outros $(100 - \alpha)$ por cento não a conterão. Isso significa que, determinando todos os intervalos de 95% de confiança correspondentes aos pesos individuais dos caroços no pacote, saberemos que o valor da média populacional deverá estar dentro de 95% deles, e fora dos 5% restantes. Não saberemos, porém, como distinguir os intervalos corretos dos incorretos, nem poderemos atribuir probabilidades que diferenciem os valores contidos num dado intervalo. O ponto médio do intervalo, em particular, não tem nada de especial. Dizer que o número total de caroços deve estar entre 5.266 e 20.964, por exemplo, não significa de forma alguma que o seu valor mais provável seja a média desses dois extremos, 13.115. Nenhum dos valores do intervalo é "mais provável" do que os demais.

> **Exercício 2.11**
>
> Calcule, a partir do peso do segundo caroço na Tabela 2.2, um intervalo de 95% de confiança para o número total de caroços em um quilo de feijão.

2.4 Covariância e correlação

Até agora, para ilustrar o conceito de variável aleatória, temos usado o peso de um caroço de feijão extraído ao acaso. Se não fosse pelas dificuldades de medição, poderíamos muito bem ter escolhido o volume do caroço, em vez do seu peso. Assim como o peso, x, o volume de um caroço — vamos chamá-lo de y — também é uma variável aleatória. Conhecer o volume de um dado caroço não nos dá condições de prever o volume exato do caroço seguinte. Os valores da variável y são independentes uns dos outros, da mesma forma que os valores da variável x são independentes entre si. Devemos esperar, portanto, que um histograma dos valores de y apresente a regularidade habitual: uma distribuição, provavelmente de aparência gaussiana, em torno de um valor central.

Só que agora temos uma novidade. Não podemos dizer que o peso e o volume *de um determinado caroço* sejam independentes um do outro, porque existe uma relação entre eles, que é a densidade do caroço. Encontrando um caroço mais pesado do que a média, em geral esperamos que o seu volume também esteja acima do volume médio, e vice-versa. Para um dado caroço, portanto, os desvios dessas duas variáveis em relação a suas respectivas médias tendem a ser do mesmo sinal algébrico. Dizemos "tendem" porque é provável que a densidade não seja exatamente a mesma para todos os caroços. Se fosse, não falaríamos de tendência e sim de certeza, e só teríamos de medir uma das variáveis para determinar univocamente o valor da outra, por meio da relação linear *volume = massa ÷ densidade*.[5] Um gráfico do volume contra o peso seria então uma reta de coeficiente angular igual ao inverso da densidade, como na Figura 2.7(a). Na prática, como há vários motivos para a densidade variar de um caroço para outro — o grau de desidratação, a ação das pragas, a carga genética, etc. —, devemos esperar que o gráfico seja mais parecido com o da Figura 2.7(b), onde a linearidade do conjunto de pontos está perturbada por uma certa dispersão.

Podemos observar, na Figura 2.7(b), que altos valores de y tendem a ocorrer ao mesmo tempo que altos valores de x, e vice-versa. Quando isso acontece, dizemos que as duas variáveis aleatórias apresentam uma certa **covariância**, isto é, uma tendência de se desviarem de forma parecida em relação às respectivas médias (covariar = variar junto). Podemos obter uma medida numérica da covariância a partir dos

---
[5] Aqui, "massa" e "peso" são considerados sinônimos, como é costume na Química.

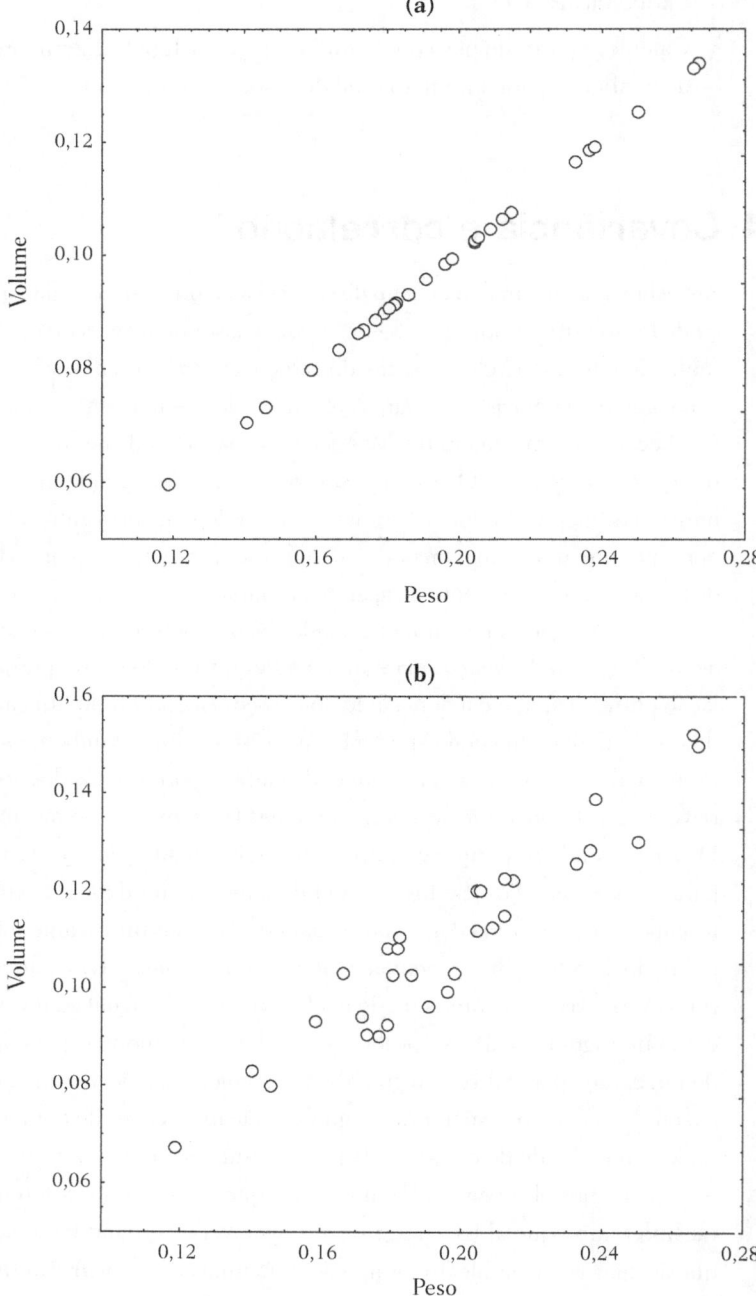

Figura 2.7 (a) Relação perfeitamente linear entre o volume e o peso. (b) Relação linear entre as duas variáveis, acrescida de um erro aleatório.

desvios $(x_i - \bar{x})$ e $(y_i - \bar{y})$. Ou melhor, a partir de seus produtos para cada elemento da amostra. Como neste exemplo, os dois desvios tendem a ter o mesmo sinal; seja ele positivo ou negativo, os produtos $(x_i - \bar{x})(y_i - \bar{y})$ tenderão a ser positivos, e haverá tantos mais produtos positivos quanto maior for a covariância de x e y. O valor numérico da covariância é, por definição, a média dos produtos dos desvios:

- **Covariância amostral das variáveis aleatórias x e y:**

$$Cov(x,y) = \frac{1}{N-1} \sum (x_i - \bar{x})(y_i - \bar{y})$$

(2.8)

$(x_i, y_i) =$ Valores das observações individuais para o elemento i
$(\bar{x}, \bar{y}) =$ Médias amostrais
$N =$ Número de elementos na amostra

Note a analogia com a definição de variância, Equação 2.2. O denominador continua sendo $N - 1$, porque só $N - 1$ dos N produtos dos desvios são independentes. Note também que $Cov(x, x)$ é a própria variância de x.

Como o valor da covariância depende da escala usada para medir x e y, é difícil usá-la como padrão para comparar o grau de associação estatística de diferentes pares de variáveis. Por exemplo, se em vez de caroços de feijão estivéssemos investigando laranjas, o valor numérico da covariância entre o peso e o volume, medido nas mesmas unidades, seria muito maior. No entanto, continuaria significando a mesma coisa: uma densidade mais ou menos constante.

Para eliminar esse problema, aplicamos um fator de escala, dividindo cada desvio individual pelo desvio-padrão da variável correspondente. Obtemos assim uma espécie de covariância normalizada, que é chamada de **coeficiente de correlação** das duas variáveis (Equação 2.9). Por causa dessa definição, o coeficiente de correlação de qualquer par de variáveis aleatórias fica obrigatoriamente restrito ao intervalo $[-1, +1]$. As correlações de diferentes pares de variáveis passam a ser medidas na mesma escala (que é adimensional, como se pode deduzir da Equação 2.9) e podem então ser comparadas diretamente.

- **Coeficiente de correlação amostral das variáveis aleatórias x e y:**

$$r(x,y) = \frac{1}{N-1} \sum \left(\frac{x_i - \bar{x}}{s_x}\right)\left(\frac{y_i - \bar{y}}{s_y}\right)$$

(2.9)

$(x_i, y_i) =$ Valores das observações individuais para o elemento i
$(\bar{x}, \bar{y}) =$ Médias amostrais
$(s_x, s_y) =$ Desvios-padrão amostrais
$N =$ Número de elementos na amostra

Variáveis estatisticamente independentes têm coeficiente de correlação igual a zero. A recíproca não é verdadeira, porque o coeficiente de correlação é uma medida da associação *linear* entre duas variáveis. Um coeficiente de correlação nulo significa apenas que uma relação linear não está presente. Pode, no entanto, haver outros tipos de dependência, que não sejam refletidos pelo valor numérico do coeficiente de correlação. O Exercício 2.12 mostra uma possibilidade.

Exercício 2.12

Sejam duas variáveis, y e x, obedecendo à equação $y = x^2$ no intervalo $[-a, +a]$. (a) Qual o valor do coeficiente de correlação entre y e x? (Não faça contas; faça um gráfico da função e utilize argumentos geométricos.) (b) Você pode pensar em outras funções que deem o mesmo resultado?

Variáveis ligadas por uma relação linear perfeita têm coeficiente de correlação igual a $+1$, se quando uma cresce a outra também cresce, ou igual a -1, se quando uma cresce a outra diminui. Valores intermediários representam relações parcialmente lineares, e o valor numérico do coeficiente de correlação é muito usado em trabalhos científicos como argumento a favor da existência de uma relação entre duas variáveis. Todo cuidado é pouco com esses argumentos, porque os valores podem ser muito enganosos. Às vezes, uma simples olhada em um gráfico das variáveis é o bastante para descartar conclusões apressadas, apoiadas somente no valor numérico do coeficiente de correlação. Voltaremos a esse ponto no Capítulo 5, quando tratarmos da construção de modelos empíricos. Por enquanto, como exemplo – e também como advertência –, mostramos na Figura 2.8 os gráficos de quatro conjuntos de pares de valores das variáveis x e y, todos com exatamente o mesmo coeficiente de correlação, 0,82 (Anscombe, 1973). Se fôssemos julgar os dados apenas pelo valor de r, concluiríamos que a relação entre as variáveis é a mesma nos quatro casos, o que evidentemente está muito longe de ser verdade.

Que conclusões você tiraria dos gráficos da Figura 2.8?

Apesar de parecerem triviais para os estudantes de ciências, gráficos bidimensionais como os das Figuras 2.7 e 2.8 são considerados muito importantes para o gerenciamento da qualidade, pela sua eficiência em revelar padrões de associação entre as variáveis (o que, aliás, é demonstrado pela própria Figura 2.8). Tanto é que nesse contexto recebem o título de **diagramas de dispersão**, e fazem parte das "sete ferramentas indispensáveis para a melhoria da qualidade", recomendadas pelo guru da qualidade K. Ishikawa (Ishikawa, 1985).[6] Na opinião de Ishikawa, to-

---

[6] As outras seis ferramentas são a folha de verificação, o histograma, o gráfico de Pareto, o diagrama de causa e efeito, o gráfico de controle e a estratificação.

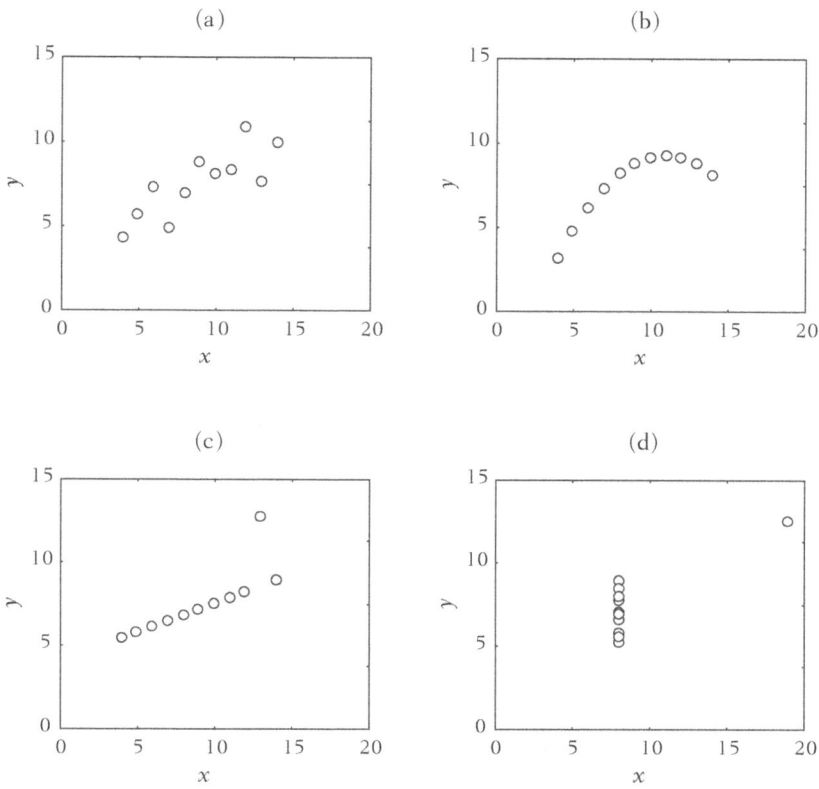

Figura 2.8 Quatro conjuntos de dados com o mesmo coeficiente de correlação, $r = 0{,}82$, mas representando realidades muito diferentes. (Dados de Anscombe, 1973).

das as sete ferramentas, que são bastante simples, devem ser aprendidas e usadas por qualquer pessoa que trabalhe na indústria. Não temos condições de tratar de todas elas neste livro, mas achamos que vale a pena você também procurar aprender a usá-las. Boas referências para isso são Vieira (1999), Montgomery (1997) e Oakland e Followell (1990).

As médias e os desvios-padrão usados nas Equações 2.8 e 2.9 são valores amostrais. Às vezes, precisamos medir os desvios em relação a valores populacionais, e substituir $\bar{x}$ por μ_x e $\bar{y}$ por μ_y. Quando isso acontecer, devemos também usar N ao invés de $N-1$, porque as médias em relação às quais são calculados os desvios não são mais obtidas a partir dos valores amostrais. Os desvios não sofrem mais restrição nenhuma, e portanto mantêm todos os N graus de liberdade das observações originais. Note que, mesmo assim, a covariância e o coeficiente de correlação continuam sendo valores amostrais. A diferença é que passaram a ser calculados em relação a médias populacionais.

> **Exercício 2.13**
>
> Os valores abaixo são os volumes, em mililitros, dos caroços cujos pesos aparecem na primeira linha da Tabela 2.2. Calcule a covariância e o coeficiente de correlação entre os pesos e os volumes desses sete caroços.
>
> 0,108   0,214   0,143   0,195   0,148   0,144   0,174

2.5 Combinações lineares de variáveis aleatórias

Suponhamos que x_1 e x_2 sejam variáveis aleatórias com parâmetros populacionais (μ_1, σ_1^2) e (μ_2, σ_2^2), respectivamente. A expressão

$$y = a_1 x_1 + a_2 x_2,$$

onde a_1 e a_2 são constantes, é uma **combinação linear** de x_1 e x_2. Ela define uma nova variável aleatória, y, cuja distribuição depende das distribuições individuais de x_1 e x_2. Nesta seção veremos como os parâmetros da distribuição de y se relacionam com os parâmetros das distribuições de x_1 e x_2.

A partir de N pares de valores (x_1, x_2) extraídos das respectivas populações, podemos calcular um conjunto de N valores de y. O valor médio de y nesse conjunto será

$$\bar{y} = \frac{1}{N} \sum y = \frac{1}{N} \sum (a_1 x_1 + a_2 x_2).$$

O somatório é feito sobre todos os N pares de valores; deixamos de incluir o índice para simplificar as expressões. Fazendo os somatórios individuais de x_1 e x_2, temos

$$\bar{y} = a_1 \left(\frac{1}{N} \sum x_1 \right) + a_2 \left(\frac{1}{N} \sum x_2 \right),$$

ou

$$\bar{y} = a_1 \bar{x}_1 + a_2 \bar{x}_2.$$

Ou seja:

- ◆ A média da combinação linear é a combinação linear das médias de cada variável.

Analogamente, a variância da combinação linear será dada por

$$\begin{aligned}
s_y^2 &= \frac{1}{N-1}\sum (y-\bar{y})^2 \\
&= \frac{1}{N-1}\sum (a_1 x_1 + a_2 x_2 - a_1 \bar{x}_1 - a_2 \bar{x}_2)^2 \\
&= \frac{1}{N-1}\sum [\, a_1(x_1 - \bar{x}_1) + a_2(x_2 - \bar{x}_2)\,]^2 \\
&= \frac{1}{N-1}\sum [\, a_1^2(x_1 - \bar{x}_1)^2 + a_2^2(x_2 - \bar{x}_2)^2 + 2a_1 a_2 (x_1 - \bar{x}_1)(x_2 - \bar{x}_2)\,] \\
&= a_1^2 \left[\frac{1}{N-1}\sum (x_1 - \bar{x}_1)^2\right] + a_2^2 \left[\frac{1}{N-1}\sum (x_2 - \bar{x}_2)^2\right] \\
&\quad + 2 a_1 a_2 \left[\frac{1}{N-1}\sum (x_1 - \bar{x}_1)(x_2 - \bar{x}_2)\right]
\end{aligned}$$

Usando as Equações 2.2 e 2.9, podemos reescrever esta última expressão como

$$s_y^2 = a_1^2 s_1^2 + a_2^2 s_2^2 + 2 a_1 a_2 s_1 s_2 \, r(x_1, x_2)\,,$$

onde s_1^2 e s_2^2 são as variâncias e $r(x_1, x_2)$ é o coeficiente de correlação de x_1 e x_2. O resultado já não é tão simples quanto no caso da média, e depende, por causa do último termo, do grau de correlação entre as variáveis.

Esses resultados podem ser facilmente estendidos ao caso geral de uma combinação linear de p variáveis,

$$y = a_1 x_1 + a_2 x_2 + \ldots + a_p x_p = \sum_i a_i x_i\,. \tag{2.10}$$

Teremos então

$$\bar{y} = \sum_i a_i \bar{x}_i\,, \tag{2.11}$$

$$s_y^2 = \sum_i a_i^2 s_i^2 + 2 \sum_i \sum_{j>i} a_i a_j s_i s_j \, r(x_i, x_j)\,. \tag{2.12}$$

Note que esses somatórios são efetuados sobre o número p de variáveis incluídas na combinação linear, e não sobre o número de elementos escolhidos para compor a amostra, que é representado pela letra maiúscula N. Os somatórios sobre N estão implícitos nos cálculos de s_i, s_j e $r(x_i, x_j)$.

O emprego de letras do alfabeto latino nas Equações 2.11 e 2.12 revela que essas expressões se referem a valores amostrais. Desenvolvendo o mesmo argumento a partir de valores populacionais, obteremos expressões análogas, dadas pelas Equações 2.13 e 2.14. Nelas, seguindo a convenção, utilizamos letras gregas.

- **Parâmetros populacionais de uma combinação linear de variáveis aleatórias:**

$$\mu_y = \sum_i a_i \mu_i \qquad (2.13)$$

$$\sigma_y^2 = \sum_i a_i^2 \sigma_i^2 + 2 \sum_i \sum_{j>i} a_i a_j \sigma_i \sigma_j \rho(x_i, x_j) \qquad (2.14)$$

$$y = \sum_i a_i x_i$$

(μ_i, σ_i^2) = Média e variância populacionais da variável aleatória x_i

As Equações 2.13 e 2.14 são absolutamente gerais. Podemos aplicá-las a qualquer combinação linear de quaisquer variáveis aleatórias.

Um caso particular de grande interesse é aquele em que as variáveis se distribuem independentemente umas das outras. Nesse caso, por definição, as correlações entre todas as variáveis são nulas, e o segundo somatório da Equação 2.14 se reduz a zero. A variância da combinação linear passa a ser dada simplesmente por

$$\sigma_y^2 = \sum_i a_i^2 \sigma_i^2 \qquad (2.15)$$

Vejamos agora um caso mais particular ainda: o valor médio de uma amostra de N elementos extraídos aleatoriamente de uma certa população. Por exemplo, o peso médio de um caroço, numa amostra de dez caroços escolhidos ao acaso em um quilo de feijão. Repetindo um grande número de vezes essa amostragem, teremos um conjunto de pesos médios. Como será a distribuição desses valores?

A média de N observações é na verdade um caso particular de combinação linear, com todos os coeficientes na Equação 2.10 iguais a $1/N$:

$$\bar{x} = \frac{1}{N} \sum_i x_i = \frac{1}{N} x_1 + \frac{1}{N} x_2 + \ldots + \frac{1}{N} x_N \ .$$

Se a escolha dos elementos for rigorosamente aleatória, não haverá correlação entre as observações, de modo que poderemos usar a Equação 2.15 para calcular a variância. Além disso, como estamos supondo que as observações são feitas sempre na mesma população, todas elas se distribuem individualmente com a mesma variância populacional σ^2. Portanto, substituindo na Equação 2.15 a_i por $1/N$ e σ_i^2 por σ^2, podemos escrever, para a distribuição das médias amostrais:

$$\sigma_{\bar{x}}^2 = \sum_i \left(\frac{1}{N}\right)^2 \sigma^2 = \left(\frac{1}{N}\right)^2 \sum_i \sigma^2 = \left(\frac{1}{N}\right)^2 N \sigma^2 = \frac{\sigma^2}{N} \ . \qquad (2.15a)$$

Este é um valor populacional, e se refere à distribuição estatística das médias de *todas* as amostras aleatórias com um certo número N de elementos que possam vir a ser extraídas da população. A variância dessa distribuição é menor do que a variância da distribuição das observações individuais, σ^2, por um fator inversamente proporcional ao tamanho da amostra. A distribuição das médias é, portanto, mais estreita do que a distribuição dos valores individuais, e será tanto mais estreita quanto maior for a amostra.

Para obter a média da distribuição das médias amostrais $\bar{x}$, usamos a Equação 2.13, substituindo a_i por $1/N$ e μ_i por μ:

$$\mu_{\bar{x}} = \sum_i \frac{1}{N}\mu = \frac{1}{N}\sum_i \mu = \frac{1}{N}N\mu = \mu \ .$$

(2.13a)

Isso significa que tanto as observações individuais quanto as médias amostrais se distribuem em torno da mesma média μ. A distribuição das médias, como vimos, é mais estreita. Seu desvio-padrão é de apenas $\sigma/\sqrt{N}$. Se as amostras contêm 100 observações cada uma, por exemplo, esperamos que o histograma de suas médias tenha um décimo da largura do histograma dos valores individuais.

A Figura 2.9(b) mostra a distribuição dos pesos médios em 140 amostras aleatórias de dez caroços de feijão, extraídas da mesma população que gerou o histograma da Figura 2.2, que aparece de novo na Figura 2.9(a). (A escala é ampliada em relação à Figura 2.2, para que possa acomodar os dois histogramas.) O estreitamento da distribuição dos pesos médios em relação à distribuição dos pesos individuais é evidente.

Já vimos que os valores individuais representados na Figura 2.9(a) têm média de 0,2024 g e desvio-padrão de 0,0363 g. Se esses valores correspondessem a parâmetros populacionais, os pesos médios nas amostras de dez caroços deveriam ter a mesma média, mas um desvio-padrão de apenas $0,0363/\sqrt{10}$ = 0,0115 g. Os valores que correspondem à distribuição das médias na Figura 2.9(b) são 0,1929 g e 0,0128 g, respectivamente. A concordância é muito boa, especialmente se lembrarmos que estes também são valores amostrais, não populacionais.

Exercício 2.14

Qual a variância da distribuição da diferença $x_1 - x_2$, onde x_1 e x_2 são duas variáveis normais padronizadas e totalmente correlacionadas positivamente, isto é, de coeficiente de correlação igual a 1? E se o coeficiente de correlação fosse zero?

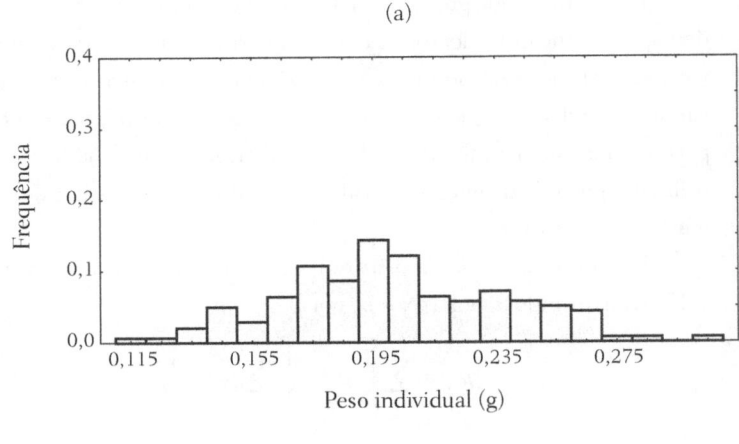

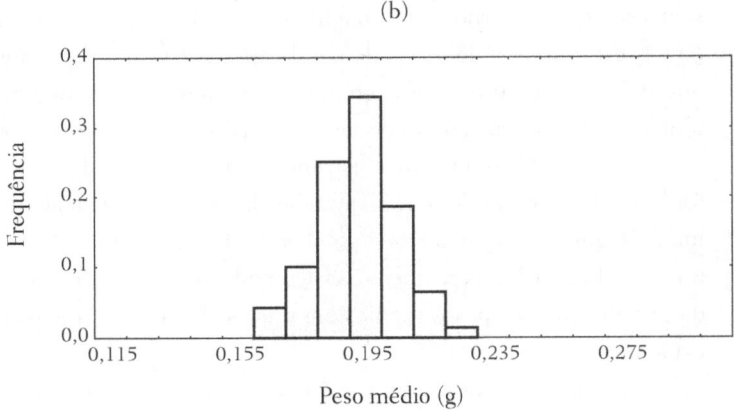

Figura 2.9 (a) Distribuição dos pesos individuais de 140 caroços de feijão preto. (b) Distribuição dos pesos médios de 140 amostras de dez caroços de feijão preto.

2.6 Amostragem aleatória em populações normais

Na seção anterior chegamos a várias conclusões importantes sem ter de fazer nenhuma restrição quanto à forma da distribuição das observações. Só foi preciso admitir que as amostras eram aleatórias. Nesta seção vamos impor mais uma condição. Vamos supor que as amostras serão extraídas de populações *normais*. Como já vimos, esta é uma hipótese perfeitamente aceitável em muitas situações de interesse prático, por causa do teorema do limite central. Sob essas duas restrições — amostras aleatórias tiradas de populações normais —, os valores amostrais seguem certas distribuições específicas, que podem ser usadas para se obterem intervalos de confiança. Antes de mostrar como isso pode ser feito, vamos enunciar, sem demonstração, as conclusões pertinentes. Se você estiver interessado, poderá encontrar as demonstrações em algum texto de estatística avançada, como Dudewicz e Mishra (1988).

Consideremos amostras de N elementos, extraídas aleatoriamente de uma população normal de média μ e variância σ^2. Pode-se demonstrar que os valores amostrais, $\bar{x}$ e s^2, obedecem ao seguinte:

- As médias amostrais $\bar{x}$ também se distribuem **normalmente**, com a mesma média μ, mas com variância igual a σ^2/N. [Na seção anterior chegamos a uma conclusão parecida, mas não dissemos nada sobre a *forma* da distribuição.]
- A variável aleatória t, definida por $t = \dfrac{\bar{x} - \mu}{s/\sqrt{N}}$, segue a **distribuição t** com $N - 1$ graus de liberdade.
- A variável aleatória χ^2, definida por $\chi^2 = (N-1)\dfrac{s^2}{\sigma^2}$, segue a **distribuição qui-quadrado**, também com $N - 1$ graus de liberdade.
- ***Distribuição de estimativas amostrais em populações normais:***

$$\bar{x} \approx N\left(\mu, \frac{\sigma^2}{N}\right) \qquad (2.16)$$

$$\frac{\bar{x} - \mu}{s/\sqrt{N}} \approx t_{N-1} \qquad (2.17)$$

$$(N-1)\frac{s^2}{\sigma^2} \approx \chi^2_{N-1} \qquad (2.18)$$

$x =$ Variável aleatória distribuída de acordo com $N(\mu, \sigma^2)$
$\left(\bar{x}, s^2\right) =$ Estimativas amostrais de (μ, σ^2) obtidas em amostras aleatórias de N elementos cada uma
$t_{N-1} =$ Distribuição t com $N-1$ graus de liberdade
$\chi^2_{N-1} =$ Distribuição qui-quadrado com $N - 1$ graus de liberdade

A partir dessas conclusões, podemos obter intervalos de confiança, empregando um raciocínio semelhante ao da Seção 2.3. Para ver como se faz, vamos usar uma amostra de dez caroços retirados do nosso quilo de feijão.

Suponhamos que os pesos desses caroços sejam os dez primeiros valores da Tabela 2.2. Para essa amostra, já sabemos (se você resolveu o Exercício 2.6) que $\bar{x} = 0,1887$ g e $s = 0,0423$ g. Como a média $\bar{x}$ se distribui normalmente (Equação

2.16), ao subtrair a média populacional μ e dividir o resultado pelo desvio-padrão da média populacional, $\sigma/\sqrt{N}$, teremos uma variável normal padronizada:

$$\frac{\bar{x}-\mu}{\sigma/\sqrt{N}} = z \approx N(0,1) \qquad (2.19)$$

Para um intervalo de 95% de confiança, o valor de z é 1,96, como vimos na Seção 2.3(b). Isso significa que há 95 chances em 100 de que $-1,96 < z < 1,96$, ou de que

$$-1,96 < \frac{\bar{x}-\mu}{\sigma/\sqrt{N}} < 1,96.$$

Remanejando os símbolos de modo a isolar a média populacional, μ, chegamos a duas desigualdades,

$$\mu < \bar{x} + 1,96 \frac{\sigma}{\sqrt{N}} \qquad e \qquad \bar{x} - 1,96 \frac{\sigma}{\sqrt{N}} < \mu,$$

que podem ser combinadas em uma só:

$$\bar{x} - 1,96 \frac{\sigma}{\sqrt{N}} < \mu < \bar{x} + 1,96 \frac{\sigma}{\sqrt{N}}. \qquad (2.20)$$

Para definir numericamente os limites desse intervalo, precisamos do valor do desvio-padrão populacional. Vamos admitir, mais uma vez, que o valor do desvio-padrão calculado para os 140 caroços é uma aproximação aceitável. Teremos, então, $\sigma/\sqrt{N} = 0,0363/\sqrt{10} = 0,0115$ g. Finalmente, lembrando que na nossa amostra $\bar{x} = 0,1887$ g,

$$0,1887 \text{ g} - 1,96 \times 0,0115 \text{ g} < \mu < 0,1887 \text{ g} + 1,96 \times 0,0115 \text{ g},$$

ou

$$0,1662 \text{ g} < \mu < 0,2112 \text{ g}.$$

A partir dessa expressão, podemos dizer, com 95% de confiança,[7] que o quilo de feijão deve ter de 4.735 a 6.017 caroços. Lembrando que, a partir do peso de um só caroço (o primeiro valor da Tabela 2.2), nossa estimativa ia de 5.266 a 20.964, vemos que o novo intervalo é bem melhor. Podemos torná-lo mais preciso ainda, se usarmos uma amostra mais numerosa.

---

[7] No sentido que discutimos na Seção 2.3(e).

♦ **Intervalo de confiança para a média populacional, a partir da distribuição normal:**

$$\overline{x} - z\frac{\sigma}{\sqrt{N}} < \mu < \overline{x} + z\frac{\sigma}{\sqrt{N}}$$

(2.21)

Exercício 2.15

Considere os 140 valores da Tabela 2.2 como uma única amostra aleatória numa população normal. Admita que o desvio-padrão calculado a partir deles é idêntico ao valor populacional. Responda agora: Com quantos grãos se faz uma feijoada?

Nas determinações de intervalos de confiança que fizemos até agora, tivemos de supor que o valor do desvio-padrão populacional era conhecido. Apesar disso, só conhecíamos mesmo um valor amostral, ainda que obtido a partir de uma amostra bastante grande. Veremos agora como nos livrar dessa restrição e obter intervalos de confiança sem precisar recorrer a valores populacionais.

Em 1908, W. S. Gosset, um químico que trabalhava na cervejaria Guinness e que usava o pseudônimo *Student* para assinar seus trabalhos, publicou a dedução da "curva representando a distribuição de frequências de uma grandeza z, obtida dividindo-se a distância entre a média amostral e a média populacional pelo desvio-padrão amostral" (Pearson; Wishart, 1943).

As palavras são do próprio Student, que obviamente se refere à distribuição da variável aleatória $(\overline{x} - \mu)/s$. Hoje em dia se prefere incluir o fator $\sqrt{N}$, e falar da distribuição da variável $\dfrac{\overline{x} - \mu}{s/\sqrt{N}}$, expressão idêntica à que aparece na Equação 2.19, exceto pela substituição do desvio-padrão populacional, σ, pelo desvio-padrão amostral, s. Por causa dessa mudança, a variável não segue mais a distribuição normal padronizada, e sim a que Student deduziu, e que é rigorosamente válida — sempre é bom lembrar — para amostras aleatórias retiradas de uma população normal. Com ela podemos comparar os desvios $(\overline{x} - \mu)$ com um desvio-padrão obtido da própria amostra, $s/\sqrt{N}$, dispensando o valor populacional $\sigma/\sqrt{N}$. Veremos mais tarde que essa característica da distribuição de Student é muito importante para a avaliação de modelos empíricos.

A Equação 2.17 expressa de forma resumida as conclusões de Student. A nova variável aleatória é representada pelo símbolo t_{N-1}, e sua distribuição é chamada de **distribuição t** ou **distribuição de Student**. O índice $N - 1$ lembra que a forma da distribuição varia com o tamanho da amostra. Na verdade, são várias distribuições diferentes, cada uma delas correspondendo a um certo número de graus de liberdade na determinação do valor de s.

É importante ressaltar, desde já, que o número padrão, não ao cálculo de graus de liberdade na distribuição de Student se refere à obtenção do desvio-padrão, não ao cálculo da média. Como veremos em outros capítulos, pode acontecer que a média e o desvio-padrão sejam obtidos a partir de diferentes conjuntos de observações. O valor de N, em t_{N-1}, não será então necessariamente o mesmo valor de N usado para calcular a média, cuja raiz quadrada aparece no denominador da Equação 2.17.

A Tabela A.2, na página 401, contém os valores de t para algumas áreas da cauda à direita na distribuição de Student. As áreas aparecem na parte superior da tabela, em negrito. A distribuição t também é simétrica em torno da média zero, como a distribuição normal padrão, de modo que só precisamos de um lado da curva.

Na primeira coluna, também em negrito, está o número de graus de liberdade, ν, com que o desvio-padrão s é estimado. Como na nossa amostra de dez caroços, esse número é $\nu = N - 1 = 9$, e os valores apropriados encontram-se na nona linha. Para descobrir, por exemplo, o valor de t que corresponde a um nível de 95% de confiança, lemos o valor que se encontra na interseção da nona linha com a coluna correspondente a 0,025 de área da cauda. Obtemos, assim, $t = 2,262$.

Na distribuição normal, para o mesmo nível de confiança, usamos $z = 1,96$, o que mostra que a distribuição t é mais espalhada, ou seja, os intervalos de confiança obtidos a partir dela serão mais largos. Isso faz sentido, porque, ao usar o valor de s para estimar σ, estamos cometendo um erro, que evidentemente será tanto maior quanto menor for a amostra. Para uma amostra de apenas dois elementos, por exemplo, o valor de t sobe para 12,706, no mesmo nível de confiança. Esse resultado significa que, para ter os mesmos 95% de confiança com uma amostra tão pequena, precisaremos de um intervalo umas cinco vezes maior do que no caso da amostra de dez caroços. E isso sem levar em conta a variação na própria estimativa do desvio-padrão.

A recíproca é verdadeira. Quanto maior for a amostra, mais estreito será o intervalo. No limite, com um número infinito de graus de liberdade, a distribuição t termina reduzindo-se à distribuição normal padrão. Você pode confirmar esse fato conferindo os valores que estão na última linha da Tabela A.2.

Com a distribuição de Student, portanto, podemos calcular um novo intervalo de confiança usando apenas os valores amostrais (Equação 2.22). Note a semelhança com a Equação 2.21, que se baseia no desvio-padrão populacional.

♦ *Intervalo de confiança para a média populacional, a partir da distribuição de Student:*

$$\bar{x} - t_{N-1} \frac{s}{\sqrt{N}} < \mu < \bar{x} + t_{N-1} \frac{s}{\sqrt{N}}$$

(2.22)

No nosso exemplo, toda a informação vem de uma única amostra e, portanto, o valor de N dentro da raiz quadrada é o mesmo que aparece em t_{N-1}. Como já dissemos, esses valores não têm de ser obrigatoriamente os mesmos. Mais tarde, veremos exemplos em que combinamos informações de várias amostras para estimar o desvio-padrão. Com esse procedimento, o valor de s — e, portanto, o valor de t_{N-1} — vai ter um número de graus de liberdade maior do que o correspondente a uma só amostra. Os intervalos de confiança se tornarão mais estreitos, e consequentemente as previsões serão mais precisas.

Para 95% de confiança e uma amostra de dez elementos, a Equação 2.22 se transforma em

$$\bar{x} - 2{,}262 \frac{s}{\sqrt{10}} < \mu < \bar{x} + 2{,}262 \frac{s}{\sqrt{10}} \ .$$

Substituindo os valores para os dez caroços, $\bar{x} = 0{,}1887$ g e $s = 0{,}0423$ g, chegamos ao intervalo $0{,}1584$ g $< \mu < 0{,}2190$ g, o que corresponde a $4.566 - 6.313$ caroços/kg. Como já esperávamos, a incerteza cresceu em relação à estimativa anterior, que era baseada na ideia de que o mesmo desvio-padrão poderia ser tomado como o valor populacional.

Exercício 2.16

Use os sete valores na última linha da Tabela 2.2 e determine a partir deles, com 99% de confiança, com quantos grãos se faz uma feijoada.

Exercício 2.17

Refaça o Exercício 2.15, usando a distribuição de Student. Admita que o número de graus de liberdade seja 120, para obter valores de t na Tabela A.2. Compare seus resultados com os do Exercício 2.15.

Exercício 2.18

Como você pode relacionar os números que estão na última linha da Tabela A.2 com os valores da Tabela A.1?

Com o aumento do número de graus de liberdade, os valores de t_{N-1} convergem, a princípio rapidamente e depois mais devagar, para os valores da distribuição normal padrão. À medida que a amostra cresce, portanto, a diferença entre as duas distribuições vai perdendo a importância. Na prática, só se costuma usar a distribuição t quando o número de graus de liberdade na estimativa do desvio-padrão é inferior a 30. Para amostras maiores, a Equação 2.21 é considerada satisfatória.

Os diversos intervalos de confiança calculados até agora para o peso médio de um caroço de feijão, tanto no texto quanto nos exercícios, são comparados graficamente na Figura 2.10, onde podemos ver o estreitamento do intervalo com o aumento do número de caroços na amostra. Como esse efeito varia com a raiz quadrada de N, aumentar o tamanho da amostra normalmente deixa de ser interessante a partir de um certo ponto. Por exemplo, para reduzir à metade os intervalos obtidos a partir de 140 caroços, teríamos de pesar mais 420 deles (para ter um total de 4 x 140 = 560 caroços). Será que esse aumento de precisão compensa tanto esforço?

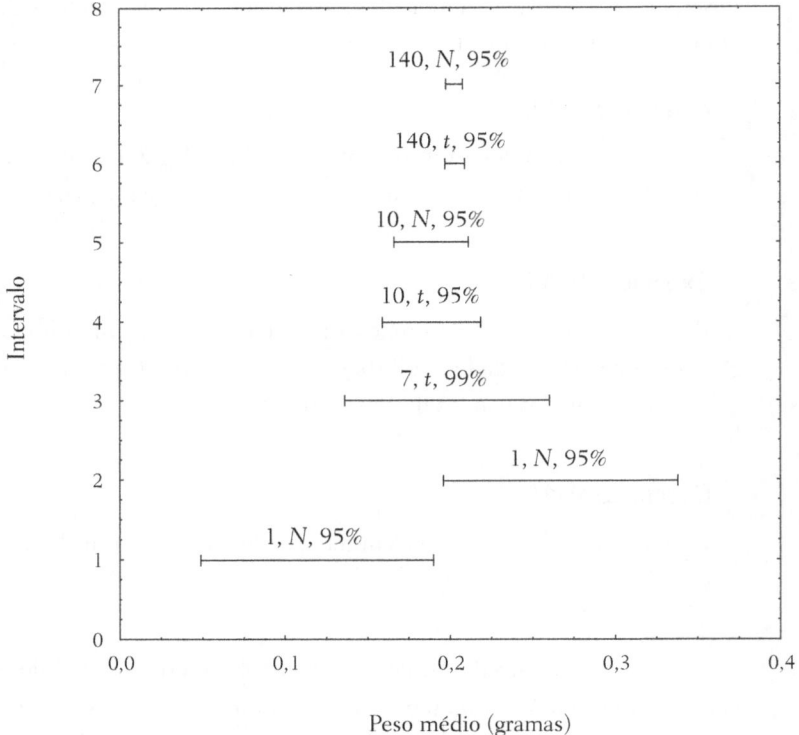

Figura 2.10 Intervalos de confiança para o peso médio de um caroço de feijão preto. As legendas indicam o número de caroços na amostra, a distribuição usada na estimativa e o nível de confiança.

Exercício 2.19

Os dois intervalos de 95% de confiança para o peso médio calculados a partir de um único caroço têm a mesma largura, como mostra a Figura 2.10. Já os intervalos para o número de caroços por quilo, obtidos a partir dos mesmos dados, têm larguras muito diferentes. Para o caroço pesando 0,1188 g, o intervalo de 95% de confiança vai de 5.266 a 20.964 caroços. Para o de 0,2673 g, os limites são 2.955 e 5.098, dando a impressão de que essa determinação é mais precisa do que a outra. Isso é verdade? Por quê?

Partindo da Equação 2.18 e procedendo exatamente da mesma forma, podemos determinar um intervalo de confiança para o valor da variância populacional. Daremos um exemplo com a nossa amostra de dez caroços. Os valores de χ^2 necessários estão na Tabela A.3 (p. 402), cuja leitura é idêntica à da Tabela A.2, com a diferença de que a distribuição qui-quadrado tem uma forma assimétrica, mais alongada para a direita. Por isso, teremos de olhar em duas colunas para determinar os limites do intervalo.

Para um intervalo de 95% de confiança, precisaremos dos pontos correspondentes a 0,025 (cauda à direita) e 0,975 (também de cauda à direita, e portanto correspondendo a 0,025 de cauda à *esquerda*, que é o que realmente interessa). Com nove graus de liberdade, esses valores são 19,0 e 2,70, respectivamente. Daí podemos concluir que há 2,5% de chances de que $\chi^2 > 19,0$, e também 2,5% de chances de que $\chi^2 < 2,70$. Há, portanto, 95% de probabilidade de χ^2 estar entre esses dois limites, isto é, de que $2,70 < \chi^2 < 19,0$; ou, pela Equação 2.18,

$$2,70 < (N-1)\frac{s^2}{\sigma^2} < 19,0 \ .$$

Reescrevendo a desigualdade de modo a isolar σ^2, temos

$$(N-1)\frac{s^2}{19,0} < \sigma^2 < (N-1)\frac{s^2}{2,70} \ .$$

Substituindo finalmente $N = 10$ e $s = 0,0423$ g, temos a expressão $0,0008$ g$^2 < \sigma^2 < 0,0060$ g^2, cuja interpretação é semelhante à dos outros intervalos que vimos. Devemos lembrar, porém, que testes de hipóteses envolvendo diretamente a variância não são robustos em relação a desvios da normalidade, e por isso precisam ser usados com muita cautela. Se for possível, é melhor substituí-los por testes envolvendo médias.

Exercício 2.20

Calcule, a partir dos sete últimos valores da Tabela 2.2, um intervalo de 99% de confiança para o desvio-padrão do peso de um caroço de feijão.

Comparar as variâncias de duas populações é muito importante para se avaliar a qualidade do ajuste de diversos modelos estatísticos. Esse é um assunto que discutiremos detalhadamente no Capítulo 5, mas vamos aproveitar a oportunidade para apresentar a distribuição estatística apropriada, que também é descendente da distribuição normal.

Consideremos duas amostras aleatórias, extraídas de duas distribuições normais possivelmente diferentes. A variância de cada uma delas segue sua própria distribuição qui-quadrado, de modo que, partindo da Equação 2.18, podemos escrever $s_1^2/\sigma_1^2 \approx \chi_{\nu_1}^2/\nu_1$ para uma e $s_2^2/\sigma_2^2 \approx \chi_{\nu_2}^2/\nu_2$ para a outra, onde ν_1 e ν_2 são os respectivos graus de liberdade. Pode-se demonstrar que a razão $\left(\chi_{\nu_1}^2/\nu_1\right)/\left(\chi_{\nu_2}^2/\nu_2\right)$ segue uma **distribuição F** com ν_1 e ν_2 graus de liberdade. Isso nos permite escrever a expressão

$$\frac{s_1^2/\sigma_1^2}{s_2^2/\sigma_2^2} \approx F_{\nu_1,\nu_2},$$

e daí tirar

$$\frac{s_1^2}{s_2^2} \approx \frac{\sigma_1^2}{\sigma_2^2} F_{\nu_1,\nu_2}. \tag{2.23}$$

Podemos usar esta última expressão para testar hipóteses sobre a relação entre variâncias populacionais. Em particular, para testar a possibilidade de que elas sejam idênticas, isto é, que $\left(\sigma_1^2/\sigma_2^2\right)=1$. Para isso, precisaremos da Tabela A.4 (p. 403-406), que apresenta os pontos correspondentes a algumas áreas de cauda à direita na distribuição F. Esse assunto, porém, fica para a seção seguinte.

2.7 Aplicando a distribuição normal

Pelos vários motivos que já discutimos, a distribuição normal descreve bastante bem um grande número de processos reais, e isso nos permite usá-la como modelo para resolver vários problemas de interesse prático. Nesta última seção, apresentaremos algumas das aplicações mais comuns.

2.7(a) Como fazer comparações com um valor de referência

Suponha que estamos encarregados de decidir se o lote de vinagre que discutimos na Seção 2.1 está de acordo com o que a legislação exige, que é 4% de ácido acético.[8] Para isso, realizamos as três primeiras titulações da Tabela 2.1, cujos resultados são 3,91, 4,01 e 3,61%. Dois desses valores estão abaixo do que deveriam, mas pode ser que isso tenha ocorrido somente por causa das flutuações naturais do processo de titulação, e que não haja nada de errado com o lote.

Se a titulação não está afetada por erros grosseiros nem sistemáticos, restam apenas os erros aleatórios. Então, de acordo com o teorema do limite central, os valores médios de um conjunto de titulações feitas em um mesmo lote devem seguir a distribuição de Student. A média das três titulações,

$$\bar{x} = \frac{1}{3}(3{,}91 + 4{,}01 + 3{,}61) = 3{,}843\%,$$

deve ser um ponto da distribuição de Student para médias de três elementos.

Para chegar a uma conclusão sobre o vinagre, precisamos decidir se a evidência fornecida pelos três resultados é incompatível com a hipótese de que eles tenham vindo de uma população com média $\mu = 4\%$. Usamos, portanto, a Equação 2.21, e escrevemos

$$3{,}843\% - t_2 \frac{s}{\sqrt{3}} < \mu < 3{,}843\% + t_2 \frac{s}{\sqrt{3}}.$$

Substituindo $s = 0{,}2082\%$, que é o desvio-padrão das três titulações, e $t_2 = 4{,}303$ (da Tabela A.2, com 95% de confiança), temos

$$3{,}32\% < \mu < 4{,}36\%.$$

Conclusão: como o intervalo de confiança contém o valor de referência, 4%, *não* podemos afirmar que esse não seja o valor verdadeiro da média do lote. (Os especialistas diriam: não podemos rejeitar a **hipótese nula**.) Apesar de a média das três amostras estar abaixo da especificação, os indícios não são suficientes para justificar a rejeição do lote de vinagre. Essa conclusão, porém, está baseada em apenas três alíquotas, ou seja, em apenas dois graus de liberdade. Para ter mais segurança, precisamos de mais informações.

Fazemos, então, mais cinco titulações, e obtemos os cinco valores seguintes na Tabela 2.1. Agora temos oito resultados, com $\bar{x} = 3{,}818\%$ e $s = 0{,}1286\%$. Substituindo esses valores na Equação 2.21, desta vez com $N = 8$ e $t_7 = 2{,}365$, chegamos à desigualdade

$$3{,}71\% < \mu < 3{,}93\%.$$

---

[8] Vamos admitir inicialmente, para fins de exemplo, que este é o valor médio exigido, não o valor mínimo. No Exercício 2.21, essa restrição será removida.

O intervalo ficou muito mais estreito, e deixou de incluir o valor de referência. Podemos dizer então que existe evidência, no nível de 95% de confiança, de que o teor médio de ácido acético no lote examinado é mesmo inferior a 4% (isto é, podemos rejeitar a hipótese nula).

Na verdade, 4% é o teor mínimo de ácido acético exigido, não o teor médio, mas adaptar os nossos cálculos a esse fato é simples. Fazemos o ponto situado três desvios-padrão abaixo da média, isto é, o ponto acima do qual devem estar 99,87% das observações, igual a 4%. Depois, é só repetir o teste, tomando esse valor como a nova média. Admitindo-se que $\sigma \cong 0,15\%$, que é o desvio-padrão de todos os valores da Tabela 2.1, a nova média de referência seria $4\% + 3 \times 0,15\% = 4,45\%$. Se a média populacional for essa, em 99,87% das amostras o teor de vinagre estará acima de 4% e, portanto, dentro da lei.

Exercício 2.21

Use a nova média de referência para o teor de ácido acético, 4,45%, e repita o teste com os três últimos valores da Tabela 2.1.

Exercício 2.22

Um químico está testando um novo método para determinar ferro. Fazendo quatro análises num padrão cuja concentração verdadeira é 14,3%, ele obtém 13,7%, 14,0%, 13,9% e 14,1% de ferro. Como você avalia a exatidão da nova metodologia, no nível de 95% de confiança? Será que as quatro determinações vêm de uma distribuição com média 14,3%?

2.7(b) Como determinar o tamanho da amostra

Acabamos de ver um exemplo prático de como podemos reduzir a largura do intervalo de confiança do teste t, aumentando o número de valores que compõem a amostra. Um argumento parecido nos ajuda a determinar o tamanho da amostra que devemos coletar para poder detectar uma variação de uma certa magnitude no valor da média, ou para estimar o valor de um parâmetro com um certo grau de precisão.

Continuando com a titulação, digamos que nosso objetivo seja obter uma estimativa da concentração com precisão de 0,1%. Quantas titulações repetidas devemos fazer?

Como os intervalos do teste t são dados por

$$\mu \pm t_\nu \frac{s}{\sqrt{N}} ,$$

e queremos estimar a concentração média dentro de ± 0,1%, precisamos de um número N de titulações tal que

$$t_\nu \frac{s}{\sqrt{N}} \leq 0,1\%,$$

ou

$$N \geq \left(\frac{t_\nu s}{0,1\%}\right)^2.$$

Aqui temos um problema. O valor de s deve ser calculado a partir da amostra, e no entanto não sabemos nem quantas titulações devem ser feitas. Na prática, felizmente, esse problema não é tão grave quanto parece, porque as medições já realizadas ao longo do tempo podem fornecer um valor "histórico" para s. É o que normalmente acontece em procedimentos de rotina, como controle de qualidade. No nosso exemplo, podemos usar o desvio-padrão de todas as titulações na Tabela 2.1, que é $s = 0,1509\%$, e escrever

$$N \geq \left(\frac{t_{19} \times 0,1509\%}{0,1\%}\right)^2.$$

Como o desvio-padrão foi calculado a partir de vinte observações, o valor de t é o correspondente a 19 graus de liberdade, não importa qual venha a ser o valor de N. Isso contribui para reduzir ainda mais a largura do intervalo. Substituindo $t_{19} = 2,093$, temos finalmente

$$N \geq 9,98.$$

Para obter a precisão desejada, portanto, precisamos fazer pelo menos dez titulações.

Quando temos uma estimativa do desvio-padrão obtida a partir de uma série histórica de extensão razoável, a diferença entre a distribuição t e a distribuição normal deixa de ter importância. Essa é a situação mais comum em laboratórios de análises, onde todo dia os mesmos procedimentos são realizados repetidas vezes. Para estimar o tamanho da amostra nesses casos, podemos usar a expressão

$$N \geq \left(\frac{z\sigma}{L}\right)^2, \tag{2.24}$$

onde L é a precisão desejada, σ é o desvio-padrão e z é o ponto da distribuição normal padrão para o nível de confiança escolhido.

Exercício 2.23

Um laboratório de análises faz determinações com um desvio-padrão histórico de 0,5%. Um cliente envia uma amostra, cuja concentração ele quer saber com uma precisão de 0,2%. Use a Equação 2.24 para estimar quantas determinações repetidas o analista precisará fazer para dar a resposta desejada, com 95% de confiança.

Exercício 2.24

Suponha que queremos determinar um intervalo de 95% de confiança para o peso de um caroço de feijão, de tal maneira que a diferença entre os valores extremos do intervalo seja um desvio-padrão amostral. Quantos caroços devemos pesar?

2.7(c)   Como fazer o controle estatístico de processos

Imagine uma indústria química de alguma complexidade como, por exemplo, uma fábrica de polímeros. Os engenheiros encarregados de projetá-la e construí-la têm de garantir que ela será capaz de produzir polímeros com as características desejadas pelos clientes. Para isso, precisam considerar longamente todas as variáveis — que evidentemente não são poucas — e projetar a planta de modo a mantê-las todas sob controle.

Depois de fazer muitos cálculos e testes, em laboratório e em plantas-piloto, os técnicos se dão por satisfeitos e a fábrica é construída. O processo em larga escala ainda passa algum tempo sendo ajustado, e então a operação regular finalmente se inicia. Daí em diante, para certificar-se de que tudo está correndo conforme tinha sido planejado, isto é, de que o processo permanece sob controle, os operadores continuam a acompanhar sistematicamente as características do polímero que está sendo produzido.

Uma das principais variáveis usadas para controlar a produção de um polímero é a viscosidade. De tempos em tempos, uma amostra do polímero é colhida na saída da linha de produção e enviada ao laboratório, onde sua viscosidade é determinada. Os valores assim obtidos — ou, mais comumente, médias deles — são sistematicamente colocados num gráfico em função do tempo. Se o processo estiver totalmente sob controle, sem erros grosseiros nem sistemáticos, como deve ser a distribuição desses pontos?

Você acertou: uma distribuição normal.[9] Quando o processo se acha controlado, sua variabilidade é devida apenas aos erros aleatórios e, portanto, suas respostas

---

[9] A bem da verdade, se a variável for contínua. Para outros tipos de variável, as distribuições apropriadas são outras, que você pode encontrar nos livros de controle de qualidade.

devem seguir a distribuição normal. Este é o princípio básico do controle de qualidade. Mais uma vez, consequência do teorema do limite central.

A Figura 2.11 mostra 80 valores de viscosidade, na ordem em que foram obtidos, a intervalos regulares durante o processo. As unidades são arbitrárias. Observe que os valores comportam-se muito bem, distribuindo-se aleatoriamente em torno do valor médio, 45, com desvio-padrão de 1,67. Na Figura 2.12, que mostra o histograma desses valores, vemos que a sua distribuição é bem representada por uma distribuição normal. Essa situação ideal é o sonho de todo engenheiro de produção.

Na prática, gráficos como o da Figura 2.11 — chamados de **cartas** ou **mapas de controle** — são traçados ponto a ponto, em tempo real, pelos próprios operadores da linha, e servem como uma ferramenta para detectar problemas que possam estar perturbando o processo. À medida que cada ponto é acrescentado, o gráfico é analisado. Qualquer padrão anômalo, que indique desvios da normalidade, é um aviso de que os responsáveis devem tomar as providências necessárias para fazer o processo voltar ao controle.

O gráfico de controle mais comum é semelhante ao da Figura 2.13, com três linhas horizontais paralelas que definem as características do processo quando ele se realiza sem problemas. A linha central corresponde à média, que no nosso exemplo é $\mu = 45$. As outras duas linhas estão situadas três desvios-padrão acima e abaixo da média. A linha correspondente a $\mu + 3\sigma = 48$ é o **limite superior de**

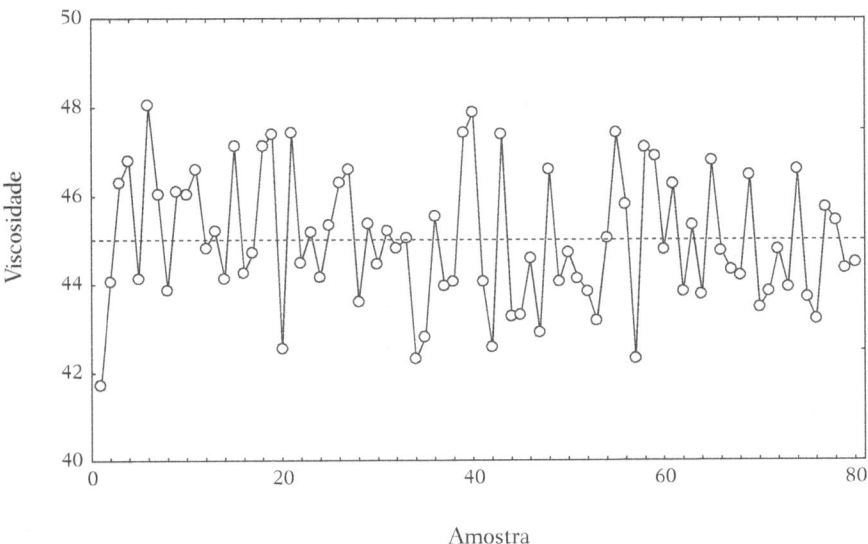

Figura 2.11 Gráfico da viscosidade em função do tempo, para um processo sob controle.

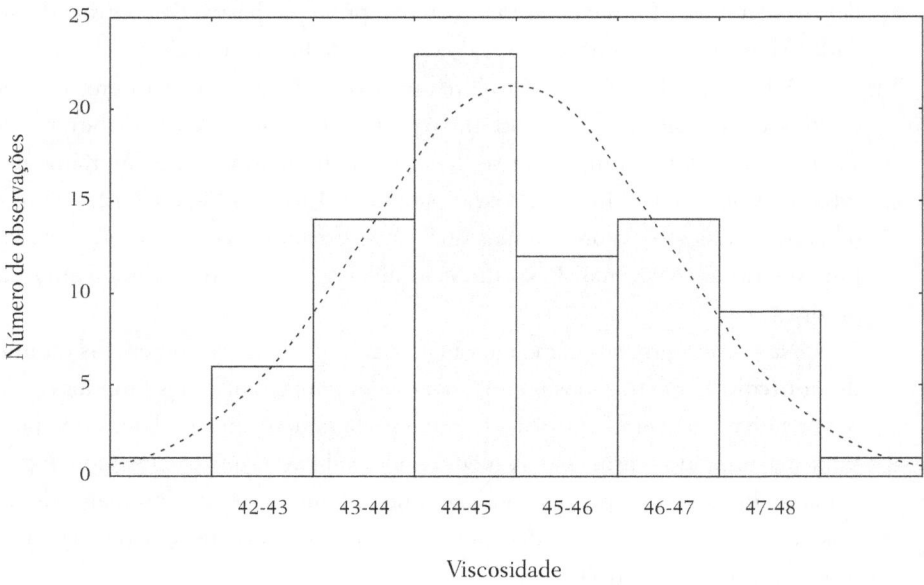

Figura 2.12 Histograma dos dados da Figura 2.11.

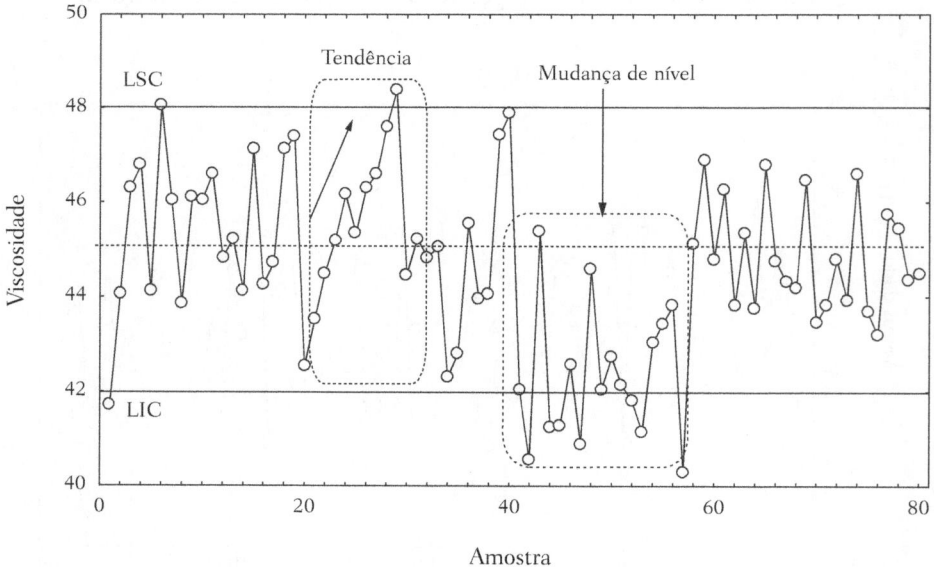

Figura 2.13 Gráfico de controle com padrões de variação anômalos. LSC e LIC indicam os limites de controle. A linha central corresponde à média.

controle, enquanto a linha correspondente a $\mu - 3\sigma = 42$ será, naturalmente, o **limite inferior de controle**. Entre esses dois limites, como já sabemos, deverão cair 99,73% de todos os valores individuais observados, se tudo estiver perfeitamente bem.

A Figura 2.13 mostra um gráfico de controle com os limites superior e inferior, mas com alguns conjuntos de pontos que representam duas das situações anômalas mais comuns. Assim que uma situação dessas se apresentar, os técnicos devem intervir e tomar as medidas necessárias para controlar novamente o processo. Para isso, terão de basear-se no conhecimento técnico do funcionamento da planta, bem como nas evidências obtidas a partir do gráfico. Uma mudança de nível, por exemplo, pode estar associada a uma mudança de turno, e ser provocada por maneiras diferentes de operar o processo. Uma tendência pode significar deterioração do equipamento, ou contaminação progressiva de um reagente ou catalisador.

Existem várias regras práticas para ajudar os operadores a detectar situações anômalas. Por exemplo, as seguintes ocorrências são consideradas sinais de descontrole:

- Um ou mais pontos localizados fora dos limites de controle;
- Quatro pontos, de cinco sucessivos, situados a mais de um desvio-padrão da média, de um mesmo lado da linha central;
- Seis pontos consecutivos ascendentes ou descendentes;
- Nove pontos sucessivos de um mesmo lado da linha central.

Tais regras variam de um autor para outro. Você poderá encontrar muitas outras na bibliografia recomendada no final desta seção.

A qualidade é sempre definida pela satisfação do cliente. É ele que decide quais as características que o produto deve apresentar. Um fabricante de pneus, por exemplo, pode dizer a um fabricante de borracha que só compra seu produto se ele tiver uma viscosidade de 45. Esse é o **valor nominal** da especificação. No entanto, como não é realista esperar que todos os lotes apresentem exatamente esse valor, o fabricante de pneus se dispõe a aceitar uma variação na viscosidade de, digamos, três unidades. Com esses valores são definidos os **limites de tolerância** da especificação: viscosidade de 42, no mínimo, e de 48, no máximo.

Uma vez que os limites de tolerância tenham sido acertados, o fabricante de pneus estabelece uma inspeção por amostragem dos lotes de borracha que vão sendo recebidos. Os lotes que caírem fora da **faixa de tolerância** da viscosidade, entre 42 e 48, são rejeitados e devolvidos ao fornecedor. Este, é claro, tem o maior interesse em desenvolver um processo eficiente e estável, capaz de satisfazer às exigências do cliente. Acontece que ter o processo sob controle significa apenas que ele está operando de forma consistente, não que o produto irá satisfazer obrigatoriamente às especificações. É preciso comparar também o comportamento do processo, isto é, os parâmetros de controle, com os limites de especificação. Só assim teremos uma medida da **capacidade** do processo.

Um dos índices de capacidade mais usados é o C_{pk}, definido como a menor das duas frações

$$\frac{LSE-\mu}{3\sigma} \quad \text{e} \quad \frac{\mu-LIE}{3\sigma},$$

onde LSE e LIE são os limites superior e inferior de especificação, e μ e σ são estimativas confiáveis da média e do desvio-padrão do processo. Por exemplo, se o cliente deseja uma borracha com viscosidade entre 42 e 48, e o processo está operando com $\mu = 46$ e $\sigma = 1,6$, então

$$\frac{LSE-\mu}{3\sigma} = \frac{48-46}{3\times 1,6} = 0,42,$$

$$\frac{\mu-LIE}{3\sigma} = \frac{46-42}{3\times 1,6} = 0,83.$$

Nesse caso, teremos $C_{pk} = 0,42$, que é um valor muito ruim. Um valor, aliás, que nenhum cliente aceitaria. Algumas das empresas mais avançadas do mundo, como a Motorola e a General Electric, já estão estabelecendo C_{pk} igual a 2 como o padrão mínimo de qualidade para seus próprios processos e também para os seus fornecedores (Bhote, 1996). Para atender a essa exigência, é preciso manter o processo perfeitamente centrado no valor nominal de especificação, e operando com um desvio-padrão não superior a 1/12 da faixa de tolerância. Nessa situação, somente dois valores por *bilhão* cairão fora dos limites de tolerância. É essa meta que está na base do movimento de gerenciamento da qualidade conhecido como Seis Sigma[10] (Breyfogle, 1999).

O que apresentamos aqui é só uma pequena porção, e mesmo assim muito simplificada, do extenso conjunto de conceitos e técnicas que constituem o controle estatístico de processos. Não é nossa intenção esgotar o assunto, apenas discuti-lo um pouco, como aplicação da distribuição normal. Um tratamento aprofundado pode ser encontrado em um dos muitos livros inteiramente dedicados ao gerenciamento da qualidade ou ao controle estatístico de processos. Para saber mais sobre essas importantes ferramentas, você pode consultar, por exemplo, Oakland e Followell (1990), Montgomery (1997) ou Vieira (1999).

---

[10] Por que será que o movimento tem justamente esse nome?

2.7(d) Como comparar dois tratamentos

Como comparar duas médias. Dois químicos, S. Arrhenius e J. Berzelius, foram encarregados de analisar lotes de vinagre enviados por cinco fabricantes diferentes. Cada um analisou uma amostra de cada lote, e obteve os resultados que aparecem na Tabela 2.4, onde vemos que a média e o desvio-padrão das determinações feitas por Berzelius são menores do que os valores obtidos por Arrhenius. Para avaliar o desempenho de seus dois funcionários, o chefe do laboratório, A. Lavoisier, resolve fazer uma comparação estatística desses resultados. Será que as variações significam que existe uma diferença sistemática entre a técnica de um analista e a do outro, ou será que apareceram somente porque eles analisaram amostras distintas?

Os dados da Tabela 2.4 são um exemplo do tipo mais simples de experimento. Existe um **fator**, a técnica analítica, e uma **resposta**, a concentração obtida. O fator está sendo considerado em apenas dois **níveis**, representados aqui por Arrhenius e Berzelius. Nosso objetivo é descobrir se a resposta é afetada pela mudança de nível do fator.

Podemos resolver o problema estendendo a Equação 2.17 para a diferença de duas médias. Começamos substituindo, no numerador, $\bar{x}$ por $\bar{x}_A - \bar{x}_B$ e μ por $\mu_A - \mu_B$. Para o denominador, precisamos do desvio-padrão da diferença entre as duas médias amostrais. Generalizando o resultado do Exercício 2.14 para o caso em que $\bar{x}_A$ e $\bar{x}_B$ são obtidos respectivamente a partir de N_A e N_B observações independentes, podemos escrever

$$\hat{V}(\bar{x}_A - \bar{x}_B) = \hat{V}(\bar{x}_A) + \hat{V}(\bar{x}_B) = \frac{s_A^2}{N_A} + \frac{s_B^2}{N_B}.$$

Tabela 2.4 Comparação dos resultados obtidos por dois químicos titulando amostras de vinagre de cinco diferentes procedências. Teores de ácido acético em %

Amostra	Arrhenius	Berzelius	$d = x_A - x_B$
1	3,77	3,62	0,15
2	3,85	3,69	0,16
3	4,07	4,10	− 0,03
4	4,83	4,70	0,13
5	5,05	4,89	0,16
Média	4,314	4,200	0,114
Desvio-padrão	0,5871	0,5772	0,0814
Graus de liberdade	4	4	4

Admitindo, ainda, que s_A^2 e s_B^2 sejam estimativas da mesma variância populacional, podemos combiná-las numa única estimativa s^2 (com mais graus de liberdade) e escrever

$$\hat{V}(\bar{x}_A - \bar{x}_B) = s^2 \left(\frac{1}{N_A} + \frac{1}{N_B} \right).$$

A expressão do teste t torna-se, portanto,

$$\frac{(\bar{x}_A - \bar{x}_B) - (\mu_A - \mu_B)}{s\sqrt{\dfrac{1}{N_A} + \dfrac{1}{N_B}}} \approx t_\nu, \qquad (2.25)$$

e daí chegamos ao intervalo de confiança para a diferença entre as duas médias populacionais:

$$(\mu_A - \mu_B) = (\bar{x}_A - \bar{x}_B) \pm t_\nu \, s \sqrt{\frac{1}{N_A} + \frac{1}{N_B}}. \qquad (2.26)$$

Para obter a estimativa conjunta do desvio-padrão de uma observação, s, fazemos uma média das variâncias das duas amostras, ponderadas pelos respectivos graus de liberdade:

$$s^2 = \frac{(N_A - 1)s_A^2 + (N_B - 1)s_B^2}{(N_A - 1) + (N_B - 1)}. \qquad (2.27)$$

O número de graus de liberdade do teste t, como sabemos, é o utilizado para o cálculo de s. Neste exemplo, $\nu = N_A + N_B - 2 = 8$. Com os valores numéricos apropriados, obtemos da Equação 2.27 $s = 0{,}5822\%$. A estimativa do desvio-padrão da diferença entre as médias fica sendo, então,

$$s\sqrt{\frac{1}{N_A} + \frac{1}{N_B}} = 0{,}5822\% \times \sqrt{\frac{1}{5} + \frac{1}{5}} = 0{,}3682\%.$$

No nível de 95% de confiança, temos $t_8 = 2{,}306$. Combinando tudo, podemos escrever

$$\begin{aligned}
\mu_A - \mu_B &= (4{,}314\% - 4{,}200\%) \pm (2{,}306 \times 0{,}3682\%) \\
&= 0{,}114\% \pm 0{,}849\% \\
&= [-0{,}735\%, \, 0{,}963\%]
\end{aligned}.$$

Conclusão: nesse nível de confiança, não podemos dizer que as verdadeiras médias dos resultados obtidos por Arrhenius e Berzelius sejam realmente diferentes.

Este teste provavelmente é o mais usado de todos os testes estatísticos. É muito valioso quando a diferença sistemática entre as amostras é causada por um único fator, e é o teste apropriado para comparar duas médias independentes. Arrhenius e Berzelius, porém, fizeram as determinações em amostras de cinco diferentes fabricantes. É natural esperar que essas amostras apresentem diferentes teores de ácido acético, e que amostras vindas de um mesmo fabricante pareçam mais umas com as outras do que com uma amostra de um fabricante diferente. Só por isso o resultado das análises já deverá variar, mascarando uma possível diferença de técnica analítica. Como estamos interessados na diferença entre os analistas, precisamos de um método que permita isolar a influência da variação entre fabricantes.

Exercício 2.25

O teor de α-PbO_2 numa placa de bateria de automóvel foi determinado por espectroscopia de raios X. Foram registrados vários espectros repetidos, fazendo-se (ou não) correção da linha de base. Os resultados são mostrados abaixo. Existe diferença sistemática entre os dois modos de analisar a placa?

Espectro	% α-PbO_2	
	Com correção	Sem correção
1	16,2	19,0
2	16,7	19,8
3	17,3	18,5

Como fazer comparações emparelhadas. Apesar de termos acabado de fazer a análise estatística incorreta, o experimento para comparar o desempenho de Arrhenius e Berzelius na verdade *foi* executado de forma apropriada. Usou-se um procedimento conhecido como **blocagem**, que permite neutralizar a influência de fatores que não são do nosso interesse.

A blocagem é um dos princípios fundamentais da boa técnica experimental. As dez amostras da Tabela 2.4 podem ser vistas como cinco **blocos** de duas amostras, que são os pares vindos de cada fabricante. No presente exemplo, estamos interessados na influência da técnica analítica sobre os resultados da análise. A procedência do vinagre também afeta o resultado, mas ela só atrapalha a comparação de interesse. Se simplesmente distribuirmos aleatoriamente cinco amostras para um dos analistas e cinco para o outro, as diferenças de resultados entre os dois estarão afetadas tanto pela diferença de procedimento quanto pela variação na concentração de ácido acético. Os efeitos desses dois fatores estarão **confundidos**, e não teremos como separar o efeito de um do efeito do outro. Usando a blocagem, fazemos o fator de interesse variar apenas dentro de blocos, e com isso excluímos o efeito do outro fator (o fabricante) das nossas considerações.

Para se obterem os dados da Tabela 2.4, duas amostras foram retiradas de cada lote, sendo uma dada a Arrhenius e a outra a Berzelius. Cada linha da tabela refere-se, portanto, a duas amostras de um mesmo fabricante. Se os resultados das análises diferirem de forma sistemática *dentro das linhas*, só pode ser por causa de uma diferença na maneira de realizar a análise química.

Caso não exista diferença de técnica analítica entre Arrhenius e Berzelius, então a média das cinco diferenças na última coluna da tabela deve ser um ponto da distribuição t com média Δ igual a zero. Para testar essa hipótese, precisamos do desvio-padrão da média das variações d_i dentro de cada linha:

$$\frac{s_d}{\sqrt{N}} = \frac{0{,}0814\%}{\sqrt{5}} = 0{,}0364\% \ .$$

Esse valor é cerca de dez vezes menor do que o desvio-padrão da diferença entre as médias globais de Arrhenius e Berzelius, justamente porque a variação devida aos fabricantes foi excluída do teste.

O intervalo de confiança para Δ é dado por

$$\Delta = \bar{d} \pm t_\nu \frac{s_d}{\sqrt{N}} \tag{2.28}$$

Usando os valores da tabela (e $t_4 = 2{,}776$), obtemos $\Delta = [0{,}014\%,\ 0{,}215\%]$, e concluímos que existe uma diferença sistemática entre os resultados dos dois analistas. As análises feitas por Berzelius tendem mesmo a apresentar resultados mais baixos do que as de Arrhenius, e a diferença tem 95% de probabilidade de estar entre 0,014% e 0,215%. Note que esse resultado não nos permite apontar o analista com a melhor técnica, porque não conhecemos os verdadeiros valores das concentrações. Só podemos afirmar que existe evidência de diferença sistemática entre os resultados dos dois.

Um modo alternativo de fazer este teste é usar os valores observados nas amostras para estimar o ponto da distribuição t, e compará-lo com o valor da tabela (na hipótese de que $\Delta = 0\%$). Fazendo desse jeito, teremos

$$\hat{t} = \frac{|\bar{d} - \Delta|}{s_d/\sqrt{N}} = \frac{0{,}114\% - 0\%}{0{,}0814/\sqrt{5}} = 3{,}13 \ . \tag{2.29}$$

Como este valor é superior a $t_4 = 2{,}776$, concluímos que as chances de ele ter ocorrido por acaso, sem que houvesse diferença de técnica analítica, são inferiores a 2,5%, e rejeitamos a hipótese nula, isto é, a hipótese de que $\Delta = 0\%$. Esse procedimento — o **teste de hipóteses** — é o preferido pela maioria dos estatísticos, e pode ser estendido às outras distribuições. Na próxima seção, mostraremos como testar a hipótese de igualdade de variâncias. É um teste que iremos usar, mais tarde, para analisar a qualidade do ajuste de um modelo empírico.

A filosofia do teste de hipóteses é fácil de entender. O termo que aparece no denominador da Equação 2.29 é um exemplo de **erro-padrão** (neste caso, da média das diferenças $x_A - x_B$). A estimativa $\hat{t}$ é o afastamento do valor amostral em relação ao valor populacional correspondente à hipótese nula, medido em unidades de erro-padrão. Quanto maior for esse afastamento, menos chances tem a hipótese nula de ser verdadeira. Intervalos de confiança sempre podem ser transformados em testes de hipóteses, em que o numerador é uma estimativa do parâmetro de interesse e o denominador é o erro-padrão correspondente. Para a diferença entre duas médias, por exemplo, o erro-padrão é $s\sqrt{\dfrac{1}{N_A} + \dfrac{1}{N_B}}$ (Equação 2.26).

Exercício 2.26

Como seria o teste de hipóteses para a comparação de uma média com um valor de referência?

Exercício 2.27

Refaça o Exercício 2.25, testando a hipótese nula, em vez de calcular o intervalo de confiança. Para quanto é preciso mudar o nível de confiança, para que sua conclusão se modifique?

Como comparar duas variâncias. Para comparar as médias de duas amostras independentes, combinamos as duas variâncias amostrais numa única estimativa conjunta. Como a estimativa conjunta tem um número de graus de liberdade maior, o intervalo de confiança fica mais estreito e o teste passa a ser mais sensível, isto é, torna-se capaz de detectar diferenças sistemáticas menores. Evidentemente, só faz sentido combinar variâncias amostrais se elas forem estimativas da mesma variância populacional. Para que a estimativa conjunta se justifique, precisamos testar a hipótese nula de que s_A^2 e s_B^2 são estimativas de variâncias populacionais idênticas, $\sigma_A^2 = \sigma_B^2$. Isso pode ser feito por meio de um teste F, que se baseia na Equação 2.23. Com variâncias populacionais iguais, a Equação 2.23 torna-se

$$\frac{s_A^2}{s_B^2} \approx F_{\nu_A, \nu_B} .$$

Agora só precisamos comparar a razão das duas variâncias amostrais com o valor tabelado para a distribuição F, com os graus de liberdade apropriados. Usamos a Tabela A.4 e vemos que, com 95% de confiança, $F_{4,4} = 6{,}39$. A razão entre as variâncias terá de superar esse valor, para que a hipótese nula seja rejeitada e a estimativa conjunta não possa ser feita. Como temos no nosso exemplo

$$\left(s_A^2/s_B^2\right) = \left(0{,}5871/0{,}5722\right)^2 = 1{,}035 ,$$

tudo bem com os nossos cálculos.

Note que o menor valor da Tabela A.4 é 1,000. Isso significa que no teste F o numerador é sempre a maior das duas variâncias. Um critério prático muito usado, que dispensa a Tabela A.4, diz que podemos combinar variâncias para obter uma estimativa conjunta sempre que a razão entre a maior variância e a menor não for superior a quatro.

2A Aplicações

2A.1 De casa para o trabalho

Um dos autores deste livro nunca quis aprender a dirigir.[1] Como mora a uns 12 km do trabalho, costuma usar ônibus para deslocar-se até lá (o percurso total leva pouco mais de uma hora). Quando o ônibus chega nas imediações da universidade, passa debaixo de uma passarela de travessia de pedestres sobre a movimentada BR-101. Daí até o terminal, do outro lado do campus, existem 16 pontos de parada. Nosso investigador costuma utilizar, para chegar até o departamento onde trabalha, um dos três percursos descritos a seguir.

a. Saltar do ônibus no primeiro ponto após a passarela, usá-la para cruzar a estrada, e percorrer um dos lados externos do campus até a entrada que lhe dará acesso ao departamento. Esse é o caminho mais deserto e mais sujeito ao sol e, se for o caso, à chuva.
b. Saltar no terceiro ponto após a passarela, cruzar a BR-101 pelas pistas de rodagem, e caminhar numa diagonal através do campus. Apesar do risco de atropelamento, esse caminho é usado por muita gente e tem vários trechos de sombra.
c. Saltar no ponto final, do outro lado do campus, e fazer um percurso diagonal em sentido oposto. É o caminho mais agradável, mais seguro e com maior movimento de pessoas.

A Tabela 2A.1 contém os resultados de 32 ensaios em que foi cronometrado o tempo transcorrido desde o momento em que o ônibus passou sob a passarela até a hora em que o pesquisador cruzou o portão de entrada do departamento. Os ensaios estão dispostos na ordem em que foram realizados. A ordem não foi aleatorizada, por motivos que discutiremos mais tarde. O objetivo do experimento era quantificar a diferença de tempo entre os três percursos. A Figura 2A.1 mostra todos os tempos registrados, na mesma ordem da tabela.

---

[1] BBN, é claro. REB é americano, e é mais fácil um camelo passar pelo fundo de uma agulha do que um americano viver sem carro. ISS é uma jovem profissional mãe de família, e precisa do carro para conciliar seus afazeres na universidade com a administração doméstica.

Tabela 2A.1 Dados do experimento

Ensaio	Saída de casa (h)	Dia da semana	Percurso	Tempo (min)
1	10:55	segunda	C	18,3
2	11:20	quarta	C	18,9
3	10:40	sexta	B	10,9
4	11:25	segunda	C	20,7
5	12:50	sexta	B	11,4
6	11:30	quarta	C	22,9
7	11:25	quarta	B	12,1
8	7:35	terça	A	12,8
9	8:10	segunda	C	56,3
10	7:00	terça	A	13,3
11	8:10	quinta	B	10,9
12	17:00	sexta	A	13,1
13	15:00	quarta	A	12,7
14	12:30	segunda	C	20,6
15	7:30	terça	C	18,9
16	12:30	quarta	B	11,0
17	8:15	sexta	B	10,3
18	7:05	quinta	A	13,0
19	12:50	segunda	C	18,6
20	7:35	terça	A	13,0
21	8:00	quinta	B	10,6
22	9:20	quarta	B	10,4
23	7:15	quinta	C	21,5
24	8:15	sexta	B	10,9
25	8:40	segunda	B	10,9
26	8:40	quarta	B	11,0
27	9:00	sexta	C	19,1
28	10:00	quarta	C	16,1
29	9:10	sexta	B	12,1
30	9:15	quarta	C	18,1
31	11:15	segunda	B	12,2
32	14:30	sexta	C	19,2

Um dos tempos da tabela (Ensaio 9) foi excluído da análise, logo de saída. Nesse dia caiu uma chuva fortíssima, que praticamente paralisou a cidade. O pesquisador levou mais de quatro horas para ir de casa para o trabalho. O valor registrado na tabela, 56,3 minutos (contados a partir da passarela junto da universidade), evidentemente não é típico dos tempos do caminho C. Ele é o que se chama, sem qualquer conotação pejorativa, de um **ponto anômalo**. A anomalia aqui significa apenas que o valor não pode ser considerado como vindo da mesma distribuição que

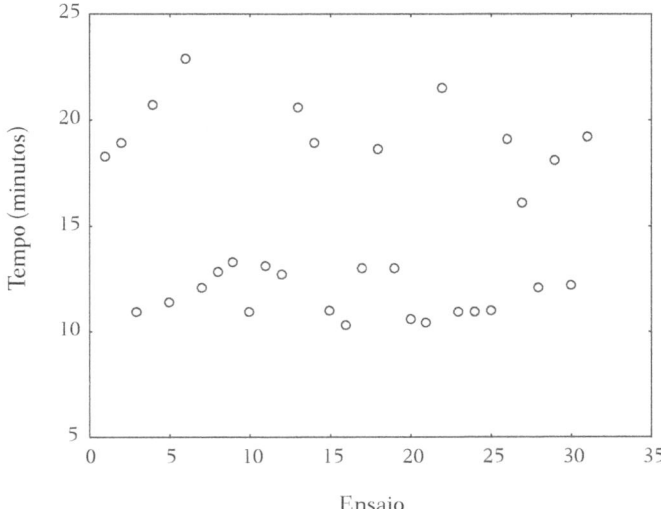

Figura 2A.1 Tempos do experimento, na ordem em que foram obtidos. O tempo do Ensaio 9 foi excluído (veja texto).

produziu os demais pontos, e portanto não faz sentido calcular nenhuma estimativa com a sua participação. Existem muitos testes para detectar anomalias. Adiante falaremos de dois deles.

Uma análise estatística mais ortodoxa provavelmente começaria com um procedimento conhecido como **análise da variância**. Primeiro decidiríamos *se existe* alguma diferença de tempo entre os três percursos. Só depois é que tentaríamos descobrir quais são as origens e os valores das diferenças. Os autores deste livro, porém, são partidários do que poderíamos chamar de *Escola Yogi Berra de Análise de Dados*. Gostamos muito de outra frase atribuída a Yogi, que diz assim: "olhando, você já observa muita coisa". Quanto à análise da variância, trataremos dela no Capítulo 5, em outro contexto.

A Figura 2A.2 apresenta os mesmos dados da Figura 2A.1, com uma diferença. Eles agora estão **estratificados**, isto é, agrupados de acordo com o percurso, o que, aliás, é uma das sete ferramentas básicas da qualidade, como já tivemos oportunidade de mencionar. Não precisamos de estatística nenhuma para perceber imediatamente que o caminho C é o mais demorado e o que leva menos tempo é o caminho B, seguido de perto pelo A. Também fica evidente que a dispersão dos valores é bem maior no caminho C do que nos outros dois.[2]

---

[2] Você pode descobrir a razão, comparando as descrições dos três percursos.

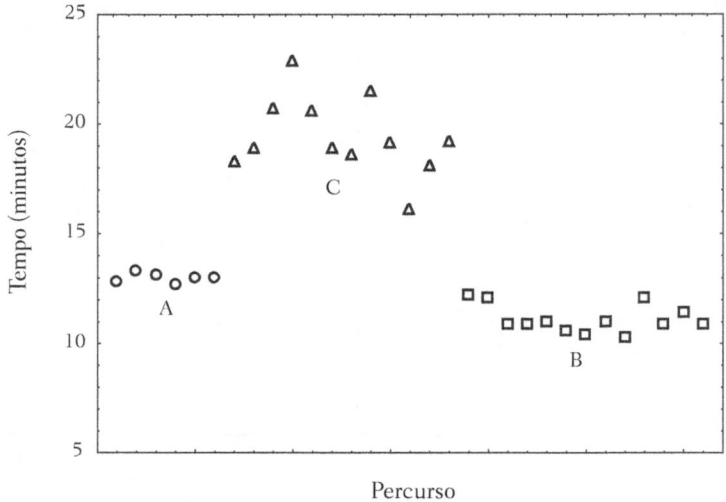

Figura 2A.2 Dados do experimento, estratificados de acordo com o percurso.

Uma pessoa que não tenha o mesmo entusiasmo que nós por representações gráficas poderia argumentar que as mesmas conclusões poderiam ser obtidas examinando-se os valores numéricos na própria tabela, principalmente depois que eles fossem ordenados de acordo com o percurso. Até pode ser verdade, mas daria mais trabalho, e dificilmente a diferença nas dispersões ficaria tão clara. Além do mais, a crescente automação dos instrumentos está tornando tão fácil produzir tantos dados em tão pouco tempo que procedimentos gráficos para filtrar ou concentrar informação estão deixando de ser apenas uma conveniência para tornar-se uma necessidade.

Pois bem, não há dúvida de que os caminhos B e A são os mais rápidos. Será que a diferença entre os dois é significativa? A resposta está num teste t, semelhante ao que fizemos na Seção 2.7(d). Para realizá-lo, precisamos de alguns dos valores que estão na Tabela 2A.2. Usamos então a Equação 2.26 e escrevemos

$$(\mu_A - \mu_B) = (\bar{x}_A - \bar{x}_B) \pm t_\nu \, s \sqrt{\frac{1}{N_A} + \frac{1}{N_B}}$$

$$= (12{,}98 - 11{,}13) \pm t_{17} \, s \sqrt{\frac{1}{6} + \frac{1}{13}}$$

$$= 1{,}85 \pm (2{,}11 \times 0{,}5464 \times 0{,}4936) = 2{,}4 \pm 0{,}57 = (1{,}28,\ 2{,}97).$$

O desvio-padrão 0,5464 é uma estimativa agregada, com 17 graus de liberdade, calculada com o uso da Equação 2.27. Como o intervalo (de 95% de confiança)

Tabela 2A.2 Estatística descritiva dos tempos da Tabela 2A.1, excluindo-se o Ensaio 9

Percurso	Ensaios	Mínimo	Máximo	Média	Desvio-padrão
A	6	12,7	13,3	12,98	0,2137
B	13	10,3	12,2	11,13	0,6356
C	12	16,1	22,9	19,41	1,7799

não inclui o valor zero, podemos concluir que o percurso B leva mesmo menos tempo — entre 1,28 e 2,42 minutos — do que o percurso A.

Este é um excelente momento para enfatizarmos um ponto fundamental: *significância estatística é uma coisa, importância prática é outra*. O resultado de um teste estatístico nos indica apenas que um certo valor numérico é uma manifestação de alguma característica sistemática do fenômeno que estamos estudando, não um mero resultado de flutuações aleatórias. Se isso é ou não importante, quem tem de decidir é o pesquisador, provavelmente com base em considerações de outra natureza. No nosso exemplo, os dados nos dizem que indo pelo caminho B o pesquisador pode chegar mais cedo ao seu destino. Esse percurso, porém, é o mais arriscado, por causa da travessia de uma estrada movimentada. A segunda escolha, o caminho A, quase não tem proteção contra as intempéries. Além disso, a diferença média de tempo entre ele e o caminho C é de uns sete minutos apenas. Resultado: a menos que esteja muito apressado, BBN continua preferindo usar o caminho C, que é de longe o mais confortável.

Vários outros fatos podem ser percebidos examinando-se mais atentamente os dados do experimento. Um que salta à vista é a extraordinária flexibilidade dos horários do pesquisador. Consideremos, porém, a Figura 2A.3, onde os horários de saída de casa são mostrados em função dos dias da semana. Às terças e quintas o horário nunca passa das oito da manhã. Você pode desconfiar de alguma explicação para esse fato?

A Figura 2A.4 mostra como a escolha do percurso se relaciona com o horário de saída. Podemos perceber que o percurso A só foi escolhido quando o pesquisador saiu cedo ou à tardinha. A explicação é simples: esse caminho é o mais exposto, e o sol está mais fraco nesses horários; foi por isso, aliás, que os experimentos não foram feitos em ordem aleatória. O conforto do pesquisador, não mencionado até agora, foi um dos fatores determinantes na condução dos experimentos.

Voltemos agora ao valor aparentemente anômalo. Muitos testes para detectar anomalias já foram propostos. Um dos mais usados na química é o **teste Q de Dixon**, que também admite a hipótese de normalidade da distribuição dos valores. Na verdade, existem vários testes de Dixon, todos baseados em comparações de diferenças entre o valor suspeito e os demais valores da amostra. Você poderá obter mais

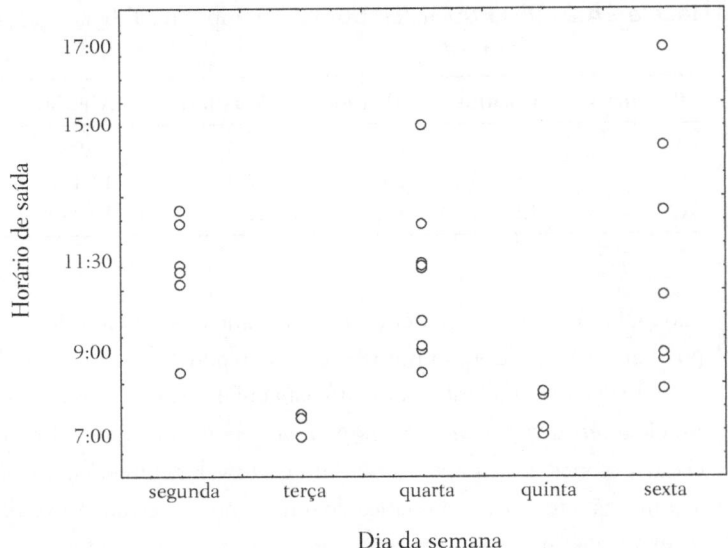

Figura 2A.3 Horário de saída, em função do dia da semana.

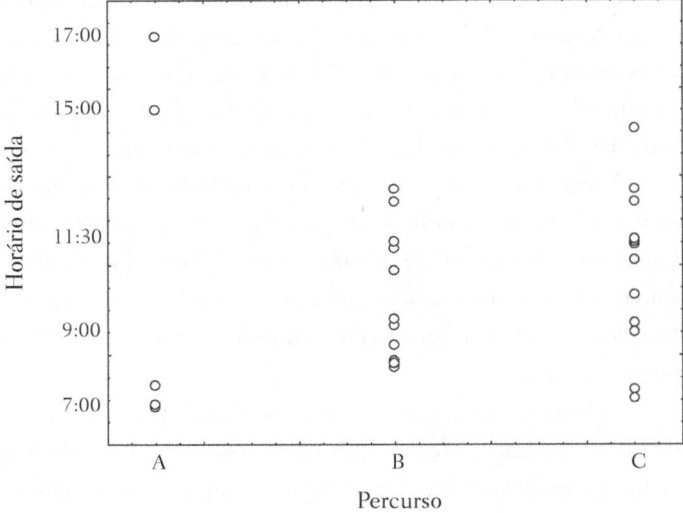

Figura 2A.4 Horário de saída, em função do percurso.

informações sobre esses testes em Skoog, West e Holler (1996), e em Rorabacher (1991). Aqui, vamos nos limitar a responder à seguinte pergunta: devemos considerar o tempo de 56,3 minutos obtido no Ensaio 9 como um elemento vindo da mesma distribuição que produziu os outros tempos registrados para o caminho C?

Para fazer o teste de Dixon apropriado a esta questão, devemos começar calculando a menor e a maior das diferenças entre o elemento suspeito e os demais valores do conjunto. Depois fazemos a razão entre a menor diferença e a maior, e comparamos o resultado com um valor de Q crítico tabelado, que depende do nível de confiança desejado e do número *total* de elementos na amostra. Se a razão calculada for superior ao valor da tabela, então podemos considerar o valor suspeito como uma anomalia. No nosso exemplo, como só existe um valor suspeito (o tempo de 56,3 minutos verificado no Ensaio 9), usaremos os valores tabelados para o teste de uma cauda[3]. Como os valores extremos dos outros doze tempos do caminho C são 16,1 e 22,9 minutos (Tabela 2A.2), podemos escrever:

$$\text{Maior diferença} = 56{,}3 - 16{,}1 = 40{,}2$$
$$\text{Menor diferença} = 56{,}3 - 22{,}9 = 33{,}4$$
$$\text{Razão} = \frac{33{,}4}{40{,}2} = 0{,}831 \;.$$

Valores de Q crítico para $n = 13$:
0,479 (95% de confiança);
0,579 (99% de confiança).

A razão calculada supera, e muito, os valores tabelados para o teste de Dixon. Esse resultado mostra, como já desconfiávamos, que o Ensaio 9 é realmente diferente dos outros. Na verdade, já *sabíamos* que a conclusão teria de ser essa, porque as condições atmosféricas nesse dia eram completamente atípicas.

Outro teste de anomalias muito popular é o **teste de Grubbs**, que aliás é o teste recomendado pela *International Organization for Standardization* (a famosa ISO, sigla que as empresas adoram colocar em seus anúncios publicitários). O teste de Grubbs também admite a distribuição normal e compara a distância, medida em desvios-padrão, do valor suspeito em relação à média do conjunto de valores. (O valor suspeito é incluído no cálculo da média e do desvio-padrão.) Se essa distância for maior do que um certo limite crítico tabelado, o valor suspeito é considerado anômalo. Usando todos os treze tempos obtidos no caminho C, temos

$$G = \frac{|x_a - \bar{x}|}{s} = \frac{56{,}3 - 22{,}25}{10{,}37} = 3{,}28 \;,$$

que é superior ao valor de G tabelado no nível de 95% de confiança — portanto, a presença de uma anomalia é mais uma vez confirmada. Observe que a inclusão do

---

[3] Não incluídos neste livro.

valor anômalo tornou a média e o desvio-padrão bem maiores do que os valores dados para o caminho C na Tabela 2A.2.

O estudo das anomalias é um assunto vasto e complexo. Barnett e Lewis (1984), por exemplo, discutem 47 equações diferentes sugeridas com essa finalidade. O ideal seria podermos repetir a observação suspeita, para verificar se ela é mesmo válida. Como nem sempre isso é viável, é cada vez maior o interesse dos pesquisadores pelo uso de testes não paramétricos, que são menos sensíveis a eventuais anomalias.

Para finalizar, uma questão para você meditar: será que dá para perceber alguma peculiaridade nos valores numéricos dos horários de saída registrados na Tabela 2A.1?

2A.2 Bioequivalência de medicamentos genéricos e de marca

A Organização Mundial de Saúde vem estimulando a adoção de uma política de medicamentos genéricos como forma de garantir o acesso universal à saúde e racionalizar o uso de medicamentos. Um medicamento genérico é uma formulação que, após o término da validade da patente ou da sua renúncia, contém o mesmo princípio ativo, na mesma dose e forma farmacêutica de um remédio de referência. Além disso, é administrado pela mesma via e tem a mesma indicação terapêutica. É importante, para a saúde da população, investigar se existe bioequivalência entre um medicamento genérico e seu análogo fabricado sob o privilégio da marca. Uma das medidas comumente usadas para se testar a bioequivalência é a área sob a curva que descreve a variação, em função do tempo, da concentração do princípio ativo no sangue.

Numa investigação de bioequivalência envolvendo 21 voluntários, foi administrado a cada um deles um medicamento genérico (A) em uma etapa, e o medicamento de referência (B), seu presumido equivalente, em outra etapa (Cavalcante, 1999). A ordem de administração dos medicamentos foi aleatória, e nem os indivíduos testados nem os pesquisadores que forneciam os remédios sabiam qual das duas formulações estava sendo administrada num dado momento. Isso é conhecido como um teste **duplo cego** (do inglês *double-blind*). Os valores da área sob a curva determinados no experimento são reproduzidos na Tabela 2A.3.

Para testar se as duas formulações são equivalentes, na resposta escolhida para este exemplo, devemos usar o mesmo procedimento que empregamos na seção 2.7(d), quando fizemos comparações emparelhadas das competências analíticas de Arrhenius e Berzelius. Aplicando a Equação 2.28 aos valores da última coluna da Tabela 2A.3, temos

$$\Delta = \bar{d} \pm t_v \frac{s_d}{\sqrt{N}} = 54{,}62 \pm 2{,}086 \frac{1.906{,}3}{\sqrt{21}} = 54{,}62 \pm 867{,}8\ .$$

Tabela 2A.3 Resultados do teste de bioequivalência

Voluntário	Área sob a curva*		
	A	B	Diferença
1	12.761	10.983	1.778
2	10.241	8.211	2.030
3	8.569	9.105	−536
4	13.321	12.508	813
5	11.481	12.114	−633
6	14.061	11.520	2.541
7	12.287	11.983	304
8	14.696	14.454	242
9	12.526	11.246	1.280
10	9.060	10.740	−1.680
11	12.329	10.879	1.450
12	13.244	13.818	−574
13	7.864	7.156	708
14	9.684	12.297	−2.613
15	11.811	12.279	−468
16	10.109	9.751	358
17	10.966	9.895	1.071
18	10.485	15.579	−5.094
19	11.899	9.296	2.603
20	13.200	16.163	−2.963
21	12.368	11.838	530
Média	11.569,6	11.515,0	54,62
Desvio-padrão	1.827,2	2.265,7	1.906,3

*Da concentração do princípio ativo no sangue, no período 0-8 h.

É evidente que o intervalo incluirá o valor zero, e que podemos considerar os dois remédios como bioequivalentes, pelo menos do ponto de vista da área sob a curva. Existe um ponto, porém, que merece um comentário. Quando tratamos dos dados de Arrhenius e Berzelius, vimos que o intervalo da comparação emparelhada era bem mais reduzido, porque eliminávamos a variação causada pela procedência da amostra. Entretanto, no presente exemplo, o comportamento dos dados é outro. O desvio-padrão das diferenças é muito semelhante aos desvios-padrão das médias dos dois tratamentos. A Figura 2A.5 nos permite visualizar ao mesmo tempo a mudança dos valores médios e a semelhança das dispersões. Também podemos ver que os pontos parecem desviar um pouco de uma distribuição normal (isso, porém, não deve ser motivo de muita preocupação pois, como já dissemos, o teste t é bastante robusto em relação a tais desvios).

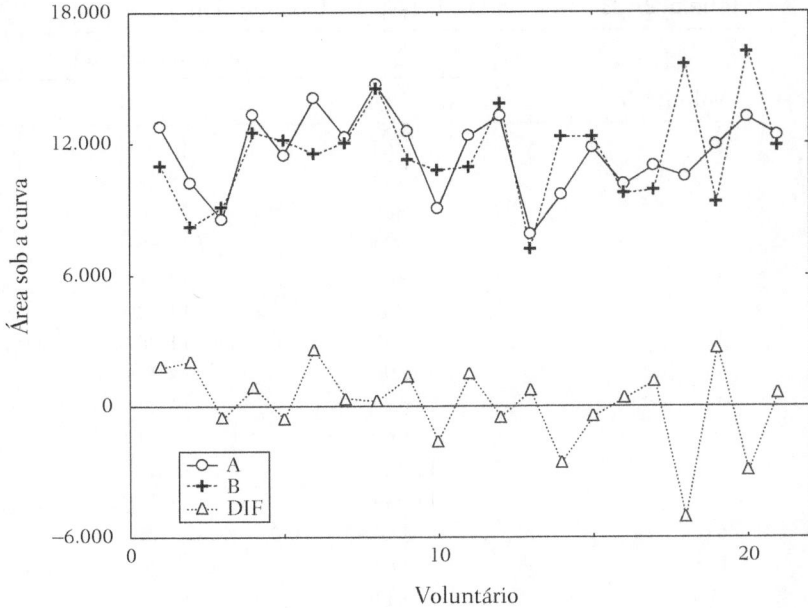

Figura 2A.5 Áreas sob a curva da Tabela 2A.3.

2A.3 Mais feijões?

No melhor espírito da Rothamsted Experimental Station,[4] onde R. A. Fisher desenvolveu alguns de seus trabalhos mais importantes, os autores resolveram dar continuidade às suas próprias pesquisas agronômicas e mediram os pesos de duas amostras de diferentes tipos de feijão. Cada amostra continha seis caroços escolhidos aleatoriamente de sua respectiva população, um pacote de 1 kg comprado num supermercado. Os pesos obtidos estão na Tabela 2A.4. O feijão carioca parece mais pesado do que o roxinho. Será que essas amostras de apenas seis elementos são suficientes para nos dar confiança nessa conclusão?

Tabela 2A.4 Pesos de caroços de dois tipos de feijão

Tipo	Pesos (g)	$\bar{x}$	s
Carioca	0,2580 0,2607 0,2854 0,2895 0,2712 0,2766	0,27357	0,012779
Roxinho	0,2175 0,2205 0,2260 0,2261 0,2119 0,2146	0,21943	0,005875

---

[4] E também por falta de uma ideia melhor.

A resposta, mais uma vez, está num teste t, idêntico ao da comparação dos tempos no experimento rodoviário, mas vamos aproveitar para fazer um pouco diferente e testar a hipótese de que os dois pesos médios são idênticos, para ver se podemos rejeitá-la. Começamos adaptando a Equação 2.25, que vimos na Seção 2.7(d), à hipótese nula de igualdade das médias. Escrevemos, portanto,

$$\hat{t} = \frac{(\bar{x}_C - \bar{x}_R) - 0}{s\sqrt{\dfrac{1}{N_C} + \dfrac{1}{N_R}}} \ .$$

Substituindo os valores apropriados e usando como desvio-padrão o valor obtido a partir da combinação das variâncias das duas amostras, temos

$$\hat{t} = \frac{(0,27357 - 0,21943) - 0}{0,0099456\sqrt{\dfrac{1}{6} + \dfrac{1}{6}}} = \frac{0,05414}{0,0057421} = 9,429 \ .$$

O valor de t com 10 graus de liberdade é de 2,228, no nível de 95% de confiança. Mesmo no maior nível de confiança da Tabela A.2, 99,95%, o valor de t é de apenas 4,587, que ainda é muito inferior à estimativa obtida dos pesos dos caroços. Podemos afirmar, então, praticamente com certeza, que o peso médio do caroço de feijão carioca é maior do que o peso médio do caroço de feijão roxinho.

O peso médio dos seis caroços de feijão roxinho, 0,21943 g, é parecido com o peso médio da amostra de 140 caroços de feijão preto que discutimos extensivamente neste capítulo (0,2024 g). É evidente que não podemos tratar um pacote de feijão preto e um pacote de feijão roxinho como pertencentes à mesma população, mas será que não poderíamos considerar que as duas populações podem ser descritas pelos mesmos parâmetros?

Começaremos testando as variâncias, lembrando que o desvio-padrão da amostra de feijão preto era de 0,0363 g. A razão entre as variâncias amostrais é dada por

$$\frac{s_1^2}{s_2^2} = \frac{(0,0363)^2}{(0,005875)^2} = 38,18 \ .$$

O valor do ponto correspondente da distribuição F, com 95% de confiança, é $F_{139,5} \cong 4,38$ (fazendo-se uma pequena aproximação, já que a tabela não tem nenhum dado para 139 graus de liberdade). Como o valor calculado para a razão das variâncias é muito maior, não podemos supor que as duas populações tenham a mesma variância. Isso implica, por sua vez, que não temos o direito de combinar os dois valores das variâncias amostrais para obter uma estimativa agregada da mesma forma que vínhamos fazendo e então partir para a comparação das duas médias. Não existe um teste t exato para esse caso, mas podemos usar um procedimento aproximado, que é uma modificação do teste que já usamos várias vezes (veja, por exemplo, Montgomery e Runger, 1999). A estimativa necessária para o teste agora é dada por

$$\hat{t}_v^* = \frac{\overline{x}_A - \overline{x}_B}{\sqrt{\dfrac{s_A^2}{N_A} + \dfrac{s_B^2}{N_B}}}.$$

Substituindo os valores, temos

$$\hat{t}_{144}^* = \frac{0,21943 - 0,2024}{\sqrt{\dfrac{(0,005875)^2}{6} + \dfrac{(0,0363)^2}{140}}} = \frac{0,01703}{0,003894} = 4,373$$

Este resultado deve ser comparado com o valor da distribuição t com o número de graus de liberdade total, $N_A + N_B - 2$, no nível de confiança desejado. Ele é superior até mesmo ao valor da Tabela A.2 com 99,95% de confiança, $t_{120} = 3,373$ (estamos sendo conservadores em relação ao número de graus de liberdade). Conclusão: estamos diante de uma forte evidência de que os pesos médios dos dois tipos de feijão também são diferentes.

2A.4 Produtividade de algas marinhas

Agar-agar, um gel preparado a partir das paredes celulares de várias algas vermelhas, é usado como meio de cultura em laboratórios e também como espessante, estabilizante ou adesivo nas indústrias de alimentos, de cosméticos e de fármacos. Geyer e *colaboradores* (1990) estudaram como o teor de agar-agar extraído da alga *Pterocladia capillacea* (Rhodophyceae) variava com a localidade onde as amostras eram colhidas, na costa próxima a Arraial do Cabo, no estado do Rio de Janeiro. A Tabela 2A.5 contém resultados obtidos em dois locais: um com pouca atividade urbana mas com atividade industrial (A), e o outro com muita atividade urbana mas sem indústrias (B). Será que essa diferença de ambiente altera o teor de agar-agar extraído?

Primeiro vamos ver se podemos combinar as variâncias da forma tradicional. Usando os desvios-padrão da tabela, temos

$$\frac{s_B^2}{s_A^2} = \left(\frac{5,4948}{4,9077}\right)^2 = 1,254.$$

Tabela 2A.5 Teor de agar-agar de algas marinhas recolhidas em dois locais diferentes

Local	Amostras	Teor de agar (%)					$\bar{x}$	s
A	10	39,75	36,40	33,88	27,85	31,42	33,866	4,9077
		34,40	36,62	36,50	38,04	23,80		
B	9	42,37	45,23	34,14	37,00	29,96	37,784	5,4948
		31,82	34,58	42,58	42,38			

Como no nível de 95% de confiança temos $F_{8,9} = 3,23$, concluímos que podemos fazer a estimativa agregada da variância, que nos dará uma estimativa do desvio-padrão de 5,1923, com 17 graus de liberdade. Em seguida, usamos a Equação 2.26 para obter um intervalo de confiança para a diferença entre os dois teores médios de agar-agar:

$$(\mu_A - \mu_B) = (\bar{x}_A - \bar{x}_B) \pm t_{17} s \sqrt{\frac{1}{10} + \frac{1}{9}}$$
$$= (33,866 - 37,784) \pm 2,110 \times 5,1923 \times 0,4595$$
$$= -3,918 \pm 5,034 .$$

É evidente que o intervalo incluirá o valor zero e, portanto, não temos evidência, nesse nível de confiança, de que a mudança no tipo de atividade — urbana ou industrial — altere o teor de agar-agar das algas colhidas nos dois locais.

Capítulo 3

Como Variar Tudo ao Mesmo Tempo

Um dos problemas mais comuns para quem faz experimentos é determinar a influência de uma ou mais variáveis sobre uma outra variável de interesse. Por exemplo, nosso velho amigo da titulação, ao estudar uma certa reação química, pode querer saber como o rendimento seria afetado se ele, digamos, variasse a temperatura ou usasse um catalisador diferente. No linguajar estatístico, dizemos que ele está interessado em descobrir como a **resposta** (o rendimento da reação) depende dos **fatores** temperatura e catalisador. Podemos abordar esse problema como um caso particular da situação mostrada esquematicamente na Figura 3.1. Um certo número de fatores, $F_1, F_2,..., F_k$, atuando sobre o sistema em estudo, produz as respostas $R_1, R_2,..., R_j$. O sistema atua como uma função — desconhecida, em princípio, senão não precisaríamos de experimentos — que opera sobre as variáveis de entrada (os fatores) e produz como saída as respostas observadas. O objetivo da pessoa que realiza os experimentos é descobrir essa função, ou pelo menos obter uma aproximação satisfatória para ela. Com esse conhecimento, ela poderá entender melhor a natureza da reação em estudo, e assim escolher as melhores condições de operação do sistema.

No planejamento de qualquer experimento, a primeira coisa que devemos fazer é decidir quais são os fatores e as respostas de interesse. Os fatores, em geral, são as variáveis que o experimentador tem condições de controlar.[1] Podem ser qualitativos, como o tipo de catalisador, ou quantitativos, como a temperatura. Às vezes, num determinado experimento, sabemos que existem fatores que podem afetar as respostas, mas que não temos condições de, ou não estamos interessados em, controlar (por

---

[1] Muitos engenheiros preferem chamar as alterações nos fatores de "manipulação", em vez de "controle". Controle, para eles, é o que você quer fazer com a variável *dependente* (isto é, a resposta) quando *manipula* os fatores. Faz um certo sentido, mas vamos ficar com a nossa terminologia, que é a tradicional na literatura de planejamento de experimentos.

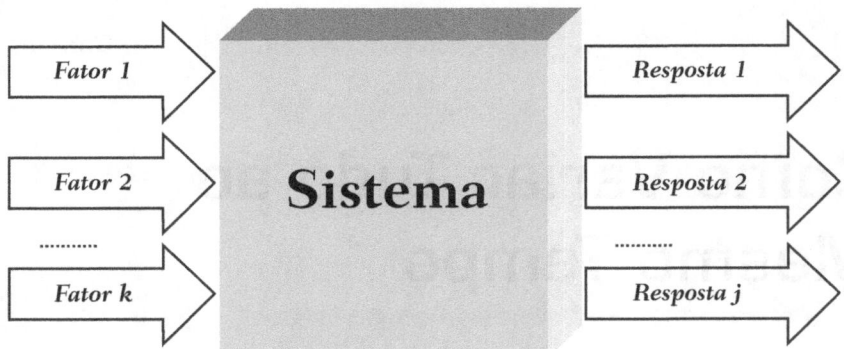

Figura 3.1 Um sistema pode ser representado por uma função (em princípio desconhecida) ligando os fatores (variáveis de entrada) às respostas (variáveis de saída).

exemplo, a procedência do vinagre, na comparação entre Arrhenius e Berzelius). Precisamos tomar muito cuidado com fatores desse tipo, para que o seu efeito não seja confundido com os efeitos de interesse. Para isso, podemos usar a blocagem, como já vimos, e a aleatorização, sobre a qual falaremos mais tarde.

As respostas são as variáveis de saída do sistema, nas quais estamos interessados, e que serão — ou não — afetadas por modificações provocadas nos fatores (as tais manipulações). Também podem ser qualitativas ou quantitativas. Dependendo do problema, podemos ter várias respostas de interesse, que talvez precisem ser consideradas simultaneamente.

Tendo identificado todos os fatores e respostas, nosso próximo passo é definir, com o máximo de clareza, o **objetivo** que pretendemos alcançar com os experimentos, para que então possamos escolher o planejamento mais apropriado. Por exemplo, nosso químico pode estar só querendo saber se trocar o catalisador por um mais barato não vai diminuir o rendimento da reação. Ou, então, pode querer descobrir que temperatura deve ser usada para se obter o rendimento máximo. Ou, ainda, até quando ele pode variar os fatores sem alterar o rendimento ou a qualidade do produto final, e assim por diante. O planejamento dos experimentos, isto é, a especificação detalhada de todas as operações experimentais que devem ser realizadas, vai depender do objetivo particular que ele quiser atingir. Objetivos diferentes precisarão de planejamentos diferentes.

Neste capítulo, estudaremos planejamentos fatoriais de dois níveis, que são muito úteis em investigações preliminares, quando queremos saber se determinados fatores têm ou não influência sobre a resposta. Não estamos preocupados ainda em descrever muito rigorosamente essa hipótese (Box; Hunter; Hunter, 1978). São planejamentos muito simples de executar, que depois podem ser ampliados para formar um planejamento mais sofisticado, se quisermos conhecer melhor a relação entre a resposta e os fatores importantes.

Por outro lado, se estivermos considerando um número de fatores relativamente grande, é possível que alguns deles não tenham influência significativa sobre a resposta. Nesse caso, um planejamento completo seria um desperdício: o melhor seria fazer primeiro uma triagem, para decidir quais são os fatores que merecem um estudo mais aprofundado. Para isso poderíamos usar um planejamento fatorial incompleto, como o fatorial fracionário, que discutiremos no próximo capítulo.

Exercício 3.1

Pense num experimento, de preferência numa área de seu interesse, cuja resposta seja quantitativa. Que fatores você gostaria de examinar para determinar a possível influência deles sobre a resposta? Que fatores poderiam atuar como confundidores? Que fatores poderiam contribuir para o ruído — isto é, a flutuação aleatória — nas respostas?

3.1 Um planejamento fatorial 2^2

Para executar um planejamento fatorial, começamos especificando os níveis em que cada fator deve ser estudado, isto é, os valores dos fatores (ou as classes, nos casos qualitativos) que vamos usar para fazer os experimentos. Podemos, por exemplo, querer estudar o efeito do fator temperatura em quatro níveis, 50°C, 60°C, 70°C e 80°C, e o efeito do catalisador em três níveis, os catalisadores A, B e C. Para fazer um **planejamento fatorial completo**, devemos realizar experimentos em todas as possíveis combinações dos níveis dos fatores. Cada um desses experimentos, em que o sistema é submetido a um conjunto de níveis definido (por exemplo: temperatura de 60°C e catalisador do tipo A), é um **ensaio** experimental. Havendo quatro níveis num fator e três no outro, como neste exemplo, são necessários $4 \times 3 = 12$ ensaios diferentes, e o planejamento é chamado de **fatorial 4 × 3**. Em geral, se houver n_1 níveis do fator 1, n_2 do fator 2,..., e n_k do fator k, o planejamento será um fatorial $n_1 \times n_2 \times ... \times n_k$. Isso não significa obrigatoriamente que serão realizados apenas $n_1 \times ... \times n_k$ experimentos. Este é o número mínimo necessário para um planejamento fatorial completo. Podemos querer estimar o erro experimental a partir de ensaios repetidos, e nesse caso vamos precisar de mais experimentos.

Para estudar o efeito de qualquer fator sobre uma dada resposta, precisamos fazê-lo variar de nível (manipulá-lo, não é?), e observar o resultado que essa variação produz sobre a resposta. Como, para isso, precisamos ter o fator em pelo menos dois níveis diferentes, podemos concluir que o planejamento mais simples é aquele em que todos os fatores são estudados em apenas dois níveis.

Para k fatores, isto é, k variáveis controladas pelo experimentador, um planejamento completo de dois níveis exige a realização de $2 \times 2 \times \ldots \times 2 = 2^k$ ensaios diferentes, sendo chamado por isso de **planejamento fatorial 2^k**. Nesta seção vamos examinar os efeitos do aumento da temperatura e da mudança de catalisador sobre o rendimento de uma reação, para mostrar como fazer um planejamento fatorial 2^2 e como analisar os resultados obtidos. Com esse exemplo, discutiremos uma série de conceitos fundamentais, que depois poderemos aplicar a planejamentos envolvendo um número qualquer de fatores.

Começamos escolhendo os níveis: 40°C e 60°C para a temperatura, e A e B para o catalisador. Como este é apenas um exemplo para fins didáticos, o sistema é fictício e a escolha dos níveis, arbitrária. Na vida real, teríamos de nos apoiar no conhecimento disponível sobre o nosso sistema e pensar bem antes de determinar quais são os níveis que devemos escolher.

Para fazer o planejamento 2^2, devemos realizar ensaios e registrar as respostas observadas (os rendimentos, neste caso) em todas as quatro possíveis combinações dos níveis escolhidos: (40°C, A), (40°C, B), (60°C, A) e (60°C, B). A lista dessas combinações, que é chamada de **matriz de planejamento**, é apresentada na Tabela 3.1, juntamente com os rendimentos obtidos nos experimentos. Note que todos os ensaios foram feitos em duplicata, produzindo oito respostas no total. Graças a isso, poderemos estimar o erro experimental de uma resposta individual. A extensão desse erro é importante para decidirmos se existem ou não efeitos significativos que possamos atribuir à ação dos fatores.

Exercício 3.2

Além da temperatura e do catalisador, nos níveis que acabamos de citar, nosso químico deseja estudar ao mesmo tempo, por meio de um planejamento fatorial, o efeito de três valores da pressão: 1, 5 e 10 atm. Quantos ensaios ele terá de realizar, no total?

Tabela 3.1 Resultados de um planejamento fatorial 2^2 para estudar o efeito da temperatura e do catalisador sobre o rendimento de uma reação

Ensaio	Temperatura (°C)	Catalisador	Rendimento (%)		Média
1	40	A	57	61	59
2	60	A	92	88	90
3	40	B	55	53	54
4	60	B	66	70	68

3.1(a) Cálculo dos efeitos

De acordo com a Tabela 3.1, quando usamos o catalisador A e elevamos a temperatura de 40°C para 60°C (Ensaios 1 e 2), o rendimento médio passa de 59% para 90%. Ocorre, portanto, um aumento de 90 − 59 = 31%. Quando o catalisador é do tipo B (Ensaios 3 e 4), o rendimento sobe apenas 68 − 54 = 14%. Isso mostra que o efeito da temperatura, ou seja, o que acontece com o rendimento da reação quando elevamos a temperatura de 40°C para 60°C, depende do nível em que o catalisador está. O efeito do catalisador, por sua vez, também depende do nível da temperatura. A 40°C (Ensaios 1 e 3), a mudança de catalisador diminui o rendimento médio em 5%. A 60°C (Ensaios 2 e 4), a redução passa a ser de 22%. Quando o efeito de uma variável depende do nível de outra, como neste caso, dizemos que as duas variáveis **interagem**, e podemos calcular o valor do **efeito de interação** entre elas, como veremos em breve.

O **efeito principal** da temperatura é, por definição, a média dos efeitos desta nos dois níveis do catalisador. Usando a letra **T** para representar esse efeito, e sendo $\bar{y}_i$ a resposta média observada no i-ésimo Ensaio, podemos escrever

$$\begin{aligned}
\mathbf{T} &= \frac{(\bar{y}_2 - \bar{y}_1) + (\bar{y}_4 - \bar{y}_3)}{2} \\
&= \frac{(90 - 59) + (68 - 54)}{2} \\
&= \frac{(31) + (14)}{2} \\
&= 22,5\,\%\,.
\end{aligned}$$

(3.1)

Este valor indica que o rendimento da reação sobe 22,5%, em média, quando a temperatura passa de seu nível inferior (40°C) para o nível superior (60°C). Essa conclusão, porém, está incompleta. Como acabamos de ver, a temperatura e o catalisador interagem, e não devemos falar do efeito da temperatura sem dizer algo sobre o tipo de catalisador. Precisamos, na verdade, interpretar os efeitos dos dois fatores conjuntamente, para não deixar dúvidas sobre a interação que existe entre eles. Voltaremos a esse ponto na Seção 3.1(d).

Nos planejamentos de dois níveis, costuma-se identificar os níveis superior e inferior com os sinais (+) e (−), respectivamente. Usando essa notação, vemos que os Ensaios 2 e 4 na Tabela 3.1 correspondem ao nível (+) da temperatura, enquanto os Ensaios 1 e 3 correspondem ao nível (−). A atribuição desses sinais também pode ser feita para os níveis dos fatores qualitativos. Em nosso exemplo, vamos admitir que o nível (+) corresponde ao catalisador B. A escolha é arbitrária, e não afeta nossas conclusões.

A Equação 3.1 pode ser reescrita como a diferença entre duas médias:

$$T = \left(\frac{\bar{y}_2 + \bar{y}_4}{2}\right) - \left(\frac{\bar{y}_1 + \bar{y}_3}{2}\right). \quad (3.1a)$$

Como $\bar{y}_2$ e $\bar{y}_4$ pertencem ao nível (+) e $\bar{y}_1$ e $\bar{y}_3$ pertencem ao nível (−) do fator temperatura, vemos que o efeito principal **T** é a diferença entre a resposta média no nível superior e a resposta média no nível inferior desse fator:

$$T = \bar{y}_+ - \bar{y}_- . \quad (3.2)$$

Esta expressão vale para qualquer efeito principal num planejamento fatorial completo de dois níveis e pode ser considerada como uma definição alternativa de efeito principal.

Para o catalisador, na nossa escolha de sinais, o nível superior corresponde aos Ensaios 3 e 4 e o inferior aos Ensaios 1 e 2. O efeito principal do catalisador será, portanto, de acordo com a Equação 3.2,

$$\begin{aligned} C = \bar{y}_+ - \bar{y}_- &= \left(\frac{\bar{y}_3 + \bar{y}_4}{2}\right) - \left(\frac{\bar{y}_1 + \bar{y}_2}{2}\right) \\ &= -13{,}5\% . \end{aligned} \quad (3.3)$$

Note que o efeito é negativo. Quando trocamos o catalisador A pelo catalisador B, o rendimento *cai* 13,5% em média. Se na escolha de sinais tivéssemos invertido as posições e colocado o catalisador A, em vez do B, no nível superior, o efeito calculado teria sido **C** = +13,5%. Na prática, a conclusão seria a mesma: há uma diferença entre os rendimentos obtidos com os dois catalisadores, e os resultados do catalisador B são, em média, 13,5% mais baixos.

Se não houvesse interação, o efeito da temperatura deveria ser o mesmo com qualquer catalisador. Já sabemos, porém, que a situação não é essa. O efeito da temperatura é +31% com o catalisador do tipo A, mas cai para +14% quando usamos o tipo B. Como na ausência de interação esses dois valores deveriam ser idênticos (exceto pelo erro experimental), podemos tomar a diferença entre eles como uma medida da interação entre os fatores **T** e **C**. Na verdade, por uma questão de consistência com a definição dos outros efeitos (como veremos em breve), a *metade* da diferença é que é, por definição, o **efeito de interação** entre os dois fatores. Usando **T×C**, ou simplesmente **TC**, para representar esse efeito, podemos escrever

$$T \times C = TC = \frac{14 - 31}{2} = -8{,}5\% .$$

Note que fazemos a diferença subtraindo o valor do efeito **T** correspondente ao nível inferior do catalisador (que é o tipo A, pela nossa convenção de sinais) do valor correspondente ao nível superior (tipo B), numa ordem análoga à da Equação 3.2. Identificando as respostas de acordo com os ensaios em que foram obtidas, podemos escrever

$$\mathbf{TC} = \left(\frac{\bar{y}_4 - \bar{y}_3}{2}\right) - \left(\frac{\bar{y}_2 - \bar{y}_1}{2}\right) = \left(\frac{\bar{y}_1 + \bar{y}_4}{2}\right) - \left(\frac{\bar{y}_2 + \bar{y}_3}{2}\right).$$

(3.4)

As Equações 3.1, 3.3 e 3.4 mostram que para calcular qualquer efeito usamos *todas* as respostas observadas. Cada efeito é a diferença de duas médias. Metade das observações contribui para uma das médias, e a metade restante aparece na outra média. Esta é uma importante característica dos planejamentos fatoriais de dois níveis. As respostas obtidas nunca ficam ociosas.

Exercício 3.3

Calculamos uma medida da interação entre os fatores T e C a partir da diferença dos efeitos da temperatura. Alguém poderia perguntar por que não fizemos, em vez disso, a diferença entre os efeitos do catalisador nos dois níveis da temperatura. Mostre, algebricamente, que as duas medidas são idênticas. Lembre-se de que, pela convenção de sinais que adotamos, a conta que você deve fazer é [(Efeito do catalisador a 60°C) − (Efeito do catalisador a 40°C)], e não o contrário.

3.1(b) Interpretação geométrica dos efeitos

Podemos dar uma interpretação geométrica aos efeitos que acabamos de calcular. Para isso, representamos o planejamento experimental num sistema cartesiano, com um eixo para cada fator. Como temos apenas dois fatores, o espaço definido por eles é um plano. Escolhendo apropriadamente as escalas dos eixos, podemos colocar os quatro ensaios nos vértices de um quadrado (Figura 3.2). Atribuindo sinais algébricos aos ensaios de acordo com as Equações 3.1a, 3.3 e 3.4, vemos que os efeitos principais são **contrastes** — isto é, diferenças médias — entre valores situados em arestas opostas e perpendiculares ao eixo do fator correspondente, como mostram as Figuras 3.2(a) e 3.2(b). O efeito de interação [Figura 3.2(c)], por sua vez, é o contraste entre as duas diagonais, considerando-se positiva a diagonal que liga o ensaio (− −) ao ensaio (++). Foi por isso que dividimos por 2, quando calculamos o efeito **TC**. Assim, ele também pode ser interpretado geometricamente como uma diferença média.

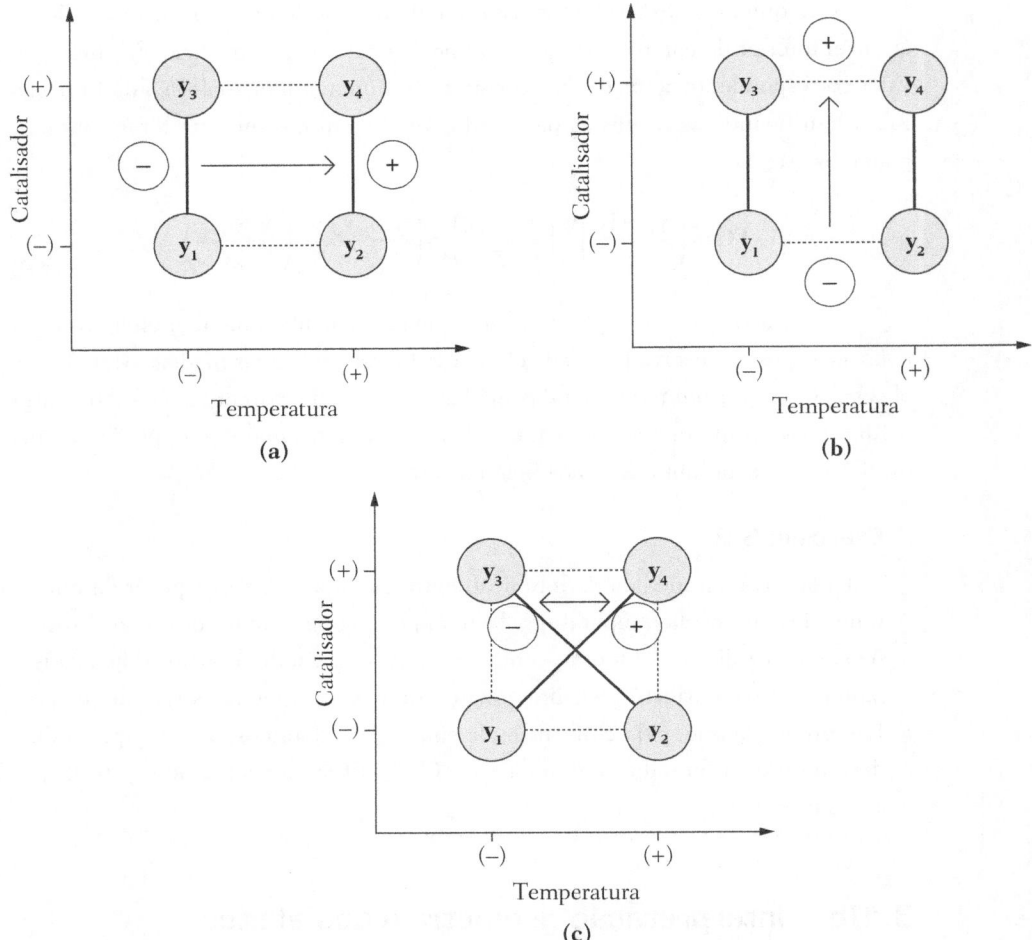

Figura 3.2 Interpretação geométrica dos efeitos num planejamento 2^2. Os efeitos principais são contrastes entre arestas opostas [(a) e (b)]. O efeito de interação é o contraste entre as duas diagonais [(c)].

3.1(c) Estimativa do erro experimental

Os ensaios da Tabela 3.1 foram realizados em duplicata para que pudéssemos ter uma maneira de estimar o erro experimental, e a partir daí avaliar a significância estatística dos efeitos. Para isso, é preciso que a duplicação seja uma **repetição autêntica**, isto é, a realização, pela segunda vez, de todas as etapas do ensaio, desde, digamos, a limpeza da vidraria até a separação e a análise do produto final. Este ponto é muito importante. Se fizermos as repetições de forma imprópria, sem incluir a variabilidade total do processo, os erros vão parecer menores do que na realidade são, e talvez sejamos levados a enxergar efeitos significativos onde eles na verdade não existem.

Para evitar a ocorrência de distorção estatística nos resultados, isto é, para impedir que desvios atípicos sejam obrigatoriamente associados a determinadas combinações de níveis, devemos realizar os ensaios em ordem aleatória. Suponhamos, por exemplo, que a reação da Tabela 3.1 possa ser influenciada pela luz, e que tenhamos de realizar parte dos experimentos durante o dia, e parte à noite. Se escolhermos usar somente o catalisador A durante o dia e o catalisador B à noite, estaremos confundindo o efeito do catalisador com um possível efeito devido à mudança de luminosidade. Para evitar esse problema, devemos sortear a ordem de realização dos ensaios, ou seja, fazer a **aleatorização** de que falamos no início do capítulo.

A aleatorização é outro princípio experimental muito importante que nos ajuda a impedir que fatores indesejáveis, dos quais não estamos cientes, contaminem os efeitos que queremos investigar. Se sortearmos a ordem de realização dos ensaios, a probabilidade de um desses fatores afetar uma resposta é a mesma para todas as respostas, e assim sua atuação ficará diluída. A numeração dos ensaios, como na Tabela 3.1, é apenas uma forma conveniente de identificar as várias combinações de níveis, e nada tem a ver com a ordem em que os experimentos são efetivamente realizados. Esta, como acabamos de ver, deve ser aleatória.

É importante distinguir a aleatorização da **blocagem**, sobre a qual falaremos mais no final do capítulo. Na aleatorização, estamos nos precavendo contra fatores que talvez possam influenciar o resultado, mas dos quais não temos conhecimento. Na blocagem, *sabemos* desde o início que certos fatores podem influenciar a resposta, só que não estamos interessados no efeito delas, e levamos isso em conta na hora de definir o planejamento, de forma a evitar ou minimizar confundimentos. Assim, por exemplo, se já sabemos que a luminosidade pode afetar o rendimento da reação, devemos incluí-la como um dos fatores, junto com os outros usados para definir o planejamento. Se, por algum motivo, esse efeito não for do nosso interesse, devemos tentar descontá-lo fazendo uma blocagem.

Outro ponto importante é que a realização das repetições deve refletir a variabilidade do processo em toda a faixa de estudo, não apenas numa determinada combinação de níveis. Se não tivermos condições de repetir todos os ensaios, devemos escolher, para as repetições, ensaios que cubram a maior parte da faixa experimental estudada. Essa precaução pode parecer tola quando se tem apenas quatro ensaios, mas se torna muito importante quando o número de fatores aumenta.

A partir das repetições feitas numa dada combinação de níveis, podemos obter uma estimativa do erro experimental nessa combinação. Por exemplo, os rendimentos observados no Ensaio 1 foram de 57% e 61%. Como são repetições autênticas e realizadas em ordem aleatória, podemos tomar a variância desse par de valores, que é 8, como uma estimativa da variância típica do nosso procedimento experimental. A rigor, é uma estimativa referente à combinação de níveis em que os dois resultados foram obtidos — temperatura de 40°C e catalisador A. Porém, se admitirmos que a variância das repetições é a mesma em toda a região investigada, podemos combinar as informações de todos os ensaios e obter uma estimativa com mais graus de liberdade. Na prática, essa suposição costuma funcionar muito bem. De qualquer forma, havendo necessidade, sempre podemos usar um teste F para confirmar sua validade.

Cada um dos ensaios foi realizado apenas duas vezes, e por isso fornece uma estimativa da variância com apenas um grau de liberdade. Para obter uma estimativa conjunta, com quatro graus de liberdade, ampliamos a Equação 2.27 e calculamos a média de todas as estimativas, ponderadas pelos respectivos graus de liberdade. Incluindo as variâncias observadas nos outros três ensaios (8, 2 e 8, respectivamente), temos

$$s^2 = \frac{(1\times 8)+(1\times 8)+(1\times 2)+(1\times 8)}{1+1+1+1} = \frac{8+8+2+8}{4} = 6,5\ .$$

Tirando a raiz quadrada desse valor, obtemos uma estimativa com quatro graus de liberdade do desvio-padrão associado a uma observação, isto é, do erro experimental característico — o chamado **erro-padrão** — das nossas respostas:

$$s = \sqrt{6,5} = 2,55\%\ .$$

Quando o número de repetições é o mesmo em todos os ensaios, a estimativa da variância experimental é simplesmente a média aritmética das variâncias observadas nos ensaios individuais, como neste exemplo. No caso geral, se cada ensaio for repetido n_i vezes e houver m ensaios diferentes, a estimativa conjunta da variância experimental será dada por

$$s^2 = \frac{\nu_1 s_1^2 + \nu_2 s_2^2 + ... + \nu_m s_m^2}{\nu_1 + \nu_2 + ... + \nu_m} \tag{3.5}$$

onde $\nu_i = n_i - 1$ é o número de graus de liberdade de s_i^2, a estimativa da variância do i-ésimo ensaio.

Cada um dos efeitos calculados nas Equações 3.1-3.4 é uma combinação linear de quatro valores $\bar{y}_i$, com coeficientes a_i iguais a $+1/2$ ou $-1/2$. Por causa da autenticidade das repetições e da ordem aleatória de realização dos ensaios, esses valores devem ser estatisticamente independentes. Admitindo também que eles têm a mesma variância populacional $\sigma_{\bar{y}}^2$, podemos aplicar a Equação 2.15, com $a_i^2 = 1/4$, para calcular a variância de um efeito:

$$\hat{V}(efeito) = \left(\frac{1}{4} + \frac{1}{4} + \frac{1}{4} + \frac{1}{4}\right)\sigma_{\bar{y}}^2 = \sigma_{\bar{y}}^2 \ .$$

Lembrando ainda que cada valor $\bar{y}_i$ neste exemplo é na verdade a média de duas observações independentes, podemos aplicar novamente a Equação 2.15 e escrever $\sigma_{\bar{y}}^2 = \sigma^2/2$, onde σ^2 é a variância de uma observação individual. Usando nossa estimativa $s^2 = 6,5$ no lugar de σ^2, obtemos finalmente uma estimativa, com quatro graus de liberdade, do **erro-padrão de um efeito** no nosso experimento:

$$s(efeito) = \sqrt{\frac{\sigma^2}{2}} = 1,80\% \ .$$

Outra forma de obter o erro-padrão de um efeito é utilizar a Equação 3.2. Como um efeito é um contraste entre duas médias, isto é,

$$efeito = \bar{y}_+ - \bar{y}_- \ ,$$

podemos escrever

$$\hat{V}(efeito) = \hat{V}\left(\bar{y}_+ - \bar{y}_-\right) = \hat{V}\left(\bar{y}_+\right) + \hat{V}\left(\bar{y}_-\right) = \frac{s^2}{4} + \frac{s^2}{4} = \frac{s^2}{2} \ ,$$

porque neste caso temos quatro respostas com sinal positivo e outras quatro com sinal negativo. Fazendo-se a mudança apropriada nos denominadores, uma expressão semelhante se aplica a qualquer fatorial de dois níveis porque nesses planejamentos um efeito será sempre um contraste entre duas médias, com metade das respostas em cada média.

Com o erro-padrão podemos construir intervalos de confiança para os valores dos efeitos, usando a distribuição de Student:

$$\hat{\eta} - t_\nu \times s(efeito) < \eta < \hat{\eta} + t_\nu \times s(efeito) \ . \tag{3.6}$$

Nessa equação, para não confundir com a notação já empregada para médias, usamos a letra grega η para representar o verdadeiro valor de um efeito, isto é, o valor populacional, e o acento circunflexo para indicar a estimativa desse valor obtida a partir dos ensaios realizados no experimento. Na prática, a equação implica que só devemos considerar estatisticamente significativos os efeitos cujas estimativas (obtidas no experimento) forem superiores em valor absoluto ao produto do erro-padrão pelo ponto da distribuição de Student, porque só assim o intervalo de confiança não incluirá o valor zero.

Exercício 3.4

Mostre que, para um par de valores numéricos, $s^2 = d^2/2$, onde d é a diferença entre os dois valores. Use este resultado e mostre que, em um conjunto de N ensaios duplicados (isto é, cada ensaio repetido uma só vez, como na Tabela 3.1), a estimativa conjunta da variância experimental é

$$s^2 = \sum_i d_i^2 / 2N.$$

3.1(d) Interpretação dos resultados

A Tabela 3.2 contém os resultados da nossa análise dos dados da Tabela 3.1, e inclui o rendimento médio global, que também é uma combinação linear de todas as observações.

Inicialmente, precisamos decidir quais dos efeitos calculados são significativamente diferentes de zero e, portanto, merecedores de interpretação. De acordo com a Equação 3.6, só consideraremos estatisticamente significativo, com 95% de confiança, um efeito cujo valor absoluto for superior a $t_4 \times s(efeito) = 2,776 \times 1,8\% = 5,0\%$. Aplicando esse critério aos valores da Tabela 3.2, vemos que todos eles são significativos, ou seja, os efeitos existem mesmo. Podemos, portanto, tentar entender o que eles significam na prática.

Como o efeito de interação é significativo, os efeitos principais devem ser interpretados conjuntamente. A melhor forma de fazer isso é traçar um diagrama contendo as respostas médias em todas as combinações de níveis das variáveis, como na Figura 3.3. Examinando o diagrama, podemos concluir que:

Tabela 3.2 Efeitos calculados para o planejamento fatorial 2^2 da Tabela 3.1. Note que o erro-padrão da média global é a metade do erro-padrão dos efeitos

Média global:	$67,75 \pm 0,9$
Efeitos principais:	
T	$22,5 \pm 1,8$
C	$-13,5 \pm 1,8$
Efeito de interação:	
TC	$-8,5 \pm 1,8$

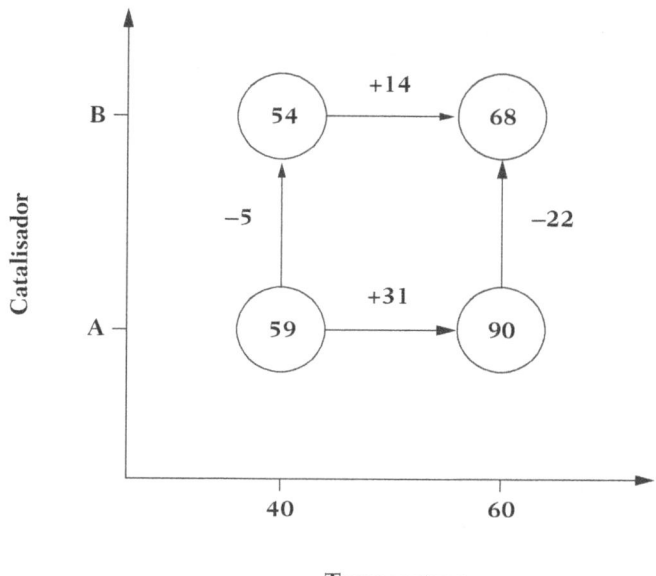

Figura 3.3 Diagrama para interpretação dos resultados do planejamento fatorial 2^2. Os valores nos vértices do quadrado são as respostas médias (rendimentos percentuais).

1. Elevando a temperatura aumentamos o rendimento da reação, mas esse efeito é muito mais pronunciado com o catalisador A do que com o catalisador B (+31% contra +14%).
2. Trocando o catalisador A pelo catalisador B diminuímos o rendimento da reação, e esse efeito é muito mais significativo a 60°C do que a 40°C (-22% contra -5%).
3. Os maiores rendimentos (90%, em média) são obtidos com o catalisador A e com a temperatura em 60°C.

Exercício 3.5

De acordo com a Tabela 3.2, o erro-padrão da média é a metade do erro-padrão dos efeitos. Use a Equação 2.15 para mostrar que isso é verdade.

Exercício 3.6

As observações abaixo foram feitas em repetições autênticas dos diferentes ensaios. Faça uma estimativa conjunta do erro experimental associado a essas observações. Quantos graus de liberdade tem a estimativa?

Ensaio	Observações				Média	Variância
1		20	25	23		22,7	6,33
2			40	37		38,5	4,50
3	10	8	12	7		9,3	4,92
4			31			31	---
5		53	49	45		49,0	16,00

3.1(e) Um algoritmo para o cálculo dos efeitos

Neste exemplo muito simples, calculamos os efeitos a partir de suas definições algébricas. Esse procedimento, porém, se torna mais trabalhoso e passível de erro (humano) à medida que o número de fatores aumenta. Apresentaremos nesta seção um procedimento alternativo, que nos permitirá calcular qualquer efeito sem dificuldade, não importa o tamanho do planejamento.

Começamos reescrevendo a matriz de planejamento da Tabela 3.1, substituindo os elementos pelos sinais algébricos que identificam o nível como superior ou inferior. Assim, 40 e A serão substituídos pelo sinal menos, e 60 e B pelo sinal mais:

$$\begin{matrix} & T & C \\ & \end{matrix} \begin{bmatrix} 40 & A \\ 60 & A \\ 40 & B \\ 60 & B \end{bmatrix} = \begin{matrix} T & C \\ \end{matrix} \begin{bmatrix} - & - \\ + & - \\ - & + \\ + & + \end{bmatrix}.$$

Agora acrescentamos a essa matriz uma coluna de sinais positivos — a primeira — e uma outra cujos sinais são os produtos, elemento a elemento, dos sinais das colunas **T** e **C**. Isso nos dá uma matriz 4 × 4, que chamaremos de **tabela de coeficientes de contraste**:

$$\begin{matrix} M & T & C & TC \end{matrix} \begin{bmatrix} + & - & - & + \\ + & + & - & - \\ + & - & + & - \\ + & + & + & + \end{bmatrix}.$$

Para calcular os efeitos, escolhemos a coluna apropriada, aplicamos seus sinais às respostas correspondentes, fazemos a soma algébrica e finalmente dividimos o resultado por dois. A primeira coluna, que só contém sinais positivos, serve para calcular a média de todos os ensaios, e nesse caso obviamente o divisor tem de ser quatro.

Para o efeito do catalisador, por exemplo, precisamos da terceira coluna:

$$\mathbf{C} \\ \begin{bmatrix} - \\ - \\ + \\ + \end{bmatrix}.$$

Aplicando esses sinais à coluna das respostas médias,

$$\begin{bmatrix} \bar{y}_1 \\ \bar{y}_2 \\ \bar{y}_3 \\ \bar{y}_4 \end{bmatrix} = \begin{bmatrix} 59 \\ 90 \\ 54 \\ 68 \end{bmatrix},$$

e fazendo o resto das operações, podemos escrever:

$$\begin{aligned} \mathbf{C} &= \frac{-\bar{y}_1 - \bar{y}_2 + \bar{y}_3 + \bar{y}_4}{2} \\ &= \frac{-59 - 90 + 54 + 68}{2} \\ &= -13{,}50\% \, . \end{aligned}$$

Deixamos para você a confirmação de que as outras colunas também produzem os resultados corretos.

Incluindo a unidade na tabela de coeficientes de contraste, isto é, fazendo

$$\begin{bmatrix} + & - & - & + \\ + & + & - & - \\ + & - & + & - \\ + & + & + & + \end{bmatrix} = \begin{bmatrix} 1 & -1 & -1 & +1 \\ 1 & +1 & -1 & -1 \\ 1 & -1 & +1 & -1 \\ 1 & +1 & +1 & +1 \end{bmatrix}, \quad (3.7)$$

podemos calcular todos os efeitos com uma única equação matricial. Cada efeito será dado, exceto pela ausência do divisor, pelo produto escalar do seu vetor na matriz de coeficientes de contraste pelo vetor das respostas. Assim, por exemplo, o efeito do catalisador, que acabamos de calcular, é dado por

$$\mathbf{C} = \frac{1}{2}[-1-1+1+1]\begin{bmatrix}59\\90\\54\\68\end{bmatrix} = -13{,}50\% \ .$$

Tradicionalmente, vetores e matrizes são representados em negrito. Fazendo

$$\mathbf{x}_C = \begin{bmatrix}-1\\-1\\+1\\+1\end{bmatrix} \quad \text{e} \quad \mathbf{y} = \begin{bmatrix}59\\90\\54\\68\end{bmatrix},$$

podemos determinar o efeito do catalisador com a equação

$$\mathbf{C} = \frac{1}{2}\mathbf{x}_C^t\,\mathbf{y}\ , \tag{3.8}$$

onde $\mathbf{x}_C^t$ é o vetor linha que obtemos transpondo o vetor coluna $\mathbf{x}_C$. Com essa formulação concisa (que pode ser estendida a qualquer planejamento fatorial de dois níveis) e a ajuda de um programa computacional de álgebra linear, calcular os efeitos torna-se muito fácil.

No caso geral de um planejamento de dois níveis com k fatores, onde devemos realizar um total de 2^k ensaios, o divisor será 2^{k-1} para os efeitos e, é claro, 2^k para a média. Se $\mathbf{X}$ é a matriz completa de coeficientes de contraste, os efeitos serão, exceto pelos divisores, os elementos do produto $\mathbf{X}^t\mathbf{y}$, que é um vetor coluna. No nosso fatorial 2^2 temos

$$\mathbf{X}^t\mathbf{y} = \begin{bmatrix}+1 & +1 & +1 & +1\\-1 & +1 & -1 & +1\\-1 & -1 & +1 & +1\\+1 & -1 & -1 & +1\end{bmatrix}\begin{bmatrix}59\\90\\54\\68\end{bmatrix} = \begin{bmatrix}271\\45\\-27\\-17\end{bmatrix}.$$

Dividindo o primeiro elemento por 4 e os demais por 2, obtemos finalmente

$$\begin{bmatrix}\mathbf{M}\\\mathbf{T}\\\mathbf{C}\\\mathbf{TC}\end{bmatrix} = \begin{bmatrix}67{,}75\\22{,}5\\-13{,}5\\-8{,}5\end{bmatrix}.$$

É importante observar que as linhas e as colunas da matriz $\mathbf{X}$ são ortogonais, isto é, o produto escalar de duas linhas ou duas colunas quaisquer é zero. Consequentemente, quando fazemos o produto $\mathbf{X}^t\mathbf{y}$ e aplicamos os divisores apropriados, obtemos, a partir dos quatro valores independentes que são os elementos de $\mathbf{y}$, quatro novos valores também independentes — a média global, os dois efeitos principais e o efeito de interação.

Devemos notar também que estamos usando uma matriz $\mathbf{X}$ 4x4 porque estamos baseando nossos cálculos nas quatro respostas médias, e não nos oito valores individuais. Se preferíssemos, poderíamos fazer o cálculo usando diretamente as oito respostas. Nesse caso, a matriz $\mathbf{X}$ teria dimensões 8x4, e o divisor seria 4, ao invés de 2. O efeito $\mathbf{C}$, por exemplo, seria calculado assim:

$$\mathbf{C} = \frac{1}{4}[-1-1+1+1-1-1+1+1]\begin{bmatrix}57\\92\\55\\66\\61\\88\\53\\70\end{bmatrix} = -13{,}50\%.$$

Exercício 3.7

Os dados abaixo foram obtidos num estudo da influência de dois fatores no tempo de pega inicial do gesso, isto é, o tempo em que o gesso começa a endurecer, depois que o pó é misturado com a água (Pimentel; Barros Neto, 1996). Os ensaios foram realizados em duplicata e em ordem aleatória. Determine todos os efeitos e seus erros-padrão e interprete seus resultados.

Fator **1**: Granulometria: 100-150 *mesh* (−), 150-200 *mesh* (+)

Fator **2**: Água residual: 6,6% (−), 7,5% (+)

Resposta: Tempo de pega inicial (min)

i	Fator 1	Fator 2	Resposta		$\bar{x}_i$	s_i^2
1	−	−	12,33	13,00	12,67	0,224
2	+	−	10,52	10,57	10,55	0,0013
3	−	+	10,33	9,75	10,04	0,168
4	+	+	9,00	8,92	8,96	0,0032

3.1(f) O modelo estatístico

No algoritmo usado para calcular os efeitos, os verdadeiros valores dos níveis dos fatores foram substituídos por +1 ou −1. Isso corresponde a uma **codificação** das variáveis originais, semelhante à que fizemos no capítulo anterior, quando padronizamos uma variável aleatória. Para transformar os valores 40°C e 60°C, por exemplo, em −1 e +1, basta subtrair de cada um deles o valor médio, 50°C, e dividir o resultado pela metade da amplitude da variação, que é a diferença entre o valor superior e o valor inferior:

$$\frac{40-50}{\frac{60-40}{2}} = \frac{-10}{10} = -1,$$

$$\frac{60-50}{\frac{60-40}{2}} = \frac{10}{10} = +1.$$

Isso significa, obviamente, colocar a origem do eixo das temperaturas no valor intermediário, 50°C, e definir uma nova escala, em que cada unidade corresponde a 10°C. Da mesma forma, a codificação fará com que a origem do eixo dos catalisadores fique centrada entre os catalisadores A e B, numa espécie de "nível zero" sem qualquer significado físico, mas que, do ponto de vista algébrico, pode ser tratado do mesmo modo que a origem das temperaturas. A transformação está ilustrada na Figura 3.4, onde as variáveis temperatura e catalisador passam a ser chamadas, depois de codificadas, de x_1 e x_2, respectivamente. A resposta (hipotética) correspondente

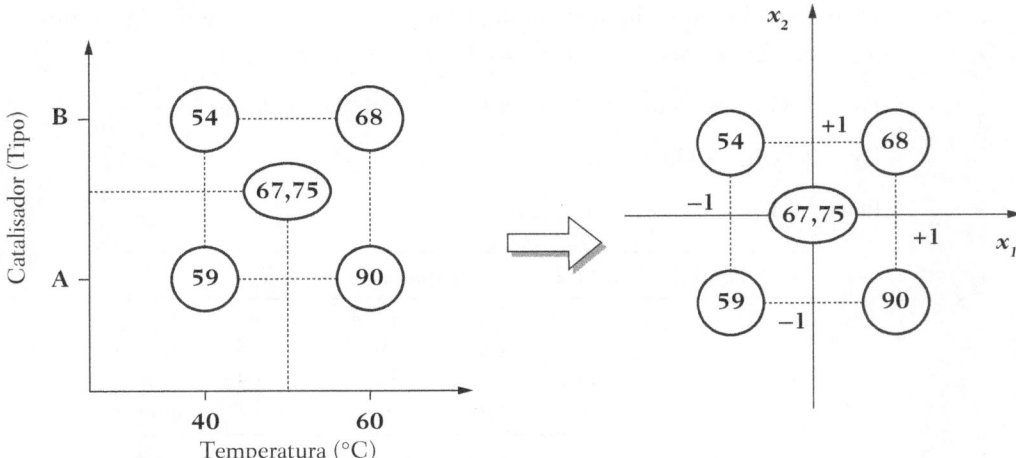

Figura 3.4 Codificação das variáveis no planejamento 2^2. A origem do novo sistema está localizada na média de todas as respostas. A unidade em cada eixo é a metade da amplitude de variação do fator correspondente.

à origem do novo sistema de eixos, no centro geométrico do planejamento, é, por simetria, a média de todas as respostas observadas, 67,75%.

Com a codificação, cada efeito passa a corresponder sempre à variação de *duas* unidades do fator correspondente, já que o nível do fator varia de -1 para $+1$. Por unidade de x_1 e x_2, consequentemente, os efeitos são a metade dos valores que calculamos com as Equações 3.1-3.4. Dizer que o efeito da temperatura é de 22,50% quando **T** passa de 40°C para 60°C é o mesmo que dizer que esse efeito é de 11,25% por unidade de x_1. Dividindo por dois os três efeitos calculados nas Equações 3.1-3.4, obtemos os novos valores 11,25% (temperatura), $-6,75\%$ (catalisador) e $-4,25\%$ (interação).

O modelo estatístico usado para descrever as respostas de um planejamento fatorial é formulado em termos dos efeitos por unidade de x_1 e x_2. Para um planejamento 2^2, a resposta observada no nível (x_1, x_2) é considerada como uma variável aleatória $y(x_1, x_2)$. Essa variável se distribui em torno de uma certa média populacional $\eta(x_1, x_2)$, com uma certa variância populacional $\sigma^2(x_1, x_2)$. Podemos escrever, portanto,

$$y(x_1, x_2) = \eta(x_1, x_2) + \varepsilon(x_1, x_2), \tag{3.9}$$

onde $\varepsilon(x_1, x_2)$ representa o erro aleatório com que as respostas flutuam em torno da média populacional definida pelos valores de x_1 e x_2.

Quando fizemos em duplicata o Ensaio 1, obtivemos as respostas 57% e 61%. Podemos imaginar esse par de valores como uma amostra — de dois elementos — da população de todos os possíveis rendimentos observáveis com $(x_1, x_2) = (-1, -1)$. A média populacional dos rendimentos nessa combinação de níveis é um certo valor $\eta_1 = \eta(-1, -1)$, que não podemos conhecer com perfeita exatidão, mas para o qual as duas observações fornecem a estimativa $\bar{y}_1 = (57 + 61) \div 2 = 59\%$. A variância com que os rendimentos se distribuem em torno de $\eta(-1, -1)$ também é desconhecida, mas pode ser estimada a partir dos ensaios repetidos. Com os valores 57 e 61 observados para o Ensaio 1, por exemplo, obtivemos a estimativa $s_1^2 = 8$.

O modelo estatístico especifica ainda que os erros aleatórios $\varepsilon(x_1, x_2)$ são distribuídos independentemente, com média zero e com a mesma variância em todas as combinações de níveis. Isso, aliás, foi o que admitimos quando combinamos todas as nossas observações para obter uma estimativa conjunta da variância. Caso seja necessário fazer algum teste do tipo t ou F, seremos obrigados a supor também que os erros seguem uma distribuição normal (Seção 2.6).

Num planejamento 2^2, nosso modelo postula que a média populacional $\eta(x_1, x_2)$ é representada adequadamente pela expressão

$$\beta_0 + \beta_1 x_1 + \beta_2 x_2 + \beta_{12} x_1 x_2,$$

onde β_0 é o valor populacional da média de todas as respostas do planejamento, e β_1, β_2 e β_{12} são os valores populacionais dos dois efeitos principais e do efeito de interação, por unidade de x_1 e x_2. Substituindo esta expressão na Equação 3.9, vemos que uma observação individual feita num ensaio pode ser representada por

$$y(x_1, x_2) = \beta_0 + \beta_1 x_1 + \beta_2 x_2 + \beta_{12} x_1 x_2 + \varepsilon(x_1, x_2) \qquad (3.10)$$

onde $\varepsilon(x_1, x_2)$ é o erro aleatório associado à resposta $y(x_1, x_2)$. Esta é uma descrição que vale para os vértices do planejamento. Do ponto de vista estritamente matemático, não devemos interpretá-la como uma equação que possa ser extrapolada ou mesmo interpolada, porque os valores das variáveis codificadas, x_1 e x_2, estão restritos, pela própria definição, a +1 ou −1. Em muitas aplicações, no entanto, vamos deixar de lado o rigor matemático, senão nossos modelos não teriam muita utilidade prática.

Para determinar exatamente os valores dos β's, precisaríamos realizar um número infinito de experimentos, já que são valores populacionais. Obviamente, o que calculamos a partir dos resultados dos nossos oito experimentos são apenas estimativas desses valores. Usamos, portanto, o alfabeto latino e escrevemos

$$\hat{y}(x_1, x_2) = \hat{\eta}(x_1, x_2) = b_0 + b_1 x_1 + b_2 x_2 + b_{12} x_1 x_2, \qquad (3.11)$$

com o acento circunflexo, lembrando que não se trata de um valor populacional, e sim de uma estimativa. Os coeficientes b_0, b_1, b_2 e b_{12} são chamados de **estimadores** dos parâmetros populacionais β_0, β_1, β_2 e β_{12}.

A Equação 3.11 também pode ser escrita como um produto escalar:

$$\hat{y}(x_1, x_2) = \begin{bmatrix} 1 & x_1 & x_2 & x_1 x_2 \end{bmatrix} \begin{bmatrix} b_0 \\ b_1 \\ b_2 \\ b_{12} \end{bmatrix}.$$

Para o Ensaio nº 1, por exemplo, teremos

$$\hat{y}(-1,-1) = \begin{bmatrix} 1 & -1 & -1 & 1 \end{bmatrix} \begin{bmatrix} 67{,}75 \\ 11{,}25 \\ -6{,}75 \\ -4{,}25 \end{bmatrix} = 59\%,$$

que é a estimativa dada pelo nosso modelo para o rendimento populacional do Ensaio 1. Ela é, como vemos, a média dos dois valores observados neste ensaio: $(57 + 61) \div 2 = 59\%$. Os elementos do vetor linha são exatamente os correspondentes ao

Ensaio 1, na matriz de coeficientes de contraste (Equação 3.7). Você pode verificar facilmente que um cálculo semelhante, usando outras linhas da matriz, pode ser feito para os demais ensaios.

Lembrando que usamos o símbolo **X** para representar a matriz completa, e empregando **b** para representar o vetor coluna dos quatro coeficientes da Equação 3.11, podemos escrever a seguinte equação matricial para o cálculo de todas as estimativas:

$$\hat{\mathbf{y}} = \mathbf{Xb},\qquad(3.12)$$

onde $\hat{\mathbf{y}}$ é o vetor coluna contendo as estimativas $\hat{y}_1,...,\hat{y}_4$ dadas pelo nosso modelo para os rendimentos dos quatro ensaios. Como essas estimativas são as próprias médias observadas, o vetor $\hat{\mathbf{y}}$ é idêntico ao vetor **y** da Equação 3.8.

Usando as matrizes **X** e **b** apropriadas, podemos aplicar a Equação 3.12 a qualquer planejamento fatorial de dois níveis, mas a sua utilidade é muito mais ampla. Veremos no Capítulo 5 que podemos aplicá-la a *qualquer* modelo cujos parâmetros (isto é, os β's) apareçam apenas como coeficientes. Isso se aplica a um número enorme de modelos.

Nossa estimativa do rendimento do Ensaio 1 é $\hat{y}_1 = 59\%$, enquanto os valores realmente observados nos experimentos individuais foram $y_1 = 57\%$ e $y'_1 = 61\%$. A previsão feita pelo modelo para o Ensaio 1 deixa, portanto, os dois **resíduos** $y_1 - \hat{y}_1 = 57 - 59 = -2\%$ e $y'_1 - \hat{y}_1 = 61 - 59 = 2\%$.

Essas diferenças entre os valores observados e os valores previstos aparecem sempre que empregamos um modelo com um número de parâmetros inferior ao número total de observações. No nosso caso, conforme mostra a Equação 3.11, a estimativa de uma observação (a rigor, a estimativa do valor médio de um ensaio) é uma função de duas variáveis independentes, x_1 e x_2, com quatro coeficientes a serem determinados (b_0, b_1, b_2 e b_{12}), que estimam os quatro parâmetros do modelo. Os resíduos aparecem porque esse modelo é ajustado a oito observações. Se houvesse apenas quatro observações, o ajuste teria sido perfeito e os resíduos seriam todos nulos.

É importante observar, desde já, que os resíduos não são independentes, porque as equações usadas para calcular as estimativas dos parâmetros eliminam quatro graus de liberdade das observações originais. Isso deixa apenas quatro graus de liberdade para o conjunto de oito resíduos.

Analisar os resíduos é fundamental para podermos avaliar o grau de ajuste de um modelo às observações. Um resíduo individual anormalmente alto, por exemplo, pode significar a presença de uma observação anômala, talvez causada por um erro grosseiro, e pode levar à conclusão de que devemos repetir o ensaio correspondente. Num modelo bem ajustado, o comportamento dos resíduos não deve ser incompatível com o que esperaríamos dos erros aleatórios $\varepsilon(x_1, x_2)$ que incluímos na Equação 3.10. Uma análise dos resíduos, porém, só tem sentido quando o número de graus de liberdade do conjunto de resíduos é relativamente alto. Voltaremos ao assunto no Capítulo 5, quando discutirmos o ajuste de modelos pelo método dos mínimos quadrados.

Exercício 3.8

Se incluirmos os divisores, a matriz para o cálculo dos efeitos fica sendo

$$\mathbf{A} = \begin{bmatrix} +1/4 & +1/4 & +1/4 & +1/4 \\ -1/2 & +1/2 & -1/2 & +1/2 \\ -1/2 & -1/2 & +1/2 & +1/2 \\ +1/2 & -1/2 & -1/2 & +1/2 \end{bmatrix},$$

de modo que

$$\mathbf{Ay} = \begin{bmatrix} +1/4 & +1/4 & +1/4 & +1/4 \\ -1/2 & +1/2 & -1/2 & +1/2 \\ -1/2 & -1/2 & +1/2 & +1/2 \\ +1/2 & -1/2 & -1/2 & +1/2 \end{bmatrix} \times \begin{bmatrix} 59 \\ 90 \\ 54 \\ 68 \end{bmatrix} = \begin{bmatrix} 67{,}75 \\ 22{,}5 \\ -13{,}5 \\ -8{,}5 \end{bmatrix} = \mathbf{e},$$

onde **e** é o vetor coluna contendo a média global e os efeitos originais, antes de serem divididos por dois. Multiplicando esse vetor à esquerda pela inversa de **A**, obtemos de volta as observações originais, isto é, o vetor **y**:

$$\mathbf{A}^{-1}\mathbf{e} = \mathbf{A}^{-1}\mathbf{Ay} = \mathbf{I}_4\mathbf{y} = \mathbf{y}$$

onde $\mathbf{I}_4$ é a matriz identidade de dimensão 4. Determine $\mathbf{A}^{-1}$ (lembre-se de que as linhas da matriz de coeficientes de contraste são ortogonais e use o bom senso; não é necessário nenhum cálculo complicado) e confirme que o produto $\mathbf{A}^{-1}\mathbf{e}$ é idêntico ao produto $\mathbf{Xb}$ da Equação 3.12. Para entender por que isso ocorre, compare as matrizes $\mathbf{A}^{-1}$ e $\mathbf{X}$ e os vetores **b** e **e**.

3.2 Um planejamento fatorial 2^3

Vamos acrescentar agora, à temperatura e ao catalisador, um terceiro fator. Digamos que seja a concentração de um reagente, que desejamos estudar nos níveis 1,0 M (−) e 1,5 M (+). O planejamento fatorial completo passa a ter, portanto, $2^3 = 8$ ensaios. Os rendimentos observados nesses ensaios, realizados em ordem aleatória e em duplicata, estão na Tabela 3.3.

Os ensaios estão dispostos na tabela na chamada **ordem-padrão**. Todas as colunas começam com o nível (−) e depois os sinais vão se alternando. Um a um na primeira coluna, − + − +..., depois dois a dois, − − + +..., e finalmente quatro sinais negativos e quatro positivos, na terceira coluna. Se houvesse um quarto fator, a coluna correspondente a ele teria oito sinais menos e, em seguida, oito sinais mais (o número total de ensaios seria dezesseis). Para um planejamento com k fatores, a última coluna teria 2^{k-1} sinais negativos e depois 2^{k-1} sinais positivos. Lembrando disso, podemos escrever facilmente a matriz de planejamento de qualquer fatorial de dois níveis.

A partir da matriz de planejamento podemos formar a tabela de coeficientes de contraste do mesmo modo que fizemos para o planejamento 2^2, multiplicando os sinais das colunas apropriadas para obter as colunas correspondendo às interações. Temos agora, além dos três efeitos principais **1** (temperatura), **2** (catalisador) e **3** (concentração), três interações de dois fatores, **12**, **13** e **23**. Também temos uma novidade: como existem três fatores, o efeito de interação de dois deles em princípio depende do nível do terceiro. A interação **12**, por exemplo, terá um certo valor quando o fator **3** estiver no nível (+), e possivelmente outro valor quando ele estiver no nível (−). Argumentando como fizemos no caso do planejamento 2^2, vamos tomar a metade da diferença entre esses dois valores como uma medida da interação entre o fator **3** e a interação **12**. O argumento é simétrico, e esse valor também mede a interação entre **13** e **2** e entre **23** e **1** (Exercício 3.9). Trata-se, como você já deve ter desconfiado, do efeito de interação entre os três fatores, para o qual vamos usar a notação **123**. Os sinais para calcular esse efeito são obtidos multiplicando-se as três colunas

Tabela 3.3 Resultados de um planejamento fatorial 2^3. O número entre parênteses depois do rendimento é a ordem de realização do ensaio

Fatores			(−)	(+)	
1:	Temperatura (°C)		40	60	
2:	Catalisador (tipo)		A	B	
3:	Concentração (M)		1,0	1,5	

Ensaio	1	2	3	Rendimento (%)		Média
1	−	−	−	56 (*7*)	52 (*12*)	54,0
2	+	−	−	85 (*9*)	88 (*10*)	86,5
3	−	+	−	49 (*11*)	47 (*15*)	48,0
4	+	+	−	64 (*2*)	62 (*1*)	63,0
5	−	−	+	65 (*13*)	61 (*5*)	63,0
6	+	−	+	92 (*6*)	95 (*16*)	93,5
7	−	+	+	57 (*14*)	60 (*3*)	58,5
8	+	+	+	70 (*8*)	74 (*4*)	72,0

1, **2** e **3**. Acrescentando finalmente a coluna de sinais positivos para o cálculo da média, teremos ao todo $2^3 = 8$ colunas de coeficientes de contraste (Tabela 3.4).

Tabela 3.4 Coeficientes de contraste para um fatorial 2^3. A última coluna contém os valores médios dos rendimentos obtidos nos ensaios

Média	1	2	3	12	13	23	123	$\bar{y}$
+	−	−	−	+	+	+	−	54,0
+	+	−	−	−	−	+	+	86,5
+	−	+	−	−	+	−	+	48,0
+	+	+	−	+	−	−	−	63,0
+	−	−	+	+	−	−	+	63,0
+	+	−	+	−	+	−	−	93,5
+	−	+	+	−	−	+	−	58,5
+	+	+	+	+	+	+	+	72,0

3.2(a) Cálculo dos efeitos

A Tabela 3.4 contém todos os sinais necessários para o cálculo dos efeitos. O divisor é 8 para a média e 4 para cada um dos efeitos. Usando os sinais apropriados para fazer a soma algébrica das respostas médias (que são reproduzidas na última coluna da tabela) e aplicando os divisores, calculamos os sete efeitos e a média global. Em cada cálculo são utilizadas todas as respostas, como antes.

Todas as colunas de efeitos na Tabela 3.4 têm quatro sinais positivos e quatro sinais negativos. Isso significa que podemos interpretar qualquer efeito como a diferença entre duas médias, cada uma contendo metade das observações, exatamente como no caso do planejamento 2^2.

Transformando a tabela de coeficientes de contraste em uma matriz **X** com elementos +1 ou −1, podemos calcular todos os efeitos, exceto pelos divisores, fazendo o produto $\mathbf{X}^t\mathbf{y}$, onde **y** é o vetor coluna contendo os rendimentos médios dos ensaios. Obtemos, assim,

$$\mathbf{X}^t\mathbf{y} = \begin{bmatrix} 538,50 \\ 91,50 \\ -55,50 \\ 35,50 \\ -34,50 \\ -3,50 \\ 3,50 \\ 0,50 \end{bmatrix}.$$

(3.13)

Dividindo o primeiro elemento por 8 e os demais por 4, obtemos o vetor dos efeitos (arredondados para a segunda casa decimal):

$$\begin{bmatrix} \bar{y} \\ 1 \\ 2 \\ 3 \\ 12 \\ 13 \\ 23 \\ 123 \end{bmatrix} = \begin{bmatrix} 67,31 \\ 22,88 \\ -13,88 \\ 8,88 \\ -8,63 \\ -0,88 \\ 0,88 \\ -0,13 \end{bmatrix}$$

Observe que os efeitos aparecem, nas linhas do vetor, na mesma ordem das colunas da matriz **X**.

Exercício 3.9

Em cada um dos dois níveis da variável **3** existe um planejamento fatorial 2^2 completo para as variáveis **1** e **2**. Calcule, a partir dos valores da Tabela 3.3, o efeito de interação **12** nos dois níveis da variável **3**. Faça a diferença entre os dois valores, divida por dois, e chame o resultado de interação do fator **3** com a interação **12**. Repita todo o processo, partindo dos valores da interação **23** nos dois níveis do fator **1**. Você terá então o valor da interação do fator **1** com a interação **23**. Compare os resultados dos dois casos com o valor da interação **123**, dado no texto.

3.2(b) Estimativa do erro

Como as observações individuais foram todas realizadas em duplicata, podemos usar o resultado do Exercício 3.4 para calcular a estimativa conjunta da variância de uma observação individual:

$$\hat{V}(y) = s^2 = \sum d_i^2 / 2N,$$

onde d_i é a diferença entre as duas observações correspondentes ao i-ésimo ensaio. Esta expressão também pode ser posta na forma de um produto escalar. Chamando de **d** o vetor coluna das diferenças entre os ensaios, podemos escrever

$$s^2 = \frac{\mathbf{d}^t \mathbf{d}}{2N}.$$

Substituindo os valores numéricos e fazendo $N = 8$, obtemos $s^2 \cong 5,2$.

Num planejamento fatorial 2^3, cada efeito é uma combinação linear de oito valores, com coeficientes $\pm 1/4$. Admitindo que esses valores sejam independentes,[2] podemos aplicar a Equação 2.15 para obter uma estimativa da variância de um efeito. Fazemos agora $a_i^2 = 1/16$, para i = 1, 2,..., 8. Cada um dos oito valores da combinação, por sua vez, é a média de dois outros, porque os ensaios foram feitos em duplicata. Se a variância de uma observação individual é estimada em 5,2, a variância da média de duas observações será 5,2/2. Juntando tudo, chegamos à estimativa

$$\hat{V}(efeito) = \left(\frac{1}{16} + ... + \frac{1}{16}\right) \times \left(\frac{5,2}{2}\right)$$
$$= \left(\frac{8}{16}\right) \times \left(\frac{5,2}{2}\right) = 1,30$$

O erro-padrão de um efeito é a raiz quadrada deste valor, que é aproximadamente 1,14%. O erro-padrão do rendimento médio global será a metade disto, 0,57%, porque os coeficientes da combinação linear nesse caso são todos iguais a $\pm 1/8$, em vez de $\pm 1/4$. A Tabela 3.5 mostra os valores calculados para todos os efeitos e seus erros-padrão.

Tabela 3.5 Efeitos calculados para o planejamento fatorial 2^3 da Tabela 3.3 e seus erros-padrão (em %)

Média:	**67,3 ± 0,55**
Efeitos principais:	
1 (Temperatura)	22,9 ± 1,1
2 (Catalisador)	−13,9 ± 1,1
3 (Concentração)	8,9 ± 1,1
Interações de dois fatores:	
12	−8,6 ± 1,1
13	−0,9 ± 1,1
23	0,9 ± 1,1
Interação de três fatores:	
123	0,1 ± 1,1

---

[2] Para isso – nunca é demais insistir – é importante aleatorizar os experimentos e fazer repetições autênticas.

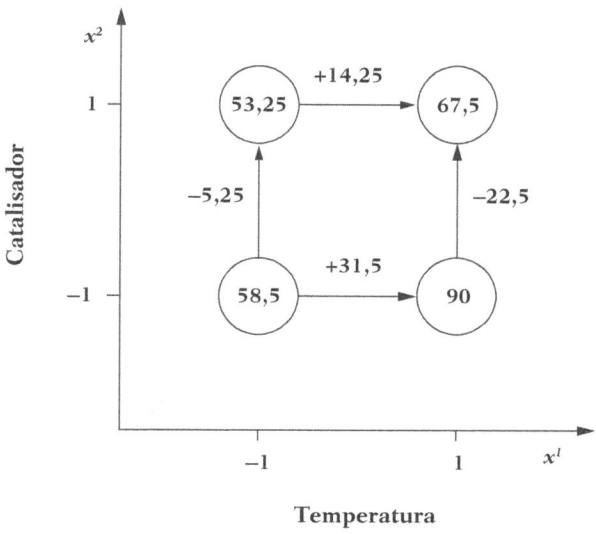

Figura 3.5 Diagrama para interpretação dos efeitos da temperatura e do catalisador, no planejamento 2^3. Compare com a Figura 3.3.

Exercício 3.10

Use a Equação 2.15 para calcular a variância dos efeitos de um fatorial 2^3 sem repetições, partindo da Equação 3.2.

3.2(c) Interpretação dos resultados

Analisando os valores da Tabela 3.5, podemos ver que a única novidade trazida pela entrada da concentração no planejamento fatorial é mais um efeito principal significativo. Não há evidência de interação da concentração com os outros dois fatores. Os efeitos principais da temperatura e do catalisador, bem como da interação **12**, são praticamente os mesmos do planejamento 2^2, e podem ser interpretados do mesmo modo que antes, a partir dos valores médios mostrados na Figura 3.5. O efeito principal da concentração pode ser interpretado isoladamente, porque não há interação desse fator com os outros. A interpretação é simples:

◆ Quando a concentração é aumentada de 1,0 M para 1,5 M, ocorre um aumento médio de cerca de 9% no rendimento, e não há evidência de que esse aumento dependa dos níveis das outras variáveis, na faixa experimental investigada.

Exercício 3.11

Como exercício num curso de quimiometria, M. R. Vallim e V. F. Juliano analisaram dados obtidos por um pesquisador numa série de experimentos de síntese de polipirrol numa matriz de EPDM. Foram estudados três fatores: o tempo de reação (**t**), a concentração de oxidante (**C**) e o tamanho da partícula (**P**). A resposta observada foi o rendimento da reação. Calcule os valores dos efeitos e seus erros-padrão, usando os dados a seguir, mas antes examine cuidadosamente o conjunto de valores, levando em conta os sinais da matriz de planejamento. É possível antecipar qual será a variável com maior influência no rendimento?

i	t	C	P	Rendimento (%)		$\bar{x}_i$	s_i^2
1	−	−	−	4,39	4,73	4,56	0,058
2	+	−	−	6,21	5,75	5,98	0,106
3	−	+	−	14,51	13,45	13,98	0,562
4	+	+	−	19,57	21,11	20,34	1,186
5	−	−	+	2,09	1,93	2,01	0,013
6	+	−	+	3,15	3,39	3,27	0,029
7	−	+	+	11,77	12,69	12,23	0,423
8	+	+	+	19,40	17,98	18,69	1,008

Os efeitos calculados num fatorial 2^3 também podem ser interpretados como contrastes geométricos. Com três fatores em vez de dois, a figura básica será um cubo, e não mais um quadrado. Os oito ensaios da matriz de planejamento correspondem aos vértices do cubo (Figura 3.6). Os efeitos principais e as interações de dois fatores são contrastes entre dois planos, que podemos identificar examinando os coeficientes de contraste na Tabela 3.4. Por exemplo, no cálculo do efeito principal do fator **1** (temperatura), os Ensaios 1, 3, 5 e 7 entram com sinal negativo, e os demais entram com sinal positivo. Podemos ver, na Figura 3.6, que os ensaios negativos estão todos numa das faces do cubo, a que é perpendicular ao eixo do fator **1** e está situada no nível inferior desse fator. Os outros ensaios estão na face oposta, que corresponde ao nível superior. O efeito principal do fator **1** é, portanto, o contraste entre essas duas faces do cubo, como mostra a Figura 3.6(a). Os outros dois efeitos principais também são contrastes entre faces opostas e perpendiculares ao eixo da variável correspondente. As interações de dois fatores, por sua vez, são contrastes entre dois planos diagonais, perpendiculares a um terceiro plano definido pelos eixos das duas variáveis envolvidas na interação, como mostra a Figura 3.6(b).

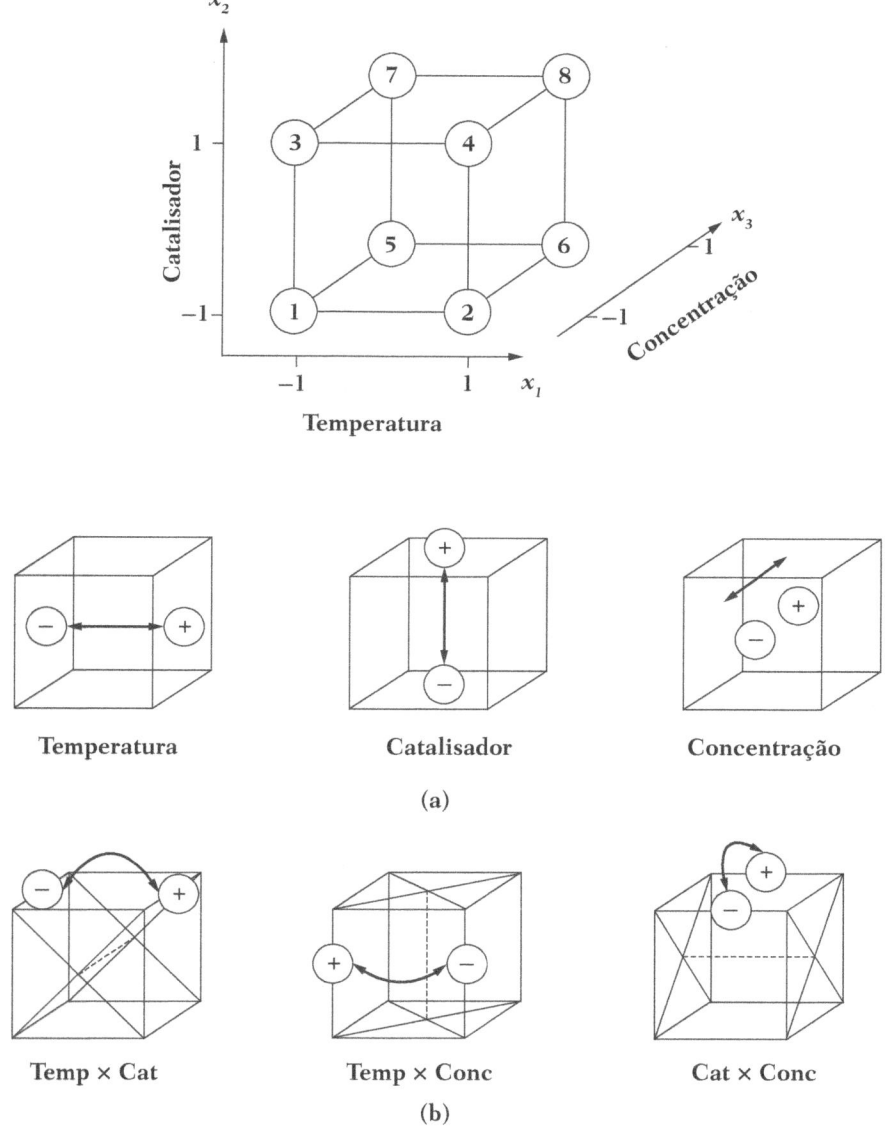

Figura 3.6 Interpretação geométrica dos efeitos num planejamento 2^3. Os efeitos principais são contrastes entre faces opostas (a), e os efeitos de interação são contrastes entre planos diagonais (b).

O Ensaio 8, que corresponde aos níveis (+++), entra no cálculo de qualquer efeito com o sinal positivo, como podemos ver na última linha da Tabela 3.4. Isso significa que na interpretação geométrica dos efeitos a parte positiva sempre incluirá esse ensaio. Você pode conferir esse fato na Figura 3.6. Lembrando-se dele, poderá fazer corretamente a interpretação geométrica de qualquer efeito.

Exercício 3.12

Que conclusões você pode tirar da Figura 3.5?

Exercício 3.13

Qual a interpretação geométrica da interação **123** no planejamento fatorial 2^3?

3.2(d) O modelo estatístico

O modelo pode ser construído por analogia com a Equação 3.10, só que agora as variáveis codificadas são três: x_1, x_2 e x_3. Usando a notação costumeira, escrevemos

$$y(x_1, x_2, x_3) = \beta_0 + \beta_1 x_1 + \beta_2 x_2 + \beta_3 x_3$$
$$+ \beta_{12} x_1 x_2 + \beta_{13} x_1 x_3 + \beta_{23} x_2 x_3$$
$$+ \beta_{123} x_1 x_2 x_3 + \varepsilon(x_1, x_2, x_3). \qquad (3.14)$$

Os coeficientes desta equação (os β's) representam valores populacionais dos efeitos, por unidade das variáveis codificadas. Substituindo os dados da Tabela 3.4 na Equação 3.13 e dividindo tudo por 8, obtemos as seguintes estimativas para esses coeficientes:

$$\mathbf{b} = \frac{\mathbf{X}^t \mathbf{y}}{8} = \begin{bmatrix} b_0 \\ b_1 \\ b_2 \\ b_3 \\ b_{12} \\ b_{13} \\ b_{23} \\ b_{123} \end{bmatrix} \cong \begin{bmatrix} 67,3 \\ 11,4 \\ -6,9 \\ 4,4 \\ -4,3 \\ -0,4 \\ 0,4 \\ 0,1 \end{bmatrix}.$$

A partir delas podemos calcular uma estimativa de uma observação na combinação de níveis (x_1, x_2, x_3):

$$\hat{y}(x_1, x_2, x_3) = b_0 + b_1 x_1 + b_2 x_2 + b_3 x_3$$
$$+ b_{12} x_1 x_2 + b_{13} x_1 x_3 + b_{23} x_2 x_3$$
$$+ b_{123} x_1 x_2 x_3 \qquad (3.15)$$

Exercício 3.14

Nossa análise dos resultados do planejamento 2^3 indica que as interações **13**, **23** e **123** podem ser desprezadas. Exclua da Equação 3.14 os termos correspondentes a essas interações e faça estimativas dos rendimentos para os oito ensaios. Calcule as diferenças entre os valores estimados e os observados, e compare essas diferenças, que são os resíduos, com os valores médios observados.

3.3 Um planejamento fatorial 2^4

Vamos acrescentar agora uma quarta variável ao nosso planejamento: o pH do meio reacional, nos níveis neutro (7) e levemente ácido (6). Com isso, o número total de ensaios sobe para 16. Os resultados obtidos nos experimentos, desta vez feitos sem repetições, estão na Tabela 3.6. Com eles podemos calcular, além da média global, quinze efeitos: quatro efeitos principais, seis interações de dois fatores, quatro interações de três fatores e uma interação de quatro fatores.

3.3(a) Cálculo dos efeitos

Para obter os sinais algébricos necessários, procedemos da maneira usual, multiplicando, elemento a elemento, as colunas da matriz de planejamento. Primeiro elas são multiplicadas duas a duas, depois três a três, e finalmente fazemos o produto de todas as quatro colunas. O conjunto completo aparece na Tabela 3.7. Partindo da matriz **X** e do vetor **y,** como fizemos nos casos anteriores, e aplicando o divisor apropriado (8, neste caso), chegamos aos efeitos mostrados na Tabela 3.8. Dividindo finalmente esses valores por dois (exceto a média), obtemos estimativas dos coeficientes do modelo estatístico das respostas, que agora terá dezesseis termos.

Tabela 3.6 Resultados de um planejamento fatorial 2^4 para estudar a influência de quatro fatores no rendimento de uma reação

Fatores	(−)	(+)
1: Temperatura (°C)	40	60
2: Catalisador (*tipo*)	A	B
3: Concentração (*M*)	1,0	1,5
4: pH	7,0	6,0

Resposta: Rendimento (%)

Ensaio	1	2	3	4	Resposta
1	−	−	−	−	54
2	+	−	−	−	85
3	−	+	−	−	49
4	+	+	−	−	62
5	−	−	+	−	64
6	+	−	+	−	94
7	−	+	+	−	56
8	+	+	+	−	70
9	−	−	−	+	52
10	+	−	−	+	87
11	−	+	−	+	49
12	+	+	−	+	64
13	−	−	+	+	64
14	+	−	+	+	94
15	−	+	+	+	58
16	+	+	+	+	73

Exercício 3.15

Escreva a equação do modelo estatístico correspondente a um planejamento fatorial 2^4.

3.3(b) Estimativa do erro

Desta vez os experimentos não foram repetidos, de modo que não podemos estimar o erro experimental da forma que vínhamos fazendo. Precisamos de outra saída.

Você deve ter notado que, à medida que o número de fatores aumenta, o modelo matemático também aumenta, incluindo cada vez mais termos. Com dois fatores, tínhamos apenas dois efeitos principais e uma interação. Com três, o modelo estendeu-se até incluir uma interação de três fatores. Agora, com quatro fatores, o modelo precisa de dezesseis termos, sendo o último deles a interação de quatro fato-

Tabela 3.7 Coeficientes de contraste para um planejamento fatorial 2^4

M	1	2	3	4	12	13	14	23	24	34	123	124	134	234	1234
+	−	−	−	−	+	+	+	+	+	+	−	−	−	−	+
+	+	−	−	−	−	−	−	+	+	+	+	+	+	−	−
+	−	+	−	−	−	+	+	−	−	+	+	+	−	+	−
+	+	+	−	−	+	−	−	−	−	+	−	−	+	+	+
+	−	−	+	−	+	−	+	−	+	−	+	−	+	+	−
+	+	−	+	−	−	+	−	−	+	−	−	+	−	+	+
+	−	+	+	−	−	−	+	+	−	−	−	+	+	−	+
+	+	+	+	−	+	+	−	+	−	−	+	−	−	−	−
+	−	−	−	+	+	+	−	+	−	−	−	+	+	+	−
+	+	−	−	+	−	−	+	+	−	−	+	−	−	+	+
+	−	+	−	+	−	+	−	−	+	−	+	−	+	−	+
+	+	+	−	+	+	−	+	−	+	−	−	+	−	−	−
+	−	−	+	+	+	−	−	−	−	+	+	+	−	−	+
+	+	−	+	+	−	+	+	−	−	+	−	−	+	−	−
+	−	+	+	+	−	−	−	+	+	+	−	−	−	+	−
+	+	+	+	+	+	+	+	+	+	+	+	+	+	+	+

res. Com k fatores, o modelo completo teria de continuar até a interação de todos os k fatores, como a expansão de uma função numa série de potências.

Vamos imaginar agora que a superfície de resposta, isto é, a relação entre a resposta e os fatores na região que estamos investigando, seja suave o bastante para que pequenas variações nos fatores não causem variações abruptas na resposta. Sendo assim, podemos esperar que os coeficientes do modelo obedeçam a uma certa hierarquia, com os termos de ordem mais baixa mostrando-se mais importantes do que os de ordem mais alta. Voltando ao nosso exemplo, esperamos que os efeitos principais sejam mais importantes na formulação do modelo do que, digamos, a interação de quatro fatores. Em geral, podemos esperar que a importância de uma interação para um modelo decresça com o número de fatores envolvidos na sua definição. Se não, não poderemos obter um modelo satisfatório da nossa superfície de resposta com um número finito de termos.

A Tabela 3.8 mostra que alguns efeitos são bem mais significativos do que outros. Admitindo, tendo em vista os valores dessa tabela, que os efeitos principais e as interações de dois fatores bastam para descrever adequadamente a superfície de resposta, podemos usar os demais efeitos para obter uma estimativa do erro experimental nos valores dos efeitos. De acordo com essa suposição (que equivale a dizer que a expansão em série pode ser truncada depois dos termos de segunda ordem), as interações de três ou mais fatores na verdade não existem. Os valores determinados

Tabela 3.8 Efeitos calculados para o planejamento fatorial 2^4

Média:	67,188		
Efeitos principais:			
1 (Temperatura)	22,875		
2 (Catalisador)	−14,125		
3 (Concentração)	8,875		
4 (pH)	0,875		
Interações de dois fatores:			
12	−8,625	**13**	−0,625
14	0,875	**23**	−0,625
24	0,875	**34**	0,375
Interações de três fatores:			
123	0,875	**124**	−0,125
134	−0,625	**234**	0,375
Interação de quatro fatores:			
1234	0,375		

para **123**, **124**, **134**, **234** e **1234** na Tabela 3.8, então, só podem ser atribuídos às flutuações aleatórias inerentes ao nosso processo, isto é, ao "ruído" embutido nos valores das respostas. Elevando cada um deles ao quadrado, teremos uma estimativa da variância de um efeito, e a média dos cinco valores nos dará uma estimativa conjunta, com cinco graus de liberdade (porque são cinco valores independentes).

Temos, portanto,

$$\hat{V}(efeito) = \frac{(0,875)^2 + (-0,125)^2 + \ldots + (0,375)^2}{5} = 0,291.$$

A raiz quadrada deste valor, $s \cong 0,54$, é a nossa estimativa para o erro-padrão de um efeito.

Exercício 3.16

Interprete os valores da Tabela 3.8, levando em conta a estimativa do erro que acabamos de fazer.

3.4 Análise por meio de gráficos normais

A análise por meio de gráficos normais é uma técnica alternativa para tentarmos distinguir, nos resultados de um planejamento, os valores que correspondem realmente aos efeitos daqueles outros que são devidos apenas ao ruído. Seu funcionamento se baseia na noção de probabilidade cumulativa, que foi introduzida no Exercício 2.10. Precisamos agora discuti-la mais detalhadamente.

Uma variável aleatória x distribuída normalmente obedece à equação

$$f(x)dx = \frac{1}{\sigma\sqrt{2\pi}} e^{\frac{-(x-\mu)^2}{2\sigma^2}} dx \ .$$

Como vimos no capítulo anterior, a representação gráfica dessa equação é uma curva em forma de sino, semelhante à que aparece na Figura 3.7(a).

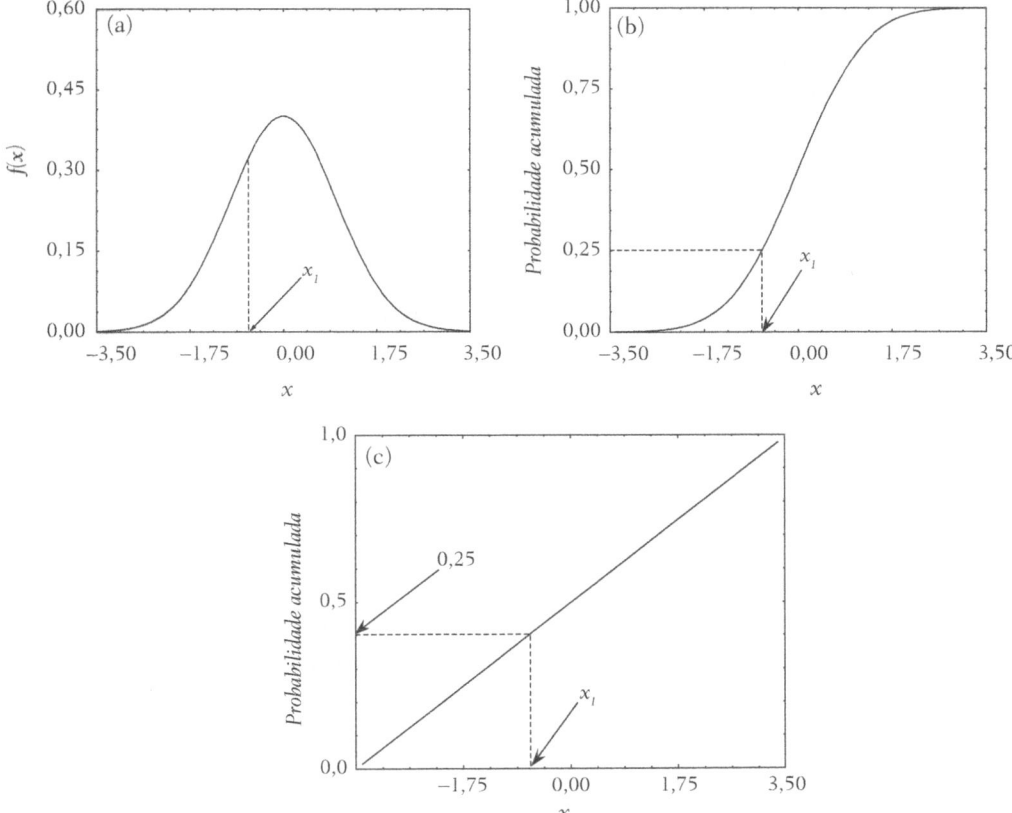

Figura 3.7 (a) Gráfico da densidade de probabilidade numa distribuição normal padronizada. A probabilidade acumulada correspondente a um valor x_1 é a área sob a curva à esquerda de x_1. (b) Probabilidade acumulada na escala cartesiana usual. (c) O gráfico da Figura (b), num eixo de probabilidade normal. Note que a escala da probabilidade acumulada não é mais linear. O ponto correspondente à probabilidade acumulada de x_1 (0,25) não está no ponto intermediário entre 0,0 e 0,5, e sim muito mais próximo de 0,5.

Consideremos um valor numérico específico para a variável x e chamemos esse valor de x_1. A área da cauda à esquerda de x_1 [Figura 3.7(a)] é o que chamamos de probabilidade cumulativa (ou probabilidade acumulada) do valor x_1. Essa área, que corresponde à probabilidade de se observar um valor de x menor ou igual a x_1, aumenta continuamente à medida que x se desloca para a direita, tendendo para 1, que é o valor da área total sob a curva da Figura 3.7(a), quando x tende para $+\infty$. Um gráfico da probabilidade cumulativa numa distribuição normal é uma curva monotonicamente crescente, em forma de S – isto é, uma sigmoide – que vai (de forma assintótica) de zero à esquerda para 1 à direita, como mostra a Figura 3.7(b).

Exercício 3.17

Suponha que x é uma variável normal padronizada. Quais as probabilidades cumulativas correspondentes a: (a) $x_1 = 0$; (b) $x_1 = 1$; (c) $x_1 = 1,96$?

A curva da Figura 3.7(b) pode ser transformada numa reta, por meio de uma modificação na escala do eixo das ordenadas. Essa modificação consiste em expandir a escala simetricamente em torno do ponto representando 0,5 (isto é, 50% de probabilidade acumulada), de modo a "esticar" as duas pontas do S [Figura 3.7(c)]. O procedimento é semelhante ao que se usa para fabricar papel logarítmico. A função $y = \log x$, que num papel milimetrado comum é representada por uma curva, num papel logarítmico passa a ser representada por uma reta. Da mesma forma, se x se distribuir normalmente, o gráfico de suas probabilidades acumuladas será uma sigmoide numa escala cartesiana comum, mas passará a ser uma reta se fizermos a escala vertical correspondente à da Figura 3.7(c). As probabilidades acumuladas 0 e 1, que correspondem respectivamente a $-\infty$ e $+\infty$ sobre o eixo das abscissas, a rigor não podem ser representadas nesse gráfico porque a escala é finita.

Consideremos uma amostra aleatória de dez elementos, extraída de uma população normal. Para representar essa amostra num gráfico normal, a primeira coisa que devemos fazer é colocar seus elementos em ordem crescente. Assim, o primeiro elemento será o menor de todos, e o décimo será o maior. Usando um índice para indicar a ordem de cada elemento, chamaremos o menor deles de x_1 e o maior de x_{10}. Como a amostragem foi aleatória, podemos imaginar que cada um desses dez elementos seja o representante de uma fatia equivalente a 10% da área total da distribuição. O primeiro elemento, que é o menor, representaria os primeiros 10% de cauda à esquerda, o segundo representaria a região entre 10% e 20%, e assim por diante. Ao décimo elemento, o maior de todos, caberia a cauda de 10% à direita, ou seja, a região indo de 90% a 100% de probabilidade acumulada. Essa concepção está ilustrada graficamente na Figura 3.8, com a curva de densidade de probabilidade.

O próximo passo é associar, a cada ponto, a probabilidade acumulada do centro do intervalo que ele representa. Assim, x_1, que está no intervalo que vai de 0 a 10%, corresponderia à probabilidade acumulada de 5%, x_2 corresponderia a 15%, x_3 a 25%,... e finalmente x_{10} seria associado à probabilidade de 95%. Num gráfico dessas probabilidades contra os valores x_1,..., x_{10} numa escala linear, os pontos devem cair aproximadamente sobre uma curva sigmoide, como na Figura 3.9(a). Mudando o eixo para uma escala de probabilidade normal, esperaremos que os pontos se ajustem razoavelmente a uma reta [Figura 3.9(b)]. Se essas expectativas não forem confirmadas, desconfiaremos de que algo está errado com as nossas suposições. Isso nos permitirá chegar a conclusões de grande importância prática, como logo veremos.

Voltemos agora ao planejamento 2^4 da seção anterior. Imaginemos que nenhum dos quinze efeitos que calculamos exista de fato, isto é, que o verdadeiro valor de cada um deles seja zero. Dentro dessa suposição (mais um exemplo de hipótese nula), os valores numéricos que obtivemos devem refletir apenas os erros aleatórios do nosso processo. Aplicando o teorema do limite central, podemos considerá-los como uma amostra aleatória retirada de uma distribuição aproximadamente normal, com média populacional zero.

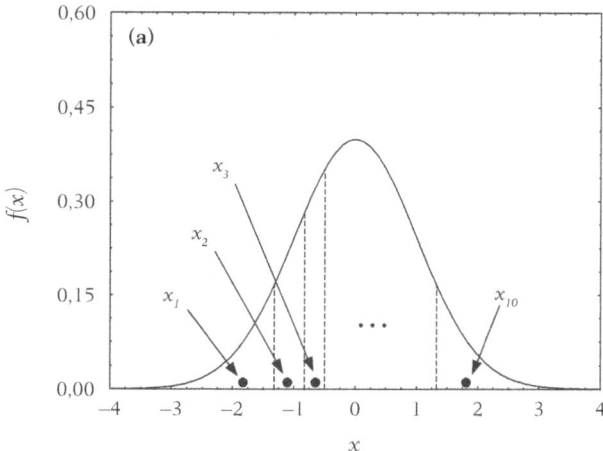

Figura 3.8 Amostragem aleatória de dez elementos numa distribuição normal padronizada. Cada elemento representa uma região cuja área é igual a 1/10 da área total sob a curva.

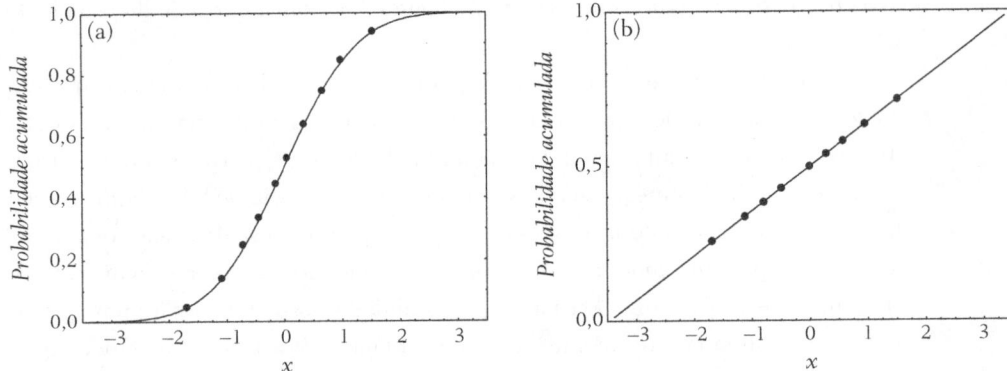

Figura 3.9 (a) Probabilidades acumuladas para uma amostra de dez elementos, extraídos aleatoriamente de uma população normal padronizada, numa escala cartesiana comum. (b) Os mesmos pontos, num gráfico de probabilidade normal.

Procedendo como no exemplo dos dez pontos, podemos traçar um gráfico normal dos nossos quinze valores e usá-lo para testar a hipótese de que os efeitos não existem. Os dados necessários para isso estão na Tabela 3.9, onde cada efeito da Tabela 3.8 é associado a um valor de probabilidade acumulada. Para traçar o gráfico,

Tabela 3.9 Correspondência entre os efeitos calculados para o planejamento 2^4 e os valores de probabilidade cumulativa

Ordem	Efeito	Região de probabilidade cumulativa (%)	Ponto central	z
1	−14,125	0-6,67	3,33	−1,838
2	−8,625	6,67-13,33	10,00	−1,282
3	−0,625	13,33-20,00	16,67	−0,9673
4	−0,625	20,00-26,67	23,33	−0,7280
5	−0,625	26,67-33,33	30,00	−0,5244
6	−0,125	33,33-40,00	36,67	−0,3406
7	0,375	40,00-46,67	43,33	−0,1680
8	0,375	46,67-53,33	50,00	0,00
9	0,375	53,33-60,00	56,67	0,1680
10	0,875	60,00-66,67	63,33	0,3406
11	0,875	66,67-73,33	70,00	0,5244
12	0,875	73,33-80,00	76,67	0,7280
13	0,875	80,00-86,67	83,33	0,9673
14	8,875	86,67-93,33	90,00	1,282
15	22,875	93,33-100,00	96,67	1,838

o mais cômodo é usar um dos muitos programas computacionais de estatística disponíveis. Caso você não tenha acesso a um desses programas, pode usar uma escala linear comum, colocando no eixo das abscissas os valores dos efeitos, mas no eixo das ordenadas os valores correspondentes da distribuição normal padronizada (z, na última coluna da tabela).

O gráfico normal dos efeitos está na Figura 3.10. Vemos imediatamente que os pontos centrais se ajustam muito bem a uma reta que cruza a probabilidade acumulada de 50% praticamente sobre o ponto zero do eixo das abscissas. Faz sentido, portanto, considerar esses pontos como vindos de uma população normal de média zero. Ou seja: eles representam "efeitos" sem nenhum significado físico.

O mesmo já não podemos dizer dos outros valores, que estão identificados com os números dos efeitos que representam. Dificilmente poderíamos pensar que esses pontos, tão afastados da reta, pertençam à mesma população que produziu os pontos centrais. Devemos interpretá-los, então, como efeitos realmente significativos, e tanto mais significativos quanto mais afastados estiverem da região central, para a direita, ou para a esquerda. Isso vem confirmar o que você já descobriu, se resolveu o Exercício 3.16 e comparou os efeitos calculados com a estimativa do erro-padrão: só os efeitos principais **1**, **2** e **3** e a interação **12** são mesmo significativos.

Os gráficos normais também nos ajudam a avaliar a qualidade de um modelo qualquer, seja ele relacionado com um planejamento fatorial ou não. Um modelo bem ajustado aos fatos, qualquer que seja a sua natureza, deve ser capaz de re-

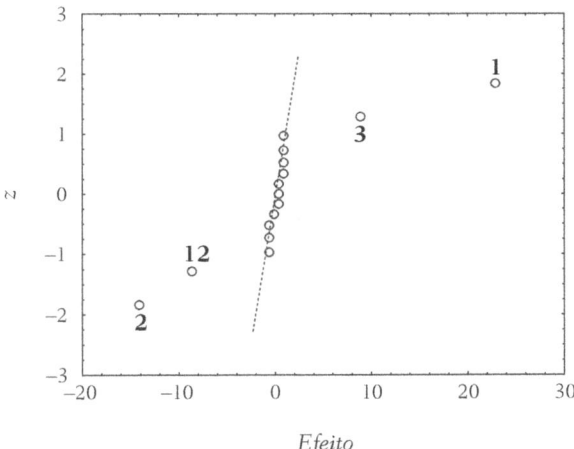

Figura 3.10 Gráfico normal dos valores da Tabela 3.9. Só os efeitos **1**, **2**, **3** e **12** parecem significativos.

presentar toda a informação sistemática contida nos dados. Os resíduos deixados por ele devem representar apenas a parte aleatória, isto é, o ruído embutido nas medições. O aspecto do gráfico normal desses resíduos deve ser compatível com o que esperaríamos de uma amostra aleatória extraída de uma distribuição normal de média zero, ou seja, deve aproximar-se de uma reta passando pelo ponto $(x, z) = (0, 0)$, como na região central da Figura 3.10.[3]

> **Exercício 3.18**
>
> Utilize os valores de todos os efeitos que caem sobre a reta da Figura 3.10 para calcular uma estimativa da variância de um efeito com onze graus de liberdade. Use um teste F para mostrar que esta estimativa e a estimativa obtida a partir dos efeitos de terceira e quarta ordem (com cinco graus de liberdade) podem ser consideradas como produzidas pela mesma população.

3.5 Operação evolucionária com fatoriais de dois níveis

Quando um processo industrial ainda está na fase de desenvolvimento, o normal é que os técnicos procurem otimizá-lo, fazendo testes e ajustes numa planta-piloto. Quando daí se passa à produção propriamente dita, porém, as condições são outras. Em primeiro lugar, há o problema da própria mudança de escala. O efeito de fatores como agitação, transferência de massa, eficiência do destilador, etc., varia com o tamanho do equipamento, numa extensão que é difícil prever. Depois, existem os problemas relativos ao dia a dia da produção, como variações na matéria-prima ou nas condições de armazenamento, substituição de peças e máquinas, e até mesmo o envelhecimento do equipamento. Tudo isso contribui para que as condições ótimas de produção não sejam as da fábrica-piloto, e muito menos as do laboratório. Se quisermos descobrir quais são essas condições, teremos de partir obrigatoriamente de informações obtidas no próprio processo de produção em larga escala.

A verdade é que considerações dessa natureza raramente são feitas na prática. Na maioria dos casos, a fábrica continua sendo operada dentro dos parâmetros estabelecidos na sua partida, e com isso o processo termina perdendo em eficiência.

---

[3] Isto depende, porém, do número de graus de liberdade dos resíduos. Quanto mais, melhor. Não devemos esperar muita coisa de um gráfico normal com poucos graus de liberdade (como, por exemplo, num fatorial 2^3), justamente porque os valores não têm muitas opções de distribuir-se aleatoriamente.

Esse modo de agir, que é sem dúvida o usual, pode ser chamado de operação **estática**, para contrastar com a chamada operação evolucionária (Box; Hunter, 1957), da qual trataremos nesta seção.

Na **operação evolucionária** (mais conhecida pela sigla **EVOP**, de *evolutionary operation*), a situação que acabamos de descrever é admitida como verdadeira, e as condições de operação em larga escala são deliberadamente modificadas, com o objetivo de extrair do processo de fabricação não apenas o produto desejado, mas também informação sobre como esse mesmo processo pode ser melhorado. O adjetivo "evolucionário" foi escolhido de propósito, para enfatizar que a ideia fundamental é submeter o ambiente de produção a um processo de variação e seleção análogo ao que, na teoria darwiniana, governa a evolução das espécies. Nesta seção nos limitaremos a descrever as características básicas da operação evolucionária. O leitor interessado poderá encontrar muito mais informações nas publicações de G. E. P. Box, a quem se deve a concepção e a primeira aplicação industrial da EVOP, feita em 1954 nas instalações da *Imperial Chemical Industries*, na Inglaterra. O livro *Evolutionary operation: a statistical method for process improvement* (Box; Draper, 1969) é particularmente recomendado.

O primeiro passo para realizar a operação evolucionária consiste em introduzir alguma variação no ambiente operacional, que é a pré-condição para que possa haver evolução e adaptação do processo. Como a EVOP se aplica a um processo industrial em pleno funcionamento, qualquer perturbação deve ser feita com muita cautela, para não corrermos o risco de fabricar um produto insatisfatório. Nesse sentido, a EVOP é muito diferente de um planejamento experimental feito em laboratório, onde os fatores podem ser variados à vontade, não importando muito se o produto final prestará ou não. Na operação evolucionária, ao contrário, o que estamos buscando é um ajuste fino. Todo cuidado é pouco. As perturbações, além de suaves, devem ser realizadas de forma cuidadosamente planejada, para que seja possível extrair delas alguma informação útil.

A forma de variação recomendada por Box é um planejamento fatorial de dois níveis em torno das condições usuais de operação, como está ilustrado esquematicamente na Figura 3.11. O melhor é variar somente uns dois ou três fatores de cada vez, para facilitar a análise dos resultados. A extensão das variações é uma questão que deve ser decidida pelo próprio pessoal da produção, que sempre tem uma ideia da margem de segurança do processo, e pode realizar as variações necessárias sem correr riscos excessivos.

Como as variações serão pequenas, seus efeitos podem passar despercebidos em meio ao ruído das respostas, que, aliás, costuma ser muito maior no processo em larga escala do que no laboratório. É necessário, por isso, repetir várias vezes a operação num dado conjunto de condições, e considerar o resultado médio final. As

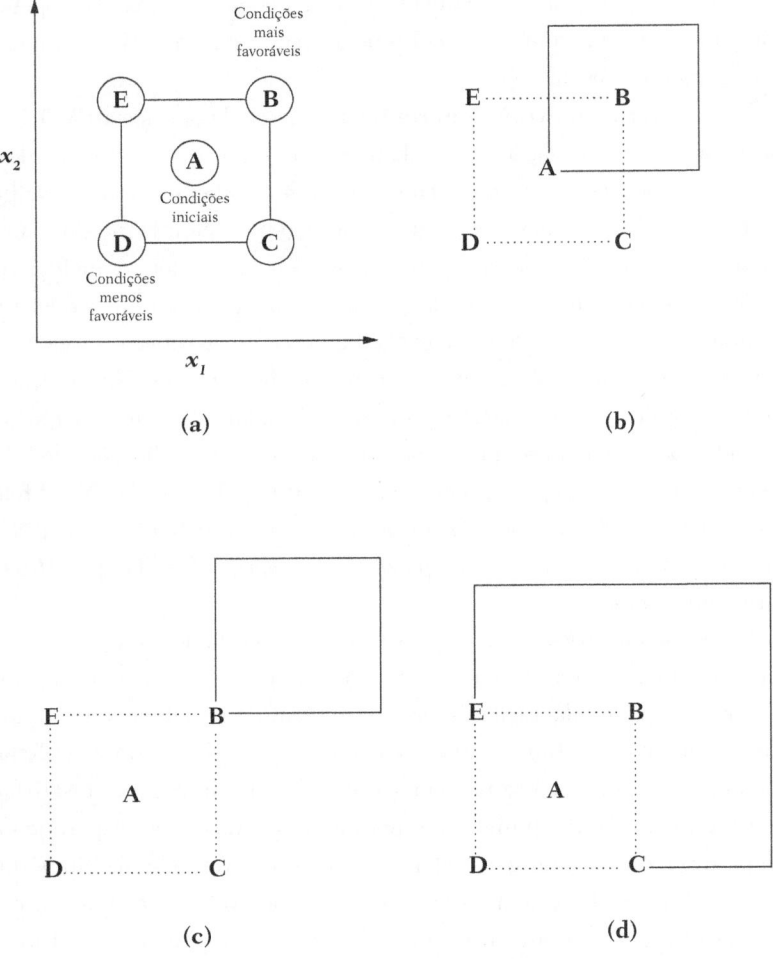

Figura 3.11 (a) Planejamento fatorial com ponto central, na fase inicial de uma operação evolucionária. (b), (c), (d): possíveis deslocamentos em relação à situação de partida.

repetições devem ser feitas até que seja possível discernir algum padrão nos resultados do planejamento. A análise dos resultados é feita da forma descrita nas seções anteriores, não trazendo, portanto, qualquer novidade.

Consideremos a situação inicial ilustrada na Figura 3.11(a). Digamos, por exemplo, que a análise das respostas tenha mostrado que as condições operacionais do ponto B produzem resultados mais satisfatórios do que todos os demais pontos investigados, e que o pior de todos os resultados seja o do ponto D. Em termos evolucionários, diríamos que o ponto B parece o mais apto a sobreviver, e o ponto D o menos apto. Em termos operacionais, a conclusão é a de que parece valer a pena alterar as condições de produção da situação inicial, representada pelo ponto A, para as do ponto B. Com isso, o processo evoluiria na direção A → B, obedecendo a uma espécie de "seleção natural" dos mais aptos, e passaria a ser operado de forma mais eficiente.

Realizado o deslocamento para as condições mais favoráveis, o processo passa a ser operado seguidamente dentro das condições definidas pelo novo planejamento, até que a análise dos resultados permita decidir sobre um possível novo deslocamento. O procedimento todo — planejamento, análise, deslocamento — é repetido até que não haja mais evidência de que seja possível melhorar a eficiência do processo dessa maneira. Mesmo nesse estágio otimizado, as condições de operação devem continuar sendo submetidas a variações controladas, porque ninguém garante que a situação ótima descoberta hoje continue sendo a situação ótima daqui a algum tempo. Sendo operado assim, o processo estará sempre em condições de poder evoluir para uma posição mais vantajosa, caso a ocasião se apresente. A operação evolucionária deve ser encarada como um modo permanente de operação do processo, não como um experimento com tempo determinado. O processo deve estar sendo obrigado, o tempo todo, a fornecer informação sobre si mesmo.

Por uma questão de sigilo industrial, informações detalhadas sobre exemplos reais de EVOP são escassas na literatura. Mesmo assim, existem indicações de que esses resultados têm sido altamente significativos, originando ganhos que podem chegar a milhões de dólares/ano, graças à larga escala em que se manifestam as consequências das pequenas modificações nas condições de operação (veja, por exemplo, Box; Hunter; Hunter, 1978, p. 365).

3.6 Blocagem em planejamentos fatoriais

No final do Capítulo 2, apresentamos um planejamento para comparar ensaios realizados por dois químicos, em amostras de vinagre de várias procedências. O objetivo do estudo era comparar os desempenhos dos analistas, não a variação entre os fabricantes. Agrupando os ensaios em cinco blocos de duas amostras, de acordo com o fabricante, conseguimos separar a variância devida aos diferentes teores de ácido acético da variância causada pelos erros de cada analista. Pudemos, assim, fazer uma análise estatística muito mais sensível do que se tivéssemos nos baseado num planejamento completamente aleatório.

A blocagem também pode ser empregada em planejamentos fatoriais. Imagine que decidimos realizar um planejamento fatorial 2^3, mas não temos matéria-prima suficiente para fazer todos os oito ensaios. Para completar o planejamento, precisamos adquirir um novo lote de material, talvez até de um fornecedor diferente. Isso, é claro, introduz mais um possível fator de variação, que precisa ser levado em conta para que as conclusões da nossa investigação não saiam distorcidas.

Se estivéssemos interessados no efeito da origem do material, poderíamos incluí-la como um fator a mais, e transformar o planejamento em um fatorial 2^4, mas este não é o caso. Sabemos que a origem da matéria-prima talvez influencie os resultados, mas os fatores que nos interessam são os outros três. Como devemos fazer, para minimizar o efeito desse quarto fator indesejável? A aleatorização de todos os ensaios não seria recomendável, porque poderia confundir os efeitos de interesse com o efeito da mudança de matéria-prima. Usando uma blocagem, temos condições de minimizar esse problema.

Suponhamos que cada lote seja suficiente para realizar quatro ensaios, isto é, meio planejamento. Num planejamento 2^3, o efeito menos importante na hierarquia é a interação **123**. Já que a mudança de lote é inevitável, podemos executar o planejamento de forma a confundi-la com o efeito **123**, distribuindo as amostras dos dois lotes como mostra a Tabela 3.10. As quatro amostras de cada bloco são atribuídas aos ensaios de acordo com os sinais algébricos da interação **123**, e a aleatorização é feita dentro dos blocos, não no planejamento total. Assim, quando calcularmos a interação de três fatores, saberemos que no resultado estará embutida uma contribuição devida à variação de um lote para o outro (que pode ser significativa ou não). Em compensação, os efeitos principais e as interações de dois fatores, que em princípio devem ser os mais importantes, estarão livres dessa contaminação.

Podemos entender por que isso acontece examinando o cálculo de um dos efeitos principais. Por exemplo, o efeito **1** é dado por

$$\mathbf{1} = \frac{(y_2 - y_1) + (y_4 - y_3) + (y_6 - y_5) + (y_8 - y_7)}{4}.$$

Identificando as respostas conforme o lote, podemos reescrever a equação como

$$\mathbf{1} = \frac{(B-A) + (A-B) + (A-B) + (B-A)}{4}.$$

Tabela 3.10 Planejamento fatorial 2^3 realizado em dois blocos de quatro ensaios. Os blocos são escolhidos de acordo com os sinais da interação **123**. A ordem de realização dos ensaios é aleatória dentro de cada bloco

Ensaio	1	2	3	123	Bloco	Lote	Ordem
1	−	−	−	−	I	A	2
2	+	−	−	+	II	B	4'
3	−	+	−	+	II	B	1'
4	+	+	−	−	I	A	1
5	−	−	+	+	II	B	3'
6	+	−	+	−	I	A	4
7	−	+	+	−	I	A	3
8	+	+	+	+	II	B	2'

Existem duas diferenças associadas à variação de lote A → B, e outras duas correspondendo a B → A. Se houver alguma influência sistemática associada à mudança de lote, ela será anulada no cálculo final do efeito. A mesma coisa ocorre para os outros efeitos principais e para as interações de dois fatores, e vem da ortogonalidade que existe entre todas as colunas de sinais, e do fato de termos confundido de propósito a interação **123** com o efeito do lote. Você pode conferir isso facilmente na Figura 3.12, que mostra a representação geométrica do planejamento 2^3, com os ensaios identificados de acordo com o bloco a que pertencem. Note que os ensaios do bloco I e do bloco II ocupam os vértices de dois tetraedros opostos (veja o Exercício 3.13).

A blocagem pode ser estendida a situações mais complicadas. Por exemplo, a divisão de um planejamento 2^3 em quatro blocos de dois ensaios. O melhor planejamento, nesse caso, teria duas variáveis de bloco, uma correspondendo à interação **123** e a outra correspondendo a uma das interações de dois fatores. Essa segunda interação, é claro, passaria também a ser confundida com o efeito de bloco, e a interpretação dos resultados ficaria correspondentemente mais complicada. Box, Hunter e Hunter (1978) e Montgomery (1997) são boas referências para quem quiser saber mais sobre blocagem.

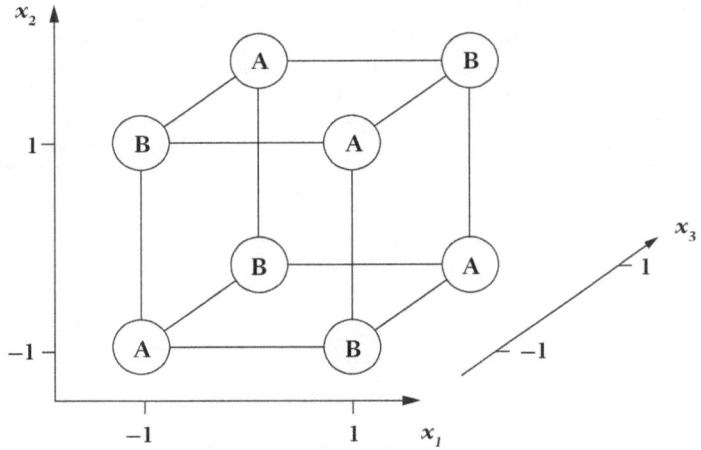

Figura 3.12 Divisão de um planejamento fatorial 2^3 em dois blocos. A blocagem é feita de modo a confundir o efeito de bloco com a interação **123**. No cálculo de cada efeito (exceto **123**) existem duas diferenças B − A e duas diferenças A − B, que cancelam o efeito de bloco.

Exercício 3.19

Suponha que o efeito de interação **123** realmente não existe no experimento que estamos discutindo, e no entanto o valor numérico determinado para ele é relativamente alto. Como podemos interpretar esse valor?

Exercício 3.20

Um planejamento 2^3 foi realizado em dois blocos. Os ensaios do segundo bloco foram executados um mês após o primeiro, e tiveram uma contribuição, h, causada por erros sistemáticos que estavam ausentes das respostas obtidas no primeiro bloco. Mostre que a presença dessa diferença sistemática no segundo bloco não afeta o valor calculado para o efeito de interação **23**.

3A Aplicações

3A.1 Hidrólise de resinas

V. X. de Oliveira Jr. realizou um planejamento 2^3 em duplicata para estudar o efeito de três fatores (tempo e temperatura de hidrólise, e tipo de catalisador) no grau de substituição numa resina clorometilada. Seu objetivo era maximizar a resposta. Os dados estão na Tabela 3A.1.

Das duplicatas, usando o procedimento habitual, calculamos uma variância agregada de $1,75 \times 10^{-4}$, que corresponde a um valor de $1,323 \times 10^{-2}$ para o erro-padrão de uma resposta.

Tabela 3A.1 Dados do experimento

Fatores:				−		+	
	1: Tempo de hidrólise, h			24		48	
	2: Temperatura, °C			130		160	
	3: Catalisador*			TFA		AP	

Ensaio	1	2	3	Grau de substituição		Média	Variância
1	−	−	−	0,52	0,54	0,530	0,00020
2	+	−	−	0,57	0,58	0,575	0,00005
3	−	+	−	0,55	0,54	0.545	0,00005
4	+	+	−	0,58	0,56	0,570	0,00020
5	−	−	+	0,47	0,45	0,460	0,00020
6	+	−	+	0,53	0,56	0,545	0,00045
7	−	+	+	0,52	0,53	0,525	0,00005
8	+	+	+	0,54	0,52	0,530	0,00020

*TFA = Ácido trifluoroacético, AP = Ácido propiônico, ambos em HCl *12M*

Efeitos:							
1	2	3	12	13	23	123	
0,040	0,015	−0,040	−0,025	0,005	0,010	−0,015	

Neste planejamento, o erro-padrão de um efeito é a metade do erro-padrão da resposta.[1] Multiplicando-o pelo valor do ponto da distribuição de Student com oito graus de liberdade, chegamos ao intervalo de 95% de confiança para o valor de um efeito: $\pm 1{,}525 \times 10^{-2}$. Isso significa que somente os efeitos principais dos fatores **1** (tempo) e **3** (catalisador) e a interação **12** (tempo × temperatura) são significativos, nesse nível de confiança. Como queremos obter o maior grau de substituição, devemos fazer a hidrólise em 48 horas, usando o ácido trifluoroacético como catalisador.

A Figura 3A.1 nos ajuda a visualizar todos os resultados do experimento. As respostas obtidas com o TFA (os círculos) são sempre superiores. O efeito do aumento do tempo sobre a resposta, que é mostrado no eixo das abscissas, é atenuado quando a reação é realizada na temperatura mais alta, mas as duas maiores respostas foram obtidas com 48 horas de reação. Isso indica que deveríamos investigar tempos de hidrólise mais longos, talvez numa temperatura intermediária. Insistir no ácido propiônico como catalisador, porém, dificilmente valeria o esforço.

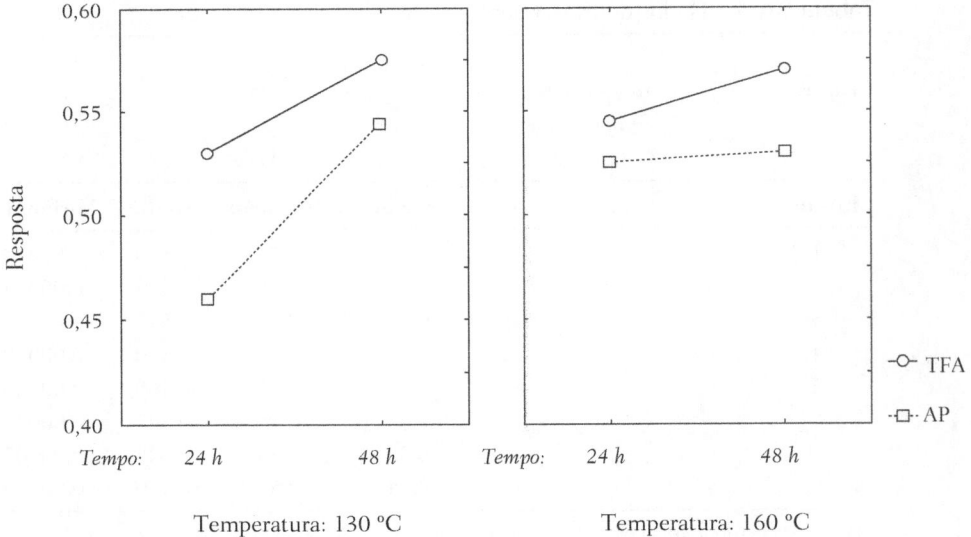

Figura 3A.1 Variação da resposta com os níveis dos três fatores.

---

[1] Por quê?

3A.2 Voltametria cíclica do azul de metileno

As propriedades eletroquímicas do azul de metileno foram investigadas por voltametria cíclica, com o objetivo de determinar as condições experimentais que produzem a melhor reversibilidade do processo redox, ou seja, que minimizam o valor da diferença de voltagem (ΔE) nesse processo (Rocha *et al.*, 1997). Para isso, empregou-se o planejamento fatorial 2^3, cujos resultados aparecem na Tabela 3A.2.

Este é um resultado curioso. O efeito mais significativo é a interação **23** (pH e sílica), e no entanto o efeito principal da sílica (**3**) é o menor de todos os valores calculados. Podemos entender o que ocorre examinando o gráfico cúbico das respostas (Figura 3A.2). A interação entre o pH e a sílica é tão forte que, quando o pH está no nível inferior (face anterior do cubo), os dois efeitos individuais da sílica tendem a aumentar o ΔE. Quando o pH está no nível superior, ocorre o inverso (face posterior). O efeito principal da sílica termina praticamente se anulando, não porque não exista de fato, mas por ser a média desses dois pares de efeitos contrários. O comportamento da concentração (fator **1**) é mais ortodoxo: um aumento da concentração quase sempre diminui o valor da diferença de voltagem, ΔE. Como o objetivo do experimento

Tabela 3A.2 Dados do experimento

Fatores:		−	+
	1: Concentração, $mol\ L^{-1}$	0,1	0,5
	2: pH	4	7
	3: Sílica modificada (*tipo*)	STM	STPM

Ensaio	1	2	3	$\Delta E\ (mV)$
1	−	−	−	106
2	+	−	−	98
3	−	+	−	139
4	+	+	−	141
5	−	−	+	137
6	+	−	+	123
7	−	+	+	119
8	+	+	+	103

Efeitos:							
1	2	3	12	13	23	123	
−9,0	9,5	−0,5	2,0	−6,0	−28,5	−3,0	

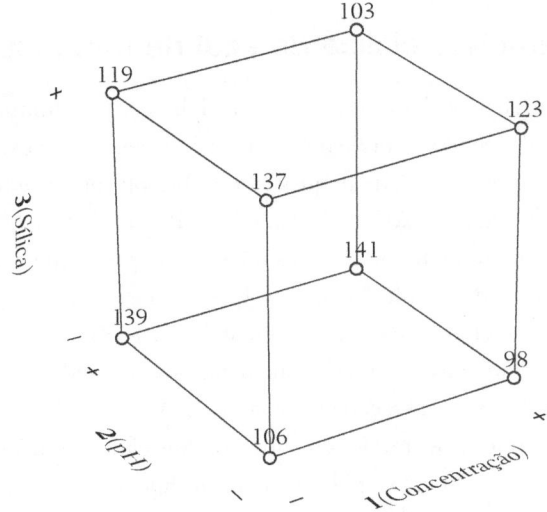

Figura 3A.2 Gráfico cúbico das respostas da Tabela 3A.2.

era minimizar o valor de ΔE, parece que devemos explorar melhor a região em torno do Ensaio 2 ($+ - -$), onde temos concentração de 0,5 mol L^{-1}, pH = 4, sílica modificada STM e observamos a menor resposta de todas, $\Delta E = 98$ mV. Essas mesmas conclusões podem ser visualizadas de outra forma na Figura 3A.3. A forte interação é indicada pela mudança da direção da inclinação das retas nos dois gráficos.

3A.3 Tempo de retenção em cromatografia líquida

Um fatorial completo 2^3 (Tabela 3A.3) foi usado para investigar como o tempo de retenção de um pico obtido em um cromatógrafo líquido é afetado pela percentagem de etanol, pela temperatura da coluna e pelo fluxo de gás (Ribeiro *et al.*, 1999).

Os efeitos principais dos três fatores são todos negativos. Os efeitos principais **1** (temperatura) e **3** (fluxo) são os mais importantes, mas mesmo o efeito do álcool, que é bem menor, também parece significativo, porque em todas as quatro comparações de ensaios que só diferem pelo nível do álcool (1→3, 2→4, 5→7 e 6→8) o ensaio correspondendo ao nível superior tem a resposta mais baixa, como fica evidente na Figura 3A.4. Se o efeito principal do álcool (−4,54) é significativo, então a interação **13** (4,53) também é, e precisamos interpretar os efeitos da temperatura e do fluxo conjuntamente (Fig. 3A.5).

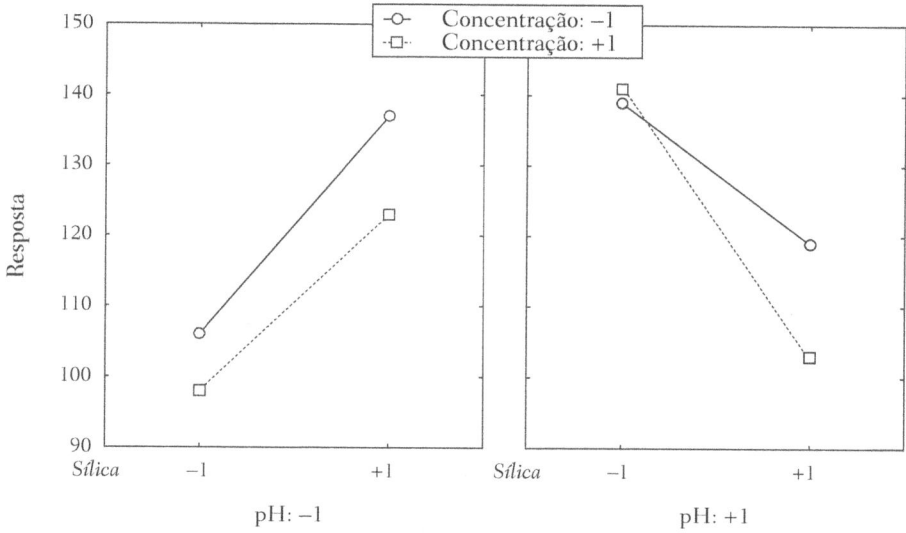

Figura 3A.3 Variação da resposta com os níveis dos três fatores.

Tabela 3A.3 Dados do experimento

Fatores:			−	+
	1: Temperatura, °C		30	50
	2: % etanol (v/v)		60	70
	3: Fluxo (mL min^{-1})		0,1	0,2

Ensaio	1	2	3	Tempo de retenção (*min*)
1	−	−	−	49,26
2	+	−	−	31,27
3	−	+	−	42,20
4	+	+	−	26,61
5	−	−	+	23,81
6	+	−	+	15,07
7	−	+	+	19,57
8	+	+	+	12,86

Efeitos:

1	2	3	12	13	23	123
−12,26	−4,54	−19,51	1,11	4,53	1,32	−0,09

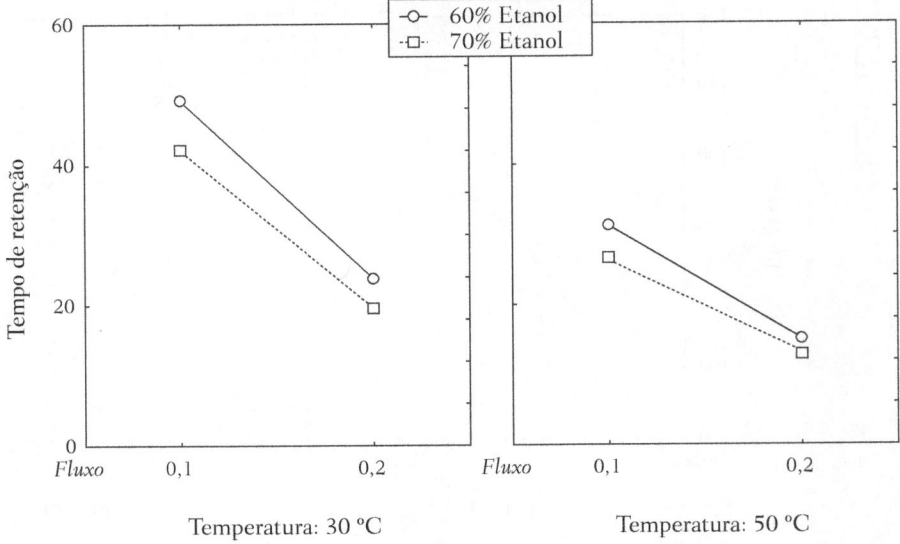

Figura 3A.4 Variação das respostas com os níveis dos três fatores.

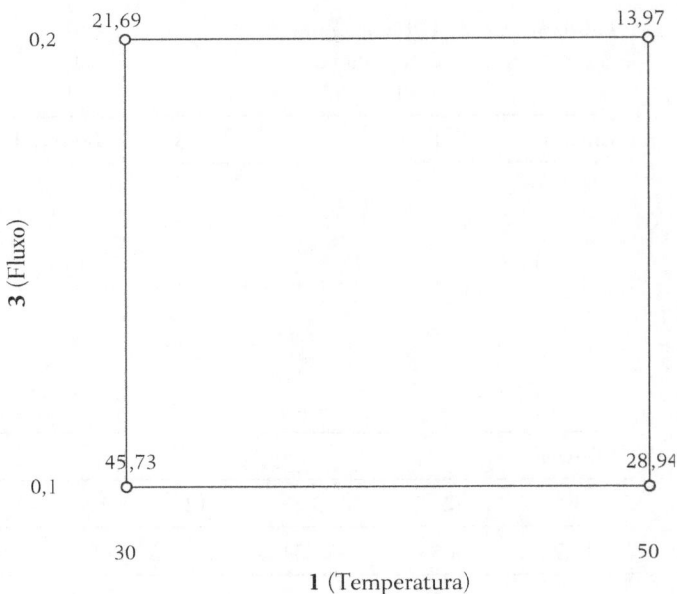

Figura 3A.5 Gráfico das respostas médias em função dos fatores **1** e **3**.

Um aumento do fluxo, seja qual for a temperatura, reduz o tempo médio de retenção. A redução, porém, é mais pronunciada no nível inferior da temperatura (−24 min) do que no nível superior (−15 min). Também podemos visualizar esse mesmo resultado na Figura 3A.4, pela mudança na inclinação das retas de um gráfico para outro. Se o objetivo do experimento é minimizar o tempo de retenção, devemos preferir a região em torno do ensaio onde a temperatura e o fluxo — e também o teor de etanol — estão em seus níveis superiores (50°C, 70% e 0,2 mL min^{-1}). Na Figura 3A.4, esse ensaio é representado pelo último quadrado à direita.

3A.4 Separação de gases por adsorção

No desenvolvimento em laboratório de um processo de enriquecimento de gases por adsorção, usou-se um planejamento 2^4 para investigar a influência de quatro fatores sobre várias respostas, dentre as quais a produtividade do adsorvente (**P**). Os dados obtidos estão na Tabela 3A.4 (Neves, 2000).

Agora temos um número de efeitos suficientemente grande para fazermos um gráfico normal (Figura 3A.6). Os mais significativos são os efeitos principais do tempo de adsorção e da vazão de alimentação (**4** e **3**, respectivamente), seguidos a uma

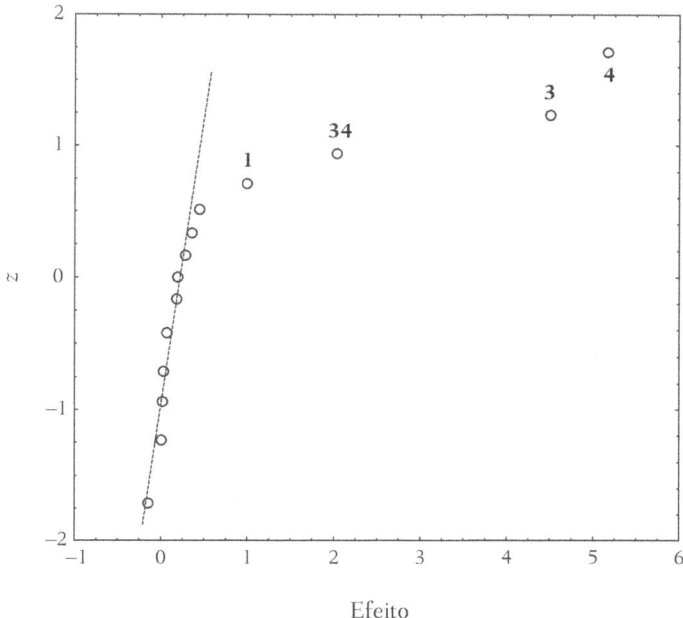

Figura 3A.6 Gráfico normal dos efeitos.

Tabela 3A.4 Dados do experimento

Fatores:			−	+
	1: Pressão de adsorção, *bar*		1,40	2,40
	2: Pressão de dessorção, *bar*		0,05	0,20
	3: Vazão de alimentação, $m^3 h^{-1}$		0,10	0,30
	4: Tempo de adsorção, *s*		8	30

Ensaio	1	2	3	4	P ($mol\ kg^{-1}\ ciclo^{-1}$)
1	−	−	−	−	2,75
2	+	−	−	−	3,15
3	−	+	−	−	2,85
4	+	+	−	−	3,55
5	−	−	+	−	4,65
6	+	−	+	−	5,85
7	−	+	+	−	5,40
8	+	+	+	−	6,30
9	−	−	−	+	5,95
10	+	−	−	+	6,55
11	−	+	−	+	5,60
12	+	+	−	+	6,75
13	−	−	+	+	11,50
14	+	−	+	+	13,00
15	−	+	+	+	12,50
16	+	+	+	+	14,00

Efeitos:

1	2	3	4	12	13	14	23
0,994	0,444	4,51	5,17	0,069	0,281	0,194	0,356
24	**34**	**123**	**124**	**134**	**234**	**1234**	
0,019	2,03	−0,144	0,069	0,031	0,181	0,0062	

certa distância pela sua interação e pelo efeito principal da pressão de adsorção. O fator **2**, pressão de dessorção, é de interesse secundário, e é natural pensarmos em tomá-lo como inerte, para ficar com um fatorial em duplicata nos outros três fatores, do qual poderíamos obter uma estimativa do erro puro. Note, porém, que 15 dos 16 efeitos calculados são positivos, o que não está de acordo com a hipótese de uma distribuição normal de média zero, como seria de se esperar para valores representativos do erro puro. Se examinarmos os oito pares de ensaios que só diferem pelo nível do fator **2**, constataremos que em sete deles o nível superior produz uma resposta ligeiramente mais alta. Conclusão: sem dúvida o fator **2** é menos importante do que os outros três fatores, mas ele também parece atuar no sentido de aumentar a produtividade do adsorvente. Aliás, a resposta mais baixa é a do primeiro ensaio, e a mais alta é a do último. Exatamente o contrário do que aconteceu na Aplicação 3A.3, onde os efeitos principais eram todos negativos.

3A.5 Melhorando funções de onda

Obter funções de onda de boa qualidade é uma questão fundamental na química computacional. Existem várias maneiras de se tentar melhorar a qualidade de uma função de onda, e a resposta normalmente depende do problema que está sendo estudado. Funções que se mostram satisfatórias para calcular determinadas propriedades não são obrigatoriamente boas para outras propriedades. Nesta aplicação, os pesquisadores estavam interessados em avaliar como alguns parâmetros usados para especificar a função de onda iriam afetar a frequência do estiramento CH determinada a partir dessa função para a molécula CH_3F (Azevedo *et al.*, 1996). O planejamento escolhido foi um fatorial completo 2^4 (Tabela 3A.5).

O gráfico normal (Figura 3A.7) mostra claramente que somente os efeitos principais **4** (correlação), **1** (conjunto de base) e a interação **24** (funções de pola-

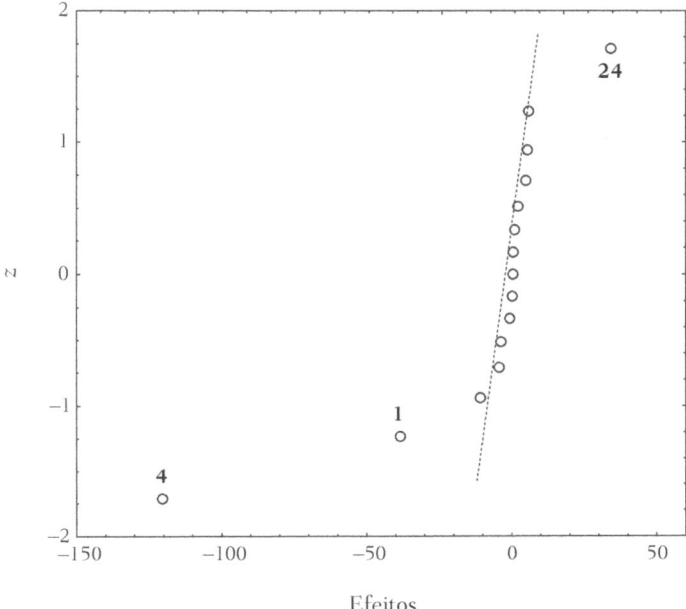

Figura 3A.7 Gráfico normal dos efeitos.

Tabela 3A.5 Dados do experimento

Fatores:		−	+
	1: Conjunto de base	6-31G	6-311G
	2: Funções de polarização	ausentes	presentes
	3: Funções difusas	ausentes	presentes
	4: Correlação eletrônica	Hartree-Fock	MP2

Ensaio	1	2	3	4	Frequência
1	−	−	−	−	3245,6
2	+	−	−	−	3212,4
3	−	+	−	−	3203,5
4	+	+	−	−	3190,3
5	−	−	+	−	3251,7
6	+	−	+	−	3209,4
7	−	+	+	−	3214,9
8	+	+	+	−	3193,5
9	−	−	−	+	3096,2
10	+	−	−	+	3049,3
11	−	+	−	+	3132,8
12	+	+	−	+	3087,6
13	−	−	+	+	3105,0
14	+	−	+	+	3050,4
15	−	+	+	+	3143,5
16	+	+	+	+	3093,5

Efeitos:								
1	2	3	4	12	13	14	23	
−38,35	4,95	5,53	−120,38	5,90	−3,73	−10,83	2,28	
24	34	123	124	134	234	1234		
34,18	1,10	0,48	−4,33	0,60	−0,60	0,25		

rização × correlação) são significativos. Estamos novamente diante de um caso em que uma interação se mostra importante sem que um dos efeitos principais correspondentes (o do fator **2**, nesse caso) seja significativo. Você pode descobrir a razão, examinando atentamente o gráfico cúbico das respostas em função dos fatores **1**, **2** e **4** (Figura 3A.8).

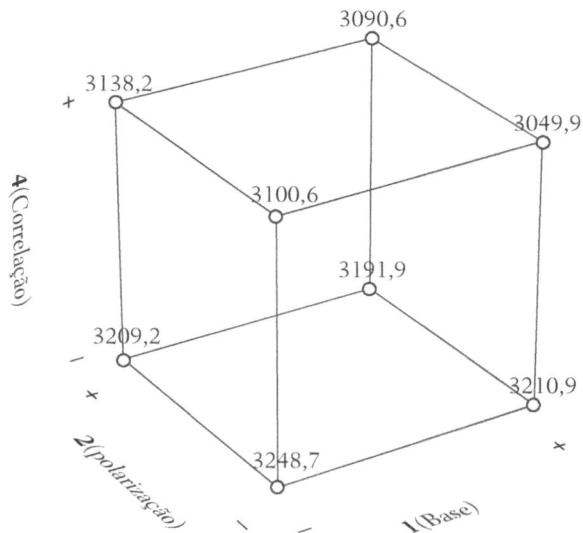

Figura 3A.8 Gráfico das respostas médias em função dos fatores **1**, **2** e **4**.

3A.6 Desempenho de eletrodos de Ti/TiO$_2$

O planejamento fatorial 2^5 cujos dados estão na Tabela 3A.6 foi usado para investigar como cinco fatores influenciavam o desempenho de eletrodos de Ti/TiO$_2$ na eletrorredução do nitrobenzeno. O desempenho foi quantificado em termos das cargas catódicas medidas (em $mC\ cm^{-2}$) durante o processamento dos eletrodos (Ronconi; Pereira, 2001). Os fatores estudados foram a concentração do precursor de titânio nas soluções precursoras empregadas (**1**), o número de camadas depositadas no eletrodo (**2**), a temperatura em que o tratamento térmico foi realizado (**3**), a concentração de nitrobenzeno (**4**) e a velocidade de varredura do potencial aplicado (**5**).

Pelo gráfico normal, Figura 3A.9, os valores mais significativos são os efeitos principais dos fatores **2** a **5** e a interação **45**. Parece que podemos considerar o fator **1** como inerte, o que transforma o planejamento num fatorial 2^4 em duplicata (Tabela 3A.7).

A variância agregada calculada das dezesseis variâncias dos ensaios em duplicata é 0,9584. A variância de um efeito qualquer será 1/8 deste valor,[2] que é 0,1198.

---

[2] Por quê?

Tabela 3A.6 Dados do experimento

Fatores:			−	+
	1: Solução precursora		1:4:16	1:2:8
	2: Número de camadas		2	10
	3: Temperatura, °C		450	525
	4: Concentração de nitrobenzeno, mM		2	8
	5: Velocidade de varredura, mV/min		50	200

Ensaio	1	2	3	4	5	Desempenho
1	−	−	−	−	−	2,07
2	+	−	−	−	−	2,03
3	−	+	−	−	−	4,71
4	+	+	−	−	−	7,01
5	−	−	+	−	−	1,71
6	+	−	+	−	−	2,10
7	−	+	+	−	−	4,36
8	+	+	+	−	−	3,71
9	−	−	−	+	−	7,15
10	+	−	−	+	−	4,87
11	−	+	−	+	−	8,96
12	+	+	−	+	−	12,25
13	−	−	+	+	−	4,28
14	+	−	+	+	−	3,13
15	−	+	+	+	−	9,42
16	+	+	+	+	−	8,68
17	−	−	−	−	+	1,70
18	+	−	−	−	+	1,39
19	−	+	−	−	+	4,50
20	+	+	−	−	+	5,92
21	−	−	+	−	+	0,73
22	+	−	+	−	+	0,77
23	−	+	+	−	+	3,20
24	+	+	+	−	+	3,08
25	−	−	−	+	+	2,51
26	+	−	−	+	+	1,82
27	−	+	−	+	+	5,60
28	+	+	−	+	+	7,61
29	−	−	+	+	+	1,55
30	+	−	+	+	+	1,05
31	−	+	+	+	+	4,25
32	+	+	+	+	+	4,38

Efeitos:							
1	2	3	4	5	12	13	14
0,19	3,67	−1,48	2,41	−2,27	0,76	−0,52	−0,19
15	23	24	25	34	35	45	123
0,05	−0,45	0,68	−0,30	−0,27	−0,02	−1,47	−0,78
124	125	134	135	145	234	235	245
0,40	−0,15	−0,06	0,16	0,18	0,29	−0,22	−0,33
345	1234	1235	1245	1345	2345	12345	
0,20	−0,12	0,29	−0,18	−0,01	−0,32	0,10	

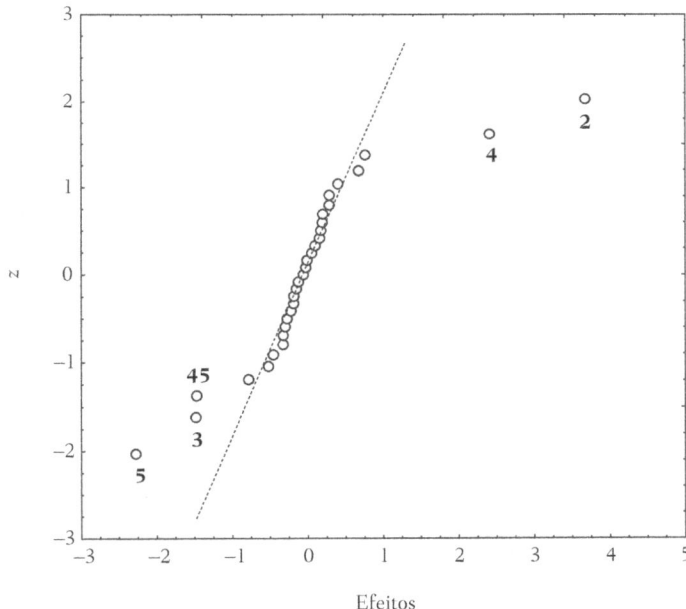

Figura 3A.9 Gráfico normal dos efeitos.

A raiz quadrada deste último valor é o erro-padrão de um efeito. Multiplicando-o por t_{16}, chegamos finalmente ao valor-limite para a significância do valor absoluto de um efeito, 0,734 (95% de confiança).

Tabela 3A.7 Fatorial em duplicata obtido pela eliminação do fator 1

Ensaio	2	3	4	5	Desempenho		Média	Variância
1	−	−	−	−	2,07	2,03	2,050	0,0008
2	+	−	−	−	4,71	7,01	5,860	2,6450
3	−	+	−	−	1,71	2,10	1,905	0,0761
4	+	+	−	−	4,36	3,71	4,035	0,2113
5	−	−	+	−	7,15	4,87	6,010	2,5992
6	+	−	+	−	8,96	12,25	10,605	5,4120
7	−	+	+	−	4,28	3,13	3,705	0,6613
8	+	+	+	−	9,42	8,68	9,050	0,2738
9	−	−	−	+	1,70	1,39	1,545	0,0481
10	+	−	−	+	4,50	5,92	5,210	1,0082
11	−	+	−	+	0,73	0,77	0,750	0,0008
12	+	+	−	+	3,20	3,08	3,140	0,0072
13	−	−	+	+	2,51	1,82	2,165	0,2380
14	+	−	+	+	5,60	7,61	6,605	2,0201
15	−	+	+	+	1,55	1,05	1,300	0,1250
16	+	+	+	+	4,25	4,38	4,315	0,0084

Por este resultado, os cinco efeitos apontados pela análise do gráfico normal são confirmados como significativos. Dois outros, as interações **12** e **123**, ficam praticamente sobre o limite. As conclusões não mudam muito, mas é importante reconhecer que neste tratamento do erro estamos combinando variâncias que diferem por até quatro ordens de grandeza. Na verdade, esse procedimento é uma violação da hipótese de normalidade dos erros que está na base da maioria dos testes estatísticos, e deveríamos ter usado alguma transformação das variâncias (em geral, logarítmica) antes de procurar determinar valores-limite. Para os detalhes, que fogem ao âmbito deste livro, uma boa referência é Wu e Hamada (2000), que também apresentam outros critérios para determinar quais são os efeitos significativos.

3A.7 Controlando a espuma

A crescente automação do processo de lavagem de roupas, louças e superfícies em geral vem exigindo produtos detergentes não só mais eficazes na remoção da sujeira mas principalmente com baixo poder espumante, devido às altas velocidades de agitação usadas nas lavagens. Uma das formas de controlar a espuma produzida pelos detergentes é introduzir na formulação agentes tensoativos não iônicos, como álcoois graxos EO/PO (isto é, álcoois etoxilados/propoxilados). Várias outras propriedades importantes, como ponto de turvação, tensão superficial, altura dinâmica da espuma, detergência, ponto de fulgor e temperatura de degradação térmica, também costumam ser acompanhadas durante a preparação de uma mistura detergente. Como tarefa para um curso de quimiometria, Ricardo Pedro decidiu verificar como o ponto de turvação varia com as unidades de óxido de eteno (EO) e óxido de propeno (PO) dos álcoois graxos, usando um fatorial 2^2 com um ensaio em triplicata no ponto central (Tabela 3A.8).

Dos três ensaios repetidos no ponto central, obtemos a estimativa de 0,40 para o erro-padrão de uma resposta, que neste caso é igual ao erro-padrão de um efeito. O valor-limite para a significância do valor absoluto de um efeito será, portanto, com 95% de confiança,

$$t_2 \times s(efeito) = 4{,}303 \times 0{,}40 = 1{,}72.$$

O efeito do número de unidades de EO, 7,20, e o do número de unidades de PO, −5,30, são bastante significativos. O efeito de interação não é significativo. Esses resultados podem ser visualizados na Figura 3A.10. A ausência de interação se reflete no quase paralelismo das duas retas. O ponto de turvação aumenta com o grau de etoxilação e diminui com o grau de propoxilação, sendo mínimo para o produto A6O4 (dentre os cinco álcoois avaliados, obviamente). Como os tensoativos de menor ponto de turvação são também os de menor poder espumante, podemos concluir que esse álcool é o que deve fazer menos espuma.

Se a superfície de resposta puder ser representada por um plano, um argumento geométrico elementar, ilustrado na Figura 3A.11, nos diz que o valor médio

Tabela 3A.8 Dados do experimento

Ensaio	Produto*	EO	PO	Ponto de turvação, °C
1	A4O4	−	−	32,10
2	A4O6	+	−	40,20
3	A6O4	−	+	27,70
4	A6O6	+	+	34,00
5	A5O5	0	0	35,00
6	A5O5	0	0	34,60
7	A5O5	0	0	35,40

Efeitos:			
EO	PO	EO×PO	
7,2	−5,3	−0,9	

*Os dois números no nome do produto indicam as unidades de PO e EO, nessa ordem.

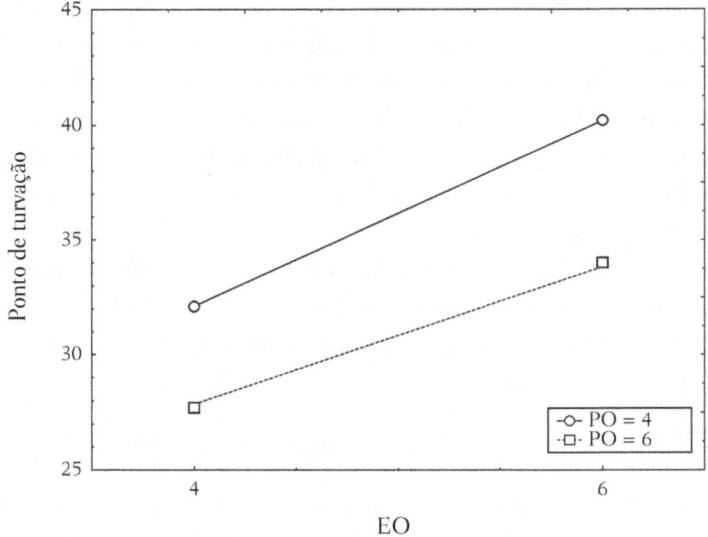

Figura 3A.10 Variação da resposta com os níveis dos dois fatores.

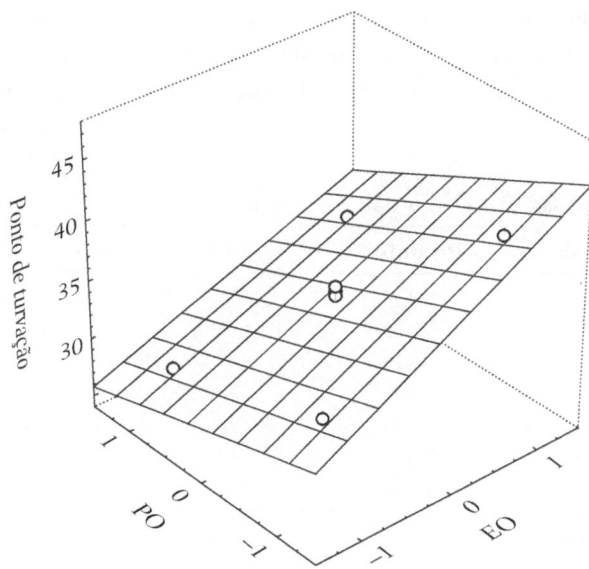

Figura 3A.11 Superfície de resposta ajustada aos dados do experimento.

das respostas no ponto central deve coincidir (exceto pelo erro experimental) com o valor médio das respostas nos vértices do planejamento. Se a superfície for quadrática, pode-se demonstrar que a diferença entre essas duas respostas médias é uma medida da **curvatura global**, que é dada pela soma dos coeficientes dos termos quadráticos x_1^2 e x_2^2 (Box e Draper, 1987). Usando os dados da tabela, temos:

$$\text{Ponto central: } \bar{y}_C = \frac{35,00 + 34,60 + 35,40}{3} = 35,00$$

$$\text{Vértices: } \bar{y}_V = \frac{32,10 + 40,20 + 27,70 + 34,00}{4} = 33,50$$

$$\text{Diferença: } \Delta = \bar{y}_V - \bar{y}_C = 33,50 - 35,00 = -1,50\ .$$

Para decidir se a diferença é significativa, precisamos de uma estimativa do seu erro. Usando o procedimento para determinar a variância de uma combinação linear descrito na Seção 2.5, podemos escrever

$$V(\bar{y}_V - \bar{y}_C) = V(\bar{y}_V) + V(\bar{y}_C) = \frac{s^2}{4} + \frac{s^2}{3} = \frac{7s^2}{12},$$

onde s^2 é a variância de uma resposta. Substituindo o valor que obtivemos acima e multiplicando o resultado por t_2, concluímos que o valor-limite para a significância da diferença é 1,31, no nível de 95% de confiança. Temos, portanto, evidência de uma leve curvatura na superfície de resposta. Como a resposta média no centro é superior à média das respostas nos vértices, a superfície deve ser ligeiramente convexa.

3A.8 Desenvolvimento de um detergente

Uma formulação de detergente em pó consiste na mistura de diferentes ingredientes, como tensoativos, polímeros, branqueadores e enzimas. Uma estratégia para desenvolver um produto mais eficiente é trabalhar a partir de uma formulação-padrão, variando-se de forma controlada os teores de alguns aditivos. J. T. Bruns, aluna de pós-graduação em engenharia química, decidiu usar um planejamento fatorial 2^3 para avaliar os efeitos da adição de três ingredientes sobre o poder de branqueamento e a redeposição da formulação detergente resultante. Cada experimento foi feito utilizando-se a mesma quantidade de pó das diferentes formulações. As lavagens foram feitas em simuladores industriais de lavagem de roupas, usando peças de tecido que tinham sido submetidas à mesma solução-padrão de sujeira, formulada para imitar a sujeira doméstica típica. Os resultados obtidos estão na Tabela 3A.9,

Tabela 3A.9 Efeito de diferentes formulações para um detergente em pó

Formulações[a]	A	B	C	Resposta[b]	Variância[c]
2	−	−	−	75,719	2,993
4	+	−	−	76,998	4,285
6	−	+	−	75,557	3,803
8	+	+	−	76,928	3,686
3	−	−	+	81,032	3,725
5	+	−	+	82,298	2,690
7	−	+	+	80,848	1,716
1	+	+	+	82,146	2,496

[a] Ordem cronológica de execução de cada grupo de doze ensaios repetidos.
[b] Respostas médias de doze ensaios repetidos.
[c] Variâncias dos doze ensaios repetidos.

Efeitos:

Média	A	B	C	AB	AC	BC	ABC
78,94	1,30	−0,14	5,28	0,03	−0,02	−0,03	−0,02

onde a resposta é uma densidade ótica que mede a intensidade da luz refletida pela roupa lavada. O objetivo do experimento é maximizar essa resposta. Os ingredientes e seus níveis aparecem codificados, para garantir o sigilo industrial. As normas do laboratório industrial onde os testes foram realizados exigem que os ensaios sejam repetidos em grupos de doze.

Uma das vantagens de realizarmos um número tão grande de ensaios é que podemos combinar as variâncias (que são todas bem parecidas) numa estimativa agregada com 88 graus de liberdade, e assim obter estimativas muito precisas do erro-padrão dos efeitos. A combinação das variâncias, pelo procedimento habitual, nos leva a um erro-padrão de 0,364 para um efeito, o que significa que somente poderemos considerar estatisticamente significativos, no nível de 95% de confiança, os efeitos cujos valores absolutos sejam superiores a $t_{88} \times 0,364 = 0,724$. Por esse critério, só são significativos os efeitos principais dos aditivos **A** e **C**, de modo que podemos considerar o experimento como um fatorial em duplicata nesses dois fatores (veja a Tabela 3A.10) com um modelo descrito por $\hat{y} = 78,94 + 0,65x_A + 2,64x_C$ (lembrando que os valores dos coeficientes do modelo são sempre a metade dos valores dos efeitos).

Como o objetivo do desenvolvimento da formulação é maximizar a resposta, basta acrescentar à formulação-padrão os ingredientes **A** e **C**. Em termos de unida-

Tabela 3A.10 Fatorial em duplicata embutido no fatorial da Tabela 3A.9

A	C	Resposta média
−	−	75,64
+	−	76,96
−	+	80,94
+	+	82,22

des codificadas, o ingrediente **C** é quatro vezes mais eficiente do que o ingrediente **A** para aumentar a intensidade refletida. Como veremos no Capítulo 6, poderíamos usar esses resultados para determinar um caminho de máxima inclinação e com ele planejar experimentos que provavelmente teriam resultados ainda mais satisfatórios. Devemos lembrar, no entanto, que existem outras respostas importantes, como o custo da formulação, que também precisam ser levadas em consideração.

A Figura 3A.12 mostra os resultados de todos os 96 ensaios em função dos níveis dos aditivos **A** e **C**. Se não tivéssemos feito esse número tão grande de repetições, é provável que efeitos como os do aditivo **A** tivessem passado despercebidos, tendo em vista a variância relativamente grande que se observa entre ensaios repetidos.

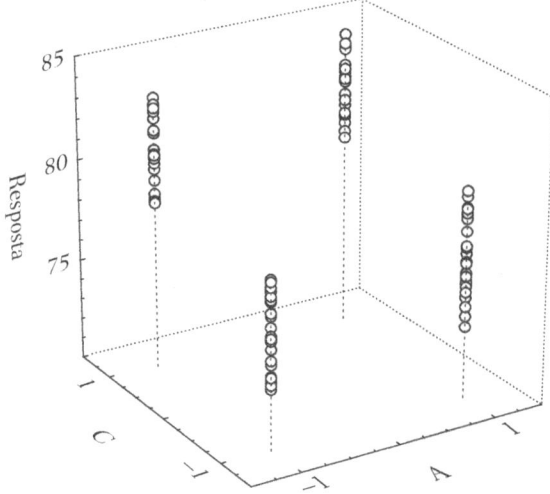

Figura 3A.12 Resposta em função dos aditivos **A** e **C**.

Capítulo 4

Quando as Variáveis são Muitas

O número de ensaios necessários para se fazer um planejamento fatorial 2^k completo aumenta rapidamente com k, o número de fatores investigados. Com sete fatores, por exemplo, um planejamento completo exigiria nada menos do que $2^7 = 128$ ensaios. Veremos neste capítulo que, num caso desses, a informação desejada muitas vezes pode ser obtida a partir de um número de ensaios bem menor, correspondente a uma fração do número de ensaios do planejamento completo. Isso é possível por dois motivos.

Primeiro, o número de interações de ordem alta aumenta drasticamente com o número de fatores (Tabela 4.1). Na maioria dos casos, essas interações têm valores pequenos e são destituídas de qualquer importância prática. Como na expansão em série de uma função, os efeitos principais (isto é, de primeira ordem) tendem a ser maiores do que as interações de dois fatores (de segunda ordem), que por sua vez são mais importantes do que as interações de três fatores, e assim por diante. Essa tendência, naturalmente, se acentua para efeitos de ordem mais alta. Se esses

Tabela 4.1 Número de efeitos principais e de interações, dado em função do número de fatores, k. A ordem de uma interação é o número de fatores envolvidos na sua definição

	Ordem						
k	1ª	2ª	3ª	4ª	5ª	6ª	7ª
3	3	3	1	—	—	—	—
4	4	6	4	1	—	—	—
5	5	10	10	5	1	—	—
6	6	15	20	15	6	1	—
7	7	21	35	35	21	7	1

efeitos não são significativos, determinar o seu valor não é motivo bastante para nos levar a fazer todos os ensaios de um planejamento completo.

Em segundo lugar, quando o número de fatores aumenta, crescem as chances de que um ou mais deles não afetem significativamente a resposta, seja por meio de efeitos principais, seja por meio de efeitos de interação. Mais uma vez, se os efeitos dessas variáveis não precisam ser determinados, para que fazer todos os ensaios do fatorial completo?

Por outro lado, em muitas situações não conhecemos, *a priori*, a relação completa de todas as variáveis que afetam significativamente a resposta. Para não correr o risco de excluir fatores que podem vir a ser importantes, devemos estudar, nesse estágio, o maior número possível de variáveis. Podemos fazer isso sem aumentar o número de ensaios, usando **planejamentos fracionários**, em vez de **fatoriais completos** (Box; Hunter; Hunter, 1978). Neste capítulo veremos como aplicar essa estratégia, tomando como base, inicialmente, uma investigação realizada em um laboratório de pesquisa (Eiras, 1991; Andrade; Eiras; Bruns, 1991). Em seguida, apresentaremos um estudo fracionário executado fora do laboratório químico, para mostrar como podemos fazer uma triagem das variáveis usando um número mínimo de ensaios.

4.1 Frações meias de planejamentos fatoriais

No projeto que vamos discutir nesta seção, os pesquisadores queriam otimizar um procedimento analítico para determinar traços de molibdênio em plantas. Escolheram, então, um método baseado na ação catalítica da espécie Mo(VI) sobre a oxidação do íon I^- pelo H_2O_2, feita num sistema de fluxo contínuo monossegmentado. De todos os fatores considerados importantes para a produção do sinal analítico, quatro foram escolhidos para um estudo preliminar: as concentrações de H_2O_2, H_2SO_4 e KI, e o tempo de reação dessas espécies com o Mo(VI). A influência desses fatores sobre a intensidade do sinal analítico foi analisada por meio de um planejamento fatorial 2^4 completo. A matriz de planejamento dos dezesseis ensaios está na Tabela 4.2, bem como as intensidades observadas. Os valores dos efeitos calculados a partir desses resultados são apresentados na Tabela 4.3. Pelo gráfico normal desses valores (Figura 4.1), podemos ver que são significativos os efeitos principais de [KI], de [H_2O_2] e do tempo, e as interações de [KI] com [H_2O_2] e de [KI] com o tempo. A concentração de ácido sulfúrico não parece estar envolvida em nenhum efeito importante.

Para executar o planejamento fatorial completo, precisamos fazer dezesseis ensaios. Digamos que, por economia, os pesquisadores tivessem decidido realizar

Tabela 4.2 Resultados de um planejamento fatorial 2^4 completo, realizado para estudar a ação catalítica do Mo(VI)

	Fator	−	+	
1	$[H_2SO_4]$, $mol\ L^{-1}$	0,16	0,32	
2	[KI], $mol\ L^{-1}$	0,015	0,030	
3	$[H_2O_2]$, $mol\ L^{-1}$	0,0020	0,0040	
4	Tempo, s	90	130	

	Ensaio	1	2	3	4	Resposta[a]
✓	1	−	−	−	−	52
	2	+	−	−	−	61
	3	−	+	−	−	124
✓	4	+	+	−	−	113
	5	−	−	+	−	85
✓	6	+	−	+	−	66
✓	7	−	+	+	−	185
	8	+	+	+	−	192
	9	−	−	−	+	98
✓	10	+	−	−	+	86
✓	11	−	+	−	+	201
	12	+	+	−	+	194
✓	13	−	−	+	+	122
	14	+	−	+	+	139
	15	−	+	+	+	289
✓	16	+	+	+	+	286

[a] Sinal analítico x 1.000

apenas oito ensaios, e escolhessem precisamente os que estão assinalados na matriz de planejamento da Tabela 4.2. Nesse caso, eles só teriam obtido as oito respostas reproduzidas na última coluna da Tabela 4.4.

Exercício 4.1

Use os dados da Tabela 4.2 e confirme que os valores dos efeitos significativos nesse planejamento são mesmo os que aparecem na Tabela 4.3.

Multiplicando duas a duas as colunas apropriadas na matriz de planejamento, obtemos os sinais necessários para o cálculo dos valores das seis interações de dois fatores. Aplicando-os às respostas, chegamos aos valores também mostrados na Tabela 4.4, juntamente com os quatro efeitos principais e a média global. Todos esses valores (exceto a média, é claro) continuam sendo contrastes entre duas me-

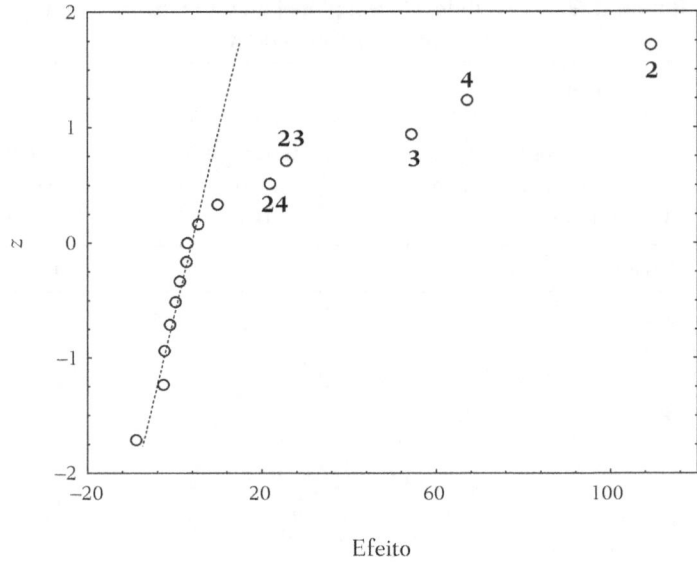

Figura 4.1 Gráfico normal dos valores dos efeitos calculados para o fatorial completo 2^4 no estudo da ação catalítica do Mo(VI).

Tabela 4.3 Análise do planejamento fatorial 2^4 para o estudo da resposta catalítica do Mo(VI). Os valores mais significativos estão sublinhados

Média = 143,31	12 = − 1,13
1 = − 2,38	13 = 2,88
2 = 109,38	14 = 1,13
3 = 54,38	**23 = 25,63**
4 = 67,13	**24 = 21,88**
	34 = 9,88
123 = 2,63	
124 = − 2,63	1234 = − 8,88
134 = 5,38	
234 = 0,13	

tades do conjunto de oito respostas. No cálculo de cada um deles, usamos quatro respostas com sinal positivo e quatro com sinal negativo. No entanto, como os cálculos não se referem a um planejamento completo e sim a uma fração, vamos usar a letra l para representar esses contrastes e, assim, distingui-los dos efeitos do capítulo anterior.

Tabela 4.4 Análise de uma fração meia do planejamento fatorial completo 2^4: um planejamento fatorial fracionário 2^{4-1}. Exemplo da resposta catalítica do Mo(VI). Note que a ordem dos ensaios não é a mesma da Tabela 4.2

	Fator	−	+
1	$[H_2SO_4]$, $mol\ L^{-1}$	0,16	0,32
2	$[KI]$, $mol\ L^{-1}$	0,015	0,030
3	$[H_2O_2]$, $mol\ L^{-1}$	0,0020	0,0040
4	t, s	90	130

Ensaio	I	1	2	3	4	12	13	14	23	24	34	Resp.
1	+	−	−	−	−	+	+	+	+	+	+	52
10	+	+	−	−	+	−	−	+	+	−	−	86
11	+	−	+	−	+	−	+	−	−	+	−	201
4	+	+	+	−	−	+	−	−	−	−	+	113
13	+	−	−	+	+	+	−	−	−	−	+	122
6	+	+	−	+	−	−	+	−	−	+	−	66
7	+	−	+	+	−	−	−	+	+	−	−	185
16	+	+	+	+	+	+	+	+	+	+	+	286

Média = 138,87 $l_{12} = 8,75$
$l_1 = -2,25$ $l_{13} = 24,75$
$l_2 = 114,75$ $l_{14} = 26,75$
$l_3 = 51,75$ $l_{23} = 26,75$
$l_4 = 69,75$ $l_{24} = 24,75$
                       $l_{34} = 8,75$

Comparando os valores dos efeitos obtidos com o planejamento completo (Tabela 4.3) e os contrastes calculados somente com a meia fração (Tabela 4.4), vemos que as estimativas da média e dos efeitos principais são muito parecidas nos dois casos. Isso significa que podemos estimar muito bem a média e os efeitos principais usando apenas oito ensaios, ou seja, com a metade do esforço necessário para fazer o planejamento completo.

Os valores das interações significativas do fatorial completo também estão em boa concordância com os valores dos contrastes l_{23} e l_{24} calculados na meia fração. Em compensação, as interações envolvendo o fator **1** são muito superestimadas pelos valores de l_{12}, l_{13} e l_{14}. Também pudera. Seria ótimo poder reduzir o número de ensaios à metade sem ter de pagar nada por isso, mas infelizmente nada é de graça.

A explicação é a seguinte. Com os oito ensaios da meia fração só podemos estimar oito grandezas independentes. Depois do cálculo da média e dos quatro efeitos principais, restam apenas três graus de liberdade. Obviamente, esse número é insuficiente para fornecer estimativas independentes de todas as seis interações de dois fatores. Você pode constatar que na verdade $l_{12} = l_{34}$, $l_{13} = l_{24}$ e $l_{14} = l_{23}$. Isso ocorre porque na Tabela 4.4 as colunas de sinais para as interações **12**, **13** e **14** são idênticas às colunas correspondentes a **34**, **24** e **23**, respectivamente.

Apesar disso, a situação ainda pode ser remediada. Se admitirmos que as interações envolvendo o fator **1** não são importantes (porque o seu efeito principal é desprezível), então concluiremos que $l_{12} \cong l_{13} \cong l_{14} \cong 0$. Esses novos valores, juntamente com $l_{23} = 26{,}75$, $l_{24} = 24{,}75$ e $l_{34} = 8{,}75$, são estimativas muito boas das interações de dois fatores calculadas com as respostas de todos os 16 ensaios.

O planejamento com oito ensaios mostrado na Tabela 4.4 é uma **fração meia** do fatorial completo da Tabela 4.2. Costuma-se representá-lo com a notação 2^{4-1}, que é a metade de 2^4:

$$\frac{2^4}{2} = 2^{-1} 2^4 = 2^{4-1} = 8 \ .$$

Esta notação indica que temos quatro fatores, cada um com dois níveis, mas realizamos apenas oito ensaios. A presença do valor -1 no expoente significa que o fatorial completo foi dividido por dois. Se ele tivesse sido dividido em quatro partes, o expoente seria $4-2$, e assim por diante.

Exercício 4.2

Use os sinais da Tabela 4.4 para calcular os contrastes correspondentes às interações **134** e **1234**. Já sabemos que não há mais graus de liberdade para isso e que, portanto, esses valores não devem ser independentes dos valores já calculados. Com que outros contrastes eles se confundem? Você acha que faz sentido interpretar esses valores como sendo realmente estimativas dos efeitos **134** e **1234**?

4.1(a) Como construir uma fração meia

Apresentamos o planejamento fracionário 2^{4-1} da Tabela 4.4 como um subconjunto, misteriosamente escolhido, do fatorial completo. Na verdade, ele foi construído da seguinte maneira:

1. Construímos um planejamento 2^3 completo para os fatores **1**, **2** e **3**;
2. Atribuímos ao fator **4** os sinais do produto das colunas **1**, **2** e **3**.

A primeira consequência desse procedimento é que os contrastes l_{123} e l_4 se tornam idênticos, já que serão determinados pelos mesmos sinais. Este é um resultado semelhante ao obtido com a blocagem, no Capítulo 3. Além disto, como existem outras relações de sinais, envolvendo interações de dois fatores e também interações de ordem mais alta (Exercício 4.2), o bom senso nos diz que deve haver outras identidades entre contrastes. Afinal, na fração meia só temos oito graus de liberdade, enquanto o fatorial completo, com todos os efeitos, tem dezesseis. Poderíamos descobrir as relações que faltam fazendo todos os possíveis produtos de colunas, mas isso não será necessário. Podemos descobri-las por meio de uma álgebra muito simples.

Representaremos as colunas de sinais por números (ou produtos de números) em negrito. Assim, por exemplo, a notação **123** indicará a coluna de sinais obtida com a multiplicação das colunas correspondentes aos três primeiros fatores. Essa coluna, como acabamos de ver, é idêntica à do fator **4**. Podemos escrever, portanto,

$$\mathbf{4 = 123}. \qquad (4.1)$$

Para obter as relações entre os diversos contrastes, vamos empregar duas propriedades da multiplicação das colunas de sinais. A primeira é que a multiplicação de uma coluna por ela mesma, isto é, a elevação de todos os seus elementos ao quadrado, sempre produz uma coluna contendo apenas sinais positivos. Essa nova coluna, por sua vez, quando aplicada sobre outra qualquer, deixa-a inalterada. Trata-se, em outras palavras, do elemento identidade da nossa álgebra, e por isso vamos usar a letra **I** para representá-lo. Assim, por exemplo, podemos escrever

$$\mathbf{11 = 22 = 33 = 44 = I}.$$

A segunda propriedade apenas reconhece que a multiplicação das colunas é comutativa e associativa. Por exemplo:

$$\mathbf{123 = (1)(23) = (23)(1) = (12)(3) = 321 = (2)(31)} = \ldots$$

Para obter as relações entre os vários contrastes, multiplicamos a expressão definidora do fracionamento, Equação 4.1, por algum produto de colunas e aplicamos as propriedades que acabamos de enunciar. Quando quisermos saber a que equivale determinado contraste, só precisamos dar um jeito de fazê-lo aparecer sozinho num dos lados da Equação 4.1.

Digamos, por exemplo, que queremos saber qual é o contraste que tem os mesmos sinais que l_2. Examinando a Equação 4.1, vemos que é possível isolar o fator **2** no lado direito multiplicando **123** pelo produto **13**, porque isso transformará em identidades o **1** e o **3** que já se encontram na equação. É claro que temos de multiplicar também o outro lado, para que a relação de igualdade permaneça:

$$(13)(4) = (13)(123) = (11)(33)(2) = (I)(I)(2) = 2.$$

Do lado esquerdo da equação ficamos agora com o produto **134**, e daí concluímos que $l_{134} = l_2$. É a mesma conclusão a que chegamos, de forma mais trabalhosa, no Exercício 4.2. Na terminologia estatística, dizemos que o emprego da fração meia **confunde** o efeito principal **2** com a interação **134**. O valor do contraste calculado, l_2 (ou l_{134}), é na verdade uma estimativa da *soma* dos dois efeitos. Você pode confirmar que isso é verdade, adicionando os valores dos efeitos **2** e **134** na Tabela 4.3 e comparando o resultado com o valor de l_2 na Tabela 4.4.

Para mostrar que o contraste calculado confunde os dois efeitos e estima a sua soma, costuma-se empregar a notação

$$l_2 \rightarrow 2 + 134.$$

Todas as relações entre os contrastes calculados na fração meia 2^{4-1} e os efeitos obtidos com o planejamento completo 2^4 (os chamados **padrões de confundimento**) são mostrados na segunda coluna da Tabela 4.5.

Exercício 4.3

Quantos ensaios tem um planejamento 2^{8-4}?

Tabela 4.5 Relações entre os contrastes da meia fração 2^{4-1} e os efeitos do fatorial completo 2^4. **M** é a média de todas as respostas

Relações entre as colunas de sinais	Contrastes da meia fração 2^{4-1} em termos de efeitos do fatorial 2^4
1 = 234	$l_1 = l_{234} \rightarrow 1 + 234$
2 = 134	$l_2 = l_{134} \rightarrow 2 + 134$
3 = 124	$l_3 = l_{124} \rightarrow 3 + 124$
4 = 123	$l_4 = l_{123} \rightarrow 4 + 123$
12 = 34	$l_{12} = l_{34} \rightarrow 12 + 34$
13 = 24	$l_{13} = l_{24} \rightarrow 13 + 24$
14 = 23	$l_{14} = l_{23} \rightarrow 14 + 23$
I = 1234	$l_I \rightarrow M + \frac{1}{2}(1234)$

Exercício 4.4

Escreva por extenso as expressões algébricas para o cálculo dos efeitos **2** e **134** no fatorial 2^4 completo e mostre que o contraste l_2 calculado na meia fração realmente corresponde à soma desses dois efeitos.

 Exercício 4.5

Todos os contrastes da Tabela 4.5 representam a soma de dois efeitos, exceto l_1, que estima a média mais a metade da interação **1234**. Por quê?

4.1(b) Relações geradoras de fatoriais fracionários

Nossa fração meia foi obtida a partir da igualdade **4** = **123** (Equação 4.1). A literatura costuma apresentar essa relação na forma equivalente

$$\mathbf{I} = \mathbf{1234}, \qquad (4.2)$$

que é obtida multiplicando-se os dois lados da Equação 4.1 por **4**. Nessa forma, onde o elemento identidade aparece isolado, a expressão é conhecida como **geratriz** (ou **relação geradora**) do fatorial fracionário. Ela é suficiente para definir toda a fração meia, porque nos permite obter todos os sinais da matriz de planejamento. Cada possível fração de um planejamento completo sempre é definida por um certo número de relações geradoras.

Consideremos agora os ensaios restantes da Tabela 4.2, aqueles que não estão marcados e que, portanto, não foram empregados nos cálculos do fatorial fracionário. Esses oito ensaios também constituem uma metade, isto é, uma fração meia do planejamento completo. Você pode confirmar facilmente que os sinais do fator **4** nesses ensaios são o contrário dos sinais do produto **123**. Podemos dizer, então, que essa outra fração é gerada pela relação

$$\mathbf{4} = -\mathbf{123}, \qquad (4.3)$$

ou, equivalentemente, que a sua geratriz é

$$\mathbf{I} = -\mathbf{1234}. \qquad (4.4)$$

Com um argumento semelhante ao do Exercício 4.4, podemos mostrar que os contrastes agora são estimativas da *diferença* entre dois efeitos do planejamento completo. Agora, por exemplo, teremos

$$l_2^* \rightarrow \mathbf{2} - \mathbf{134}.$$

As relações entre os novos contrastes (identificados pelo asterisco) e os efeitos do planejamento completo são as mesmas da segunda coluna da Tabela 4.5, só que com sinais negativos.

Também poderíamos usar a segunda fração meia, que é chamada de **fração complementar** da primeira, para estimar os efeitos do fatorial. Os resultados finais levariam às mesmas conclusões. Com os valores e sinais apropriados, teríamos, por exemplo,

$$l_2^* = 104,00,$$

também em boa concordância com o valor do efeito principal **2** obtido para o fatorial completo, que é 109,38.

Exercício 4.6

Use os ensaios da fração meia complementar na Tabela 4.2 para calcular os valores dos contrastes l_1^*, l_3^* e l_4^*. Compare os resultados com os valores dados na Tabela 4.4 e também com os efeitos principais calculados no planejamento completo.

Se juntarmos as duas frações meias, teremos de novo o fatorial de partida. Fazendo a combinação dos contrastes apropriados, podemos recuperar os valores dos efeitos sem nenhum confundimento. Por exemplo, l_2 e l_2^* envolvem o mesmo par de efeitos, **2** e **134**. Somando-os, teremos

$$l_2 + l_2^* = (\mathbf{2} + \mathbf{134}) + (\mathbf{2} - \mathbf{134}) = \mathbf{2} + \mathbf{2}.$$

O valor do efeito principal será, portanto, a metade da soma dos dois contrastes:

$$\mathbf{2} = \frac{l_2 + l_2^*}{2} = \frac{114,75 + 104,00}{2} = 109,38 \ .$$

Da mesma forma, a interação **134** será dada pela metade da diferença entre l_2 e l_2^*:

$$\mathbf{134} = \frac{l_2 - l_2^*}{2} = \frac{114,75 - 104,00}{2} = 5,38 \ .$$

Exercício 4.7

Como você combinaria os valores dos contrastes para obter o efeito de interação **1234**? Faça as contas e compare o resultado com o valor dado na Tabela 4.3.

4.2 O conceito de resolução

4.2(a) Fatoriais fracionários de resolução quatro

A fração 2^{4-1} tem uma característica importante. Seus contrastes não misturam os efeitos principais com interações de dois fatores, e sim com interações de três fatores, que em princípio devem ser menos significativas. Se essas interações forem mesmo desprezíveis, os contrastes devem fornecer ótimas aproximações dos efeitos principais calculados no fatorial completo. Devemos ter, por exemplo, $l_2 \cong l_2^* \cong \mathbf{2}$. Em geral, esperaremos que $l_i \cong l_i^* \cong \mathbf{i}$.

Como já devíamos esperar, precisamos pagar algo por isso. Os contrastes l_{ij} (ou l_{ij}^*) são combinações de pares de interações de dois fatores, e sua interpretação é mais difícil. Consideremos, por exemplo, o valor de l_{14} na Tabela 4.4, 26,75. Pelos padrões de confundimento (Tabela 4.5), esse valor corresponde à soma das interações **14** e **23**. Ele deve ser atribuído principalmente a **14**, a **23**, ou igualmente às duas?

Só com os resultados da Tabela 4.4 não temos como saber, a rigor. No entanto, esses mesmos resultados indicam que o fator **1** (a concentração de H_2SO_4) não tem efeito principal significativo, ao contrário dos fatores **2** ([KI]) e **3** ([H_2O_2]), o que nos inclina a supor que a interação **23** deve ser, em princípio, mais importante do que a interação **14**. Consequentemente, o valor do contraste l_{23} (ou l_{14}) deve ser uma boa aproximação da interação entre os fatores [KI] e [H_2O_2].

Essa hipótese é um tanto arriscada, mas nesta investigação específica mostrou-se válida. Pelo cálculo completo, **23** = 25,63, enquanto o valor de **14** é apenas 1,13. Infelizmente, nem sempre isso funciona. Se num dado experimento só tiverem sido feitos os ensaios correspondentes a uma meia fração e se for mesmo necessário distinguir entre duas interações de dois fatores, teremos de fazer os oito ensaios restantes para completar o fatorial. Só assim poderemos estimar separadamente os efeitos.[1]

O planejamento 2^{4-1} é um exemplo de fatorial fracionário de resolução quatro. Num fatorial de resolução quatro, os efeitos principais não se misturam com as interações de dois fatores, mas essas, por sua vez, misturam-se entre si. A notação empregada para representar a resolução de um planejamento é um índice em algarismos romanos. Aqui, por exemplo, escrevemos 2_{IV}^{4-1}.

---

[1] Em compensação, existem experimentos, como a triagem de um grande número de variáveis, em que podemos conviver muito bem com efeitos confundidos. Mais adiante veremos um exemplo.

Quem determina a resolução de um fatorial são as suas relações geradoras. O número de fatores que compõem o termo mais curto presente nessas relações é, por definição, a **resolução** do planejamento. Para definir uma fração meia, basta uma relação geradora. Em nosso exemplo, essa relação ($I = \pm 1234$) contém quatro fatores, e por isso a resolução do fatorial 2^{4-1} é quatro. Na prática, as resoluções mais usadas ficam entre três e cinco.

Exercício 4.8

Os resultados abaixo foram obtidos numa investigação cujo objetivo era a otimização do rendimento de uma reação orgânica (Correa Neto *et al.*, 1992).

Fatores	−	+
1 (Temperatura)	Ambiente	Refluxo
2 (Base)	K_2CO_3/NaOH	K_2CO_3
3 (Solvente)	CH_2Cl_2	CH_3CN
4 (Catalisador)	Nenhum	TEBA

Ensaio	1	2	3	4	Rendimento(%)
1	−	−	−	−	0
2	+	−	−	+	70
3	−	+	−	+	65
4	+	+	−	−	0
5	−	−	+	+	100
6	+	−	+	−	85
7	−	+	+	−	50
8	+	+	+	+	95

Que conclusões você pode tirar desses resultados?

4.2(b) Fatoriais fracionários de resolução cinco

No estudo do sinal analítico do Mo(VI), na verdade foi investigado mais um fator além dos quatro já mencionados: o fluxo através do sistema monossegmentado. Os dezesseis ensaios cujos resultados aparecem na Tabela 4.2 não correspondem realmente a um planejamento 2^4, e sim a uma fração meia de um planejamento 2^5, que é apresentada na Tabela 4.6. Essa fração foi construída a partir da relação **5 = 1234**, ou, o que é a mesma coisa, a partir de

$$I = 12345. \qquad [4.5]$$

Tabela 4.6 Um planejamento fracionário 2_V^{5-1} para o estudo da resposta catalítica do Mo(VI)

	Fator	Nível	
		−	+
1	[H_2SO_4], $mol\ L^{-1}$	0,16	0,32
2	[KI], $mol\ L^{-1}$	0,015	0,030
3	[H_2O_2], $mol\ L^{-1}$	0,0020	0,0040
4	t, s	90	130
5	Fluxo, mL min^{-1}	1,2	3,0

Ordem	1 [H_2SO_4]	2 [KI]	3 [H_2O_2]	4 t	5 Fluxo	Resposta
5	−	−	−	−	+	52
13	+	−	−	−	−	61
12	−	+	−	−	−	124
4	+	+	−	−	+	113
11	−	−	+	−	−	85
3	+	−	+	−	+	66
6	−	+	+	−	+	185
14	+	+	+	−	−	192
10	−	−	−	+	−	98
2	+	−	−	+	+	86
7	−	+	−	+	+	201
15	+	+	−	+	−	194
8	−	−	+	+	+	122
16	+	−	+	+	−	139
9	−	+	+	+	−	289
1	+	+	+	+	+	286

Trata-se, portanto, de uma fração meia de resolução cinco, para a qual podemos usar a notação 2_V^{5-1}. Os efeitos principais, na verdade, estão misturados somente com as interações de quatro fatores, enquanto as interações de dois fatores se misturam com as de três. Todas as relações entre os contrastes desse fatorial fracionário e os efeitos do planejamento completo estão na Tabela 4.7, juntamente com os valores dos contrastes calculados a partir dos dados da Tabela 4.6.

Supondo que os efeitos de interação de três ou mais fatores sejam desprezíveis, podemos concluir que são significativos apenas os efeitos principais dos fatores **2**, **3** e **4** ([KI], [H_2O_2] e t, respectivamente) e as interações **23** e **24**. (É possível que os efeitos **5** e **34** também sejam significativos, mas de qualquer modo seus valores estão bem abaixo dos valores dos efeitos mais importantes.)

Tabela 4.7 Estimativas dos contrastes do fatorial fracionário 2_V^{5-1} e suas relações com os efeitos do fatorial completo. Os valores em negrito são os mais significativos

Relação entre as colunas	Contrastes	Estimativas
1 = 2345	$l_1 \to 1 + 2345$	$l_1 = -2,38$
2 = 1345	$l_2 \to 2 + 1345$	$l_2 = \mathbf{109{,}38}$
3 = 1245	$l_3 \to 3 + 1245$	$l_3 = \mathbf{54{,}38}$
4 = 1235	$l_4 \to 4 + 1235$	$l_4 = \mathbf{67{,}13}$
5 = 1234	$l_5 \to 5 + 1234$	$l_5 = -8,88$
12 = 345	$l_{12} \to 12 + 345$	$l_{12} = -1,13$
13 = 245	$l_{13} \to 13 + 245$	$l_{13} = 2,88$
14 = 235	$l_{14} \to 14 + 235$	$l_{14} = 1,13$
15 = 234	$l_{15} \to 15 + 234$	$l_{15} = 0,13$
23 = 145	$l_{23} \to 23 + 145$	$l_{23} = \mathbf{25{,}63}$
24 = 135	$l_{24} \to 24 + 135$	$l_{24} = \mathbf{21{,}88}$
25 = 134	$l_{25} \to 25 + 134$	$l_{25} = 5,38$
34 = 125	$l_{34} \to 34 + 125$	$l_{34} = 9,88$
35 = 124	$l_{35} \to 35 + 124$	$l_{35} = -2,63$
45 = 123	$l_{45} \to 45 + 123$	$l_{45} = 2,63$
I = 12345	$l_I \to$ média $+ \frac{1}{2}(12345)$	$l_I = \mathbf{143{,}31}$

Exercício 4.9

Numa fração meia de resolução seis, os efeitos principais estão confundidos com quem? E as interações de dois fatores?

Exercício 4.10

Explique por que os resultados dos ensaios 1 $(+++++)$ e 9 $(-+++-)$ na Tabela 4.6 são quase iguais.

4.2(c) Variáveis inertes e fatoriais embutidos em frações

Pelos valores da Tabela 4.7, concluímos que todos os contrastes envolvendo os fatores **1** e **5** (a concentração de ácido sulfúrico e o fluxo) são aparentemente desprezíveis. Na prática, isso significa que essas variáveis não afetam a intensidade do sinal analítico, ao menos nos níveis estudados no experimento. São variáveis **inertes**, que não precisamos mais levar em consideração neste estudo. Isso nos autoriza a retirar da Tabela 4.6 as colunas correspondentes, o que nos deixará com um fatorial 2^3, completo e em duplicata, nas três variáveis restantes. Essa situação, que você pode facilmente comprovar usando duas canetas para ocultar as colunas **1** e **5** na Tabela 4.6, é ilustrada na Figura 4.2.

No cubo da Figura 4.2, a resposta varia muito mais entre um vértice e outro do que dentro de um mesmo vértice. Os valores mais altos ocorrem quando todos os três fatores estão nos seus níveis superiores, isto é, na combinação de sinais (**2 3 4**) = (+ + +). Como o objetivo do experimento é aumentar a sensibilidade do método analítico, podemos concluir que seria aconselhável realizar mais ensaios em torno dessa região.

O aparecimento de fatoriais embutidos em decorrência da inércia de determinadas variáveis é uma situação que pode ocorrer em qualquer planejamento fatorial. A Figura 4.3 ilustra a razão, para o fatorial 2^{3-1}_{III} com sinais definidos pela relação **3** = **12**. Se eliminarmos o fator **3** desse planejamento, teremos um fatorial completo 2^2 nas variáveis **1** e **2**. Geometricamente, ao eliminarmos a variável **3** estamos retirando o seu eixo da figura. O cubo fica reduzido a um simples quadrado, situado no plano definido pelos fatores **1** e **2**, isto é, passamos a ter uma projeção do fatorial fracionário no plano **12**. A mesma coisa vale para os outros eixos. Qualquer que seja a variável eliminada, teremos um planejamento completo 2^2 nas variáveis restantes.

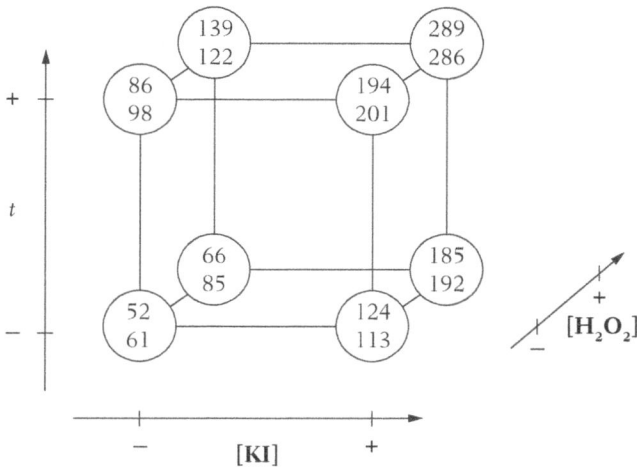

Figura 4.2 Planejamento fatorial 2^3 em duplicata obtido a partir da fração 2^{5-1} quando as variáveis [H_2SO_4] e *Fluxo* são eliminadas.

As duas meias frações dos fatoriais 2^4 e 2^5 são apresentadas na Tabela 4.8. Se eliminarmos qualquer variável de uma fração 2_{IV}^{4-1}, ficaremos com um planejamento 2^3 completo nas outras variáveis. Se eliminarmos duas variáveis, passaremos a ter dois fatoriais 2^2 completos nas outras duas. No exemplo do Mo(VI), já vimos o que acontece quando duas variáveis são retiradas de uma fração 2_V^{5-1}. O que aconteceria se eliminássemos três variáveis?

Tabela 4.8 Frações meias 2_{IV}^{4-1} e 2_V^{5-1}

2_{IV}^{4-1}							
I = 1234				I = −1234			
1	2	3	4	1	2	3	4
−	−	−	−	−	−	−	+
+	−	−	+	+	−	−	−
−	+	−	+	−	+	−	−
+	+	−	−	+	+	−	+
−	−	+	+	−	−	+	−
+	−	+	−	+	−	+	+
−	+	+	−	−	+	+	+
+	+	+	+	+	+	+	−

2_V^{5-1}									
I = 12345					I = −12345				
1	2	3	4	5	1	2	3	4	5
−	−	−	−	+	−	−	−	−	−
+	−	−	−	−	+	−	−	−	+
−	+	−	−	−	−	+	−	−	+
+	+	−	−	+	+	+	−	−	−
−	−	+	−	−	−	−	+	−	+
+	−	+	−	+	+	−	+	−	−
−	+	+	−	+	−	+	+	−	−
+	+	+	−	−	+	+	+	−	+
−	−	−	+	−	−	−	−	+	+
+	−	−	+	+	+	−	−	+	−
−	+	−	+	+	−	+	−	+	−
+	+	−	+	−	+	+	−	+	+
−	−	+	+	+	−	−	+	+	−
+	−	+	+	−	+	−	+	+	+
−	+	+	+	−	−	+	+	+	+
+	+	+	+	+	+	+	+	+	−

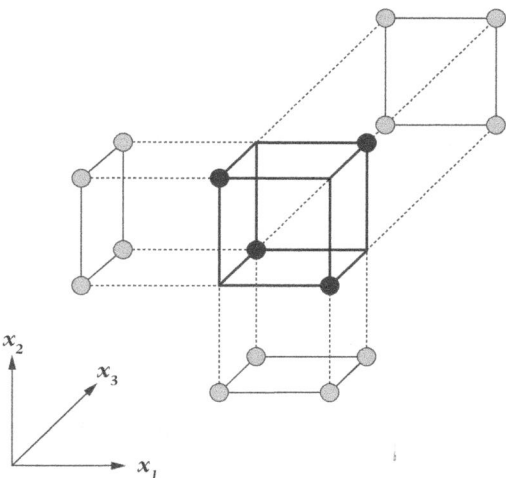

Figura 4.3 Representação geométrica dos três fatoriais completos 2^2 embutidos numa fração 2^{3-1}.

4.2(d) Frações meias com resolução máxima

Para construir as frações meias apresentadas até agora, usamos o efeito de interação de ordem mais alta para determinar os sinais da coluna de um dos fatores. No primeiro exemplo, partimos de um fatorial 2^3 e usamos a interação **123** para definir os níveis da quarta variável, por meio da relação **I = 1234**. Isso nos levou a uma fração de resolução quatro.

No segundo exemplo, começamos com um planejamento 2^4 e, através da relação **I = 12345**, chegamos a uma fração meia de resolução cinco. Esse procedimento, usando sempre a interação de ordem mais alta no fatorial de partida, é o mais indicado, embora possamos escolher qualquer interação para gerar o planejamento fracionário. Por exemplo, poderíamos definir os sinais da variável **5** na fração meia 2^{5-1} pela relação **5 = 123**. Nesse caso, a relação geradora passaria a ser **I = 1235**, e consequentemente a resolução cairia para quatro. Como as meias frações que estudamos até agora baseiam-se na interação mais alta possível, elas são as que têm a resolução máxima para o número de fatores considerado. É por isso que elas normalmente são as melhores.

Em geral, para construir uma fração 2^{k-1} de resolução máxima, devemos fazer o seguinte:

1. Escrever o planejamento completo para $k-1$ variáveis;
2. Atribuir à variável restante os sinais da interação **123...(k−1)**, ou então os sinais exatamente contrários.

Exercício 4.11

Construa um planejamento fracionário 2^{5-1} usando a relação $5 = 124$. Determine, nessa fração, as relações existentes entre os contrastes correspondentes a um e a dois fatores e os efeitos calculados num fatorial completo. Você pode imaginar uma situação em que esse planejamento fosse preferível, em vez do fatorial de resolução máxima?

4.3 Triagem de variáveis

4.3(a) Fatoriais fracionários de resolução três

No exemplo analisado até agora, concluímos que somente três, das cinco variáveis de partida, afetam significativamente a intensidade do sinal analítico. Como o sistema de análise em fluxo é relativamente complexo, teria sido difícil prever quais seriam as variáveis mais importantes. Nesta investigação, na verdade, os pesquisadores não tinham certeza nem dos valores que deveriam escolher para os dois níveis de cada variável.

Numa situação destas, em que não sabemos muito sobre o comportamento do sistema estudado, é melhor, num primeiro estágio, realizar apenas uma fração do total de ensaios do fatorial completo. Mais tarde, depois de analisar os resultados dessa fração, podemos decidir se vale a pena fazer os ensaios restantes. Se os resultados indicarem que só umas poucas variáveis são importantes, podemos introduzir novas variáveis, ou alterar os níveis das que já estudamos, para tentar obter melhores respostas. Por outro lado, se os resultados iniciais já se mostram promissores, podemos realizar mais ensaios na mesma região e completar o fatorial, ou então podemos tentar ajustar uma superfície de resposta (assunto que abordaremos no Capítulo 6).

Quando estamos investigando o efeito de muitas variáveis, fazer um planejamento completo logo de saída nunca é uma boa política. É melhor começar com um planejamento fracionário e fazer uma **triagem**, isto é, tentar separar os fatores realmente significativos, que merecem um estudo mais aprofundado, daqueles que não têm importância. O planejamento sempre poderá ser completado mais tarde, se os resultados iniciais apontarem nessa direção.

Até agora, tratamos apenas de frações meias, nas quais fazemos metade dos ensaios do planejamento completo. Dependendo do número de fatores, essa fração ainda pode ser grande demais. Se esse for o caso, nosso próximo passo é considerar planejamentos fracionários contendo apenas um quarto do total de

Capítulo 4 Quando as Variáveis são Muitas

ensaios. Com cinco variáveis, como no exemplo do Mo(VI), o planejamento teria apenas oito ensaios e corresponderia a uma fração 2^{5-2}. Para construir sua matriz, começaríamos com um fatorial 2^3 baseado em três das cinco variáveis. Em seguida, precisaríamos de duas relações geradoras para definir os níveis das duas variáveis restantes.

Para chegar ao planejamento mostrado na Tabela 4.9, partimos das relações **4 = 123** e **5 = 12**, o que equivale a fazer **I = 1234** e **I = 125**. Como o menor termo nessas relações contém três fatores, o planejamento tem resolução três, e sua notação completa é 2^{5-2}_{III}. Evidentemente, esse tipo de planejamento é mais econômico. Em compensação, produz contrastes que misturam efeitos principais com interações de dois fatores. Isso complica a análise dos resultados, mas é possível que alguns desses contrastes apresentem valores pequenos o suficiente para nos permitir

Tabela 4.9 Análise de uma fração 2^{5-2}_{III} para o estudo da resposta catalítica do Mo(VI), com resultados parcialmente simulados

	Fator	Nível	
		−	+
1	$[H_2SO_4]$, $mol\ L^{-1}$	0,16	0,32
2	$[KI]$, $mol\ L^{-1}$	0,015	0,030
3	$[H_2O_2]$, $mol\ L^{-1}$	0,0020	0,0040
4	t, s	90	130
5	Fluxo, mL min^{-1}	1,2	3,0

1	2	3	4	5	Sinal
$[H_2SO_4]$	$[KI]$	$[H_2O_2]$	t	Fluxo	(×1000)
−	−	−	−	+	52
+	−	−	+	−	92*
−	+	−	+	−	198*
+	+	−	−	+	113
−	−	+	+	+	122
+	−	+	−	−	76*
−	+	+	−	−	189*
+	+	+	+	+	286

Média = 141,00 $l_3 = 54,50$
$l_1 = 1,50$ $l_4 = 67,00$
$l_2 = 111,00$ $l_5 = 4,50$

* Resultados simulados, baseados nas respostas apresentadas na Tabela 4.6. Por exemplo, o resultado 92 para o ensaio (+ − − + −) foi obtido fazendo-se uma média das respostas 98 e 86, observadas nos ensaios (− − − + −) e (+ − − + +) da Tabela 4.6.

descartar as variáveis correspondentes. Como essa possibilidade sempre existe, fazer uma triagem com um planejamento de baixa resolução não é necessariamente o mau negócio que está parecendo. O pior que pode acontecer, num caso desfavorável, é termos de fazer os ensaios que faltam, seja para obter uma fração de maior resolução, seja para completar o fatorial.

Quatro dos ensaios da Tabela 4.9 são idênticos a ensaios da Tabela 4.6. As respostas para esses ensaios são, portanto, as mesmas nas duas tabelas e representam valores reais, obtidos no laboratório. Os outros quatro ensaios têm combinações de níveis para as quais os experimentos não tinham sido realizados. Suas respostas são valores simulados, obtidos a partir dos próprios dados experimentais da Tabela 4.6. Os contrastes calculados para as cinco variáveis também são mostrados na Tabela 4.9, onde podemos observar que os valores estão em ótima concordância com as estimativas da média e dos efeitos principais determinados no planejamento 2_V^{5-1} (Tabela 4.7). Analisando os resultados da fração quarta 2^{5-2}, obtidos no estágio inicial da investigação, os pesquisadores podem decidir se vão fazer mais ensaios para chegar até uma fração meia ou mesmo até o fatorial completo 2^5, se vão introduzir novas variáveis no lugar das variáveis **1** e **5** (que parecem não ter muita influência sobre a resposta), ou ainda se preferem mudar os níveis das variáveis.[2]

Exercício 4.12

Os efeitos confundidos num determinado contraste são determinados pelas relações geradoras do fatorial e por todos os seus possíveis produtos. Nos planejamentos 2^{4-1} e 2^{5-1} só havia uma relação geradora, e por isso os efeitos eram confundidos dois a dois. No planejamento 2^{5-2}, como existem duas relações geradoras, precisamos considerar três equações: as próprias relações, **I = 1234** e **I = 125**, e o seu produto, **(I)(I) = I = (1234)(125) = 345**. Cada efeito estará, portanto, confundido com outros três. (a) Use essas relações para mostrar que o efeito principal **1** se confunde com as interações **25**, **234** e **1345**; (b) Que interações estão confundidas com o efeito principal **5**?

4.3(b) Planejamentos saturados

Problemas de otimização envolvendo mais de, digamos, uma meia dúzia de fatores não são muito comuns na vida acadêmica. Além de o pesquisador ter plena liber-

---

[2] Devemos lembrar que este é um exemplo didático, onde aproveitamos resultados obtidos em outro planejamento. Numa aplicação real, os pesquisadores têm de realizar de verdade os quatro ensaios cujas respostas foram simuladas aqui.

dade para definir seus projetos de pesquisa, e consequentemente poder escolher problemas mais simples, é muito mais fácil controlar as variáveis num experimento de bancada. Na indústria, a situação é exatamente oposta. O problema a ser atacado geralmente é imposto por circunstâncias alheias à vontade do pesquisador, e sua abordagem costuma apresentar maiores dificuldades, entre as quais a de que não há tempo a perder. É por isso que os planejamentos fracionários, que permitem uma triagem eficaz de um conjunto de muitas variáveis, são particularmente importantes para laboratórios industriais.

Nos exemplos anteriores, à custa de fragmentar — e portanto confundir — um planejamento completo, vínhamos conseguindo estudar cada vez mais fatores com cada vez menos ensaios. Como não se trata de nenhuma mágica, obviamente isso deve ter um limite. Dado um certo número de ensaios, deve existir um número máximo de fatores que podemos estudar com eles. Quando esse limite é alcançado, dizemos que o planejamento está **saturado**. Nesta seção vamos usar um planejamento saturado para analisar um estudo empírico realizado bem longe do laboratório.

Um dos autores, que é tenista amador[3] e resolveu estudar a influência de vários fatores na qualidade de seus saques. Para isso, escolheu sete fatores de interesse e construiu o planejamento fracionário mostrado na Tabela 4.10. Os fatores escolhidos foram a técnica usada no saque, a frequência, a hora, o tipo de revestimento, o lado da quadra, o uso (ou não) de camisa e o tamanho da raquete empregada. O planejamento prevê a realização de oito ensaios. Com eles podemos estudar no máximo sete fatores, porque um dos graus de liberdade é gasto obrigatoriamente com o cálculo da média. Como esse é exatamente o número de variáveis selecionadas, temos um planejamento saturado.

Outros fatores, como o vento e a chuva, podem afetar a precisão do saque. Fatores desse tipo obviamente fogem ao controle do pesquisador, mas foram tomadas precauções para evitar sua influência. Quando, na execução dos experimentos, as condições atmosféricas se mostraram adversas, os ensaios foram adiados até o tempo melhorar. Cada um dos ensaios consistiu num total de cem saques. O número de saques válidos em cada ensaio é mostrado na última coluna da Tabela 4.10.

O planejamento foi construído a partir de um fatorial completo para as três primeiras variáveis, usando-se as relações geradoras **I = 124**, **I = 135**, **I = 236** e **I = 1237** para definir os níveis das quatro variáveis restantes. Esse planejamento é chamado de saturado porque todas as possíveis interações entre os fatores do pla-

---

[3] Quem será?

Tabela 4.10 Um planejamento fracionário saturado de oito ensaios, para avaliar como sete variáveis afetam o saque de um tenista amador

Fator		Nível	
		−	+
1	Técnica	chapada	cortada
2	Frequência	baixa	alta
3	Hora	dia	noite
4	Revestimento	saibro	concreto
5	Lado	direito	esquerdo
6	Camisa	com	sem
7	Raquete	média	grande

Equivalências:				4 = 12	5 = 13	6 = 23	7 = 123	
Ensaio	1	2	3	4	5	6	7	% acertos
1	−	−	−	+	+	+	−	56
2	+	−	−	−	−	+	+	66
3	−	+	−	−	+	−	+	51
4	+	+	−	+	−	−	−	52
5	−	−	+	+	−	−	+	54
6	+	−	+	−	+	−	−	70
7	−	+	+	−	−	+	−	42
8	+	+	+	+	+	+	+	64

nejamento de base, **12**, **13**, **23** e **123**, foram usadas para determinar os níveis das outras variáveis. Isso torna impossível definir novas variáveis cujos níveis não sejam inteiramente coincidentes com os níveis de uma das que já fazem parte do planejamento. Como o termo mais curto no conjunto das relações geradoras contém três fatores, o planejamento é de resolução três, e sua notação completa é 2_{III}^{7-4}.

O planejamento 2_{III}^{7-4} corresponde a ¹⁄₁₆ do planejamento completo 2^7, e por isso só produz 2^3 observações independentes, que são as respostas dos oito ensaios. Como o planejamento completo tem, entre média e efeitos, $2^7 = 128$ parâmetros, quando usarmos as oito observações para estimar esses parâmetros estaremos confundindo em cada contraste um total de ¹²⁸⁄₈ = 16 efeitos, que é precisamente a razão entre o tamanho do planejamento completo e o tamanho do fatorial fracionário. Cada efeito principal estará confundido com quinze outros efeitos. Destes, a Tabela 4.11 mostra apenas as interações de dois fatores. Estamos admitindo, por enquanto, que os termos de ordem mais alta são desprezíveis.

Com as respostas da Tabela 4.10, que representam a percentagem de saques acertados em cada ensaio, podemos calcular os valores dos contrastes mostrados na Tabela 4.11. O valor $l_1 = 12,25$, por exemplo, é o resultado de ¼ (− 56 + 66 − 51

Tabela 4.11 Contrastes calculados na fração 2_{III}^{7-4} e suas expressões em termos dos efeitos principais e das interações binárias de um fatorial completo 2^7

Técnica:	$l_1 =$	12,25	$\rightarrow$	$1 + 24 + 35 + 67$
Frequência:	$l_2 =$	$-9,25$	$\rightarrow$	$2 + 14 + 36 + 57$
Hora:	$l_3 =$	1,25	$\rightarrow$	$3 + 15 + 26 + 47$
Revestimento:	$l_4 =$	$-0,75$	$\rightarrow$	$4 + 12 + 56 + 37$
Lado:	$l_5 =$	6,75	$\rightarrow$	$5 + 13 + 46 + 27$
Camisa:	$l_6 =$	0,25	$\rightarrow$	$6 + 23 + 45 + 17$
Raquete:	$l_7 =$	3,75	$\rightarrow$	$7 + 34 + 25 + 16$

$+ 52 - 54 + 70 - 42 + 64)$. Os demais são calculados de forma semelhante, com os sinais da coluna apropriada.

Exercício 4.13

Calcule o valor do contraste correspondente ao efeito principal do lado da quadra, usando os dados da Tabela 4.10.

Exercício 4.14

No fatorial 2^{7-4} cada efeito principal é confundido com quinze interações. Para descobrir o que se confunde com o quê, é necessário usar, além das quatro relações geradoras, seus seis produtos binários, seus quatro produtos ternários e finalmente o produto de todas elas. Determine que interações estão confundidas com o efeito principal que representa o lado da quadra.

Podemos interpretar facilmente os resultados da Tabela 4.11, se admitirmos que todas as interações de dois fatores também podem ser desprezadas, a exemplo do que fizemos com as demais interações. Cada contraste passará então a representar simplesmente um efeito principal, ficando evidente que a técnica e a frequência são os fatores mais importantes, dos sete estudados nesse planejamento. A mudança do saque chapado para o cortado resulta num aproveitamento 12,25% maior, enquanto o aumento da frequência dos saques piora a precisão em 9,25%. Esses resultados são esperados para jogadores de nível "médio", como o atleta em questão.[4]

---

[4] Depois que se aprende, na verdade, a batida cortada é mais fácil de controlar do que a chapada. No caso do outro fator, realizar os saques a intervalos maiores permite que o jogador se concentre mais, o que ajuda a melhorar o aproveitamento.

Dois contrastes da Tabela 4.11, l_5 e l_7, correspondendo respectivamente ao lado da quadra e ao tamanho da raquete, têm valores intermediários. O lado de onde o saque é feito parece ser importante: no lado esquerdo o aproveitamento subiu cerca de 7%. Tendo em vista que o tenista é canhoto, tal resultado não é de se estranhar. O emprego de uma raquete maior ajuda a melhorar os acertos em aproximadamente 4%, o que também é compreensível. Os demais fatores (hora, camisa e revestimento da quadra) não parecem ter grande importância.

Essa análise, feita por alto, considerou desprezíveis todos os efeitos de interação. Será que não estamos enganados? Quem sabe se esses efeitos que desprezamos não são os verdadeiros responsáveis pelos altos valores dos contrastes?

Às vezes pode acontecer que um determinado contraste apresente um valor alto não por causa de um efeito principal, mas por causa de uma interação de dois fatores que também têm efeitos principais significativos. Consideremos, por exemplo, os fatores **1** e **2**, que individualmente parecem ser importantes. A interação **12** está embutida no contraste l_4, cujo valor é praticamente nulo. Se a interação **12** fosse significativa, esperaríamos um valor mais alto para o contraste l_4. Como isso não aconteceu, concluímos provisoriamente que a interação não deve ser importante. Um argumento semelhante pode ser aplicado às interações **15** e **17**, que contribuem para os contrastes l_3 e l_6, respectivamente.

Restam as interações **25**, **27** e **57**, que participam de contrastes importantes. A interação **27**, por exemplo, entra no contraste l_5, que interpretamos como o efeito principal do lado da quadra. Se o valor de **27** for significativo, teremos de mudar nossa interpretação de l_5. Talvez o lado da quadra não tenha importância, e o valor 6,75 indique que o uso de uma raquete maior permite sacar com maior frequência sem piorar o índice de acertos.

Para resolver essa questão, o pesquisador-atleta fez um novo planejamento, construído de forma a separar (ou, como às vezes se diz, **desconfundir**) o valor do efeito principal **5** da soma **13 + 46 + 27**. Esse planejamento, que é apresentado na Tabela 4.12, baseia-se nas mesmas relações usadas na Tabela 4.10, com uma exceção. Para o fator **5**, que queremos desconfundir, empregamos a relação **5** = − **13**, em vez de **5** = **13**. Os dois fatoriais são portanto idênticos, exceto pelos níveis atribuídos ao fator **5**, que têm sinais exatamente opostos nas duas tabelas. É essa característica que vai nos permitir isolar o efeito principal **5**, combinando os resultados dos dois planejamentos.

Exercício 4.15

Cada ensaio das Tabelas 4.10 e 4.12 corresponde à realização de saques sob certas condições, especificadas pelos sinais das respectivas matrizes de planejamento. Descreva a realização do Ensaio 4 na Tabela 4.10. Qual a diferença, em termos práticos, entre esse ensaio e o Ensaio 4 da Tabela 4.12?

Tabela 4.12 Um planejamento fracionário saturado de oito ensaios que, junto com a fração da Tabela 4.10, permite separar o efeito principal do fator **5** das interações de dois fatores. Os sinais do fator **5** são opostos aos da Tabela 4.10. Os outros fatores permanecem com os mesmos sinais

Ensaio	1	2	3	4	5	6	7	% acertos
1	−	−	−	+	−	+	−	52
2	+	−	−	−	+	+	+	74
3	−	+	−	−	−	−	+	50
4	+	+	−	+	+	−	−	60
5	−	−	+	+	+	−	+	54
6	+	−	+	−	−	−	−	62
7	−	+	+	−	+	+	−	50
8	+	+	+	+	−	+	+	63

Os valores dos contrastes calculados para a nova fração são mostrados na Tabela 4.13, juntamente com as relações entre eles e os efeitos do planejamento fatorial completo. Note que (a) todas as interações binárias do fator **5** estão com sinal negativo, e (b) todas as interações binárias do contraste l_5 também estão com o sinal negativo. O único contraste com valor claramente significativo é o que corresponde à técnica de saque (chapada ou cortada). Os contrastes da frequência e do tamanho da raquete agora têm valores absolutos um pouco acima de 4%. Surpreendentemente, o contraste para o uso da camisa é um pouco maior do que o contraste referente ao lado da quadra. Talvez esse fenômeno possa ser atribuído à contribuição da interação binária **17**.

Tabela 4.13 Contrastes calculados na segunda fração 2^{7-4} e suas expressões em termos dos efeitos principais e das interações binárias do planejamento completo 2^7

Técnica	$l_1^* =$	13,25 =	1 + 24 − 35 + 67
Frequência:	$l_2^* =$	−4,75 =	2 + 14 + 36 − 57
Hora:	$l_3^* =$	−1,75 =	3 − 15 + 26 + 47
Revestimento:	$l_4^* =$	−1,75 =	4 + 12 − 56 + 37
Lado:	$l_5^* =$	2,75 =	5 − 13 − 27 − 46
Camisa:	$l_6^* =$	3,25 =	6 + 23 − 45 + 17
Raquete:	$l_7^* =$	4,25 =	7 − 25 + 34 + 16

Para isolar o efeito principal **5**, combinamos os dois contrastes em que ele aparece:

$$5 = \frac{l_5 + l_5^*}{2} = \frac{6,75 + 2,75}{2} = 4,75 \ .$$

Da mesma forma,

$$13 + 46 + 27 = \frac{l_5 - l_5^*}{2} = 2,00 \ .$$

Podemos concluir, então, que o efeito principal do lado da quadra no aproveitamento do saque é de quase 5%, ao passo que o efeito combinado das interações **13**, **46** e **27** é de 2%.

A Tabela 4.14 mostra as combinações dos outros contrastes. Você pode perceber que, além de isolar o efeito principal **5**, também conseguimos isolar todas as interações binárias envolvendo esse fator. Os valores absolutos dessas interações são todos inferiores a 2,25. Se admitirmos que o valor verdadeiro de todas elas é zero, podemos empregar os sete valores da Tabela 4.14 que só correspondem a interações de dois fatores para estimar o erro de um contraste:

$$s_c^2 = \frac{(-0,50)^2 + (-2,25)^2 + (1,50)^2 + (0,50)^2 + (2,00)^2 + (-1,50)^2 + (-0,25)^2}{7} = 2,02 \ ,$$

o que dá um erro-padrão de 1,42.

Com esta estimativa do erro, podemos finalmente concluir que só os contrastes envolvendo os efeitos principais da técnica (**1**), da frequência (**2**), do lado da quadra (**5**) e do tamanho da raquete (**7**) têm valores significativos, no nível de 95% de confiança.

Outras frações podem ser executadas, caso seja necessário isolar outros efeitos. No total, existem dezesseis planejamentos 2_{III}^{7-4} diferentes, definidos pelas possíveis combinações de sinais nas relações **4** = ± **12**, **5** = ± **13**, **6** = ± **23** e **7** = ± **123**.

Se agora, por exemplo, quisermos saber se o tamanho da raquete (o fator **7**) é mesmo importante, podemos realizar um outro planejamento mantendo as três primeiras relações com o sinal positivo e fazendo **7** = − **123**. Combinando os resultados desse planejamento com os da primeira fração, obteremos estimativas isoladas para o efeito principal do tamanho da raquete e para todas as suas interações binárias. Essa estratégia de isolamento, contudo, normalmente é aplicada em primeiro lugar aos contrastes com os maiores valores. Neste exemplo, ela deveria ser aplicada ao fator **1**, cujos contrastes são $l_1 = 12,25$ e $l_1^* = 13,25$. Teríamos, então, uma me-

Capítulo 4   Quando as Variáveis são Muitas

Tabela 4.14   Estimativas do efeito principal do fator 5 e de todas as interações binárias envolvendo esse fator

Contraste				
1	$\dfrac{l_1 + l_1^*}{2} =$	$\dfrac{12{,}25 + 13{,}25}{2} =$	12,75	$= 1 + 24 + 67$
	$\dfrac{l_1 - l_1^*}{2} =$	$\dfrac{12{,}25 - 13{,}25}{2} =$	$-0{,}50$	$= 35$
2	$\dfrac{l_2 + l_2^*}{2} =$	$\dfrac{-9{,}25 - 4{,}75}{2} =$	$-7{,}00$	$= 2 + 14 + 36$
	$\dfrac{l_2 - l_2^*}{2} =$	$\dfrac{-9{,}25 + 4{,}75}{2} =$	$-2{,}25$	$= 57$
3	$\dfrac{l_3 + l_3^*}{2} =$	$\dfrac{1{,}25 - 1{,}75}{2} =$	$-0{,}25$	$= 3 + 26 + 47$
	$\dfrac{l_3 - l_3^*}{2} =$	$\dfrac{1{,}25 + 1{,}75}{2} =$	1,50	$= 15$
4	$\dfrac{l_4 + l_4^*}{2} =$	$\dfrac{-0{,}75 - 1{,}75}{2} =$	$-1{,}25$	$= 4 + 12 + 37$
	$\dfrac{l_4 - l_4^*}{2} =$	$\dfrac{-0{,}75 + 1{,}75}{2} =$	0,50	$= 56$
5	$\dfrac{l_5 + l_5^*}{2} =$	$\dfrac{6{,}75 + 2{,}75}{2} =$	4,75	$= 5$
	$\dfrac{l_5 - l_5^*}{2} =$	$\dfrac{6{,}75 - 2{,}75}{2} =$	2,00	$= 13 + 46 + 27$
6	$\dfrac{l_6 + l_6^*}{2} =$	$\dfrac{0{,}25 + 3{,}25}{2} =$	1,75	$= 6 + 23 + 17$
	$\dfrac{l_6 - l_6^*}{2} =$	$\dfrac{0{,}25 - 3{,}25}{2} =$	$-1{,}50$	$= 45$
7	$\dfrac{l_7 + l_7^*}{2} =$	$\dfrac{3{,}75 + 4{,}25}{2} =$	4,00	$= 7 + 34 + 16$
	$\dfrac{l_7 - l_7^*}{2} =$	$\dfrac{3{,}75 - 4{,}25}{2} =$	$-0{,}25$	$= 25$

lhor estimativa do efeito principal deste que parece ser o fator mais importante, e também estimativas de todas as interações binárias de que ele participa.

4.3(c)   Como construir uma fração de resolução três

Saturando um planejamento completo 2^m, podemos obter planejamentos fracionários de resolução três para um total de $2^m - 1$ variáveis. Para isso temos de utilizar, como vimos para $m = 3$, relações geradoras obtidas a partir de todas as possíveis interações dos m fatores de partida. Começando, por exemplo, com um fatorial 2^4, devemos empregar estas onze relações: **5 = 12, 6 = 13, 7 = 14, 8 = 23, 9 = 24, 10 = 34, 11 = 123, 12 = 124, 13 = 134, 14 = 234** e **15 = 1234**. A fração resultante terá dezesseis ensaios e com ela será possível estudar o efeito de quinze $(2^4 - 1)$ variáveis. Sua notação será 2_{III}^{15-11}.

O mesmo procedimento pode ser facilmente estendido a um número qualquer de fatores de partida. É importante observar, porém, que ao usar um planejamento saturado não estamos condenados a fazer sempre triagens de sete, ou quinze ou, em geral, $2^m - 1$ fatores. Podemos fazer o estudo com qualquer número de fatores, desde que inferior ao número máximo permitido pelo planejamento. As colunas de sinais que não corresponderem a variáveis reais poderão ser usadas para calcular uma estimativa do erro-padrão dos contrastes.

4.3(d) Como construir uma fração 2_{IV}^{8-4} a partir de uma fração 2_{III}^{7-4}

Planejamentos de resolução quatro são facilmente construídos a partir de planejamentos saturados de resolução três. Por exemplo, partindo da nossa primeira fração 2_{III}^{7-4}, podemos construir o planejamento 2_{IV}^{8-4} mostrado na Tabela 4.15. Para isso, começamos acrescentando ao planejamento de partida uma coluna para o fator **8**, toda de sinais positivos. Como um planejamento 2^{8-4} deve ter dezesseis ensaios, precisamos de mais oito linhas. Para obter os sinais que faltam, devemos inverter os sinais dos oito primeiros ensaios, linha por linha. O nono ensaio será o primeiro com os sinais trocados, o décimo será a inversão do segundo, e assim até o décimo sexto, que só tem sinais negativos e, portanto, é obtido a partir do oitavo.

Com isso teremos de realizar o dobro de ensaios, mas o trabalho adicional é compensado com uma melhora na resolução. Como o novo planejamento é definido pelas relações **I = 1248, I = 1358, I = 2368** e **I = 1237**, sua resolução passou a ser quatro.

Exercício 4.16
Como se chega às relações geradoras da Tabela 4.15? Por que elas não se alteram quando os sinais dos ensaios são trocados, como foi feito para os Ensaios 9-16?

Exercício 4.17
Use as relações geradoras dadas na Tabela 4.15 e verifique com que interações de três fatores o efeito principal **1** está confundido.

Tabela 4.15 Uma fração de resolução quatro, 2_{IV}^{8-4}, definida por $I = 1248 = 1358 = 2368 = 1237$

Ensaio	1	2	3	4	5	6	7	8
1	−	−	−	+	+	+	−	+
2	+	−	−	−	−	+	+	+
3	−	+	−	−	+	−	+	+
4	+	+	−	+	−	−	−	+
5	−	−	+	+	−	−	+	+
6	+	−	+	−	+	−	−	+
7	−	+	+	−	−	+	−	+
8	+	+	+	+	+	+	+	+
9	+	+	+	−	−	−	+	−
10	−	+	+	+	+	−	−	−
11	+	−	+	+	−	+	−	−
12	−	−	+	−	+	+	+	−
13	+	+	−	−	+	+	−	−
14	−	+	−	+	−	+	+	−
15	+	−	−	+	+	−	+	−
16	−	−	−	−	−	−	−	−

Com resolução quatro, podemos separar completamente todos os efeitos principais das interações de dois fatores, como mostra a Tabela 4.16. Os contrastes correspondentes às próprias colunas do planejamento estimam os efeitos principais das oito variáveis, ao passo que os contrastes definidos pelo produto de duas colunas estimam combinações de interações de dois fatores. Isto, é claro, se desprezarmos as interações de ordem mais alta.

4.3(e) Planejamentos saturados de Plackett e Burman

Já vimos que, dispondo de condições materiais para realizar 8, 16, 32,..., 2^m ensaios, podemos empregar planejamentos saturados e com eles estudar a influência de até 7, 15, 31,..., $2^m - 1$ fatores. Uma outra classe de planejamentos fracionários emprega um total de 12, 20, 24, 28,... ensaios para investigar simultaneamente até 11, 19, 23, 27,... fatores. Esses planejamentos, propostos por R. L. Plackett e J. P. Burman, permitem estimar todos os $k = n - 1$ efeitos principais (onde n representa o número de ensaios) com variância mínima (Plackett e Burman, 1946). A Tabela 4.17 mostra o planejamento Plackett-Burman correspondente a $n = 12$.

Os planejamentos Plackett-Burman têm uma característica em comum com os outros planejamentos fracionários que estudamos. Os $n/2$ sinais positivos de qual-

Tabela 4.16 Contrastes da fração 2_{IV}^{8-4}, em função dos efeitos principais e das interações binárias do fatorial completo 2^8, desprezando-se as interações de mais de dois fatores

$l_1 = 1$	$l_{12} = 12 + 37 + 48 + 56$
$l_2 = 2$	$l_{13} = 13 + 27 + 46 + 58$
$l_3 = 3$	$l_{14} = 14 + 28 + 36 + 57$
$l_4 = 4$	$l_{15} = 15 + 26 + 38 + 47$
$l_5 = 5$	$l_{16} = 16 + 25 + 34 + 78$
$l_6 = 6$	$l_{17} = 17 + 23 + 68 + 45$
$l_7 = 7$	$l_{18} = 18 + 24 + 35 + 67$
$l_8 = 8$	

quer coluna sempre correspondem, nas demais colunas, a $n/4$ sinais positivos e $n/4$ sinais negativos. A mesma coisa ocorre com os sinais negativos. Em outras palavras, as colunas são todas ortogonais, e essa simetria permite que os efeitos principais de cada fator sejam determinados individualmente, admitindo-se que os efeitos de interação sejam desprezíveis.

Embora num planejamento saturado com n ensaios seja possível estudar até $n - 1$ fatores, é aconselhável escolher um número menor, para que as colunas não utilizadas façam o papel de variáveis inertes e possam ser empregadas para estimar o erro associado aos contrastes. No caso dos planejamentos Plackett-Burman, recomenda-se que o número de fatores reais não ultrapasse $n - 4$. Com o planejamento da Tabela 4.17, por exemplo, devemos estudar no máximo oito fatores. Os três graus

Tabela 4.17 Planejamento fracionário saturado de Plackett e Burman para o estudo de 11 variáveis com 12 ensaios

Ensaio	I	1	2	3	4	5	6	7	8	9	10	11
1	+	+	+	−	+	+	+	−	−	−	+	−
2	+	+	−	+	+	+	−	−	−	+	−	+
3	+	−	+	+	+	−	−	−	+	−	+	+
4	+	+	+	+	−	−	−	+	−	+	+	−
5	+	+	+	−	−	−	+	−	+	+	−	+
6	+	+	−	−	−	+	−	+	+	−	+	+
7	+	−	−	−	+	−	+	+	−	+	+	+
8	+	−	−	+	−	+	+	−	+	+	+	−
9	+	−	+	−	+	+	−	+	+	+	−	−
10	+	+	−	+	+	−	+	+	+	−	−	−
11	+	−	+	+	−	+	+	+	−	−	−	+
12	+	−	−	−	−	−	−	−	−	−	−	−

de liberdade restantes[5] podem ser usados para estimar os erros nos valores calculados para os efeitos principais.

Uma desvantagem dos planejamentos Plackett-Burman é que as relações entre os contrastes calculados e os efeitos de um fatorial completo são bastante complexas. Isso torna muito mais difícil escolher os ensaios adicionais necessários para desconfundir os efeitos.

4.3(f) Técnicas de Taguchi para engenharia da qualidade

No Japão do pós-guerra, Genichi Taguchi, que trabalhava na Nippon Telephone & Telegraph Co., dedicou-se à tarefa de ajudar os engenheiros japoneses a desenvolver produtos de qualidade, apesar das condições bastante desfavoráveis que prevaleciam naquela época: matéria-prima inferior, equipamentos ultrapassados, e ainda por cima falta de pessoal qualificado. Taguchi desenvolveu então uma abordagem baseada em planejamentos experimentais, feitos com o objetivo de projetar produtos ou processos que

- Fossem pouco sensíveis a variações ambientais;
- Fossem pouco sensíveis a variações nos componentes;
- Tivessem variação mínima em torno do valor-alvo.

Em relação ao pensamento tradicional, o enfoque de Taguchi, que depois tornou-se bastante popular no Ocidente, trouxe duas novidades:

- Qualquer desvio em relação ao valor-alvo passou a ser considerado indesejável, mesmo que o produto estivesse dentro dos limites de especificação.
- Durante o planejamento do produto era recomendável levar em conta os fatores que podemos controlar durante o processo de fabricação, *e também* fatores que são difíceis ou impossíveis de controlar mas podem afetar a resposta, como pequenas flutuações nos componentes, degradação dos equipamentos ou mudanças no modo de o consumidor utilizar o produto.

Consideremos uma mistura para bolo, fabricada, digamos, com quatro ingredientes: farinha de trigo, açúcar, ovos e gordura vegetal. Quando o cozinheiro vai preparar o bolo, tem de adicionar leite, ajustar a temperatura do forno e controlar o tempo que a massa vai ficar assando. Esses fatores também afetam o resultado

---

[5] Um grau de liberdade é consumido pelo cálculo da média (primeira coluna da matriz).

final, mas estão fora do alcance do fabricante, por mais explícitas que sejam as instruções na embalagem.

Aos primeiros fatores, que podem ser controlados durante a fabricação da mistura, Taguchi chama de **parâmetros**; os outros são chamados de **ruído**. Na abordagem de Taguchi, esses últimos também devem ser incluídos durante o planejamento e o desenvolvimento do produto. Para isso, ele recomenda o uso de planejamentos fatoriais ortogonais, semelhantes aos que vimos neste capítulo.

Dois tipos de planejamento devem ser construídos: um **arranjo interno**, envolvendo apenas os parâmetros, e um **arranjo externo**, baseado nas fontes de ruído. Esses dois arranjos são então **cruzados**, isto é, realizam-se ensaios em todas as suas possíveis combinações. Na mistura para bolo, por exemplo, se considerarmos apenas dois níveis para todos os sete fatores mencionados, uma abordagem taguchiana poderia resultar no esquema mostrado na Tabela 4.18.

Para Taguchi, a resposta deve estar tão próxima do alvo quanto possível, mas também deve ser **robusta** (pouco sensível) à influência do ruído. Isso significa que devemos levar em conta não só as respostas dos ensaios no arranjo interno como também sua variação com o ruído. Dois ensaios da tabela, o segundo e o oitavo, produzem respostas médias exatamente sobre o alvo (80). No entanto, o segundo ensaio deve ser preferido, porque tem um desvio-padrão de apenas 1,83, contra 4,97 do oitavo.

Na análise de Taguchi, na verdade, deveríamos escolher o melhor ensaio analisando uma relação sinal-ruído, escolhida de acordo com o objetivo do experimento.

Tabela 4.18 Planejamento de Taguchi para o desenvolvimento de uma mistura para bolo. Um arranjo interno L8 para quatro parâmetros (**F**arinha, **G**ordura, **A**çúcar e **O**vos) é cruzado com um arranjo externo L4 para três fatores ambientais. O significado de SN_T é explicado no texto. O valor-alvo para $\bar{y}$ (uma medida de textura) é 80

F	G	A	O	Tempo/Leite/Temperatura				$\bar{y}$	s	SN_T
				− − +	− + −	+ − −	+ + +			
−	−	−	−	85	96	97	92	92,5	5,45	24,6
−	−	−	+	82	81	78	79	80	1,83	32,8
−	+	+	−	75	80	70	73	74,5	4,20	25,0
−	+	+	+	66	75	83	70	73,5	7,33	20,0
+	−	+	−	84	91	95	90	90	4,55	25,9
+	−	+	+	78	72	80	69	74,8	5,12	23,3
+	+	−	−	86	85	90	91	88	2,94	29,5
+	+	−	+	86	82	77	75	80	4,97	24,1

Para este exemplo, em que o objetivo é chegar a um determinado valor nominal,[6] Taguchi recomenda maximizar a relação

$$SN_T = 10 \log \frac{\bar{y}^2}{s^2},$$

cujos valores aparecem na última coluna da Tabela 4.18. Por este critério, o segundo ensaio também seria o escolhido. Já o oitavo ensaio, que dos outros sete é o único centrado no valor-alvo, ficaria em antepenúltimo lugar, ganhando apenas do quarto e do sexto ensaios. Isto é uma consequência da ênfase taguchiana na robustez da resposta em relação ao ruído. É também uma das razões para as críticas que os métodos de Taguchi têm sofrido ultimamente.

A estratégia advogada por Taguchi para a melhoria da qualidade é intrinsecamente multivariada, não trazendo grandes novidades do ponto de vista formal. Seus planejamentos envolvendo dois níveis, por exemplo, têm a mesma estrutura dos planejamentos fatoriais que discutimos neste capítulo e no anterior. Na metodologia taguchiana, como vimos, esses planejamentos devem ser realizados para descobrir a combinação de níveis dos fatores que produz respostas com a menor variação entre repetições e mais próximas do objetivo desejado.

Taguchi sugere que os experimentos utilizem ensaios de dois níveis, definidos por planejamentos em redes ortogonais designadas por L4, L8, L12, L16 e L32, onde o número indica o total de ensaios de cada planejamento. A rede L4 é um fatorial fracionário 2^{3-1}, no qual os níveis da terceira variável são definidos pela relação geradora **I = 123**. O planejamento L8 é equivalente ao fatorial 2^{7-4} mostrado na Tabela 4.10, só que construído a partir das relações geradoras **I = − 124, I = −135, I = −236** e **I = 1237**. Nas matrizes de planejamento de Taguchi as colunas são dispostas numa ordem diferente da ordem-padrão que apresentamos neste livro, mas como qualquer fator pode ser atribuído a qualquer coluna de sinais, os dois tipos de planejamento são idênticos.

O planejamento de Taguchi para doze ensaios, L12, é bastante diferente do planejamento saturado de Plackett e Burman (1946) para estudar onze fatores em doze ensaios (Tabela 4.17). Mesmo assim, os dois planejamentos são ortogonais e devem apresentar os mesmos resultados, se todos os efeitos de interação forem desprezíveis. Caso isso não ocorra, as interpretações dos contrastes podem ser diferentes, porque as relações entre os contrastes e os efeitos principais e de interação são diferentes para os dois planejamentos. Assim como nos planejamentos Plackett-Burman, essas

---

[6] E não maximizar ou minimizar alguma resposta.

relações são bastante complexas, dificultando o desconfundimento dos efeitos através de uma expansão do planejamento.

Taguchi propõe ainda planejamentos com três ou mais níveis, que podem ser usados para identificar tendências não lineares nas relações entre as respostas e os fatores, mas esses planejamentos não são capazes de estimar interações de dois fatores.

Embora todos louvem a filosofia taguchiana de procurar desenvolver produtos robustos ao ruído, seus métodos de planejamento e análise têm sido muito criticados. Vários autores argumentam que os mesmos resultados podem ser obtidos de forma mais eficiente usando-se outros planejamentos (veja, por exemplo, Myers; Montgomery 1995). Os planejamentos cruzados de Taguchi levam a um número de ensaios muito grande e, o que talvez seja pior, ignoram as interações entre os fatores controlados. Na presença de interações significativas, a interpretação dos resultados não fica clara, e assim perdemos uma oportunidade de ficar conhecendo melhor o mecanismo de funcionamento do sistema, o que seria de grande utilidade em problemas futuros.

Uma alternativa é substituir os arranjos de Taguchi por um único planejamento fracionário, em que os fatores de ruído e os fatores controlados sejam tratados da mesma forma. Por exemplo, em vez de usar o arranjo cruzado L8×L4 que resulta nos 32 ensaios da Tabela 4.18, poderíamos usar um planejamento 2^{7-3} **combinando** todos os sete fatores, o que exigiria apenas dezesseis ensaios e não confundiria efeitos principais com interações de dois fatores.

O uso das relações sinal-ruído também tem sido duramente criticado. Ao combinar $\bar{y}$ e s^2 num único valor numérico, estamos misturando proximidade em relação ao alvo com flutuação causada pelo ruído, e por isso muitos pesquisadores preferem analisar separadamente os valores das respostas e suas variâncias. Vimos a diferença que faz usar uma abordagem ou a outra, na análise dos resultados da Tabela 4.18.

Os adeptos da filosofia taguchiana rebatem as críticas argumentando que os métodos funcionam. Existem pelo menos duas razões para esse fato. A mais importante, talvez, é que os engenheiros, como Taguchi, aproveitam o conhecimento que já têm do sistema para escolher o planejamento mais apropriado, no que aliás fazem muito bem. A combinação da informação técnica especializada com uma metodologia estatística (mesmo imperfeita) é uma ferramenta poderosa para resolver problemas de pesquisa ou desenvolvimento. A outra razão é que a metodologia de

Taguchi foi aplicada principalmente em indústrias que não tinham o costume de usar planejamentos multivariados. Estes, como já sabemos, costumam funcionar melhor do que os métodos univariados, mesmo não sendo usados da melhor maneira. As indústrias não tardaram a perceber a diferença.

Os métodos de Taguchi e os outros planejamentos fatoriais que estudamos têm em comum a ideia de fazer estudos multivariados baseados em planejamentos ortogonais. Com eles, mesmo que o pesquisador não escolha o planejamento ideal, terá mais chances de sucesso do que se usar os métodos univariados tradicionais.

4A Aplicações

4A.1 Adsorção em sílicas organofuncionalizadas

Num experimento preliminar de um estudo que tinha como objetivo estudar a adsorção de Cu(II) em superfícies de sílica organofuncionalizadas (obtidas quando grupos Si-OH na superfície da sílica se ligam a alcoxisilanos), empregou-se o planejamento fracionário cujos dados estão a seguir (Cestari; Bruns; Airoldi, 1996).

O gráfico normal mostra como o contraste **3** (+3,58) se destaca dos demais. Já devíamos esperar por esse resultado, porque as quatro últimas respostas, que correspondem ao nível superior do fator **3**, têm valores maiores do que as quatro primeiras. Mas não é só isso. Os outros contrastes, embora bem menores em valor absoluto, são todos negativos, o que sugere que eles representam um comportamento sistemático, não apenas uma manifestação do erro puro. Essa suspeita é confirmada pelo gráfi-

Tabela 4A.1 Dados do experimento

Fatores:			–	+
	1: Tipo de sílica		Sil-et-1	Sil-et-2
	2: Sal		$CuCl_2$	$Cu(C_2H_3O_2)_2$
	3: Solvente		Água	Etanol
	4: Quantidade de sílica (*mg*)		100	200

Ensaio	1	2	3	4	y, mol g^{-1} ($\times 10^4$)
1	–	–	–	–	0,39
2	+	–	–	+	1,74
3	–	+	–	+	1,37
4	+	+	–	–	1,68
5	–	–	+	+	4,66
6	+	–	+	–	6,12
7	–	+	+	–	6,09
8	+	+	+	+	2,61

Contrastes

1 = 234	2 = 134	3 = 124	4 = 123	12 = 34	13 = 24	14 = 23
–0,09	–0,29	3,58	–0,98	–1,50	–0,92	–0,75

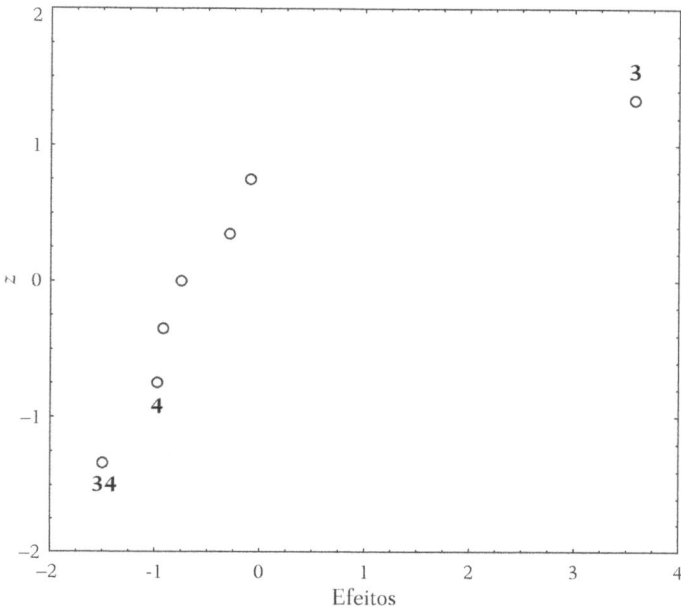

Figura 4A.1 Gráfico normal dos efeitos.

co cúbico (Fig. 4A.2). Tanto o fator **2** (sal) quanto o fator **4** (quantidade de sílica) tendem a diminuir a resposta quando passam do nível inferior para o superior. Isso ocorre em três dos quatro efeitos individuais de ambos os fatores. As duas exceções envolvem o valor da resposta no ensaio (**1 2 3 4**) = (– – – –), que é muito baixo

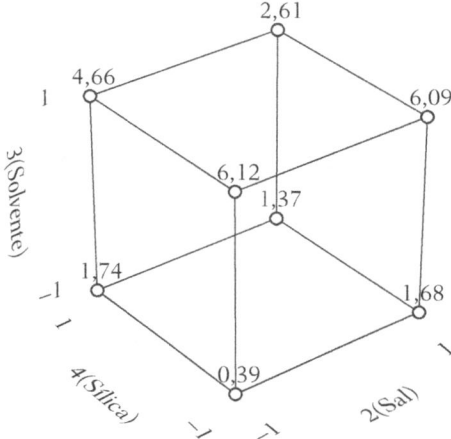

Figura 4A.2 Gráfico cúbico das respostas da Tabela 4A.1.

Tabela 4A.2 Dados do experimento

Fatores:					−	+
	1: Fluxo de nitrogênio, mL min^{-1}				30	15
	2: Massa da amostra, g				4	10
	3: Taxa de aquecimento, °C min^{-1}				10	50
	4: Tipo de cadinho				Al_2O_3	Pt
	5: Correção da linha de base				sem	com

Ensaio	1	2	3	4	5	Ponto médio, °C
1	−	−	−	−	+	726,4
2	+	−	−	+	−	695,4
3	−	+	−	+	−	734,7
4	+	+	−	−	+	738,4
5	−	−	+	+	+	780,8
6	+	−	+	−	−	768,9
7	−	+	+	−	−	822,8
8	+	+	+	+	+	856,1

Contrastes						
1	2	3	4	5	13	23
−1,48	45,13	83,43	2,63	19,98	12,18	19,48

(0,39). De qualquer forma, a Figura 4A.2 deixa claro que, se quisermos aumentar a quantidade de Cu(II) adsorvida, devemos não apenas fixar o fator **3** no seu nível superior (isto é, usar etanol como solvente), mas também fixar o fator **4** no seu nível inferior — ou seja, usar menos sílica. Nessas condições, o tipo de sal não parece fazer muita diferença. O segundo contraste mais significativo é a interação **34** (=**12** = −1,50). Você consegue entender por que, examinando a Figura 4A.2?

4A.2 Termogravimetria do oxalato de cálcio

Um planejamento fatorial fracionário 2_{III}^{5-2} foi usado para avaliar os efeitos do fluxo de nitrogênio, da massa da amostra, da taxa de aquecimento, do tipo de cadinho e da correção da linha de base na decomposição térmica do oxalato de cálcio monohidratado, acompanhada por termogravimetria (Mathias; Scarminio; Bruns, 1999). Uma das respostas estudadas foi o ponto médio de um determinado pico no termograma (Tabela 4A.2).

Aqui, como se trata de uma fração quarta, os efeitos estão confundidos quatro a quatro, e a interpretação dos contrastes fica um pouco mais complexa. Devemos nos lembrar de que os rótulos da tabela acima na verdade significam somas de quatro efeitos. O valor mais significativo, 83,43, é na verdade a soma de efeitos **3** + **45** + **124** + **1235**. Também não podemos deixar de perceber que sete dos oito contrastes têm valores positivos, e o único contraste negativo é justamente o menos significativo de todos. Mesmo assim, é possível extrair algumas conclusões. Como os contrastes mais significativos são **3**, **2**, **5** e **23** (veja Figura 4A.3), um gráfico cúbico das respostas nos fatores **2**, **3** e **5** (Figura 4A.4) nos ajudará na interpretação, que é mais simples do que no exemplo anterior. Todos os contrastes individuais são positivos, ao longo dos três eixos da figura. Fazendo a ressalva de que estamos falando de contrastes que na verdade abrigam quatro efeitos, também podemos notar evidência de interação entre os fatores. Por exemplo, quando o fator **2** (massa) está no nível inferior, o efeito médio do fator **3** (taxa de aquecimento) é 64,0. Quando o fator **2** passa para o seu nível superior, isto é, quando usamos uma amostra mais pesada, o efeito médio da taxa de aquecimento sobe para 103,0. Como o fluxo de nitrogênio e o tipo de cadinho não afetam a posição do pico, podemos usar um fluxo menor (15 ml min^{-1}) e o cadinho de Al_2O_3, que é muito mais barato do que o cadinho de platina. Efeitos positivos para a massa da amostra e a taxa de aquecimento já eram esperados pelos pesquisadores, por causa da demora para se alcançar o equilíbrio térmico.

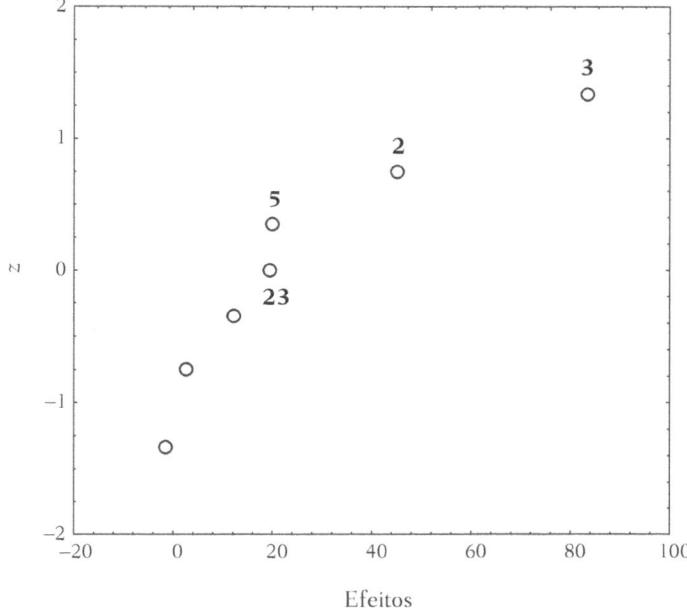

Figura 4A.3 Gráfico normal dos efeitos.

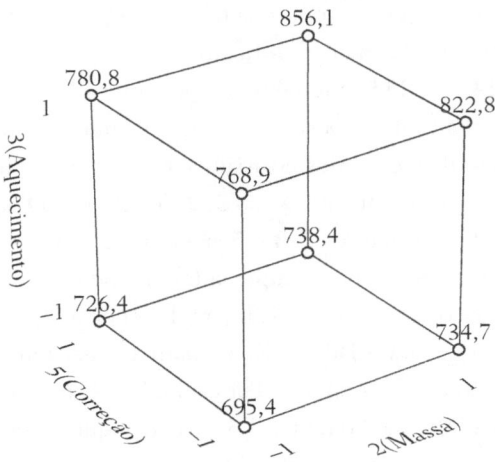

Figura 4A.4 Gráfico cúbico das respostas da Tabela 4A.2.

4A.3 Análise cromatográfica de gases

O monitoramento do desempenho de transformadores elétricos pode ser feito pela análise cromatográfica dos gases dissolvidos no óleo mineral que faz parte do sistema isolante. Num estudo dos efeitos de cinco fatores sobre resultados cromatográficos para análise de etileno, um fatorial fracionário foi executado por dois alunos (M. M. da Silva Jr. e C. A. G. da Câmara) como dever de casa num curso de quimiometria (Tabela 4A.3).

Dos cinco efeitos principais, o do fator **3** (tempo de equilíbrio) é claramente secundário. Quanto aos outros quatro, não podemos descartar a possibilidade de que alguns sejam devidos principalmente a interações. Por exemplo, o efeito da agitação (**4**) está confundido com a interação entre o volume ocupado e a temperatura (**12**), enquanto o efeito da pressurização (**5**) se confunde com a interação entre a temperatura e o tempo (**23**). Na verdade, estas foram as relações usadas para escolher os sinais das colunas **4** e **5** no planejamento. A Figura 4A.5 mostra as respostas em função dos níveis dos fatores cujos efeitos principais parecem ser os mais importantes. Percebe-se algum padrão,[1] mas não devemos nos esquecer dos confundimentos, e de que o fator **2**, que não aparece no gráfico, também apresenta um contraste relativamente alto. Como o objetivo deste experimento era aumentar o sinal analítico, o melhor resultado do fatorial fracionário tem volume ocupado e temperatura nos

---

[1] Qual?

4A Aplicações

Tabela 4A.3 Dados do experimento

Fatores:			−	+
	1: Volume ocupado pela amostra, mL		10	19
	2. Temperatura da amostra, °C		50	80
	3: Tempo de equilíbrio da amostra, *min*		5	20
	4: Agitação		sem	com
	5: Pressurização da amostra, *psi*		3	11

Ensaio	1	2	3	4	5	Sinal, ua^*
1	−	−	−	+	+	49
2	+	−	−	−	+	21
3	−	+	−	−	−	15
4	+	+	−	+	−	1
5	−	−	+	+	−	42
6	+	−	+	−	−	2
7	−	+	+	−	+	25
8	+	+	+	+	+	32

* ua = unidades arbitrárias

Contrastes:

1	2	3	4	5	13	15
−18,75	−10,25	3,75	15,25	16,75	2,25	8,25

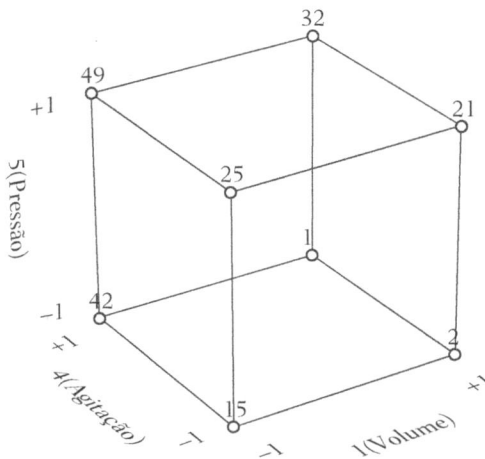

Figura 4A.5 Respostas da Tabela 4A.3 em função dos fatores **1**, **4** e **5**.

níveis inferiores (10 mL e 50 °C), com pressurização da amostra (**5**) em 11 *psi*, sob agitação (**4**). Como o tempo de equilíbrio (**3**) não tem efeito importante, o menor tempo poderia ser usado sem prejudicar os resultados.

4A.4 Resposta catalítica da Mn-porfirina

Um planejamento fatorial fracionário foi realizado por alunos de um curso de quimiometria, para investigar como a resposta catalítica da Mn-porfirina $MnM_{2-Br}PTTP$ é afetada por sete fatores. Os resultados obtidos estão na Tabela 4A.4. A resposta é a relação entre a quantidade de ciclo-hexanol produzida na reação catalisada pela porfirina e uma quantidade fixa de um padrão interno previamente adicionado ao meio de reação.

Dois fatores, o tempo (**3**) e a presença de imidazol (**6**), não parecem ter importância, o que transforma o planejamento numa fração 2^{5-2}. Quanto aos cinco restantes, dois agem no sentido de aumentar o teor de ciclo-hexanol — a concentração

Tabela 4A.4 Dados do experimento

Fatores:		−	+
	1: Modo de agitação	Agitação magnética	Ultrassom
	2: Temperatura, °C	0	Ambiente
	3: Tempo, *min*	30	90
	4: [Catalisador], *M*	10^{-4}	10^{-3}
	5: Razão $\phi IO/MnP$	90	15
	6: Imidazol	Ausente	Presente
	7: Solvente	Diclorometano	Acetonitrila

Ensaio	1	2	3	4	5	6	7	% ciclo-hexanol
1	−	−	−	+	+	+	−	34,3
2	+	−	−	−	−	+	+	5,6
3	−	+	−	−	+	−	+	3,6
4	+	+	−	+	−	−	−	2,9
5	−	−	+	+	−	−	+	19,8
6	+	−	+	−	+	−	−	19,6
7	−	+	+	−	−	+	−	4,4
8	+	+	+	+	+	+	+	3,85

Contrastes

1	2	3	4	5	6	7
−7,54	−16,14	0,31	6,91	7,16	0,56	−7,09

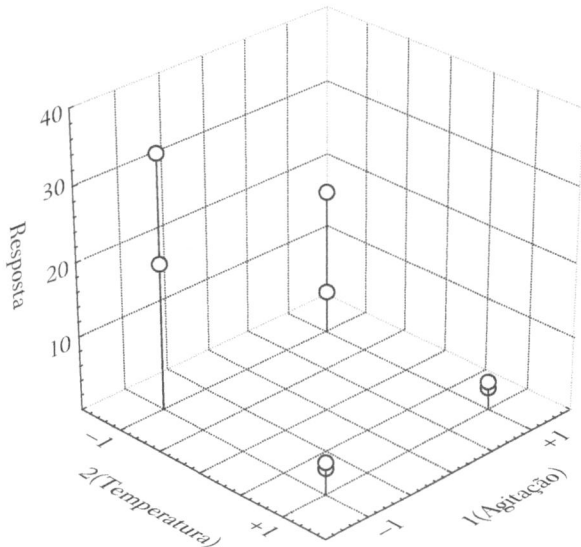

Figura 4A.6 Respostas da Tabela 4A.4 em função dos fatores **1** e **2**.

de catalisador e a razão ϕIO/MnP −, enquanto os outros três (o modo de agitação, a natureza do solvente e principalmente a temperatura) atuam para diminuí-lo. A Figura 4A.6 mostra como os dois principais fatores afetam as respostas. Devemos suspeitar de alguma interação entre eles? Qual dos outros três fatores importantes (**4**, **5** e **7**) você associaria com a diferença entre as respostas obtidas nos pares de experimentos onde (**1 2**) = (− −) e (**1 2**) = (+ −)?

4A.5 Escoamento de óxidos na indústria siderúrgica

O objetivo principal de um projeto de pesquisa executado por alunos de um curso de quimiometria era otimizar um procedimento para diminuir o tempo de escoamento de óxidos utilizados na indústria siderúrgica. Quatro fatores foram estudados com um planejamento fatorial fracionário 2^{4-1}: percentagem de aditivo, tipo de solvente utilizado na homogeneização, presença (ou não) de catalisador e tempo de permanência na estufa. Veja a Tabela 4A.5.

Os valores calculados para os contrastes parecem não deixar dúvida de que só há dois fatores importantes (**1** e **4** — solvente e tempo), e que a interação entre eles também é importante. Tomando os fatores **2** e **3** como inertes, ficaremos com um planejamento fatorial 2^2 duplicado (Tabela 4A.6), do qual poderemos extrair

Tabela 4A.5 Dados do experimento

Fatores:			−		+	
	1: Solvente		Hexano		Álcool	
	2: Aditivo, %		1		2	
	3: Catalisador		sem		com	
	4: Tempo de estufa, *min*		5		10	

Ensaio	1	2	3	4	Tempo, s
1	−	−	−	−	32,5
2	+	−	−	+	26,0
3	−	+	−	+	76,0
4	+	+	−	−	38,5
5	−	−	+	+	74,0
6	+	−	+	−	35,5
7	−	+	+	−	23,0
8	+	+	+	+	42,0

Contrastes:

1 = 234	2 = 134	3 = 124	4 = 123	12 = 34	13 = 24	14 = 23
−15,88	2,88	0,38	22,13	6,63	6,13	−25,13

Tabela 4A.6 Planejamento 2^2 em duplicata nos fatores **1** e **4**

1	4	Tempo, s		Média	Variância
−	−	32,5	23,0	27,8	45,13
+	−	38,5	35,5	37,0	4,5
−	+	76,0	74,0	75,0	2,0
+	+	26,0	42,0	34,0	128,0

uma estimativa do erro puro e, consequentemente, uma medida da significância dos efeitos.

A variância agregada dos ensaios em duplicata é de 44,91. O desvio-padrão é a raiz quadrada deste valor, 6,70. A variância de um efeito é metade disto, 22,45; portanto, o seu erro-padrão é de 4,74. Como a estimativa da variância agregada tem quatro graus de liberdade, o intervalo de 95% de confiança é dado por

$$\pm(t_4 \times 4{,}74) = \pm(2{,}776 \times 4{,}74) = \pm 13{,}2 ,$$

confirmando que apenas três contrastes são significativos, como a simples inspeção dos valores calculados já havia apontado. A Figura 4A.7 nos permite visualizar o

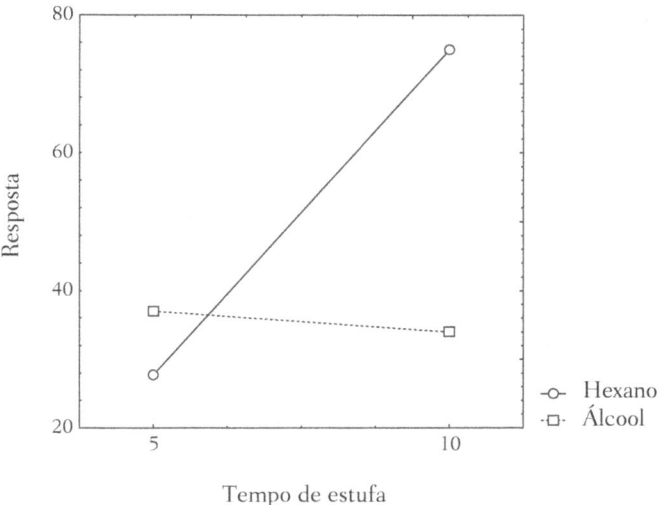

Figura 4A.7 Respostas médias da Tabela 4A.5, em função dos fatores **1** e **4**.

que significam na prática os valores calculados. Quando o solvente é o hexano, o aumento da permanência na estufa eleva bastante a resposta; quando é o álcool, praticamente não faz diferença. O objetivo do experimento era minimizar o valor da resposta — o tempo de escoamento do óxido. Nossa análise mostra que isso pode ser conseguido de mais de uma maneira, e é curioso notar que as duas menores respostas obtidas nos oito experimentos correspondem aos Ensaios 7 e 2, que são diametralmente opostos nos sinais dos fatores **1** e **4**. Conclusão: o que realmente não devemos fazer, se queremos obter um baixo tempo de escoamento, é usar hexano e deixar o óxido na estufa por muito tempo.

4A.6 Produção de violaceína por bactérias

Num projeto de um curso de quimiometria (Mendes *et al.*,2001), foi usado um planejamento fatorial fracionário 2^{15-11} para estudar a produção do pigmento violaceína pela *Chromobacterium violaceum*. A violaceína é o pigmento produzido em maior quantidade por essa bactéria, e tem várias aplicações farmacológicas como bactericida, tripanocida, antitumoral e antiviral. Os resultados obtidos estão na Tabela 4A.7.

Como os sinais das colunas 12-15 não correspondem a nenhum fator real, podemos usar os valores dos contrastes calculados a partir delas como estimativas

Tabela 4A.7 Dados do experimento

Fatores:		−	+
	1: Fonte de carbono (D-glicose)	0,25%	1%
	2: Extrato de levedura	0,1%	0,6%
	3: DL Metionina	0,01 g/L	0,1 g/L
	4: Vitamina B12	0,012 ng/mL	0,01 µg/mL
	5: L-triptofano	0,02%	0,1%
	6: Agitação	150 rpm	250 rpm
	7: Temperatura	28°C	33°C
	8: pH (Tampão fosfato)	6,8	7,8
	9: Peptona bacteriológica	0,2%	0,8%
	10: Inóculo (com 10 hs e ABS = 0,26)	1%	5%
	11: $ZnSO_4$	0,05 mM	0,1 mM

Ensaio	1	2	3	4	5	6	7	8	9	10	11	12	13	14	15	Resposta
1	−	−	−	−	+	+	+	+	+	+	−	−	−	−	+	0,39
2	+	−	−	−	−	−	−	+	+	+	+	+	+	−	−	0,19
3	−	+	−	−	+	+	−	−	+	+	+	−	+	−	0,26
4	+	+	−	−	+	−	−	−	−	+	−	−	+	+	+	0,14
5	−	−	+	−	+	−	+	−	+	−	+	−	+	+	−	0,26
6	+	−	+	−	−	+	−	−	+	−	−	+	−	+	+	0,15
7	−	+	+	−	−	+	+	−	−	−	+	+	−	−	+	0,31
8	+	+	+	−	+	+	−	+	−	−	−	−	−	−	−	0,00
9	−	−	−	+	+	−	+	+	−	−	−	+	+	+	−	0,09
10	+	−	−	+	−	+	−	+	−	−	+	−	−	+	+	0,00
11	−	+	−	+	−	+	+	−	−	+	−	−	+	−	+	0,24
12	+	+	−	+	+	−	+	−	+	−	−	+	−	−	−	0,26
13	−	−	+	+	+	−	−	−	+	+	+	−	−	−	+	0,17
14	+	−	+	+	−	+	+	−	+	−	−	−	+	−	−	0,14
15	−	+	+	+	−	−	−	+	+	−	−	−	−	+	−	0,26
16	+	+	+	+	+	+	+	+	+	+	+	+	+	+	+	0,31

Contrastes

1	2	3	4	5	6	7	8
−0,99	0,049	0,04	−0,029	0,009	−0,001	0,086	−0,009

9	10	11	12	13	14	15
0,119	0,069	−0,039	0,039	0,024	−0,029	0,031

do erro-padrão de um efeito (supondo, é claro, que todas as interações sejam desprezíveis). Podemos obter uma estimativa agregada, com quatro graus de liberdade, a partir de

$$\hat{V}(efeito) = \frac{(0,039)^2 + (0,024)^2 + (-0,029)^2 + (0,031)^2}{4} = 9,75 \times 10^{-4}.$$

O erro-padrão do efeito é a raiz quadrada deste valor, 0,031. No nível de 95% de confiança, isto corresponde a um intervalo de ± 2,776 × 0,031 = ± 0,087, indicando que os efeitos dos fatores **9** (peptona), **1** (glicose) e **7** (temperatura), nessa ordem, são os mais significativos. O aumento da concentração de peptona e da temperatura tende a aumentar a produção de violaceína, enquanto o aumento de glicose tende a reduzi-la. Tudo isso fica claro no gráfico cúbico das respostas médias em função desses três fatores (Figura 4A.8). Esses três fatores seriam os mais fortes candidatos para um estudo mais aprofundado, se a única resposta de interesse for a produção de violaceína.

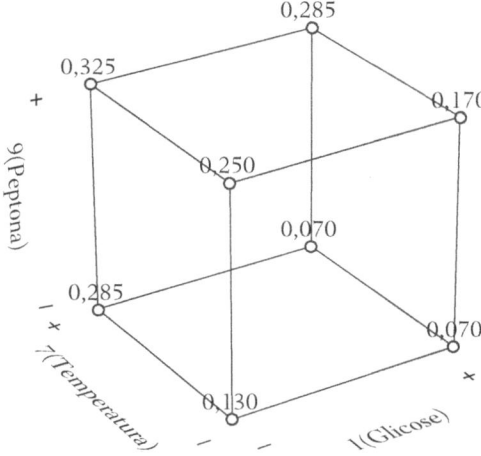

Figura 4A.8 Respostas médias da Tabela 4A.6, em função dos fatores **9**, **7** e **1**.

4A.7 Cura de uma resina poliéster

A produção industrial de uma resina poliéster insaturada é controlada por vários fatores, cujos níveis conferem ao produto determinadas características importantes para o seu processamento posterior, por empresas que o utilizem como insumo. No processo de cura, adiciona-se um catalisador para acelerar a formação de gel pela resina. O tempo a partir do qual o gel começa a ser formado, depois da adição do catalisador, é uma característica importante conhecida como *tempo de gel*.

A. D. Liba e C. E. Luchini, alunos de pós-graduação em engenharia química, decidiram investigar (como trabalho para um curso de quimiometria) a influência das concentrações de cinco aditivos usados no processo de produção da resina sobre o seu tempo de gel. Para isso usaram o planejamento fracionário 2^{5-1}, cujos dados estão na Tabela 4A.8. O catalisador empregado para produzir o gel foi o peróxido de metiletilcetona, acrescentado na proporção constante de 1% da massa de resina.

O gráfico normal dos efeitos (Figura 4A.9) é muito fácil de interpretar, e mostra que o tempo de gel é totalmente controlado por três fatores (**5** = Dimetilanilina, **4** = Octanoato de cobalto e **1** = Hidroquinona, nessa ordem de importância). Os fatores **4** e **5** contribuem para diminuir o tempo de gel, enquanto o fator **1** tende a aumentá-lo. Não existe nenhuma interação significativa. Isso é bom, porque significa que os fatores podem ser variados de forma independente, conforme a conveniência do usuário. Os valores na escala da direita do gráfico são probabilidades acumuladas correspondentes aos valores de z na escala da esquerda.

Existe um outro ponto interessante que vale a pena mencionar nesta aplicação, e que serve para nos lembrar de uma questão crucial em qualquer planejamento. Apesar de a separação entre os níveis dos fatores afetar diretamente a intensidade da resposta, nem sempre temos total liberdade para variá-la. Isso é particularmente verdadeiro quando se trata de um experimento realizado na indústria, onde as características do processo costumam impor diversas condições de contorno. Todos os níveis dos fatores neste experimento são concentrações, medidas nas mesmas unidades, o que nos permite fazer uma comparação direta das quantidades usadas nos dezesseis ensaios. Para os três últimos fatores, a concentração do nível superior é o dobro da concentração do nível inferior. O tempo de gel não é afetado pelo fator **3**, mas os fatores **4** e **5** são justamente os que apresentam os dois maiores efeitos. O interessante é que o efeito significativo restante, o da hidroquinona (**1**), é o que corresponde à menor variação de concentração entre os dois níveis (cerca de 11%,

Tabela 4A.8 Dados do experimento. Todos os níveis estão em ppm

Fatores:		−	+
	1: Hidroquinona (HQ)	190	210
	2: Benzoquinona (BQ)	20	30
	3: Octanoato de cobre (Cu)	180	360
	4: Octanoato de cobalto (Co)	900	1800
	5: Dimetilanilina (DMA)	270	540

Ensaio	Ordem	1	2	3	4	5	Tempo de gel (*min*)
1	11	−	−	−	−	+	14,02
2	4	+	−	−	−	−	29,42
3	1	−	+	−	−	−	26,07
4	12	+	+	−	−	+	17,58
5	2	−	−	+	−	−	25,18
6	13	+	−	+	−	+	17,03
7	14	−	+	+	−	+	15,24
8	16	+	+	+	−	−	33,54
9	3	−	−	−	+	−	18,30
10	9	+	−	−	+	+	12,17
11	10	−	+	−	+	+	10,57
12	5	+	+	−	+	−	22,20
13	15	−	−	+	+	+	10,19
14	8	+	−	+	+	−	23,52
15	6	−	+	+	+	−	21,14
16	7	+	+	+	+	+	13,10

Contrastes

1	2	3	4	5	12	13	14
3,48	1,20	1,08	−5,86	−11,18	−0,13	0,38	−0,78

15	23	24	25	34	35	45
−1,01	0,57	−0,49	−0,43	0,10	−0,77	1,40

apenas). Caso fosse possível variar os níveis de hidroquinona na mesma extensão dos outros dois fatores importantes (levando-se em consideração, é claro, todas as possíveis restrições que acabamos de mencionar), talvez o seu efeito viesse a tornar-se o mais significativo de todos. A Figura 4A.10 ilustra essa possibilidade, bem como facilita a visualização dos resultados do experimento.

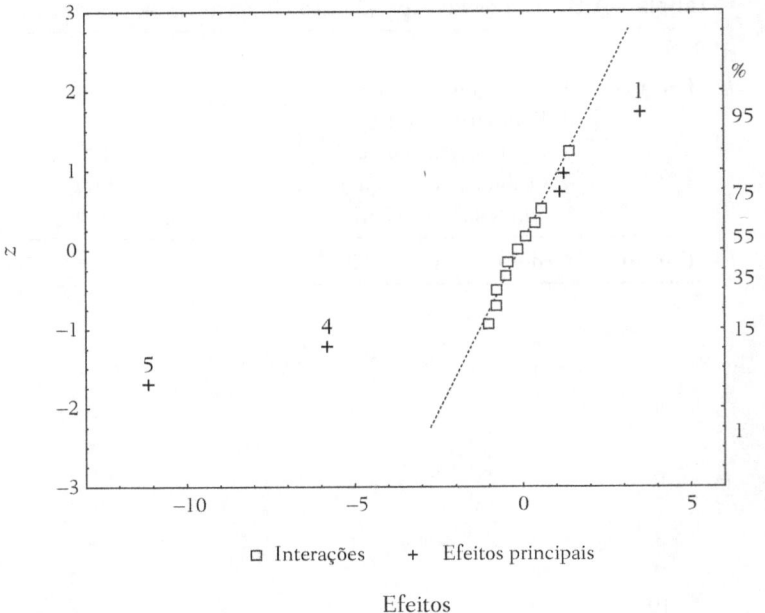

Figura 4A.9 Gráfico normal dos efeitos.

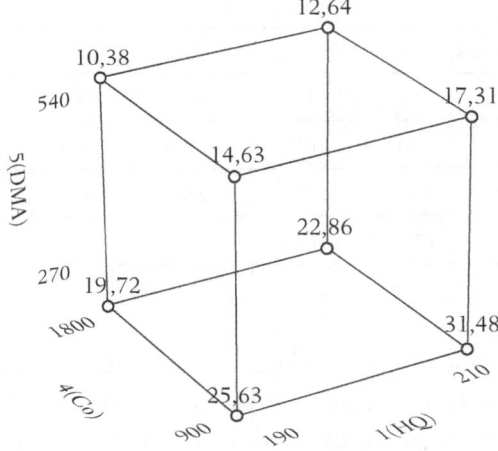

Figura 4A.10 Respostas médias da Tabela 4A.8, em função dos fatores **1**, **4** e **5**.

Capítulo 5
Como Construir Modelos Empíricos

Nos planejamentos experimentais que vimos nos capítulos anteriores, cada fator era estudado em apenas dois níveis. Por causa dessa economia, tivemos de nos contentar com uma visão limitada da função que descreve a influência dos fatores sobre a resposta. Consideremos, por exemplo, a variação do rendimento da reação com a temperatura, que discutimos no Capítulo 3. De acordo com a Tabela 3.1, os rendimentos médios observados com o catalisador A são de 59%, a 40°C, e 90%, a 60°C. Colocando esses dois pares de valores num gráfico [Figura 5.1(a)], vemos que eles são compatíveis com um número infinito de funções. No Capítulo 3 fizemos o ajuste das respostas a um modelo com uma parte linear e também com termos de interação, mas não temos nenhuma garantia de que este seja o modelo correto. Se quisermos esclarecer essa questão, precisaremos obter mais informações.

Se fizermos, digamos, mais três medidas em temperaturas intermediárias e verificarmos que o gráfico dos cinco pontos fica parecido com o da Figura 5.1(b), aí sim, passaremos a ter mais confiança no modelo linear. Um gráfico como o da Figura 5.1(c), por outro lado, será tomado como uma evidência de que o modelo linear não é apropriado.

Essas considerações também servem para lembrar que os planejamentos de dois níveis constituem apenas uma etapa inicial na investigação. Para conhecer melhor a superfície de resposta, teremos de realizar experimentos num maior número de níveis.

5.1 Um modelo para $y = f(T)$

A Tabela 5.1 mostra os rendimentos observados num novo planejamento, no qual fizemos a reação em cinco temperaturas igualmente espaçadas na faixa 40-60°C, e mantivemos o catalisador do tipo A. Pelo gráfico desses valores (Figura 5.2), um mo-

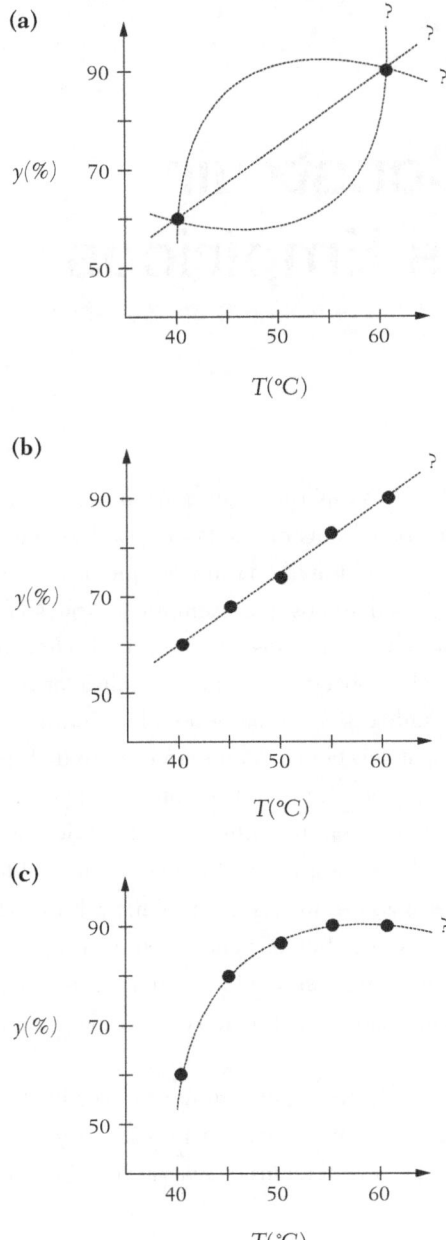

Figura 5.1 (a) Dados dois pontos, podemos passar por eles muitas funções diferentes. (b) Padrão de pontos sugerindo uma função linear. (c) Padrão de pontos onde um modelo linear não seria adequado.

Tabela 5.1 Variação do rendimento da reação em função da temperatura, na faixa 40-60°C, com o catalisador A

Temperatura (°C)	40	45	50	55	60
Rendimento (%)	60	70	77	86	91

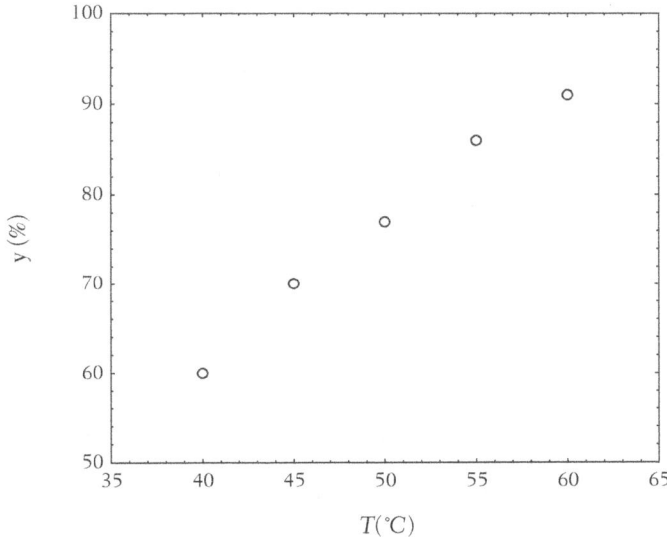

Figura 5.2 Rendimento da reação em função da temperatura. Dados da Tabela 5.1.

delo linear parece mesmo o mais indicado para descrever a variação do rendimento com a temperatura. Lembrando que cada observação é afetada por um erro aleatório, podemos representar esse modelo por meio da equação

$$y_i = \beta_0 + \beta_1 T_i + \varepsilon_i \qquad (5.1)$$

onde y_i é o rendimento correspondente à temperatura T_i e ε_i é o erro aleatório associado à determinação experimental do seu valor.[1] β_0 e β_1 são os parâmetros do modelo.

---

[1] Por convenção, costumamos usar letras minúsculas para representar as variáveis aleatórias e letras maiúsculas para as variáveis controladas.

Para determinar os valores de β_0 e β_1, devemos ajustar a Equação 5.1 aos cinco pares de valores (y_i, T_i) da Tabela 5.1. Isto é, temos de resolver um sistema de cinco equações:

$$y_1 = \beta_0 + \beta_1 T_1 + \varepsilon_1$$
$$y_2 = \beta_0 + \beta_1 T_2 + \varepsilon_2$$
$$\ldots\ldots\ldots\ldots\ldots\ldots\ldots\ldots\ldots$$
$$y_5 = \beta_0 + \beta_1 T_5 + \varepsilon_5$$

onde cada equação contém um par de valores $(y_i, T_i) =$ (rendimento, temperatura), e cujas incógnitas são β_0 e β_1. Esse sistema pode ser representado de forma compacta por uma única equação matricial:

$$\mathbf{y} = \mathbf{X}\boldsymbol{\beta} + \boldsymbol{\varepsilon} \tag{5.1a}$$

onde

$$\mathbf{y} = \begin{bmatrix} y_1 \\ y_2 \\ \ldots \\ y_5 \end{bmatrix} \qquad \mathbf{X} = \begin{bmatrix} 1 & T_1 \\ 1 & T_2 \\ \ldots & \ldots \\ 1 & T_5 \end{bmatrix} \qquad \boldsymbol{\varepsilon} = \begin{bmatrix} \varepsilon_1 \\ \varepsilon_2 \\ \ldots \\ \varepsilon_5 \end{bmatrix} \qquad \boldsymbol{\beta} = \begin{bmatrix} \beta_0 \\ \beta_1 \end{bmatrix}.$$

A equação matricial 5.1a tem a grande vantagem de permanecer válida em geral, não importa quantas sejam as observações ou os parâmetros do modelo. Basta ampliar as matrizes apropriadamente, como veremos mais adiante.

Você pode verificar, usando uma régua, que não é possível traçar uma reta que passe ao mesmo tempo por todos os cinco pontos da Figura 5.2. Qualquer reta que decidirmos escolher deixará resíduos em relação a algumas observações, como está ilustrado, com bastante exagero, na Figura 5.3. Os resíduos podem ser positivos ou negativos, conforme os rendimentos observados estejam acima ou abaixo da reta escolhida. A melhor reta será, sem dúvida, a que passar "mais perto" dos pontos experimentais, já que é impossível passar exatamente sobre todos eles.

Em termos práticos, "passar mais perto" significa minimizar a distância global dos pontos em relação à reta, isto é, minimizar o comprimento total dos segmentos verticais na Figura 5.3. A maneira tradicional de conseguirmos esse resultado é localizar a reta de tal maneira que a soma dos quadrados dos resíduos seja mínima, razão pela qual esse método é chamado de **ajuste por mínimos quadrados**. É conhecido também como **análise de regressão**, termo usado

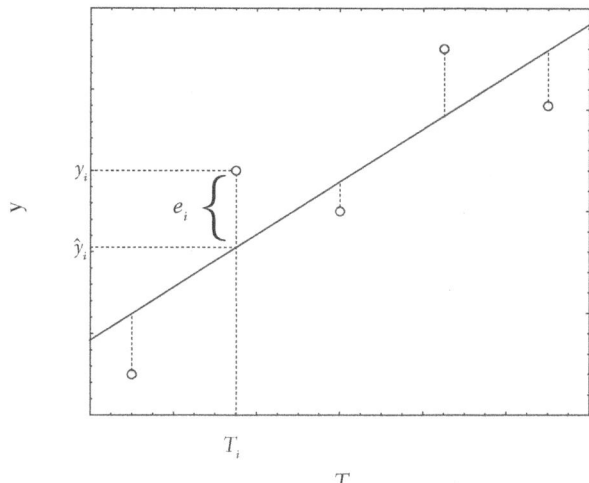

Figura 5.3 Resíduos deixados por um modelo linear. Um resíduo é uma diferença entre um valor observado e sua estimativa de acordo com o modelo: $e_i = y_i - \hat{y}_i$.

pela primeira vez neste contexto por Sir Francis Galton, um dos pioneiros da Estatística, num trabalho de 1885 intitulado *Regression toward mediocrity of hereditary stature* (Galton, 1886).

Se, na temperatura T_i, o rendimento observado é y_i e o rendimento previsto pela reta de regressão é $\hat{y}_i$ (veja a Figura 5.3), o resíduo deixado pelo modelo é

$$e_i = y_i - \hat{y}_i, \tag{5.2}$$

onde $\hat{y}_i = b_0 + b_1 T_i$, sendo b_0 e b_1 os coeficientes que definem a localização da reta, isto é, os estimadores de β_0 e β_1, para os quais queremos obter estimativas numéricas. Usando matrizes, podemos escrever

$$\hat{\mathbf{y}} = \mathbf{Xb}, \tag{5.3}$$

onde $\hat{\mathbf{y}}$ e $\mathbf{b}$ são as matrizes contendo respectivamente os valores previstos pelo modelo e os estimadores dos parâmetros:

$$\hat{\mathbf{y}} = \begin{bmatrix} \hat{y}_1 \\ \hat{y}_2 \\ \ldots \\ \hat{y}_5 \end{bmatrix} \quad \text{e} \quad \mathbf{b} = \begin{bmatrix} b_0 \\ b_1 \end{bmatrix}.$$

Como os valores y_i já são conhecidos de antemão, os resíduos irão depender apenas dos valores que escolhermos para b_0 e b_1. No ajuste por mínimos quadrados, esses valores são aqueles que tornam o somatório $\sum e_i^2$ o menor possível.[2]

Para que o valor de $\sum e_i^2$ seja mínimo, é preciso que suas derivadas em relação a b_0 e b_1 se anulem (Box; Hunter; Hunter, 1978; Pimentel; Barros Neto, 1996):

$$\frac{\partial \left(\sum e_i^2 \right)}{\partial b_0} = 0 \qquad (5.4a)$$

$$\frac{\partial \left(\sum e_i^2 \right)}{\partial b_1} = 0 \ . \qquad (5.4b)$$

Para tornar a derivação mais geral, vamos representar a variável independente, que neste exemplo é a temperatura, por X. Teremos assim, para a equação de regressão, a expressão $\hat{y}_i = b_0 + b_1 X_i$. Substituindo na Equação 5.2, elevando ao quadrado e fazendo o somatório, obtemos

$$\sum e_i^2 = \sum (y_i - \hat{y}_i)^2 = \sum (y_i - b_0 - b_1 X_i)^2.$$

Derivando e igualando a zero, chegamos às expressões

$$\frac{\partial \left(\sum e_i^2 \right)}{\partial b_0} = -2 \sum (y_i - b_0 - b_1 X_i) = 0 \qquad (5.5a)$$

$$\frac{\partial \left(\sum e_i^2 \right)}{\partial b_1} = -2 \sum X_i (y_i - b_0 - b_1 X_i) = 0 \ . \qquad (5.5b)$$

Cortando o fator -2 e desdobrando todos os somatórios, ficamos com um sistema de duas equações lineares em b_0 e b_1, que são as chamadas **equações normais**:

$$n b_0 + b_1 \sum X_i = \sum y_i \qquad (5.6a)$$

$$b_0 \sum X_i + b_1 \sum X_i^2 = \sum X_i y_i \ . \qquad (5.6b)$$

Isolando b_0 em (5.6a), obtemos

$$b_0 = \frac{\sum y_i - b_1 \sum X_i}{n} \ ,$$

---

[2] Em geral, os somatórios serão realizados sobre o índice i, de $i = 1$ até $i = n$, o número total de observações. Só vamos colocar os índices embaixo da letra Σ quando houver necessidade de evitar confusão.

ou
$$b_0 = \bar{y} - b_1 \bar{X} .$$ (5.7)

Substituindo a primeira dessas expressões em (5.6b), podemos escrever

$$\frac{\left(\sum y_i - b_1 \sum X_i\right) \sum X_i}{n} + b_1 \sum X_i^2 = \sum X_i y_i ,$$

e daí

$$\frac{\sum X_i \sum y_i}{n} + b_1 \left(\sum X_i^2 - \frac{\left(\sum X_i\right)^2}{n} \right) = \sum X_i y_i .$$

Isolando b_1, temos finalmente

$$b_1 = \frac{\sum X_i y_i - \dfrac{\sum X_i \sum y_i}{n}}{\sum X_i^2 - \dfrac{\left(\sum X_i\right)^2}{n}} .$$ (5.8)

Essa equação pode ser colocada numa forma mais fácil de lembrar, contendo os resíduos em torno das médias de X e de y (Exercício 5.1):

$$b_1 = \frac{\sum (X_i - \bar{X})(y_i - \bar{y})}{\sum (X_i - \bar{X})^2} .$$ (5.9)

Ou ainda, numa notação mais compacta,

$$b_1 = \frac{S_{xy}}{S_{xx}} .$$ (5.10)

Exercício 5.1

Desenvolva a Equação 5.9 e mostre que ela é equivalente à Equação 5.8.

Exercício 5.2

Mostre que

$$\mathbf{X^t X} = \begin{bmatrix} n & \sum X_i \\ \sum X_i & \sum X_i^2 \end{bmatrix} \quad \text{e} \quad \mathbf{X^t y} = \begin{bmatrix} \sum y_i \\ \sum X_i y_i \end{bmatrix} .$$

Exercício 5.3

Com a notação introduzida na Equação 5.10, como seria representado o desvio-padrão amostral da variável y?

Podemos calcular os valores de b_0 e b_1 resolvendo uma única equação matricial. Com os resultados do Exercício 5.2, as equações normais (5.6a) e (5.6b) reduzem-se a

$$\mathbf{X^t X b} = \mathbf{X^t y}, \tag{5.11}$$

como você pode facilmente comprovar, escrevendo as matrizes por extenso. Para resolver essa equação, devemos multiplicá-la à esquerda pela inversa de $\mathbf{X^t X}$. Assim, isolamos o vetor $\mathbf{b}$, cujos elementos são os estimadores que procuramos:

$$\left(\mathbf{X^t X}\right)^{-1}\left(\mathbf{X^t X}\right)\mathbf{b} = \left(\mathbf{X^t X}\right)^{-1}\mathbf{X^t y}$$

$$\mathbf{I b} = \left(\mathbf{X^t X}\right)^{-1}\mathbf{X^t y}$$

$$\mathbf{b} = \left(\mathbf{X^t X}\right)^{-1}\mathbf{X^t y}. \tag{5.12}$$

Essa é uma equação muito importante, que vale a pena você saber de cor. Se ampliarmos as matrizes $\mathbf{X}$ e $\mathbf{y}$ adequadamente, teremos a solução geral para o ajuste de um modelo por mínimos quadrados, não importa quantas sejam as observações ou quantos parâmetros sejam necessários para caracterizar o modelo. Para que a solução exista, porém, é preciso que

a. A matriz $(\mathbf{X^t X})^{-1}$ possa ser calculada, ou seja, é preciso que a matriz $\mathbf{X^t X}$ não seja singular.

b. Os modelos sejam lineares nos parâmetros, isto é, eles não podem conter termos como b_0^2 ou $b_0 b_1$. Essa restrição, no entanto, não é tão severa quanto parece. Podemos escrever equações muito complexas e ainda assim lineares nos parâmetros (Exercício 5.4).

Usando os dados da Tabela 5.1, podemos escrever

$$\mathbf{y} = \begin{bmatrix} 60 \\ 70 \\ 77 \\ 86 \\ 91 \end{bmatrix} \quad \text{e} \quad \mathbf{X} = \begin{bmatrix} 1 & 40 \\ 1 & 45 \\ 1 & 50 \\ 1 & 55 \\ 1 & 60 \end{bmatrix},$$

e daí

$$\mathbf{X^t X} = \begin{bmatrix} 5 & 250 \\ 250 & 12.750 \end{bmatrix} \quad \text{e} \quad \mathbf{X^t y} = \begin{bmatrix} 384 \\ 19.590 \end{bmatrix}.$$

Substituindo estas matrizes na Equação 5.11, chegamos ao sistema de equações lineares

$$5b_0 + 250b_1 = 384$$

$$250b_0 + 12.750b_1 = 19.590,$$

cuja solução é $b_0 = -1{,}200$ e $b_1 = 1{,}560$.

Optando pela solução matricial, teríamos

$$\left(\mathbf{X^t X}\right)^{-1} = \begin{bmatrix} 10{,}2 & -0{,}2 \\ -0{,}2 & 0{,}004 \end{bmatrix}$$

e portanto, de acordo com a Equação 5.12,

$$\mathbf{b} = \begin{bmatrix} 10{,}2 & -0{,}2 \\ -0{,}2 & 0{,}004 \end{bmatrix} \times \begin{bmatrix} 384 \\ 19.590 \end{bmatrix} = \begin{bmatrix} -1{,}200 \\ 1{,}560 \end{bmatrix}.$$

Com dados mais numerosos ou modelos mais complicados, o ajuste fica numericamente mais trabalhoso, mas as soluções podem ser calculadas facilmente num computador, ou mesmo numa calculadora científica.

A equação $\hat{y}_i = b_0 + b_1 X_i$ nos dá uma estimativa da resposta obtida quando a variável independente assume o valor X_i. Com os valores de b_0 e b_1 que acabamos de obter, podemos escrever

$$\hat{y}_i = -1{,}200 + 1{,}560\, X_i. \tag{5.13}$$

Substituindo os valores de X_i (as temperaturas), obtemos os rendimentos previstos (os valores de $\hat{y}_i$). Com a equação matricial 5.3, podemos calcular todas as previsões de uma só vez:

$$\hat{\mathbf{y}} = \mathbf{Xb} = \begin{bmatrix} 1 & 40 \\ 1 & 45 \\ 1 & 50 \\ 1 & 55 \\ 1 & 60 \end{bmatrix} \times \begin{bmatrix} -1{,}200 \\ 1{,}560 \end{bmatrix} = \begin{bmatrix} 61{,}2 \\ 69{,}0 \\ 76{,}8 \\ 84{,}6 \\ 92{,}4 \end{bmatrix}.$$

Estes valores previstos deixam, em relação aos rendimentos efetivamente observados, os resíduos

$$\mathbf{e} = \mathbf{y} - \hat{\mathbf{y}} = \begin{bmatrix} 60 \\ 70 \\ 77 \\ 86 \\ 91 \end{bmatrix} - \begin{bmatrix} 61,2 \\ 69,0 \\ 76,8 \\ 84,6 \\ 92,4 \end{bmatrix} = \begin{bmatrix} -1,2 \\ 1,0 \\ 0,2 \\ 1,4 \\ -1,4 \end{bmatrix}.$$

A Figura 5.4 mostra como a reta ajustada se situa em relação às observações, confirmando visualmente que o modelo linear é mesmo uma excelente representação para os dados da Tabela 5.1.

Os valores previstos pela reta de regressão são dados pela equação $\hat{y}_i = b_0 + b_1 X_i$. Substituindo nessa expressão o valor de b_0 dado pela Equação 5.7, temos

$$\hat{y}_i = \bar{y} - b_1 \bar{X} + b_1 X_i ,$$

ou
$$\hat{y}_i = \bar{y} + b_1(X_i - \bar{X}) . \tag{5.14}$$

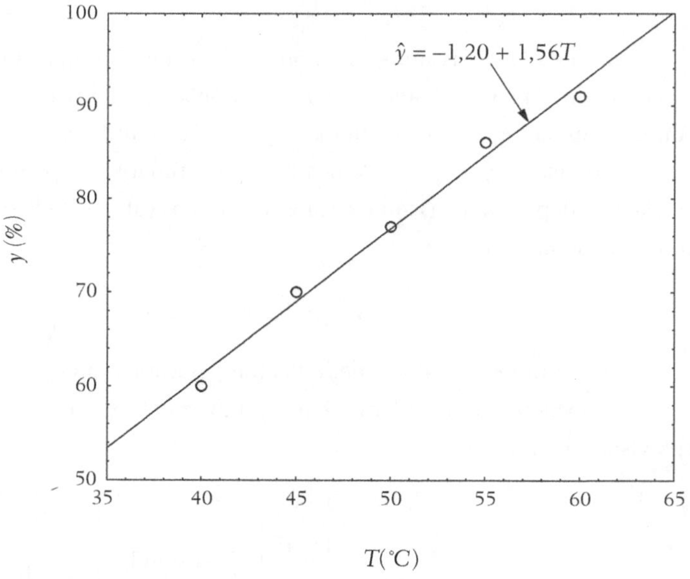

Figura 5.4 Reta ajustada por mínimos quadrados aos dados da Tabela 5.1.

Quando $X_i = \bar{X}$, o segundo termo se anula e ficamos com $\hat{y}_i = \bar{y}$. Isso mostra que:

♦ A reta ajustada por mínimos quadrados sempre passa pelo ponto médio das observações, isto é, o ponto $(\bar{X}, \bar{y})$.

Deste fato podemos também concluir que:

♦ O somatório de todos os resíduos deixados pelo modelo é zero:

$$\begin{aligned}\sum e_i &= \sum (y_i - \hat{y}_i) \\ &= \sum \left[y_i - \bar{y} - b_1(X_i - \bar{X}) \right] \\ &= \sum (y_i - \bar{y}) - b_1 \sum (X_i - \bar{X}) \\ &= 0 - b_1 \times 0 = 0,\end{aligned}$$

já que, como vimos no Capítulo 2, a soma dos resíduos dos valores de qualquer variável em relação à sua própria média é sempre zero (Equação 2.3). É por isso, aliás, que precisamos elevar os resíduos ao quadrado, antes de minimizar o seu somatório.

Exercício 5.4

Identifique, na lista abaixo, quais são os modelos lineares e quais são os modelos não lineares nos parâmetros.

a. A função $y = b_0 \, sen \, X + b_1 \, cos(b_2 X)^y$
b. A lei de Boyle, $pV = constante$
c. A equação virial, $\dfrac{p\bar{V}}{RT} = 1 + B'P + C'P^2 + D'P^3 + ...$
d. O modelo para a resposta de um planejamento fatorial 2^k
e. Uma lei de velocidade de primeira ordem, $[A] = [A]_0 \, e^{-kt}$

Exercício 5.5

Um procedimento importantíssimo na química analítica instrumental é a calibração, isto é, a determinação de uma relação quantitativa entre a resposta do aparelho e a concentração da espécie que se quer determinar. Normalmente, essa relação é determinada empregando-se o ajuste por mínimos quadrados. Considere as matrizes

$$\mathbf{c} = \begin{bmatrix} 1 & 0,50 \\ 1 & 0,50 \\ 1 & 1,00 \\ 1 & 1,00 \\ 1 & 1,50 \\ 1 & 1,50 \\ 1 & 2,00 \\ 1 & 2,00 \\ 1 & 2,50 \\ 1 & 2,50 \\ 1 & 3,00 \\ 1 & 3,00 \end{bmatrix} \quad \text{e} \quad \mathbf{A} = \begin{bmatrix} 0,0937 \\ 0,0916 \\ 0,1828 \\ 0,1865 \\ 0,2782 \\ 0,2732 \\ 0,3776 \\ 0,3702 \\ 0,4562 \\ 0,4505 \\ 0,5593 \\ 0,5499 \end{bmatrix},$$

obtidas num experimento feito para se construir uma curva de calibração. Os elementos da segunda coluna da matriz **c** são concentrações de padrões analíticos de Ferro (em mg L^{-1}). Os elementos do vetor **A** são as absorvâncias desses padrões, determinadas por espectrometria de absorção molecular no UV visível (Pimentel, 1992). Ajuste um modelo linear a estes dados,

$$A_i = \beta_0 + \beta_1 c_i + \varepsilon_i,$$

sabendo que

$$\left(\mathbf{c}^t \mathbf{c}\right)^{-1} = \begin{bmatrix} 0,4333 & -0,2000 \\ -0,2000 & 0,1143 \end{bmatrix} \quad \text{e} \quad \mathbf{c}^t \mathbf{A} = \begin{bmatrix} 3,8696 \\ 8,3790 \end{bmatrix}.$$

Exercício 5.6

O ajuste do modelo estatístico para um planejamento fatorial, que discutimos no capítulo anterior, também pode ser feito pelo método dos mínimos quadrados, ou seja, resolvendo-se a equação matricial $\mathbf{b} = \left(\mathbf{X}^t \mathbf{X}\right)^{-1} \mathbf{X}^t \mathbf{y}$. Considere a Equação 3.10, correspondente ao fatorial 2^2:

$$\hat{y}(x_1, x_2) = b_0 + b_1 x_1 + b_2 x_2 + b_{12} x_1 x_2 .$$

Definindo a matriz **X** de acordo com os sinais da tabela de coeficientes de contraste, podemos escrever

$$X = \begin{bmatrix} 1 & -1 & -1 & 1 \\ 1 & 1 & -1 & -1 \\ 1 & -1 & 1 & -1 \\ 1 & 1 & 1 & 1 \end{bmatrix},$$

como vimos na Equação 3.5. Calcule X^tX e inverta-a para obter $(X^tX)^{-1}$. A inversão não oferece problemas, porque X^tX é uma matriz diagonal. Use a matriz X^ty dada na página 114 e determine finalmente o vetor **b**. Compare seus resultados com os valores apresentados na página 114.

5.2 Análise da variância

O exame dos resíduos é fundamental para que possamos avaliar a qualidade do ajuste de qualquer modelo. Em primeiro lugar, os resíduos devem ser pequenos, pois, se um determinado modelo deixa resíduos consideráveis, provavelmente é um modelo ruim. No modelo ideal, todas as previsões (ou predições, como alguns preferem dizer) coincidiriam exatamente com as respostas observadas, e não haveria resíduo nenhum.

O método mais usado para se avaliar numericamente a qualidade do ajuste de um modelo é a **Análise da Variância**. Para fazer a análise da variância de um modelo, começamos com uma decomposição algébrica dos desvios das respostas observadas em relação à resposta média global. Como mostra a Figura 5.5, o desvio de uma resposta individual em relação à média de todas as respostas observadas, $(y_i - \bar{y})$, pode ser decomposto em duas parcelas:

$$(y_i - \bar{y}) = (\hat{y}_i - \bar{y}) + (y_i - \hat{y}_i) \ . \tag{5.15}$$

A primeira parcela, $(\hat{y}_i - \bar{y})$, representa o desvio da previsão feita pelo modelo para o ponto em questão, $\hat{y}_i$, em relação à média global, $\bar{y}$. A segunda parcela é a diferença entre o valor observado e o valor previsto. Num modelo bem ajustado, essa segunda diferença deve ser pequena. Isso equivale a dizer, em termos da Equação 5.15, que o desvio $(y_i - \bar{y})$ deve ser aproximadamente igual ao desvio $(\hat{y}_i - \bar{y})$. Dizer que os desvios dos valores previstos pelo modelo são semelhantes aos desvios dos valores observados (ambos em relação à média $\bar{y}$) é outra maneira de dizer que as previsões estão em boa concordância com as observações.

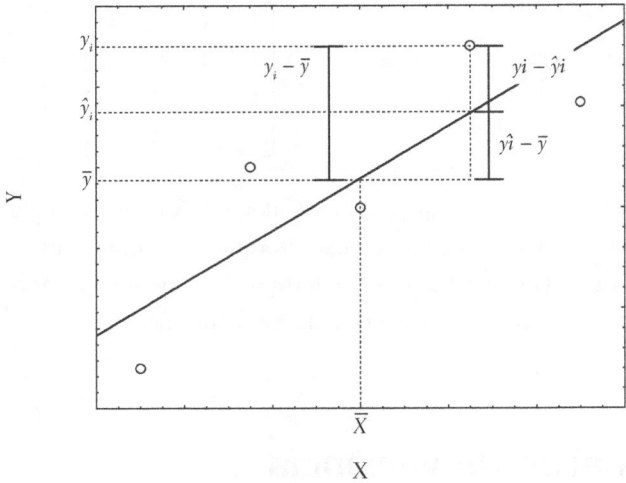

Figura 5.5 Decomposição do desvio de uma observação em relação à média global, $(y_i - \bar{y})$, na soma das parcelas $(y_i - \hat{y}_i)$ e $(\hat{y}_i - \bar{y})$.

O próximo passo é expressar esta comparação de desvios em termos quantitativos. Para isso, elevamos a Equação 5.15 ao quadrado e em seguida fazemos o somatório sobre todos os pontos:

$$\sum (y_i - \bar{y})^2 = \sum \left[(\hat{y}_i - \bar{y}) + (y_i - \hat{y}_i) \right]^2$$
$$= \sum (\hat{y}_i - \bar{y})^2 + 2\sum (\hat{y}_i - \bar{y})(y_i - \hat{y}_i) + \sum (y_i - \hat{y}_i)^2 .$$

Pode-se demonstrar (Exercício 5.7) que o somatório dos produtos $(\hat{y}_i - \bar{y})(y_i - \hat{y}_i)$ é igual a zero, e portanto

$$\sum (y_i - \bar{y})^2 = \sum (\hat{y}_i - \bar{y})^2 + \sum (y_i - \hat{y}_i)^2. \qquad (5.16)$$

Estas somas de quadrados de desvios costumam ser chamadas de **somas quadráticas**, ou, abreviadamente, SQ. Assim, podemos ler a Equação 5.16 como

[SQ em torno da média] = [SQ devida à regressão] + [SQ residual].

Numa notação mais compacta, podemos escrever

$$SQ_T = SQ_R + SQ_r.$$

Quer dizer: uma parte da variação total das observações y_i em torno da média $\bar{y}$ é descrita pela equação de regressão, e o restante fica por conta dos resíduos. Evidentemente, quanto maior for a fração descrita pela regressão, melhor será o ajuste do modelo, o que podemos quantificar por meio da razão

$$R^2 = \frac{SQ_R}{SQ_T} = \frac{\sum(\hat{y}_i - \bar{y})^2}{\sum(y_i - \bar{y})^2} \tag{5.17}$$

R^2 é chamado de **coeficiente de determinação** do modelo. O valor máximo de R^2 é 1, e só ocorrerá no improvável caso de não haver resíduo nenhum e, portanto, toda a variação em torno da média for explicada pela regressão. Quanto mais perto de 1 estiver o valor de R^2, melhor terá sido o ajuste do modelo às respostas observadas.

Exercício 5.7

Substitua $\hat{y}_i = \bar{y} + b_1 \sum(X_i - \bar{X})$ em $\sum(\hat{y}_i - \bar{y})(y_i - \hat{y}_i)$ e mostre que esse somatório é igual a zero.

A cada soma quadrática está associado um certo número de graus de liberdade, que indica quantos valores independentes envolvendo as n observações y_1, $y_2, \ldots, y_n$ são necessários para determiná-la. Para a soma quadrática dos n desvios em relação à média, o número de graus de liberdade é $(n-1)$ ao invés de n, porque a soma dos desvios $\sum(y_i - \bar{y})$ é nula e, como vimos no Capítulo 2, isso consome um grau de liberdade.

Para chegar ao número de graus de liberdade de SQ_R, partimos da Equação 5.14 e verificamos que a soma quadrática devida à regressão é dada por

$$\sum(\hat{y}_i - \bar{y})^2 = b_1^2 \sum(X_i - \bar{X})^2 . \tag{5.18}$$

Como as variáveis X_i não são aleatórias, o somatório $\sum(X_i - \bar{X})^2$ está fixado *a priori*, pela matriz de planejamento empregada. O valor de $\sum(\hat{y}_i - \bar{y})^2$ fica, portanto, completamente determinado por um único número, o valor de b_1. Esse, por sua vez, é uma variável aleatória, já que depende das respostas obtidas experimentalmente. O valor $b_1 = 1,56$ vale somente para os dados da Tabela 5.1. Se fizermos uma outra série de experimentos idênticos, realizados nas mesmas temperaturas, a presença dos erros experimentais fará com que obtenhamos rendimentos diferentes, com os quais calcularemos um outro valor para b_1. Com esse único valor, no entanto, um novo valor para o somatório $\sum(\hat{y}_i - \bar{y})^2$ estará mais uma vez determinado.

Estas considerações mostram que a soma quadrática devida à regressão tem apenas um grau de liberdade. Como o número de graus de liberdade de

SQ_T é $(n-1)$, a soma quadrática residual deve ter $(n-2)$ graus de liberdade, para satisfazer a Equação 5.16:

$$\nu_T = \nu_R + \nu_r,$$
$$(n-1) = 1 + (n-2).$$

O lado direito desta equação reflete o fato de que o nosso modelo contém apenas dois parâmetros, β_0 e β_1. No caso geral de um modelo com p parâmetros, o número de graus de liberdade da soma quadrática residual é dado pela diferença entre o número de observações e o número de parâmetros estimados, isto é, $\nu_r = (n-p)$. Para que continuemos tendo $\nu_T = (n-1)$, o número de graus de liberdade da soma quadrática devida à regressão tem de ser igual ao número de parâmetros menos um: $\nu_R = (p-1)$.

Os resultados desta seção para o caso particular de um modelo com apenas dois parâmetros, como no nosso exemplo, estão reunidos na Tabela 5.2, que é a chamada **Tabela de Análise da Variância** (ou simplesmente **ANOVA**, um acrônimo de *Analysis of Variance*). Dividindo as somas quadráticas pelos seus respectivos números de graus de liberdade, obtemos as chamadas **médias quadráticas** (*MQ's*), que são mostradas na última coluna da tabela.

Até agora, fizemos apenas uma decomposição algébrica da soma quadrática total. Logo veremos que, dentro de certas suposições, podemos dar às médias quadráticas uma interpretação estatística, que vai nos permitir submetê-las a testes e utilizá-las para calcular intervalos de confiança.

No nosso exemplo, com as respostas da Tabela 5.1 e as previsões dadas pela Equação 5.13, obtemos na ANOVA os valores apresentados na Tabela 5.3. Substituindo na Equação 5.17 os valores calculados para SQ_R e SQ_T, temos

$$R^2 = \frac{608{,}4}{614{,}8} = 0{,}9896,$$

Tabela 5.2 Tabela de análise da variância para o ajuste de um modelo linear com dois parâmetros

Fonte de variação	Soma quadrática	Nº de g. l.	Média quadrática
Regressão	$\sum(\hat{y}_i - \bar{y})^2$	1	$MQ_R = SQ_R$
Resíduos	$\sum(y_i - \hat{y}_i)^2$	$n-2$	$MQ_r = \dfrac{SQ_r}{n-2} = s^2$
Total	$\sum(y_i - \bar{y})^2$	$n-1$	

Capítulo 5 Como Construir Modelos Empíricos

Tabela 5.3 Análise da variância para o ajuste de um modelo linear aos dados da Tabela 5.1

Fonte de variação	Soma quadrática	N° de g. l.	Média quadrática
Regressão	608,4	1	608,4
Resíduos	6,4	3	$6,4 \div 3 = 2,13$
Total	614,8	4	

o que significa que 98,96% da variação total em torno da média é explicada pela regressão. Para os resíduos, fica apenas 1,04%.

A soma quadrática residual, SQ_r, representa a parte da variação das respostas em torno da média que o modelo não consegue reproduzir. Dividindo-a por ν_r, obtemos a média quadrática residual, que é uma estimativa, com $n - 2$ graus de liberdade, da variância dos pontos em torno da equação de regressão, isto é, em torno do modelo ajustado. Essa estimativa pode ser interpretada como uma medida aproximada do erro médio (quadrático) que cometeremos se usarmos a equação de regressão para prever a resposta y_i correspondente a um dado valor X_i. No nosso exemplo, temos $s^2 = 2,13$, com 3 graus de liberdade, como mostra a penúltima linha da Tabela 5.3.

Exercício 5.8

Parta da Equação 5.9 e mostre que $b_1 = \dfrac{\Sigma(X_i - \overline{X})y_i}{S_{xx}}$.

5.3 Intervalos de confiança

Ao postular o nosso modelo (Equação 5.1), admitimos que cada observação y_i é constituída de uma parte sistemática, $\beta_0 + \beta_1 X_i$, e de uma parte aleatória, ε_i. Suponhamos que o modelo seja correto, isto é, que a sua parte sistemática seja mesmo uma descrição fiel da relação existente entre as variáveis y e X. Nesse caso, ao fazer um grande número de experimentos repetidos no mesmo valor X_i, deveremos observar uma distribuição das respostas y_i em torno de $\beta_0 + \beta_1 X_i$. Esse valor, portanto, nada mais é do que a *média* das respostas observadas no ponto X_i. Como não existe medida sem erro, as respostas de experimentos repetidos sempre flutuarão, levando incerteza à determinação dos parâmetros e às previsões feitas a partir do modelo, mesmo que ele seja o modelo correto. Nesta seção vamos mostrar como, fazendo algumas suposições sobre o comportamento dos erros ε_i, podemos quantificar essa incerteza e determinar intervalos de confiança para todos os valores estimados.

Se o verdadeiro valor médio de y_i é $\beta_0 + \beta_1 X_i$, devemos esperar que observações repetidas no mesmo ponto X_i se distribuam *simetricamente* em torno de $\beta_0 + \beta_1 X_i$, com desvios positivos sendo tão frequentes quanto desvios negativos, de tal maneira que a média dos erros ε_i seja zero. Num dado X_i, os erros em y_i se distribuirão com uma certa variância σ_i^2, que em princípio também varia com X_i. Para fazer nossas deduções, precisaremos admitir também as hipóteses a seguir.

1. *A variância dos erros é constante ao longo de toda a faixa estudada, e igual a um certo valor σ^2.* A essa hipótese costuma-se dar o nome de **homoscedasticidade** das respostas observadas.
2. *Os erros correspondentes a respostas observadas em valores diferentes da variável independente não são correlacionados*, isto é, $Cov(\varepsilon_i, \varepsilon_j) = 0$, se $i \neq j$. (Como a única parte de y_i aleatória é o erro ε_i, podemos concluir também que $V(y_i) = \sigma^2$ e $Cov(y_i, y_j) = 0$, se $i \neq j$.)
3. *Os erros seguem uma distribuição normal*. Na maioria dos experimentos esta é uma boa aproximação, graças ao teorema do limite central (Seção 2.3) e ao esforço que todo pesquisador faz para eliminar de suas experiências os erros sistemáticos.

Estas três hipóteses sobre o comportamento dos erros aleatórios podem ser resumidas nas expressões

$$\varepsilon_i \approx N(0, \sigma^2) \quad \text{e} \quad Cov(\varepsilon_i, \varepsilon_j) = 0 \tag{5.19}$$

ou, equivalentemente,

$$y_i \approx N(\beta_0 + \beta_1 X_i, \sigma^2) \quad \text{e} \quad Cov(y_i, y_j) = 0. \tag{5.19a}$$

Com essas suposições podemos finalmente determinar intervalos de confiança para os resultados do modelo.

Já vimos (Exercício 5.8) que o coeficiente angular da reta de regressão pode ser dado por

$$b_1 = \frac{\sum(X_i - \bar{X})y_i}{S_{xx}},$$

que é uma combinação linear das variáveis aleatórias y_i, com coeficientes $\frac{(X_i - \bar{X})}{S_{xx}}$:

$$b_1 = \frac{(X_1 - \bar{X})}{S_{xx}} y_1 + \ldots + \frac{(X_n - \bar{X})}{S_{xx}} y_n.$$

Como, por hipótese, os y_i, além de não serem correlacionados, têm variância constante, podemos aplicar a Equação 2.14 e escrever

$$V(b_1) = \left(\frac{X_1 - \bar{X}}{S_{xx}}\right)^2 V(y_1) + \dots + \left(\frac{X_n - \bar{X}}{S_{xx}}\right)^2 V(y_n)$$

$$= \left[\sum \left(\frac{X_i - \bar{X}}{S_{xx}}\right)^2\right]\sigma^2,$$

$$= \frac{\sigma^2}{(S_{xx})^2}\sum (X_i - \bar{X})^2$$

ou, como $\sum (X_i - \bar{X})^2 = S_{xx}$,

$$V(b_1) = \frac{\sigma^2}{S_{xx}}. \qquad (5.20)$$

Admitindo agora que o valor de s^2, a variância residual em torno da regressão, seja uma boa estimativa de σ^2, podemos obter uma estimativa do erro-padrão de b_1 tirando a raiz quadrada da Equação 5.20 e substituindo σ por s:

$$\text{erro padrão de } b_1 = \frac{s}{\sqrt{S_{xx}}} \qquad (5.21)$$

Como também estamos admitindo que os erros se distribuem normalmente, podemos usar a distribuição de Student para testar a significância do valor estimado para b_1. Seguimos o procedimento discutido no Capítulo 2 e definimos intervalos de confiança por meio de

$$b_1 \pm t_{n-2} \times (\text{erro-padrão de } b_1). \qquad (5.22)$$

Note que o número de graus de liberdade do valor de t é $n - 2$, que é o número de graus de liberdade da estimativa s^2, e consequentemente também do erro-padrão.

Com os valores numéricos do nosso exemplo, a estimativa do erro-padrão de b_1 fica sendo

$$\frac{s}{\sqrt{S_{xx}}} = \sqrt{\frac{2,13}{250}} = 0,0923,$$

o que nos leva ao intervalo

$$1,560 \pm 3,182 \times 0,0923 = (1,266, 1,854),$$

com 95% de confiança. Já que os dois limites são positivos, o valor de b_1 que calculamos é significativamente diferente de zero, confirmando a existência de uma relação linear entre os rendimentos observados e as temperaturas de reação.

Outros intervalos de confiança são obtidos da mesma maneira. Partindo da expressão algébrica para b_0 (Equação 5.7) e seguindo o mesmo procedimento que usamos para b_1, podemos chegar a

$$V(b_0) = \frac{\sum X_i^2}{n S_{xx}} \sigma^2 ,$$ (5.23)

e daí à expressão para o erro-padrão de b_0:

$$\text{erro padrão de } b_0 = s\sqrt{\frac{\sum X_i^2}{n S_{xx}}}$$ (5.24)

O erro-padrão calculado com os dados do nosso exemplo é 4,665, o que nos leva ao intervalo

$$b_0 \pm t_{n-2} \times \left(\text{erro padrão de } b_0\right)$$
$$= -1,200 \pm 3,182 \times 4,665 = (-16,044, 13,644) .$$ (5.25)

Isto significa que há 95% de probabilidade de que o verdadeiro valor do parâmetro β_0 esteja entre $-16,044$ e $13,644$. Como estes dois limites têm sinais contrários, e como nenhum valor num intervalo de confiança é mais provável do que outro, pode ser que o verdadeiro valor de β_0 seja zero. Em outras palavras, o valor $b_0 = -1,200$ não é estatisticamente significativo, e portanto não existe evidência suficiente para mantermos o termo β_0 no nosso modelo. Mesmo assim, o costume é mantê-lo, para preservar a hierarquia matemática.

Note que os valores dos erros-padrão são muito diferentes. O erro-padrão de b_0, 4,665, é cerca de cinquenta vezes maior do que o erro-padrão de b_1, que é 0,0923. O motivo é que o erro-padrão de b_0 é afetado pelo somatório dos valores de X_i elevados ao quadrado, como mostra a Equação 5.24. Se tivéssemos usado na regressão temperaturas mais próximas de zero, os dois erros teriam valores mais parecidos.

Exercício 5.9

Sejam a e c duas combinações lineares das variáveis aleatórias y_i,

$$a = a_1 y_1 + \ldots + a_n y_n$$
$$c = c_1 y_1 + \ldots + c_n y_n.$$

> Se $V(y_i) = \sigma^2$ e $Cov(y_i, y_j) = 0$, então $Cov(a,c) = (a_1c_1 +\ldots + a_nc_n)\sigma^2$. Use o resultado do Exercício 5.8 e esta última expressão para mostrar que a covariância de $\bar{y}$ e b_1 é zero.

Quando construímos um modelo de regressão, nosso objetivo é obter uma relação que nos permita prever a resposta correspondente a um valor qualquer da variável independente, que chamaremos de X_a. No modelo que estamos adotando, essa relação é dada pela Equação 5.14,

$$\hat{y}_a = \bar{y} + b_1(X_a - \bar{X}),$$

onde a estimativa $\hat{y}_a$ é uma combinação linear das duas variáveis aleatórias $\bar{y}$ e b_1. Sua variância será dada por (veja a Equação 2.14)

$$V(\hat{y}_a) = V(\bar{y}) + (X_a - \bar{X})^2 V(b_1) + 2(X_a - \bar{X})Cov(\bar{y}, b_1).$$

Como a covariância de $\bar{y}$ e b_1 é zero (Exercício 5.9), essa expressão reduz-se a

$$V(\hat{y}_a) = V(\bar{y}) + (X_a - \bar{X})^2 V(b_1).$$

Substituindo as expressões para a variância de uma média (Equação 2.15a) e para a variância de b_1 (Equação 5.20), chegamos à expressão

$$V(\hat{y}_a) = \sigma^2 \left[\frac{1}{n} + \frac{(X_a - \bar{X})^2}{S_{xx}}\right]. \qquad (5.26)$$

Substituindo mais uma vez σ^2 por s^2 e tirando a raiz quadrada, obtemos finalmente o erro-padrão da estimativa $\hat{y}_a$:

$$\text{erro padrão de } \hat{y}_a = s\sqrt{\frac{1}{n} + \frac{(X_a - \bar{X})^2}{S_{xx}}} \qquad (5.27)$$

Quando $X_a = \bar{X}$, o segundo termo dentro da raiz se anula e o erro-padrão de $\hat{y}_a$ assume seu valor mínimo. À medida que nos afastamos desse ponto, em qualquer direção, o erro vai aumentando. Quanto mais longe estivermos de $X_a = \bar{X}$, mais incertas serão as previsões feitas a partir da regressão.

Como sempre, usamos o erro-padrão para definir intervalos de confiança em torno do valor previsto:

$$\hat{y}_a \pm t_{n-2} \times (\text{erro-padrão de } \hat{y}_a).$$

A Equação 5.27 mostra que os limites do intervalo variam com a posição ao longo do eixo X. Geometricamente, eles determinam hipérboles acima e abaixo da reta de regressão.

A Equação 5.27 refere-se ao erro da estimativa da média populacional das respostas no ponto X_a. As respostas individuais se distribuem em torno dessa média (que é $\beta_0 + \beta_1 X_a$) com variância σ^2, como mostra a Equação 5.19a. Se quisermos nos referir à previsão de *uma única observação* realizada no ponto X_a, precisamos acrescentar essa variância. Assim, podemos escrever

$$\begin{bmatrix} \text{erro padrão da previsão} \\ \text{de uma observação} \end{bmatrix} = s\sqrt{1 + \frac{1}{n} + \frac{(X_a - \bar{X})^2}{S_{xx}}} \quad (5.28)$$

que é uma ampliação da Equação 5.27. Para obtê-la, somamos σ^2 à variância da previsão do valor médio.

Da mesma maneira, se estivermos interessados na previsão da média de q observações, teremos

$$\begin{bmatrix} \text{erro padrão da previsão} \\ \text{da média de } q \text{ observações} \end{bmatrix} = s\sqrt{\frac{1}{q} + \frac{1}{n} + \frac{(X_a - \bar{X})^2}{S_{xx}}} \quad (5.29)$$

Assim como nas outras estimativas, podemos determinar intervalos de confiança com base na distribuição t, o que deixamos a cargo dos leitores interessados. A interpretação desses intervalos, bem como de todos os outros, deve ser feita em termos análogos aos que vimos na Seção 2.3, quando discutimos intervalos para a média populacional.

Também podemos usar matrizes para expressar o cálculo das incertezas nas estimativas dos parâmetros. Para isso, temos de definir primeiro a **matriz de covariância** de b_0 e b_1:

$$\mathbf{V(b)} = \begin{bmatrix} V(b_0) & Cov(b_0, b_1) \\ Cov(b_0, b_1) & V(b_1) \end{bmatrix}.$$

Pode-se demonstrar que essa matriz é dada simplesmente por

$$\mathbf{V(b)} = \left(\mathbf{X^t X}\right)^{-1} \sigma^2 \quad (5.30)$$

Esta é outra equação muito importante, que se aplica ao ajuste por mínimos quadrados de qualquer modelo linear nos parâmetros, dentro das suposições que fizemos no início desta seção. Também vale a pena sabê-la de cor.

Para o nosso exemplo, usamos a matriz $(X^tX)^{-1}$ que calculamos na Seção 5.1 e substituímos a variância populacional σ^2 pela estimativa $s^2 = 2{,}13$:

$$V(b) = \begin{bmatrix} 10{,}2 & -0{,}2 \\ -0{,}2 & 0{,}004 \end{bmatrix} \times 2{,}13 = \begin{bmatrix} 21{,}73 & -0{,}43 \\ -0{,}43 & 8{,}52 \times 10^{-3} \end{bmatrix}.$$

Tirando a raiz quadrada dos elementos da diagonal principal, chegamos aos erros-padrão de b_0 e b_1.

5.4 Significância estatística da regressão

Agora que admitimos que os erros seguem uma distribuição normal, podemos voltar à análise da variância e usar as médias quadráticas para testar se a equação de regressão é estatisticamente significativa. Quando $\beta_1 = 0$, isto é, quando não há relação entre X e y, pode-se demonstrar que a razão entre as médias quadráticas MQ_R e MQ_r segue uma distribuição F:

$$\frac{MQ_R}{MQ_r} \approx F_{1,n-2}, \tag{5.31}$$

onde 1 e $n-2$ são os números de graus de liberdade da média quadrática devida à regressão e da média quadrática residual, respectivamente. Como a Equação 5.31 só vale para $\beta_1 = 0$, podemos testar essa hipótese nula usando o valor efetivamente calculado para MQ_R / MQ_r, bastando para isso compará-lo com o valor tabelado de $F_{1,n-2}$, no nível de confiança desejado. Se verificarmos que $MQ_R / MQ_r > F_{1,n-2}$, devemos descartar a possibilidade de que $\beta_1 = 0$. Teremos, então, evidência estatística suficiente para nos fazer acreditar na existência de uma relação linear entre as variáveis y e X, e quanto maior o valor de MQ_R / MQ_r, melhor.

No nosso exemplo precisamos do valor de $F_{1,3}$, que pode ser lido na Tabela A.4, na interseção da coluna $\nu_1 = 1$ com a linha correspondendo a $\nu_2 = 3$. No nível de 95% de confiança, o valor procurado é 10,13. Nossa regressão será estatisticamente significativa se $MQ_R / MQ_r > 10{,}13$. Caso contrário, não teremos razão para duvidar de que o valor de β_1 seja mesmo zero e de que, portanto, não haja relação linear entre as variáveis.

Com os valores da Tabela 5.3, temos $MQ_R / MQ_r = 608{,}4/2{,}13 = 285{,}6$, o que mostra que a nossa equação é altamente significativa. Nem sempre, porém, uma regressão dada como significativa pelo teste F é útil para realizar previsões. Pode acontecer que a faixa de variação coberta pelos fatores estudados seja pequena demais, fazendo com que o efeito sobre a resposta fique mascarado pela extensão do erro experimental. Uma regra prática que podemos empregar é considerar a regressão como útil para fins de previsão se o valor de MQ_R / MQ_r for, pelo menos, cerca de dez vezes o valor do ponto da distribuição F com o número apropriado de graus de liberdade, no nível de confiança escolhido (Box; Wetz, 1973; Box; Draper, 1987). Neste exemplo, gostaríamos de ter um valor de MQ_R / MQ_r superior a 10,1. Essa condição também é amplamente satisfeita.

5.5 Um novo modelo para $y = f(T)$

Animado com os resultados obtidos até agora, nosso químico resolve ampliar a faixa de variação da temperatura e realizar mais quatro ensaios, a 30, 35, 65 e 70°C. Os novos rendimentos observados aparecem na Tabela 5.4, juntamente com os valores obtidos anteriormente. Usando a Equação 5.12 para ajustar um modelo linear aos nove pares desse novo conjunto de valores, obtemos

$$\hat{y} = -7{,}33 + 1{,}52X. \tag{5.32}$$

A Tabela 5.5 mostra a análise da variância para este novo ajuste. A percentagem de variação explicada pelo modelo agora é de 80,63%. Um valor razoavelmente alto, mas muito menos impressionante do que os 98,96% do exemplo anterior, que se limitava à faixa 40-60°C.

Tabela 5.4 Variação do rendimento da reação em função da temperatura, na faixa 30-70°C, com o catalisador A

Temperatura (°C)	30	35	40	45	50	55	60	65	70
Rendimento (%)	24	40	60	70	77	86	91	86	84

Tabela 5.5 Análise da variância para o ajuste de um modelo linear aos dados da Tabela 5.4

Fonte de variação	Soma quadrática	Nº de g. l.	Média quadrática
Regressão	3.465,6	1	3.465,6
Resíduos	832,4	7	118,9
Total	4.298,0	8	

% de variação explicada: 80,63

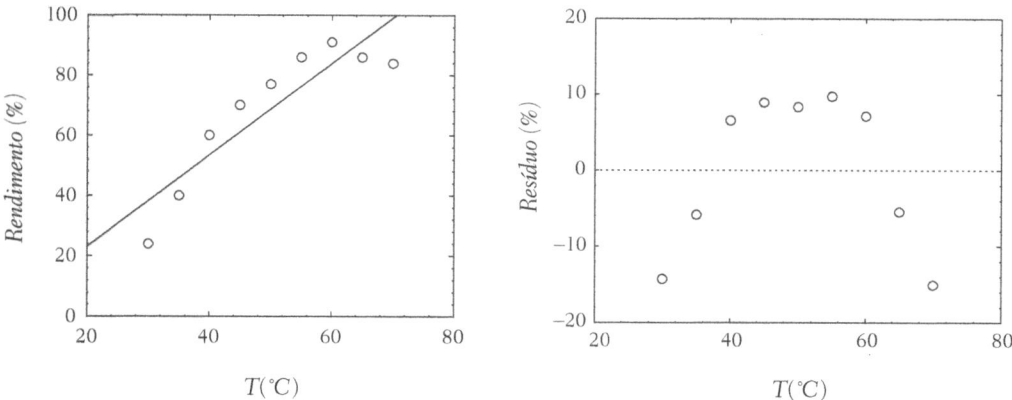

Figura 5.6 Ajuste de um modelo linear aos dados da Tabela 5.4. (a) Os valores observados não estão bem representados por uma reta. (b) Consequentemente, a distribuição dos resíduos não é aleatória.

O motivo da piora do ajuste torna-se evidente quando colocamos no mesmo gráfico os nove rendimentos observados e a reta ajustada [Figura 5.6(a)]. Os pontos estão dispostos ao longo de uma curva, indicando que um modelo linear não serve mais para representá-los. Essa impressão é confirmada pelo gráfico dos resíduos [Figura 5.6(b)]. Em vez de se distribuírem de forma aleatória, os resíduos sugerem um padrão geométrico, no qual a região central do gráfico concentra os resíduos positivos e os resíduos negativos localizam-se nas extremidades.

O valor de MQ_R / MQ_r é 29,14, enquanto $F_{1,7} = 5,59$, no nível de 95%. Isto indicaria que temos uma regressão significativa,[3] mas o emprego do teste F pressupõe uma distribuição normal dos resíduos, e acabamos de ver que este não é o nosso caso. Só poderíamos usar um teste F se não houvesse evidência de anormalidade na distribuição dos resíduos.

Como o modelo linear acaba de mostrar-se insatisfatório, vamos ampliá-lo, acrescentando um termo quadrático. Tentaremos modelar a influência da temperatura sobre o rendimento com a equação

$$y_i = \beta_0 + \beta_1 X_i + \beta_2 X_i^2 + \varepsilon_i, \qquad (5.33)$$

onde X_i representa a temperatura do i-ésimo nível. O ajuste desse novo modelo aos valores observados também é feito por meio da Equação 5.12, só que as matrizes

---

[3] Note que o número de graus de liberdade da média quadrática residual mudou, por causa do maior número de pontos.

precisam ser expandidas, para se referirem à Equação 5.33 e ao conjunto de dados ampliado. Assim, passamos a ter

$$\mathbf{X} = \begin{bmatrix} 1 & X_1 & X_1^2 \\ 1 & X_2 & X_2^2 \\ \ldots & \ldots & \ldots \\ 1 & X_9 & X_9^2 \end{bmatrix} \quad \text{e} \quad \boldsymbol{\beta} = \begin{bmatrix} \beta_0 \\ \beta_1 \\ \beta_2 \end{bmatrix},$$

além, é claro, de

$$\mathbf{y} = \begin{bmatrix} y_1 \\ y_2 \\ \ldots \\ y_9 \end{bmatrix}.$$

Substituindo na Equação 5.12 os valores apropriados, obtemos finalmente

$$\mathbf{b} = \begin{bmatrix} -158,24 \\ 7,99 \\ -0,065 \end{bmatrix},$$

o que significa que o nosso modelo quadrático estima os rendimentos por meio da equação

$$\hat{y} = -158,24 + 7,99T - 0,065T^2. \tag{5.34}$$

A Figura 5.7(a) mostra o gráfico desta expressão, juntamente com os valores observados. O ajuste é muito melhor do que na Figura 5.6(a), e isso se reflete no gráfico dos novos resíduos. Como vemos na Figura 5.7(b), ele não é mais incompatível com uma distribuição aleatória, e isso nos autoriza a empregar um teste F. Além disto, os resíduos também são bem menores do que aqueles deixados pelo modelo linear.

A análise da variância (Tabela 5.6) confirma a superioridade do modelo quadrático. O novo modelo reproduz 99,37% da variação total, contra apenas 80,63% do modelo linear. O valor de MQ_R / MQ_r sobe para 471,4 (contra 29,14 no modelo linear). Já que a entrada do parâmetro β_2 no modelo transfere um grau de liberdade da média quadrática residual para a média quadrática devida à regressão, o novo valor de MQ_R / MQ_r deve ser comparado com $F_{2,6}$ (que é 5,14 no nível de 95%), e não mais com $F_{1,7}$. De toda forma, esses resultados nos permitem concluir que agora temos um ajuste altamente significativo.

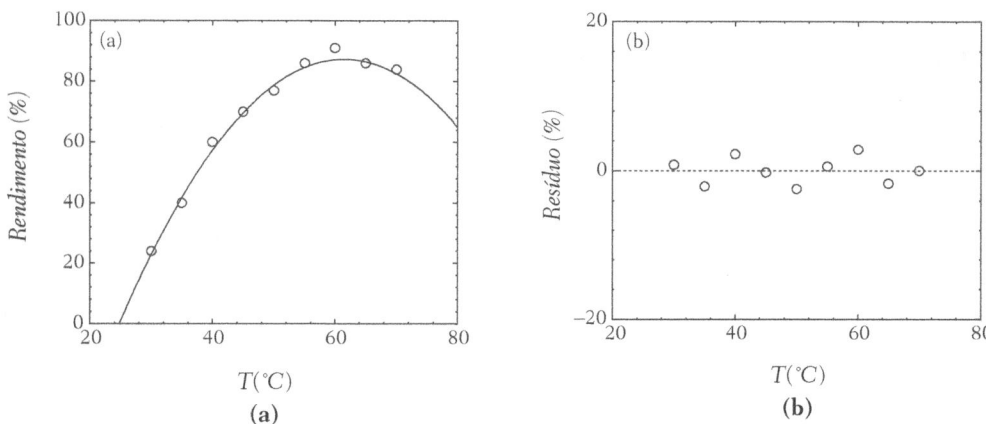

Figura 5.7 (a) Ajuste de um modelo quadrático aos dados da Tabela 5.4. A concordância é bem melhor do que na Figura 5.6(a). (b) Não parece haver um padrão na distribuição dos resíduos.

Tabela 5.6 ANOVA para o ajuste de um modelo quadrático aos dados da Tabela 5.4

Fonte de variação	Soma quadrática	Nº de g. l.	Média quadrática
Regressão	4.270,8	2	2.135,4
Resíduos	27,2	6	4,53
Total	4.298,0	8	

% de variação explicada: 99,37

Essa comparação do modelo linear com o modelo quadrático é uma boa ocasião para lembrar que modelos empíricos são modelos *locais*, isto é, modelos aplicáveis apenas a uma determinada região. Essa característica torna a extrapolação uma atividade bastante arriscada. Basta observar que o modelo linear mostrou-se perfeitamente satisfatório para o nosso primeiro conjunto de valores, mas uma pequena ampliação da faixa de temperaturas tornou necessário o emprego de um modelo quadrático, apesar de os dados da Tabela 5.1 estarem todos contidos na Tabela 5.4. Mesmo esse segundo modelo não deve ser extrapolado, e não precisamos ir muito longe para chegar a essa constatação. Se fizermos, por exemplo, $T = 20°C$ na Equação 5.34, o que representa apenas dez graus a menos do que a temperatura mais baixa investigada experimentalmente, obteremos $\hat{y} = -24,44\%$, um valor absurdo, já que não existem rendimentos negativos. Em suma: precisamos desconfiar das extrapolações. Elas sempre devem ser testadas com mais experimentos, chamados por isso mesmo de **experimentos confirmatórios**.

5.6 Falta de ajuste e erro puro

Até aqui, baseamos a avaliação dos nossos modelos na aparência do gráfico dos resíduos. Se não houver nada na distribuição deles que nos faça suspeitar de anormalidade, consideramos o modelo satisfatório. É um procedimento subjetivo, sem dúvida, mas não devemos menosprezá-lo, até porque não existe alternativa para ele, se não dispusermos de alguma medida do erro aleatório. Além disso, examinar a distribuição dos resíduos sempre nos ajuda a verificar se não há nada de errado com o modelo, e pode indicar como melhorá-lo, se houver necessidade. Um exame cuidadoso dos gráficos dos resíduos deve ser considerado *obrigatório* em qualquer situação.

Se o nosso experimento fornecer respostas em duplicata, podemos usá-las para obter uma estimativa do erro aleatório. Com essa estimativa, teremos um critério quantitativo para julgar se o modelo escolhido é uma boa representação das observações, ou se precisamos modificá-lo. Para mostrar como isso é feito, daremos um exemplo numérico, baseado em duplicatas dos ensaios realizados na faixa 30-70°C.

Suponhamos que os ensaios da Tabela 5.4 tenham sido duplicados, e que nossos dados sejam os dezoito rendimentos mostrados na Tabela 5.7. Para cada valor de X existem agora dois valores de y diferentes. É evidente que, qualquer que seja o modelo escolhido, ele não poderá passar ao mesmo tempo por esses dois valores. Fatalmente haverá resíduos, que poderemos atribuir, pelo menos em parte, aos erros aleatórios.

Veremos, nesta seção, que a soma quadrática residual deixada pelo modelo pode ser decomposta em duas partes: uma causada pelos erros aleatórios, e a outra devida à falta de ajuste do modelo. Esta segunda parcela pode ser reduzida aperfeiçoando-se o modelo. A outra parte, não.

Vamos deixar por um momento nosso exemplo numérico e considerar um caso geral onde, para cada valor X_i, tenham sido determinadas n_i respostas, obtidas em repetições autênticas. Para identificar as repetições, usaremos um segundo índice, j, de modo que uma resposta passará a ser representada genericamente por y_{ij}, signifi-

Tabela 5.7 Variação do rendimento da reação em função da temperatura, na faixa 30-70°C, com o catalisador A. Ensaios em duplicata

Temperatura (°C)	30	35	40	45	50	55	60	65	70
Rendimento (%)	24	40	60	70	77	86	91	86	84
	20	43	57	72	80	89	88	89	80

cando a *j*-ésima resposta obtida para o *i*-ésimo ensaio. O número total de respostas em todo o experimento será igual à soma de todas as repetições: $n = \sum n_i$.

Em cada nível *i* o modelo deixará n_i resíduos, um para cada resposta repetida. Somando os quadrados de todos eles em todas as repetições, obteremos a soma quadrática residual nesse nível. Podemos escrever, então, admitindo que existam *m* níveis diferentes da variável *X*, as seguintes expressões:

- Soma quadrática dos resíduos no nível *i*: $(SQ_r)_i = \sum_{j}^{n_i}(y_{ij} - \hat{y}_i)^2$;

- Soma quadrática residual: $SQ_r = \sum_{i}^{m}(SQ_r)_i = \sum_{i}^{m}\sum_{j}^{n_i}(y_{ij} - \hat{y}_i)^2$.

Cada resíduo individual pode ser decomposto algebricamente na diferença de dois termos:

$$(y_{ij} - \hat{y}_i) = (y_{ij} - \overline{y}_i) - (\hat{y}_i - \overline{y}_i), \quad (5.35)$$

onde $\overline{y}_i$ é a média das respostas observadas no nível *i*. Elevando ao quadrado esta equação e somando sobre todas as observações, teremos do lado esquerdo a soma quadrática residual, SQ_r, como acabamos de ver. Do lado direito ficaremos com as somas quadráticas das duas parcelas, pois o somatório dos termos cruzados se anula, a exemplo do que aconteceu na decomposição da soma quadrática total (Equação 5.16 e Exercício 5.7). Podemos escrever, então:

$$\sum_{i}^{m}\sum_{j}^{n_i}(y_{ij} - \hat{y}_i)^2 = \sum_{i}^{m}\sum_{j}^{n_i}(y_{ij} - \overline{y}_i)^2 + \sum_{i}^{m}\sum_{j}^{n_i}(\hat{y}_i - \overline{y}_i)^2. \quad (5.36)$$

O primeiro somatório do lado direito não tem nada a ver com o modelo, e portanto não depende das estimativas $\hat{y}_i$, refletindo apenas a dispersão, em cada nível *i*, das respostas repetidas y_{ij} em torno de suas próprias médias $\overline{y}_i$. Esse termo, que nos dará uma medida do erro aleatório, é chamado de **soma quadrática devida ao erro puro** (SQ_{ep}). O segundo somatório, ao contrário, depende do modelo, e será tanto maior quanto mais as estimativas para um dado nível, $\hat{y}_i$, se desviarem da resposta média correspondente, $\overline{y}_i$. Esse termo fornece uma medida da falta de ajuste do modelo às respostas observadas, sendo chamado por isso de **soma quadrática devida à falta de ajuste**, SQ_{faj}. Com essa terminologia, a Equação 5.36 pode ser lida assim:

$$\begin{bmatrix} \text{Soma quadrática} \\ \text{residual} \end{bmatrix} = \begin{bmatrix} \text{SQ devida} \\ \text{ao erro puro} \end{bmatrix} + \begin{bmatrix} \text{SQ devida} \\ \text{à falta de ajuste} \end{bmatrix}$$

ou

$$SQ_r = SQ_{ep} + SQ_{faj.} \qquad (5.36a)$$

Quando dividirmos as somas quadráticas pelos seus respectivos números de graus de liberdade, teremos médias quadráticas cujos valores iremos comparar para avaliar a falta de ajuste do modelo.

Em cada nível i, os resíduos $(y_{ij} - \overline{y}_i)$ que compõem SQ_{ep} têm $n_i - 1$ graus de liberdade. Fazendo o somatório sobre todos os níveis, obteremos o número de graus de liberdade da soma quadrática devida ao erro puro:

$$\nu_{ep} = \sum(n_i - 1) = (n - m),$$

onde n é o número total de observações e m é o número de níveis da variável X.

Já vimos que o número de graus de liberdade da soma quadrática residual é a diferença entre o número total de valores observados e o número de parâmetros do modelo, $\nu_r = (n - p)$. Subtraindo daí os graus de liberdade correspondentes a SQ_{ep}, teremos o número de graus de liberdade para a falta de ajuste:

$$\nu_{faj} = (n - p) - (n - m) = (m - p).$$

Note que ele é dado pela diferença entre o número de níveis utilizados para a variável independente e o número de parâmetros do modelo, o que tem uma implicação de grande importância prática. Para termos condições de testar se há falta de ajuste, o número de níveis do nosso planejamento experimental precisa ser maior do que o número de parâmetros do modelo que estamos querendo ajustar. Para uma reta, por exemplo, que é caracterizada por dois parâmetros, precisaríamos ter, no mínimo, três níveis da variável representada por X para que ν_{faj} não se anule. Se tentássemos ajustar uma reta a respostas determinadas em apenas dois níveis, ela passaria obrigatoriamente pelas médias das respostas em cada nível. Isso anularia SQ_{faj} na Equação 5.36a e reduziria a soma quadrática residual a uma soma quadrática de erro puro, tornando impossível descobrir qualquer falta de ajuste.

Com o desdobramento da soma quadrática residual nas contribuições da falta de ajuste e do erro puro, a tabela de análise da variância ganha duas novas linhas e transforma-se na versão completa (Tabela 5.8). A média quadrática devida ao erro puro,

$$MQ_{ep} = \frac{\sum_{i}^{m}\sum_{j}^{n_i}(y_{ij} - \overline{y}_i)^2}{n - m},$$

Tabela 5.8 Tabela de análise da variância para o ajuste, pelo método dos mínimos quadrados, de um modelo linear nos parâmetros.
n_i = número de repetições no nível i; m = número de níveis distintos da variável independente; $n = \sum n_i$ = número total de observações; p = número de parâmetros do modelo

Fonte de variação	Soma quadrática	N° de g. l.	Média quadrática
Regressão	$SQ_R = \sum_i^m \sum_j^{n_i} (\hat{y}_i - \bar{y})^2$	$p - 1$	$MQ_R = \dfrac{SQ_R}{p-1}$
Resíduos	$SQ_r = \sum_i^m \sum_j^{n_i} (y_{ij} - \hat{y}_i)^2$	$n - p$	$MQ_r = \dfrac{SQ_r}{n-p}$
Falta de ajuste	$SQ_{faj} = \sum_i^m \sum_j^{n_i} (\hat{y}_i - \bar{y}_i)^2$	$m - p$	$MQ_{faj} = \dfrac{SQ_{faj}}{m-p}$
Erro puro	$SQ_{ep} = \sum_i^m \sum_j^{n_i} (y_{ij} - \bar{y}_i)^2$	$n - m$	$MQ_{ep} = \dfrac{SQ_{ep}}{n-m}$
Total	$SQ_T = \sum_i^m \sum_j^{n_i} (y_{ij} - \bar{y})^2$	$n - 1$	

% de variação explicada: $\dfrac{SQ_R}{SQ_T}$

% máxima de variação explicável: $\dfrac{SQ_T - SQ_{ep}}{SQ_T}$

que não depende do modelo, é uma estimativa da variância σ^2 que postulamos para as respostas, esteja o modelo bem ajustado ou não. A média quadrática devida à falta de ajuste,

$$MQ_{faj} = \frac{\sum_i^m \sum_j^{n_i} (\hat{y}_i - \bar{y}_i)^2}{m - p},$$

também estima σ^2 se o modelo for adequado, isto é, se não houver falta de ajuste. Caso contrário, o valor de MQ_{faj} estimará σ^2 *mais* a contribuição da falta de ajuste. Podemos, então, usar um teste F da razão MQ_{faj} / MQ_{ep} para avaliar se o nosso modelo está (ou não) bem ajustado às observações. Valores altos de MQ_{faj} / MQ_{ep} significarão muita falta de ajuste, e vice-versa.

Voltamos agora aos dados em duplicata da Tabela 5.7. Já sabemos que um modelo linear é inadequado para essa faixa de temperaturas, mas vamos ajustá-lo assim mesmo, para mostrar como funciona o teste F para a falta de ajuste. Mais uma vez, começamos usando a equação matricial 5.12 para determinar a equação de regressão, tendo o cuidado de fazer corresponder os valores das matrizes $\mathbf{X}$ e $\mathbf{y}$, que agora terão dezoito linhas, ao invés de nove. Escrevemos, então, a partir da Tabela 5.7,

$$\mathbf{X} = \begin{bmatrix} 1 & 30 \\ 1 & 30 \\ 1 & 35 \\ 1 & 35 \\ \ldots & \ldots \\ 1 & 70 \\ 1 & 70 \end{bmatrix} \quad e \quad \mathbf{y} = \begin{bmatrix} 24 \\ 20 \\ 40 \\ 43 \\ \ldots \\ 84 \\ 80 \end{bmatrix}.$$

A reta de regressão determinada a partir dessas matrizes é dada por

$$\hat{y} = -7{,}42 + 1{,}52X.$$

A Tabela 5.9 mostra a análise da variância para o novo ajuste. A percentagem de variação explicada pela regressão, isto é, a razão entre a soma quadrática devida à regressão e a soma quadrática total, é $SQ_R / SQ_T = 77{,}79\%$. Este valor, porém, não deve ser comparado com 100%, por causa da contribuição devida ao erro puro.

Como nenhum modelo pode reproduzir a soma quadrática do erro puro, o valor máximo explicável é a diferença entre a soma quadrática total e SQ_{ep}. No nosso caso, $SQ_T - SQ_{ep} = 8.930{,}00 - 45{,}00 = 8.885{,}00$, que corresponde a $8.885{,}00/8.930{,}00 = 99{,}50\%$ da soma quadrática total. A diferença não é muito grande, porque a contribuição do erro puro é relativamente pequena, mas é com este novo valor que devemos comparar a variação explicada pela regressão, 77,79%. A inadequação do modelo aparece claramente nos gráficos da Figura 5.8(a). Mais uma vez, os resíduos se distribuem num padrão curvo.

O valor da razão MQ_R / MQ_r é 56,03. Comparado com $F_{1,16} = 4{,}49$ (no nível de 95%), esse valor indicaria uma regressão significativa, se não fosse pela evidência de falta de ajuste, que agora também é confirmada pelo alto valor de MQ_{faj} / MQ_{ep}:

$$\frac{MQ_{faj}}{MQ_{ep}} = \frac{276{,}94}{5{,}00} = 55{,}39 ,$$

que é muito maior do que $F_{7,9} = 3{,}29$.

Tabela 5.9 Análise da variância para o ajuste de um modelo linear aos dados da Tabela 5.7

Fonte de variação	Soma quadrática	Nº de g. l.	Média quadrática
Regressão	6.946,41	1	6.946,41
Resíduos	1.983,59	16	123,97
F. ajuste	1.938,59	7	276,94
Erro puro	45,00	9	5,00
Total	8.930,00	17	

% de variação explicada: 77,79
% máxima de variação explicável: 99,50

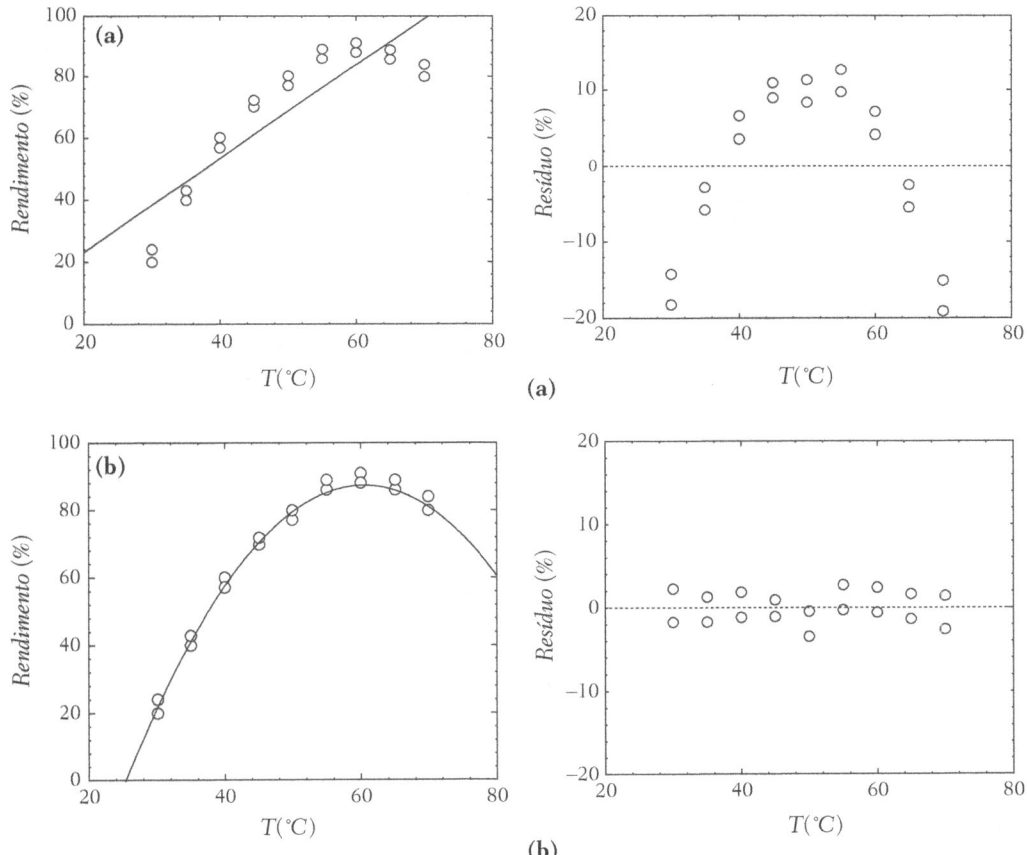

Figura 5.8 (a) Ajuste de um modelo linear aos dados da Tabela 5.7. Os valores observados não são bem representados pela reta. A distribuição dos resíduos não é aleatória. (b) Com um modelo quadrático a concordância é bem melhor. Os resíduos parecem distribuir-se aleatoriamente.

Já que o modelo linear apresenta falta de ajuste, passamos a ajustar o modelo quadrático, que é dado pela Equação 5.33. Construindo as matrizes apropriadas e substituindo-as na Equação 5.12, chegamos a

$$\mathbf{b} = \begin{bmatrix} -172,42 \\ 8,59 \\ -0,071 \end{bmatrix},$$

ou

$$\hat{y} = -172,42 + 8,59X - 0,071X^2.$$

Os gráficos do modelo quadrático [Figura 5.8(b)] mostram um ajuste muito melhor do que os do modelo linear, como seria de se esperar. A melhoria é confirmada numericamente pelos valores da análise da variância (Tabela 5.10). A diferença é gritante: o valor da razão MQ_R / MQ_r sobe para 4.435,80/3,89 = 1.140,3, enquanto a razão MQ_{faj} / MQ_{ep}, que era 55,39, reduz-se a apenas 0,45, um valor não significativo. Não há mais sinal de falta de ajuste, e podemos determinar os intervalos de confiança para os parâmetros do modelo.

Já que não há falta de ajuste, tanto MQ_{faj} quanto MQ_{ep} estimam σ^2. Podemos aproveitar esse fato para obter uma estimativa da variância com um maior número de graus de liberdade, somando SQ_{faj} e SQ_{ep} e dividindo o total por ($\nu_{faj} + \nu_{ep}$). Com essa operação, simplesmente teremos de volta a média quadrática residual, que agora passa a ser uma estimativa legítima da variância devida ao erro puro.

Tabela 5.10 Análise da variância para o ajuste de um modelo quadrático aos dados da Tabela 5.7

Fonte de variação	Soma quadrática	Nº de g. l.	Média quadrática
Regressão	8.871,61	2	4.435,80
Resíduos	58,40	15	3,89
F. ajuste	13,39	6	2,23
Erro puro	45,00	9	5,00
Total	8.930,00	17	

% de variação explicada: 99,35
% máxima de variação explicável: 99,50

Substituindo σ^2 na Equação 5.30 pelo valor da média quadrática residual, $s^2 = 3,89$, chegamos às estimativas das variâncias dos parâmetros. Daí, tirando a raiz quadrada, obtemos seus erros-padrão. Com eles podemos escrever o resultado final do nosso ajuste:

$$\hat{y} = \underset{(\pm 7,65)}{-172,42} + \underset{(\pm 0,32)}{8,59X} - \underset{(\pm 0,003)}{0,071X^2}$$

Os valores entre parênteses são os erros-padrão dos parâmetros. Como eles são muito menores do que os valores das estimativas, concluímos que todos os três parâmetros são estatisticamente significativos. Havendo necessidade de uma análise mais rigorosa, podemos fazer um teste t para cada um deles.[4]

Exercício 5.10

Esta é uma versão incompleta da tabela de análise da variância para o modelo ajustado no Exercício 5.5. Complete-a e verifique se o modelo linear é satisfatório, ou se há evidência de falta de ajuste.

Fonte de variação	Soma quadrática	Nº de g. l.	Média quadrática
Regressão	$2,95146 \times 10^{-1}$	?	?
Resíduos	?	?	?
Falta de ajuste	?	?	?
Erro puro	$1,09355 \times 10^{-4}$	?	?
Total	$2,95425 \times 10^{-1}$	11	

% variação explicada: ?
% máxima de variação explicável: ?

Exercício 5.11

O resultado do Exercício 5.10 deve mostrar que não há evidência de falta de ajuste no modelo do Exercício 5.5. Use a média quadrática residual como uma estimativa da variância das observações e determine os erros-padrão das estimativas dos coeficientes da equação de regressão. Eles são estatisticamente significativos no nível de 95%?

---

[4] Com quantos graus de liberdade?

5.7 Correlação e regressão

Muitas vezes, na literatura, os resultados de uma análise de regressão são discutidos em termos da correlação da variável dependente com a variável independente. A rigor, isso não faz sentido, já que a correlação é definida para um par de variáveis *aleatórias*, e na regressão somente a variável dependente é que é considerada aleatória. No entanto, se esquecermos desse detalhe conceitual, existem algumas relações algébricas entre correlação e regressão que vale a pena discutir, nem que seja para esclarecer seu verdadeiro significado e suas limitações.

Imaginemos que tanto X quanto y sejam variáveis aleatórias e que, portanto, seja apropriado definir um **coeficiente de correlação** entre elas, dado por

$$r(X,y) = \frac{\sum \left(\frac{X_i - \bar{X}}{S_x} \right) \left(\frac{y_i - \bar{y}}{S_y} \right)}{N-1} , \qquad (2.9)$$

como vimos na Seção 2.4. Com a notação simplificada que introduzimos na Equação 5.10 (veja também o Exercício 5.3), podemos reescrever esta expressão da seguinte forma:

$$r(X,y) = \frac{S_{xy}}{\sqrt{S_{xx}S_{yy}}} . \qquad (5.37)$$

Na mesma notação, como já vimos, a estimativa de β_1 é dada por

$$b_1 = \frac{S_{xy}}{S_{xx}} . \qquad (5.10)$$

Combinando as duas expressões, obtemos uma relação entre o coeficiente angular da reta de regressão, b_1, e o coeficiente de correlação entre as duas variáveis, $r(X, y)$:

$$b_1 = r(X,y) \sqrt{\frac{S_{yy}}{S_{xx}}} , \qquad (5.38)$$

ou

$$b_1 = r(X,y) \frac{s_y}{s_x} , \qquad (5.39)$$

onde s_y e s_x são os desvios-padrão das variáveis y e X, respectivamente. Mesmo assim, b_1 e $r(X, y)$ continuam tendo significados intrinsecamente diferentes. O coeficiente de correlação, como sabemos, é uma medida da associação linear existente entre as variáveis X

e y, ambas supostamente aleatórias. O valor do coeficiente angular b_1 representa a variação em $\hat{y}$ correspondente à variação de uma unidade em X, ou seja, a derivada $d\hat{y}/dX$.

Para um modelo linear, podemos também estabelecer uma relação entre a percentagem de variação explicada (ou coeficiente de determinação),

$$R^2 = \frac{SQ_R}{SQ_T} = \frac{\sum(\hat{y}_i - \bar{y})^2}{\sum(y_i - \bar{y})^2},$$

e o coeficiente de correlação $r(X,y)$. Para isso, usamos a Equação 5.18 e reescrevemos R^2 como

$$R^2 = b_1^2 \frac{\sum(X_i - \bar{X})^2}{\sum(y_i - \bar{y})^2} = b_1^2 \frac{S_{xx}}{S_{yy}}.$$

Empregando agora a Equação 5.38 para substituir b_1^2, chegamos a

$$R^2 = r^2(X,y) \frac{S_{yy}}{S_{xx}} \frac{S_{xx}}{S_{yy}}$$

ou, simplificando,

$$R^2 = r^2(X,y) \qquad (5.40)$$

Esta igualdade mostra que, quando adotamos o modelo $y_i = \beta_0 + \beta_1 X_i + \varepsilon_i$, a percentagem de variação explicada pela regressão é também uma medida da associação linear entre X e y. Um erro comum, talvez induzido pela própria Equação 5.40, é interpretar o valor de R, a raiz quadrada de R^2 com o sinal algébrico apropriado, como o coeficiente de correlação entre X e y, numa regressão qualquer. Acabamos de ver que isso só é válido para o ajuste de uma reta. Além do mais, na modelagem por mínimos quadrados, X nem sequer é uma variável aleatória. Na verdade, o valor de R pode ser interpretado como um coeficiente de correlação, mas não entre as variáveis X e y. Pode-se demonstrar que em qualquer circunstância, para qualquer regressão linear com qualquer número de variáveis, R é o coeficiente de correlação entre as respostas observadas e os valores previstos pelo modelo ajustado:

$$R = r(y, \hat{y}) \qquad (5.41)$$

Esta relação é legítima, pois tanto os valores observados quanto os valores previstos são variáveis aleatórias. O valor de R, que é chamado de **coeficiente de correlação múltipla**, nunca é negativo. Ele é o maior valor da correlação que uma combinação linear das variáveis independentes, na forma especificada pelo modelo, pode ter com os valores de y observados.

5A Aplicações

5A.1 A flexibilidade do ar

Em 1661, Robert Boyle fez um relato à Royal Society em que descrevia sua descoberta da relação, que depois viria a ser conhecida como a Lei de Boyle,[1] entre a pressão e o volume de uma dada massa de ar. Os dados originais de Boyle, que foram publicados em 1662, na segunda edição do seu *New Experiments Physio-Mechanicall, Touching the Spring of Air and its Effects*, estão na Tabela 5A.1. Vamos usá-los para ajustar alguns modelos polinomiais e avaliar a qualidade dos ajustes através da análise da variância e dos gráficos dos resíduos.

Os ajustes são feitos da maneira habitual, por mínimos quadrados (Equação 5.12,) e produzem os seguintes resultados:

	Modelo ajustado	MQ_R/MQ_r	R^2
Linear	$p_i = 4{,}125 - 0{,}0742 V_i$ $(0{,}170)(0{,}006)$	166,66	87,68%
Quadrático	$p_i = 6{,}183 - 0{,}238 V_i + 0{,}00279 V_i^2$ $(0{,}185)(0{,}014)(0{,}00023)$	651,50	98,34%
Cúbico	$p_i = 8{,}253 - 0{,}491 V_i + 0{,}012 V_i^2 - 0{,}000105 V_i^3$ $(0{,}187)(0{,}022)(0{,}0008)(0{,}000009)$	3.241,45	99,78%

Tabela 5A.1 Dados do experimento de Boyle. As pressões estão em atmosferas e as unidades do volume são arbitrárias

p	1,000	1,049	1,097	1,150	1,212	1,270	1,350	1,429	1,517
V	48	46	44	42	40	38	36	34	32
p	1,616	1,727	1,865	2,019	2,105	2,199	2,302	2,427	2,545
V	30	28	26	24	23	22	21	20	19
p	2,674	2,841	3,017	3,195	3,449	3,702	4,036		
V	18	17	16	15	14	13	12		

---

[1] Ou de Mariotte, como se diz na França. O francês E. Mariotte descobriu a mesma relação, independentemente de Boyle, e ainda notou que ela só era válida se a temperatura permanecesse constante.

Todos os termos de todos os modelos são significativos, como podemos ver pela pequena extensão dos seus respectivos erros-padrão. Embora cada termo adicional retire um grau de liberdade dos resíduos, isso não prejudica os modelos, já que, do ponto de vista da ANOVA, eles vão progressivamente melhorando. O modelo cúbico, por exemplo, tem $MQ_R / MQ_r = 3.214,15$, e explica 99,78% da variação total. Por esses números, dificilmente iríamos nos preocupar em achar um modelo melhor. Quando olhamos os gráficos dos resíduos, porém, vemos uma outra história (Figura 5A.1). Embora eles fiquem cada vez menores, é evidente que seu conjunto mantém uma estrutura, que varia conforme a complexidade do modelo. Para o modelo linear, os resíduos têm um padrão que se assemelha a uma parábola. Quando incluímos o termo quadrático, os novos resíduos passam a lembrar uma cúbica. Acrescentando em seguida o termo cúbico, eles parecem ser descritos por uma equação do quarto grau.

O que na verdade estamos fazendo é tentar ajustar com uma série de potências um conjunto de dados que pode muito bem ser representado por uma função mais simples. Como sabemos da química elementar, a Lei de Boyle é dada pela expressão $pV = k$, ou $p = k\,(1/V)$, onde k é uma constante que depende da temperatura e da quantidade de gás. Se usarmos como variável independente não o volume e sim o seu inverso, teremos a expressão de uma reta. A Figura 5A.2 mostra essa reta e os resíduos deixados por ela para os dados de Boyle. A troca da variável V por $1/V$ é, por motivos óbvios, um exemplo do que se conhece como **transformação linearizante**. Esta é uma lição importante. Antes de pensar em acrescentar novos termos e complicar um dado modelo, devemos refletir se não existe alguma transformação das variáveis que possa produzir um ajuste mais satisfatório. Em qualquer caso, o gráfico dos resíduos é sempre uma ótima indicação de como anda a modelagem.

Do ponto de vista da análise da variância, os resultados da transformação também são excelentes. A equação ajustada agora é

$$p_i = \underset{(0,04270)}{0,065} + \underset{(0,088)}{48,18}\frac{1}{V_i} \text{, com } MQ_R / MQ_r = 299.273 \text{ e } R^2 = 99,992\%.$$

Ou seja: ficou tudo muito melhor do que com os três modelos polinomiais ajustados diretamente no volume. Além disso, o termo constante deixou de ser estatisticamente significativo, o que reproduz perfeitamente a lei de Boyle.[2]

---

[2] Você notou que, quando usamos $1/V$, os pontos vão ficando mais espaçados à medida que caminhamos da esquerda para a direita do gráfico? Por que será?

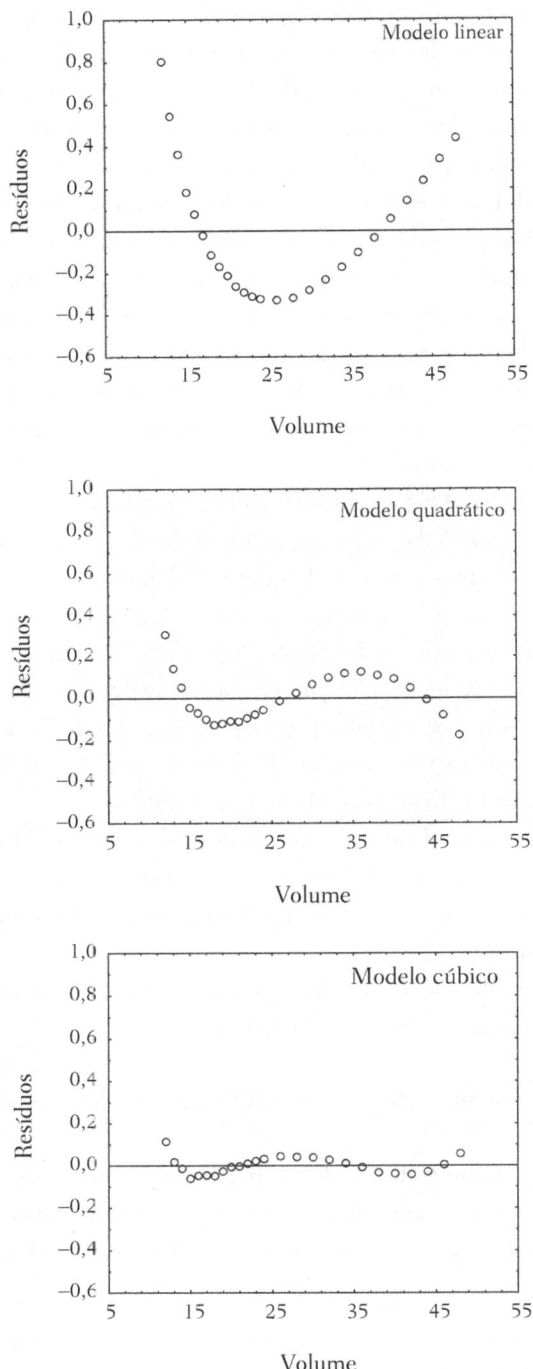

Figura 5A.1 Gráficos dos resíduos deixados pelos três modelos para os dados de Boyle.

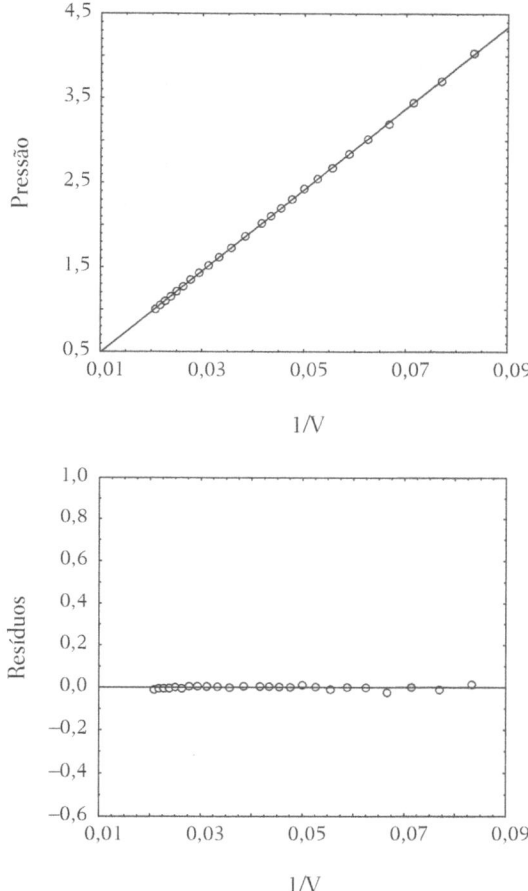

Figura 5A.2 Dados de Boyle ajustados a um modelo linear no inverso do volume.

5A.2 Calibração em cromatografia

Para construir uma curva de calibração, G. M. F. Silva e J. F. Pinto mediram a altura de um pico cromatográfico (A) para seis diferentes concentrações de bentazona (C). Para cada concentração foram feitas várias determinações repetidas, num total de 21 ensaios (Tabela 5A.2). A julgar pelo gráfico das alturas contra as concentrações, mostrado na Figura 5A.3, uma reta seria um bom modelo para esses dados. Fazendo o ajuste por mínimos quadrados, chegamos à equação

$$\hat{A} = \underset{(\pm 0,0930)}{-0,1906} + \underset{(\pm 0,1244)}{15,3488} C, \quad \text{com} \quad R^2 = 99{,}87\%.$$

Tabela 5A.2 Dados da calibração cromatográfica da bentazona

Concentração, mgL^{-1}	Altura do pico, cm				
0,0133	0,1836	0,1787	0,1837	0,1806	0,1861
0,0665	0,9373	0,9177	0,9224		
0,3325	4,6227	4,7812	4,6256		
0,6650	9,6905	9,9405	9,5754		
0,9975	14,7607	15,0113	14,9641		
1,3300	21,0033	20,2700	20,5719	20,0915	

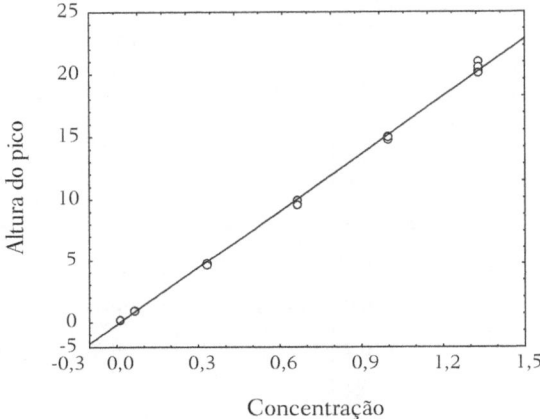

Figura 5A.3 Dados da calibração cromatográfica da bentazona.

Parece uma equação excelente, mas na verdade apresenta falta de ajuste. Usando as equações dadas na Tabela 5.8, obtemos $MQ_{faj} / MQ_{ep} = 6,11$, que é maior do que $F_{4,15} = 3,06$ (95% de confiança). Para tentar eliminar a falta de ajuste, acrescentamos então um termo quadrático, e chegamos a um modelo com três parâmetros, dado por

$$\hat{A} = \underset{(\pm 0,0694)}{-0,0010} + \underset{(\pm 0,3116)}{13,7456C} + \underset{(\pm 0,2333)}{1,2418C^2}, \quad \text{com} \quad R^2 = 99,95\%.$$

Não parece uma melhoria tão impressionante, mas examinando os gráficos dos resíduos (Figura 5A.4) podemos constatar que o modelo quadrático é de fato superior, e já não apresenta falta de ajuste. Para ele, aliás, $MQ_{faj} / MQ_{ep} = 0,142$, valor que, por ser inferior a um, nos dispensa de fazer o teste F. Pelo mesmo motivo, os erros-padrão que aparecem na segunda equação foram calculados a partir da média quadrática residual total, e não da média quadrática devida ao erro puro. Também

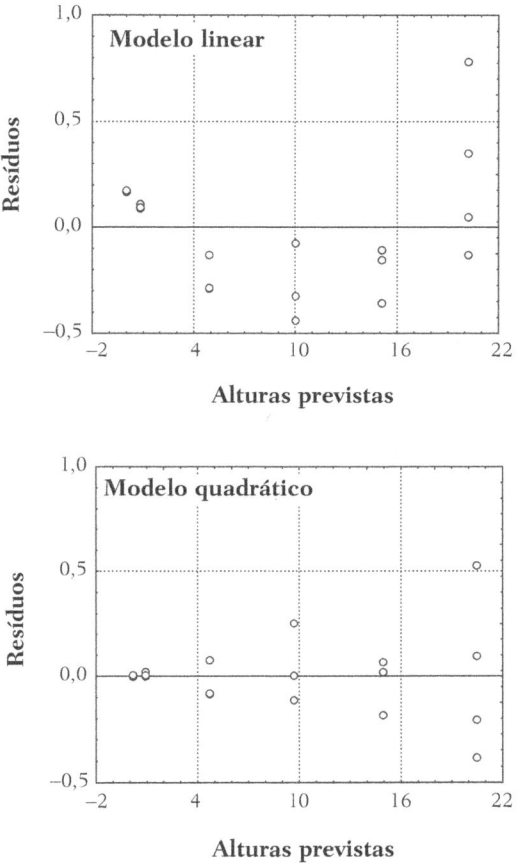

Figura 5A.4 Resíduos da calibração cromatográfica da benzatona.

vale a pena observar que o termo constante, que é levemente significativo no modelo linear, deixa de sê-lo no modelo quadrático. Ou seja, no segundo modelo uma solução de concentração zero não deve apresentar pico cromatográfico nenhum para a bentazona, como obviamente teria de ser.

Os gráficos dos resíduos também deixam muito claro que a variância das respostas cresce com a concentração, fato que é comum em vários métodos de análise instrumental. Isso viola uma das suposições do ajuste por mínimos quadrados, e normalmente é resolvido fazendo-se uma regressão com dados ponderados por uma **transformação estabilizadora da variância** (veja, por exemplo, Pimentel; Barros Neto, 1996).

É importante notar que, dependendo dos erros que estejamos dispostos a tolerar nas previsões feitas a partir da equação de regressão, pode ser que nem a falta de ajuste do modelo linear nem a heteroscedasticidade das respostas tenham qualquer importância prática. De qualquer forma, é bom estarmos preparados para tratar desses problemas, se eles vierem a se revelar prejudiciais para os objetivos de algum experimento.

5A.3 Calibração multivariada

Num estudo sobre a determinação simultânea de MnO_4^-, $Cr_2O_7^{2-}$ e Co^{2+}, várias misturas de soluções-padrão dessas três espécies químicas foram preparadas e analisadas por espectrofotometria UV visível, em três comprimentos de onda diferentes: 530, 440 e 410 *nm* (Scarminio *et al.*, 1993). Os dados relativos ao íon permanganato estão na Tabela 5A.3.

O modelo linear ajustado é

$$\hat{V} = 2{,}642 - 3{,}560\,A_{530} - 37{,}088\,A_{440} + 39{,}636\,A_{410}.$$
$$\scriptsize(\pm 4{,}404)\quad(\pm 10{,}256)\quad(\pm 6{,}347)\quad(\pm 1{,}845)$$

Não podemos testar rigorosamente se existe falta de ajuste, porque não temos medidas repetidas, mas o gráfico dos resíduos (Figura 5A.5) está com um bom aspecto (isto é, não parece ter estrutura) e por isso usamos o valor do erro médio quadrático residual, MQ_r, para determinar os erros-padrão dos coeficientes do modelo. O modelo linear explica 99,74% da variação total e o valor de $MQ_R/MQ_r = 628$ é bastante alto. Note que, como seria de se esperar, o termo constante não é estatisticamente significativo. Aliás, o termo em A_{530} também não, indicando que este comprimento de onda não ajuda na determinação do íon permanganato.

Tabela 5A.3 Calibração multivariada do íon MnO_4^- por espectrofotometria

Volume de MnO_4^-, *mL*	Absorvâncias		
	A_{530}	A_{440}	A_{410}
7,50	0,084	0,506	0,602
6,60	0,108	0,479	0,561
5,00	0,149	0,426	0,472
3,40	0,182	0,375	0,385
2,50	0,205	0,342	0,334
1,70	0,159	0,409	0,375
5,00	0,149	0,426	0,472
5,00	0,113	0,488	0,523
4,00	0,149	0,432	0,456

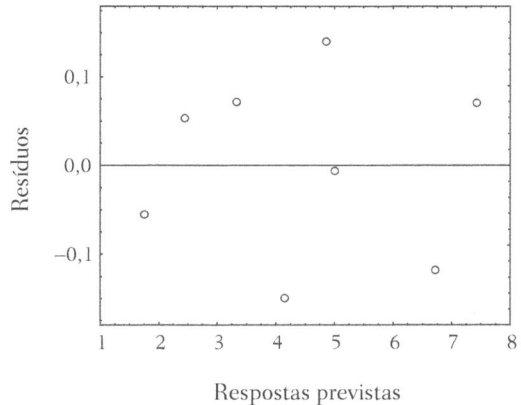

Figura 5A.5 Resíduos da calibração multivariada do íon permanganato.

5A.4 Intervalo de energias proibidas em semicondutores

Para se determinar o intervalo de energias proibidas (*gap*) em um semicondutor, pode-se usar o fenômeno da variação da condutividade eletrônica (σ) em função da temperatura. A teoria dos semicondutores indica que o logaritmo da condutividade deve variar linearmente com o inverso da temperatura.[3] O valor do *gap* de energia, E_g, é dado pelo coeficiente angular da reta $\ln\sigma$ contra $1/T$. A Tabela 5A.4 contém os valores de nove ensaios realizados em duplicata com um semicondutor intrínseco de germânio, no laboratório de Física Moderna do Departamento de Física da Universidade Estadual de Londrina, sob a supervisão do Prof. J. Scarminio.

O ajuste de um modelo linear aos dados da tabela resulta na equação

$$\ln\sigma = \underset{(\pm 0{,}120)}{16{,}708} - \underset{(\pm 42{,}2)}{4509{,}9}\frac{1}{T}, \quad \text{com } R^2 = 99{,}86\%.$$

Os dois parâmetros são altamente significativos. O termo constante representa o valor que a condutividade eletrônica teria se não existisse diferença de energia entre o valor superior da banda de valência e o valor inferior da banda da condução do semicondutor. O gráfico dos resíduos (Figura 5A.6) mostra evidência de falta de ajuste, sugerindo que, pelo menos do ponto de vista estatístico, o modelo poderia ser melhorado se incluíssemos um termo quadrático. Isso é confirmado pelos valores da análise da variância, mas devemos observar que, para simplificar o experimento,

---

[3] Duas transformações linearizantes, não é mesmo?

Tabela 5A.4 Variação da condutividade de um semicondutor de Ge com a temperatura

Ensaio	1/T, $10^{-3}\ K^{-1}$	$\ln(\sigma/\Omega^{-1}m^{-1})$	
1	3,19	2,24	2,29
2	3,09	2,74	2,81
3	3,00	3,19	3,22
4	2,91	3,60	3,61
5	2,83	3,95	4,01
6	2,75	4,33	4,33
7	2,68	4,62	4,62
8	2,61	4,92	4,93
9	2,54	5,21	5,21

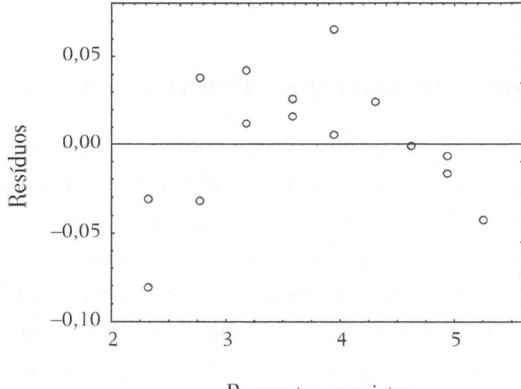

Figura 5A.6 Resíduos do ajuste do modelo $\ln\sigma = b_0 + b_1\frac{1}{T}$ aos dados da Tabela 5A.4.

os ensaios não foram feitos em ordem aleatória, e sim acompanhando uma curva de resfriamento. Com esse procedimento, pode ser que o erro puro tenha sido subestimado.

5A.5 Determinação de um calor de vaporização

Sob certas condições, pode-se demonstrar que a pressão de vapor de uma substância, p_{vap}, se relaciona com a temperatura absoluta em que ela se encontra, T, através da equação de Clausius e Clapeyron,

$$\ln p_{vap} = b_0 - \frac{\Delta H_{vap}}{R}\left(\frac{1}{T}\right).$$

Nessa equação, R é a constante dos gases perfeitos, b_0 é uma constante que varia de uma substância para outra, e ΔH_{vap} é o calor de vaporização da substância de interesse, admitido como constante na faixa de temperaturas estudada. Num experimento para determinar o calor de vaporização do tetracloreto de carbono, foram realizados os nove ensaios cujos resultados se encontram na Tabela 5A.5 (Simoni, 1998). Se a equação de Clausius e Clapeyron for válida nessas condições, o coeficiente angular de um modelo linear do logaritmo da pressão de vapor em função de $1/T$ nos permitirá obter o valor do calor de vaporização do tetracloreto de carbono.

O ajuste do modelo $\ln p_{vap} = b_0 + b_1\left(\dfrac{1}{T}\right)$ resulta em

$$\ln p_{vap} = \underset{(\pm 0{,}00689)}{11{,}20} - \underset{(\pm 26{,}897)}{3.901{,}98}\left(\frac{1}{T}\right), \text{ com } MQ_R/MQ_r = 21.046 \text{ e } R^2 = 99{,}97\%.$$

Este resultado corresponde a um calor de vaporização de $32{,}44 \pm 0{,}22$ kJ mol^{-1}. Apesar dos excelentes valores numéricos da ANOVA, porém, o gráfico dos resíduos (Figura 5A.7) apresenta mais uma vez um padrão claríssimo, indicando a necessidade de acrescentarmos um termo quadrático. Teremos então o novo ajuste

$$\ln p_{vap} = \underset{(\pm 0{,}14)}{8{,}00} - \underset{(\pm 86{,}1)}{1.954}\left(\frac{1}{T}\right) - \underset{(\pm 13.260)}{300.311}\left(\frac{1}{T}\right)^2,$$

com $MQ_R/MQ_r = 780.369$ e $R^2 = 99{,}9996\%$.

Tabela 5A.5 Variação da pressão de vapor do CCl_4 com a temperatura

Ensaio	T (K)	p_{vap} (torr)
1	273	0,044
2	283	0,075
3	293	0,122
4	303	0,190
5	313	0,288
6	323	0,422
7	333	0,601
8	343	0,829
9	353	1,124

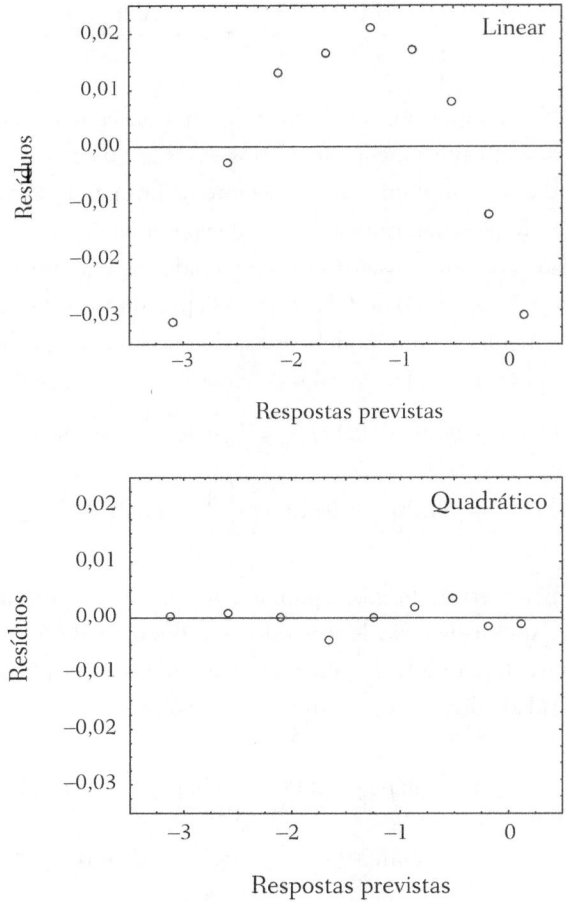

Figura 5A.7 Resíduos dos dois ajustes dos dados da Tabela 5A.5.

Fisicamente, a superioridade do modelo quadrático significa que o calor de vaporização não pode ser considerado constante neste exemplo. Usando, portanto, o modelo quadrático e admitindo que a derivada

$$\frac{d\left(\ln p_{vap}\right)}{d\left(1/T\right)} = -1.954 - 600.622\left(\frac{1}{T}\right)$$

é uma estimativa mais realista de $-\Delta H_{vap}/R$, podemos concluir que o calor de vaporização do CCl_4 na verdade varia entre 30,39 e 34,54 $kJ\ mol^{-1}$, no intervalo de temperaturas que estamos considerando.

5A.6 Outra calibração

Esta aplicação vamos deixar para você mesmo fazer. A Tabela 5A.6 mostra concentrações de soluções aquosas contendo íons zinco e as respectivas absorvâncias obtidas, em triplicata, num experimento para construir uma curva de calibração num espectrômetro de absorção atômica (Lopes, 1999).

a. Faça um gráfico da absorvância contra a concentração. Que tipo de modelo esse gráfico sugere?
b. Ajuste aos dados o modelo sugerido pelo item (a), usando a absorvância como variável dependente. Avalie a qualidade do ajuste por análise da variância. Faça também o gráfico das absorvâncias estimadas pelo modelo contra as absorvâncias observadas. Use esse modelo para prever a concentração de uma solução cuja absorvância é 25,00.
c. Agora olhe os gráficos dos resíduos. O modelo pode ser melhorado? Se achar que pode, ajuste um modelo melhor e compare seus resultados com os do primeiro modelo. Compare as duas análises da variância. Que modelo você prefere?
d. Com o tipo de modelo que você escolheu, faça a calibração inversa, usando a concentração como variável dependente. Com esse novo modelo, qual deve ser a concentração de uma solução de absorvância 25,00? Existe muita diferença entre as previsões da calibração direta e as da calibração inversa?

Tabela 5A.6 Dados da calibração do zinco por absorção atômica

[Zn^{2+}]	Absorvância		
0,000	0,696	0,696	0,706
0,500	7,632	7,688	7,603
1,000	14,804	14,861	14,731
2,000	28,895	29,156	29,322
3,000	43,993	43,574	44,699

Capítulo 6

Andando na Superfície de Resposta

A metodologia de superfícies de resposta (ou RSM, de *Response Surface Methodology*) é uma técnica de otimização baseada em planejamentos fatoriais que foi introduzida por G. E. P. Box na década de 1950, e que desde então tem sido usada com grande sucesso na modelagem de diversos processos industriais. Os textos tradicionais sobre RSM são dirigidos a um público com pouco conhecimento de estatística e por isso mesmo são um tanto redundantes, descrevendo em detalhe certas técnicas que, na verdade, são casos particulares de procedimentos mais gerais que já tivemos oportunidade de discutir neste livro. Neste capítulo, fugiremos da abordagem costumeira e aproveitaremos os conceitos introduzidos até agora para apresentar os princípios básicos da RSM. Os interessados poderão encontrar um tratamento mais completo em Cornell (1990b), Myers e Montgomery (1995) e nos excelentes livros e artigos de G. E. P. Box e seus colaboradores (Box, 1954; Box; Draper, 1987; Box; Wilson, 1951; Box; Youle, 1955).

6.1 Metodologia de superfícies de resposta

A metodologia de superfícies de resposta tem duas etapas distintas — **modelagem** e **deslocamento** —, que são repetidas tantas vezes quantas forem necessárias, com o objetivo de atingir uma região ótima da superfície investigada. A modelagem normalmente é feita ajustando-se modelos simples (em geral, lineares ou quadráticos) a respostas obtidas com planejamentos fatoriais ou planejamentos fatoriais ampliados. O deslocamento se dá sempre ao longo do caminho de máxima inclinação de um determinado modelo, que é a trajetória na qual a resposta varia de forma mais pronunciada. Vamos tentar esclarecer essas noções com um exemplo numérico.

Suponhamos que o nosso amigo químico esteja investigando o efeito de dois fatores, concentração de um reagente e velocidade de agitação, no rendimento de uma determinada reação. Ele já sabe que o processo vem funcionando há algum tempo com os valores desses fatores fixados em 50% e 100 rpm, respectivamente, e que os rendimentos médios obtidos têm ficado em torno de 68%. Agora, ele gostaria de saber se não seria possível melhorar o rendimento, escolhendo outros níveis para os fatores.

6.1(a) Modelagem inicial

O primeiro passo do químico para atacar o problema é investigar a superfície de resposta em torno das condições habituais de funcionamento do processo, usando o planejamento fatorial mostrado na Figura 6.1. Note que o planejamento contém um ponto central, e por isso varre três níveis de cada fator, não apenas dois. Isso nos permitirá verificar se há ou não falta de ajuste para um modelo linear, o que seria impossível se tivéssemos usado apenas dois níveis. A Tabela 6.1 mostra a matriz de planejamento e os rendimentos observados experimentalmente em cada combinação de níveis. Ao todo, foram realizados sete ensaios, sendo três deles repetições no ponto central.

Começaremos nossa análise admitindo que a superfície de resposta na região investigada é uma função linear dos fatores, e que portanto a resposta pode ser estimada pela equação

$$\hat{y} = b_0 + b_1 x_1 + b_2 x_2, \qquad (6.1)$$

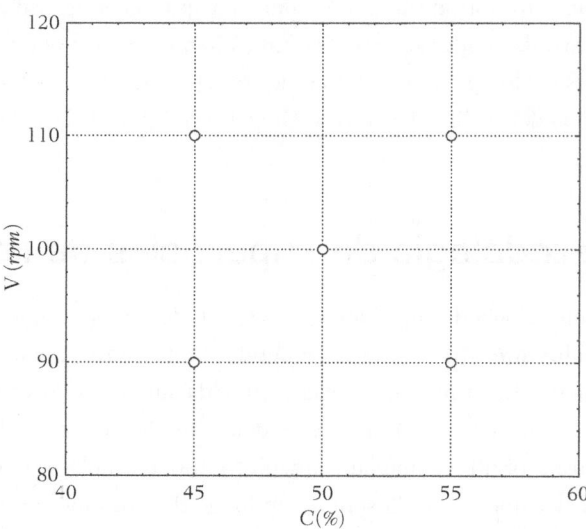

Figura 6.1 Planejamento fatorial de dois níveis com ponto central.

Tabela 6.1 Resultados de um planejamento 2^2 com ponto central. x_1 e x_2 representam os valores dos dois fatores, codificados pelas equações
$$x_1 = \frac{C-50}{5} \quad \text{e} \quad x_2 = \frac{V-100}{10}$$

Ensaio	C (%)	V (*rpm*)	x_1	x_2	y (%)
1	45	90	−1	−1	69
2	55	90	1	−1	59
3	45	110	−1	1	78
4	55	110	1	1	67
5	50	100	0	0	68
6	50	100	0	0	66
7	50	100	0	0	69

onde b_0, b_1 e b_2 são estimadores dos parâmetros do modelo e x_1 e x_2 representam os fatores codificados. Como vimos no Exercício 5.4, os valores de b_0, b_1 e b_2 podem ser obtidos pelo método dos mínimos quadrados. Neste caso, a matriz **X** será dada por

$$\mathbf{X} = \begin{bmatrix} 1 & -1 & -1 \\ 1 & 1 & -1 \\ 1 & -1 & 1 \\ 1 & 1 & 1 \\ 1 & 0 & 0 \\ 1 & 0 & 0 \\ 1 & 0 & 0 \end{bmatrix}.$$

A primeira coluna corresponde ao termo b_0, e as outras duas contêm os valores codificados dos fatores. Obviamente, teremos também

$$\mathbf{y} = \begin{bmatrix} 69 \\ 59 \\ 78 \\ 67 \\ 68 \\ 66 \\ 69 \end{bmatrix}.$$

Seguindo o procedimento usual, calculamos

$$\mathbf{X^t X} = \begin{bmatrix} 7 & 0 & 0 \\ 0 & 4 & 0 \\ 0 & 0 & 4 \end{bmatrix} \quad \text{e} \quad \mathbf{X^t y} = \begin{bmatrix} 467 \\ -21 \\ 17 \end{bmatrix}.$$

Usando a Equação 5.12, temos então

$$\mathbf{b} = (\mathbf{X^t X})^{-1} \mathbf{X^t y} = \begin{bmatrix} 1/7 & 0 & 0 \\ 0 & 1/4 & 0 \\ 0 & 0 & 1/4 \end{bmatrix} \times \begin{bmatrix} 476 \\ -21 \\ 17 \end{bmatrix} = \begin{bmatrix} 68,00 \\ -5,25 \\ 4,25 \end{bmatrix} \quad (6.2)$$

Dos três ensaios repetidos no ponto central, calculamos $s^2 = 2,33$ como uma estimativa da variância das observações. Substituindo esse valor na Equação 5.30, obtemos uma estimativa da variância dos elementos do vetor **b**:

$$\mathbf{\hat{V}(b)} = (\mathbf{X^t X})^{-1} s^2 = \begin{bmatrix} 1/7 & 0 & 0 \\ 0 & 1/4 & 0 \\ 0 & 0 & 1/4 \end{bmatrix} \times 2,33 = \begin{bmatrix} 0,33 & 0 & 0 \\ 0 & 0,58 & 0 \\ 0 & 0 & 0,58 \end{bmatrix}.$$

Tirando as raízes quadradas, chegaremos aos erros-padrão de b_0, b_1 e b_2. Com eles e com as estimativas obtidas na Equação 6.2, podemos finalmente escrever a equação do modelo ajustado:

$$\hat{y} = \underset{(\pm 0,58)}{68,00} - \underset{(\pm 0,76)}{5,25 x_1} + \underset{(\pm 0,76)}{4,25 x_2}. \quad (6.3)$$

O tamanho relativamente pequeno dos erros indica que este modelo é significativo (para um tratamento quantitativo, veja os Exercícios 6.2 e 6.4). A análise da variância encontra-se na Tabela 6.2. Como o valor de MQ_{faj} / MQ_{ep} não é estatisticamente significativo ($0,42/2,33 = 0,18$), não há evidência de falta de ajuste. Na região investigada, a superfície de resposta é descrita satisfatoriamente pela Equação 6.3, que define o plano representado em perspectiva na Figura 6.2.

Exercício 6.1

Esquecendo o ponto central na Tabela 6.1 e na Figura 6.1, ficamos com um planejamento fatorial 2^2, que pode ser analisado pelos métodos do Capítulo 3. Calcule os valores dos efeitos para esse fatorial e compare com os valores dos coeficientes da Equação 6.3.

Tabela 6.2 Análise da variância para o ajuste do modelo $\hat{y} = b_0 + b_1x_1 + b_2x_2$ aos dados da Tabela 6.1

Fonte de variação	Soma quadrática	Nº de g. l.	Média quadrática
Regressão	182,50	2	91,25
Resíduos	5,50	4	1,38
Falta de ajuste	0,83	2	0,42
Erro puro	4,67	2	2,33
Total	188,00	6	

% de variação explicada: 97,07
% máxima de variação explicável: 97,52

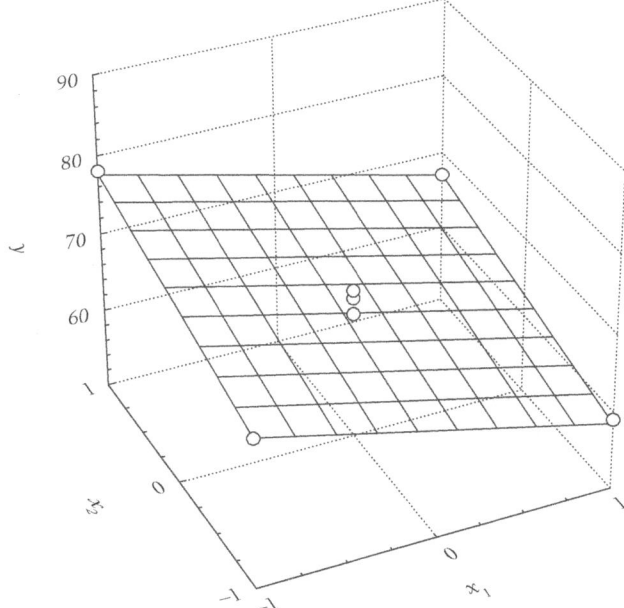

Figura 6.2 Plano descrito pela Equação 6.3, $\hat{y} = 68,0 - 5,25x_1 + 4,25x_2$.

Exercício 6.2

Usando a estimativa $s^2 = 2,33$, que foi calculada a partir das repetições realizadas no ponto central da Figura 6.1, calcule os erros-padrão da média de todos os sete ensaios e dos efeitos calculados no exercício anterior. Compare seus resultados com os erros determinados para os coeficientes do modelo ajustado (Equação 6.3).

Exercício 6.3

Faça uma avaliação da significância estatística da Equação 6.3, usando o teste F e os dados da Tabela 6.2. Em outras palavras, compare o valor de F apropriado com a razão entre a média quadrática da regressão e a média quadrática residual.

Exercício 6.4

Use os erros dados para os coeficientes na Equação 6.3 para calcular intervalos de 95% de confiança para β_0, β_1 e β_2. Eles são todos significativos neste nível de confiança?

Podemos obter uma representação bidimensional da superfície modelada desenhando suas curvas de nível, que são linhas em que a resposta é constante. As curvas de nível de um plano são segmentos de retas. Por exemplo, se fizermos $\hat{y} = 70$ na Equação 6.3, chegaremos à expressão

$$x_2 = 1{,}24 x_1 + 0{,}47,$$

que descreve uma reta sobre a qual o valor de $\hat{y}$ deve ser igual a 70, de acordo com o modelo ajustado. Fazendo o mesmo para outros valores de $\hat{y}$, obteremos outras curvas de nível, que em conjunto darão uma imagem da superfície de resposta na região investigada (Figura 6.3). Podemos ver claramente, tanto numa figura quanto na outra, que se trata de um plano inclinado obliquamente em relação aos eixos, e com sentido ascendente indo da direita para a esquerda. Assim, se desejamos obter maiores rendimentos, devemos deslocar a região experimental para menores valores de x_1 e maiores valores de x_2 (o que, aliás, já está indicado pelos sinais dos coeficientes de x_1 e x_2 na Equação 6.3). O progresso será mais rápido se o deslocamento for realizado ao longo de uma trajetória perpendicular às curvas de nível, isto é, se seguirmos um **caminho de máxima inclinação** da superfície ajustada.

6.1(b) Como determinar o caminho de máxima inclinação

O caminho de máxima inclinação saindo do ponto central do planejamento está indicado pela linha tracejada na Figura 6.3. Ele pode ser determinado algebricamente a partir dos coeficientes do modelo. Para termos a máxima inclinação, devemos fazer deslocamentos ao longo dos eixos x_2 e x_1 na proporção b_2 / b_1.

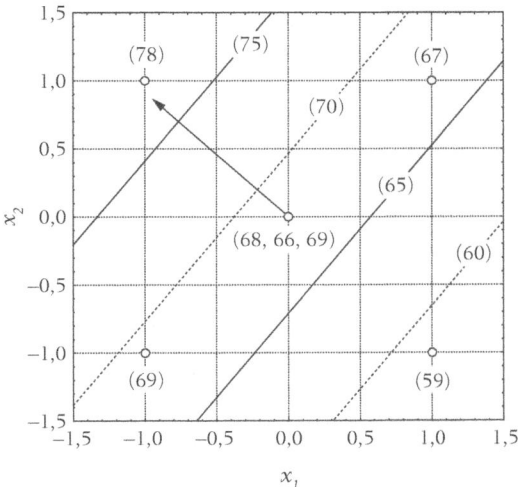

Figura 6.3 Curvas de nível do plano descrito pela Equação 6.3. A linha tracejada é a trajetória de máxima inclinação partindo do ponto central do planejamento. Os valores entre parênteses são as respostas determinadas experimentalmente.

Da Equação 6.3 temos $b_2 / b_1 = 4{,}25 / (-5{,}25) = -0{,}81$, o que significa que para cada unidade recuada no eixo x_1 devemos avançar $0{,}81$ unidade ao longo do eixo x_2. As coordenadas de vários pontos ao longo dessa trajetória estão na Tabela 6.3, tanto nas variáveis codificadas quanto nas unidades reais de concentração e velocidade de agitação.

No caso geral, em que temos uma superfície de resposta determinada por p fatores, o caminho de máxima inclinação é proporcional aos módulos e aos sinais dos coeficientes do modelo. Podemos traçá-lo facilmente, usando o seguinte procedimento:

Tabela 6.3 Caminho de máxima inclinação para o modelo das Figuras 6.2 e 6.3

Etapa	x_1	x_2	C (%)	v(rpm)	y (%)
Centro	0	0,00	50	100,0	68, 66, 69
Centro + Δ	−1	0,81	45	108,1	77
Centro + 2Δ	−2	1,62	40	116,2	86
Centro + 3Δ	−3	2,43	35	124,3	88
Centro + 4Δ	−4	3,24	30	132,4	80
Centro + 5Δ	−5	4,05	25	140,5	70

1. Escolhemos um dos fatores, digamos i, para servir de base, e mudamos o seu nível numa certa extensão, dependendo do sinal de seu coeficiente e do objetivo do experimento — maximização ou minimização da resposta. Alguns autores recomendam escolher o fator de maior coeficiente, em módulo, no modelo ajustado. Tipicamente, o seu deslocamento inicial é de uma unidade (na escala codificada).
2. Determinamos os deslocamentos dos outros fatores $j \neq i$, em unidades codificadas, por meio de

$$\Delta x_j = \frac{b_j}{b_i} \Delta x_i .$$
(6.4)

3. Convertemos os deslocamentos codificados de volta às unidades originais, e determinamos os novos níveis dos fatores.

Vejamos um exemplo com três fatores. Num estudo para avaliar a influência de alguns nutrientes na produção de quitina pelo fungo *Cunninghamella elegans* (Andrade *et al.*, 2000), utilizou-se um planejamento fatorial 2^3 com os níveis da Tabela 6.4, cujos resultados se ajustaram ao modelo

$$\hat{y} = 19{,}8 + 2{,}0x_1 + 5{,}0x_2 + 2{,}5x_3,$$
(6.5)

onde a resposta y é o teor de quitina produzido. Como os coeficientes do modelo são todos positivos e o objetivo do estudo era maximizar a produção de quitina, devemos aumentar os níveis de todos os fatores. Partindo do fator x_2 (o de maior coeficiente), teríamos, como deslocamentos para localizar o primeiro ponto ao longo do caminho de máxima inclinação,

$$\Delta x_1 = \frac{2}{5}(+1) = +0{,}4 \qquad \Delta x_2 = +1 \qquad \Delta x_3 = \frac{2{,}5}{5}(+1) = +0{,}5 .$$

Tabela 6.4 Níveis de um planejamento 2^3 com ponto central, para estudar como o teor de quitina produzido pelo fungo *Cunninghamella elegans* varia com as concentrações de glicose, asparagina e tiamina no meio de cultura

Fator		Nível		
		−1	0	+1
G (x_1)	D-glicose ($g\,L^{-1}$)	20	40	60
A (x_2)	L-asparagina ($g\,L^{-1}$)	1	2	3
T (x_3)	Tiamina ($mg\,L^{-1}$)	0,02	0,05	0,08

Nas unidades verdadeiras, onde o ponto central é dado por (**G**, **A**, **T**) = (40, 2, 0,05), isso corresponde às seguintes condições experimentais:

$$\mathbf{G} = 40 + (0{,}4 \times 20) = 48\ g\ L^{-1} \qquad \mathbf{A} = 2 + (1 \times 1) = 3\ g\ L^{-1}$$
$$\mathbf{T} = 0{,}05 + (0{,}5 \times 0{,}03) = 0{,}065\ mg\ L^{-1}$$

Exercício 6.5

Imagine que, no exemplo da *C. elegans*, os pesquisadores tenham preferido tomar a concentração de glicose como fator de partida para determinar o caminho de máxima inclinação, com um deslocamento inicial de +25 $g\ L^{-1}$ (note que estas são as unidades reais). Calcule as coordenadas do terceiro ponto ao longo do novo caminho, e use a Equação 6.5 para fazer uma estimativa do rendimento de quitina nessas condições.

Voltamos agora ao nosso primeiro exemplo. Tendo realizado a modelagem inicial e determinado o caminho de máxima inclinação, passamos à etapa de deslocamento ao longo desse caminho, e vamos realizando experimentos nas condições especificadas na Tabela 6.3. Com isso, obtemos os resultados da última coluna da tabela, que também estão indicados na Figura 6.4.

Inicialmente, os rendimentos aumentam, mas depois do terceiro ensaio começam a diminuir. Podemos interpretar esses resultados imaginando que a superfície de resposta é como um morro. Pelos valores iniciais, começamos a nos deslocar ladeira acima, mas depois do terceiro ensaio já estamos começando a descer o morro pelo lado oposto.

Tabela 6.5 Resultados de um novo planejamento 2^2 com ponto central. x_1 e x_2 agora representam os valores das variáveis codificadas pelas equações $x_1 = \dfrac{C-35}{5}$ e $x_2 = \dfrac{v-125}{10}$

Ensaio	C (%)	v (rpm)	x_1	x_2	y (%)
1	30	115	−1	−1	86
2	40	115	1	−1	85
3	30	135	−1	1	78
4	40	135	1	1	84
5	35	125	0	0	90
6	35	125	0	0	88
7	35	125	0	0	89

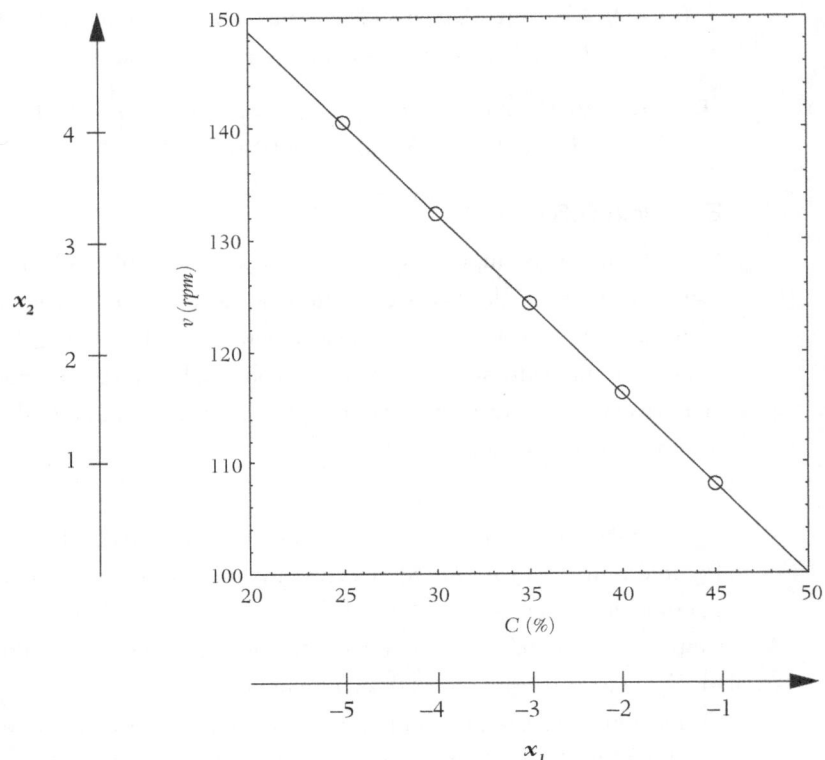

Figura 6.4 Resultados dos ensaios realizados na trajetória de máxima inclinação da Figura 6.3.

É hora, portanto, de parar com os deslocamentos e examinar a região que apresentou melhores rendimentos. Para isso, fazemos um novo planejamento, idêntico ao primeiro, porém centrado em torno do melhor ensaio, que é o terceiro (35% e cerca de 125 rpm). A nova matriz de planejamento é apresentada na Tabela 6.5, juntamente com as novas respostas observadas.

O ajuste de um modelo linear aos dados da Tabela 6.5 resulta na equação

$$\hat{y} = \underset{(\pm 0,49)}{85,71} + \underset{(\pm 0,65)}{1,25 x_1} - \underset{(\pm 0,65)}{2,25 x_2} ,$$

(6.6)

onde os erros-padrão foram calculados a partir de uma estimativa conjunta da variância, combinando os ensaios repetidos dos dois planejamentos. Em comparação com os valores dos coeficientes, os erros são bem mais importantes do que no caso da Equação 6.3, e a dependência linear da resposta em relação a x_1 e x_2 já não parece segura.

Exercício 6.6

Use os erros dos coeficientes na Equação 6.6 para calcular intervalos de 95% de confiança para β_0, β_1 e β_2. Esses parâmetros são estatisticamente significativos?

A análise da variância (Tabela 6.6) mostra que a situação agora é bem diferente. A percentagem de variação explicada é de apenas 27,20%, e o valor de MQ_{faj} / MQ_{ep} subiu para 34,46, que é maior do que $F_{2,2}$ (19,0, no nível de 95% de confiança). Isso significa que, na região onde o caminho de máxima inclinação nos levou, o modelo linear já não descreve satisfatoriamente a superfície de resposta.

6.1(c) Localização do ponto ótimo

Como o modelo linear não serve mais, devemos partir para um modelo quadrático, cuja expressão geral, para duas variáveis, é

$$\hat{y} = b_0 + b_1x_1 + b_2x_2 + b_{11}x_1^2 + b_{22}x_2^2 + b_{12}x_1x_2 \ . \tag{6.7}$$

Este modelo tem seis parâmetros, e o nosso planejamento tem apenas cinco "níveis", isto é, cinco diferentes combinações de valores da concentração e da velocidade de agitação. Como não é possível determinar as estimativas quando há mais parâmetros do que níveis, precisamos ampliar o planejamento. A ampliação pode ser feita de várias maneiras, sendo a mais comum a construção do chamado **planejamento em estrela**.

Para fazer um planejamento em estrela, simplesmente acrescentamos ao planejamento inicial um planejamento idêntico, porém girado de 45° em relação à orientação de partida. O resultado é uma distribuição octogonal, como mostra a Figura 6.5. Um argumento geométrico simples nos permite concluir que os novos pontos, assim

Tabela 6.6 Análise da variância para o ajuste do modelo $\hat{y} = b_0 + b_1x_1 + b_2x_2$ aos dados da Tabela 6.5

Fonte de variação	Soma quadrática	N° de g. l.	Média quadrática
Regressão	26,50	2	13,25
Resíduos	70,93	4	17,73
F. ajuste	68,93	2	34,46
Erro puro	2,00	2	1,00
Total	97,43	6	

% de variação explicada: 27,20
% máxima de variação explicável: 97,95

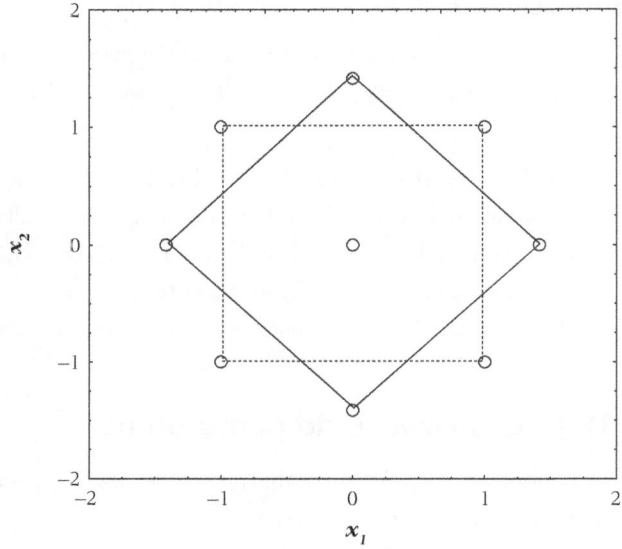

Figura 6.5 Planejamento em estrela para duas variáveis codificadas, correspondente à Tabela 6.7.

como os primeiros, estão a uma distância de $\sqrt{2}$ unidades codificadas do ponto central. Todos eles estão, portanto, sobre uma circunferência de raio $\sqrt{2}$. As coordenadas dos pontos em estrela são dadas nas quatro últimas linhas da Tabela 6.7.

Tabela 6.7 Resultados do planejamento em estrela obtido com a ampliação do planejamento da Tabela 6.5. x_1 e x_2 representam os valores das variáveis codificadas de acordo com as expressões da Tabela 6.5

Ensaio	C (%)	v (rpm)	x_1	x_2	y (%)
1	30	115	−1	−1	86
2	40	115	1	−1	85
3	30	135	−1	1	78
4	40	135	1	1	84
5	35	125	0	0	90
6	35	125	0	0	88
7	35	125	0	0	89
8	28	125	$-\sqrt{2}$	0	81
9	35	139	0	$\sqrt{2}$	80
10	42	125	$\sqrt{2}$	0	86
11	35	111	0	$-\sqrt{2}$	87

Realizando ensaios nos quatro novos pontos, nosso químico obtém os resultados mostrados no fim da última coluna da Tabela 6.7, que também contém os valores já mostrados na Tabela 6.5, completando os dados do planejamento em estrela.

O vetor **y** agora terá onze valores, e a matriz **X** terá dimensões 11×6, com suas seis colunas correspondendo aos seis termos do modelo quadrático. Para obter as colunas referentes a x_1^2, x_2^2 e $x_1 x_2$, elevamos ao quadrado ou multiplicamos as colunas apropriadas na matriz de planejamento da Tabela 6.7. Assim, podemos escrever

$$\mathbf{X} = \begin{bmatrix} 1 & -1 & -1 & 1 & 1 & 1 \\ 1 & 1 & -1 & 1 & 1 & -1 \\ 1 & -1 & 1 & 1 & 1 & -1 \\ 1 & 1 & 1 & 1 & 1 & 1 \\ 1 & 0 & 0 & 0 & 0 & 0 \\ 1 & 0 & 0 & 0 & 0 & 0 \\ 1 & 0 & 0 & 0 & 0 & 0 \\ 1 & -\sqrt{2} & 0 & 2 & 0 & 0 \\ 1 & 0 & \sqrt{2} & 0 & 2 & 0 \\ 1 & \sqrt{2} & 0 & 2 & 0 & 0 \\ 1 & 0 & -\sqrt{2} & 0 & 2 & 0 \end{bmatrix} \quad \text{e} \quad \mathbf{y} = \begin{bmatrix} 86 \\ 85 \\ 78 \\ 84 \\ 90 \\ 88 \\ 89 \\ 81 \\ 80 \\ 86 \\ 87 \end{bmatrix}$$

Resolvendo as Equações 5.12 e 5.30, obtemos

$$\hat{y} = \underset{(\pm 0{,}75)}{89{,}00} + \underset{(\pm 0{,}46)}{1{,}51 x_1} - \underset{(\pm 0{,}46)}{2{,}36 x_2} - \underset{(\pm 0{,}54)}{2{,}81 x_1^2} - \underset{(\pm 0{,}54)}{2{,}81 x_2^2} + \underset{(\pm 0{,}65)}{1{,}75 x_1 x_2} \quad . \tag{6.8}$$

Os erros-padrão foram novamente calculados a partir de uma estimativa conjunta da variância, obtida de todos os ensaios repetidos, inclusive os da Tabela 6.1. A nova análise da variância está na Tabela 6.8. O valor de MQ_{faj} / MQ_{ep} agora é apenas 0,25, não havendo evidência de falta de ajuste do modelo quadrático. Isso significa que o valor de 0,55 para a média quadrática residual total, MQ_r, também poderia ser usado como uma estimativa da variância, com cinco graus de liberdade.

A superfície de resposta e as curvas de nível correspondentes ao modelo ajustado são mostradas na Figura 6.6. A região contém um ponto de máximo, situado aproximadamente em $x_1 = 0{,}15$ e $x_2 = -0{,}37$, isto é, numa concentração de 36% e numa velocidade de agitação de 121 rpm. Com esses valores, de acordo com a Equação 6.8, o rendimento da reação deve ser cerca de 89,6%, o que representa uma melhora de 32% em relação ao valor de partida, que era de 68%.

Como localizamos a região do máximo, a investigação termina por aqui. Poderia ter acontecido, no entanto, que a superfície de resposta ajustada aos dados do segundo planejamento fosse uma nova ladeira, em vez de um pico (para continuar

Tabela 6.8 Análise da variância para o ajuste do modelo $\hat{y} = b_0 + b_1x_1 + b_2x_2 + b_{11}x_1^2 b_{22}x_2^2 + b_{12}x_1x_2$ aos dados da Tabela 6.7

Fonte de variação	Soma quadrática	Nº de g. l.	Média quadrática
Regressão	144,15	5	28,83
Resíduos	2,76	5	0,55
F. ajuste	0,76	3	0,25
Erro puro	2,00	2	1,00
Total	146,91	10	

% de variação explicada: 98,12
% máxima de variação explicável: 98,64

usando a analogia topográfica). Nesse caso, deveríamos nos deslocar novamente, seguindo o novo caminho de máxima inclinação, e repetir todo o processo de modelagem → deslocamento → modelagem →..., até atingir a região procurada. Na prática, não deve haver muitas dessas etapas, porque o modelo linear vai-se tornando menos eficaz à medida que nos aproximamos de um ponto extremo, onde a curvatura da superfície evidentemente passará a ter importância.

Exercício 6.7

Use os dados da Tabela 6.8 para calcular um valor que mostre que a Equação 6.8 é estatisticamente significativa.

Exercício 6.8

Uma representação gráfica, embora seja sempre conveniente, não é necessária para localizarmos o ponto máximo de uma superfície de resposta. Isso pode ser feito derivando-se a equação do modelo em relação a todas as variáveis e igualando-se as derivadas a zero. (a) Use esse procedimento para a Equação 6.8, para confirmar os valores citados no texto. (b) O que aconteceria se você tentasse fazer o mesmo com a Equação 6.6? Por quê?

6.2 A importância do planejamento inicial

Uma questão muito importante na RSM é a escolha da faixa inicial de variação dos fatores, que determinará o tamanho do primeiro planejamento e, consequentemente, a escala de codificação e a velocidade relativa com que os experimentos seguintes se deslocarão ao longo da superfície de resposta.

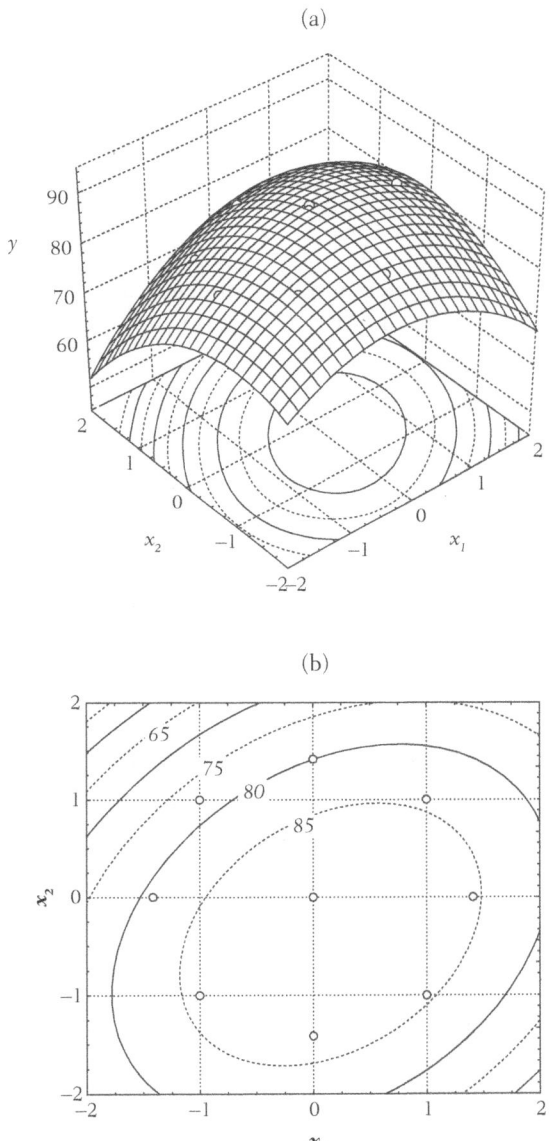

Figura 6.6 (a) Superfície quadrática descrita pela Equação 6.7. (b) Suas curvas de nível. O rendimento máximo (89,6%) ocorre em $x_1 = 0{,}15$ e $x_2 = -0{,}37$.

Suponhamos, por exemplo, que na Tabela 6.1 tivéssemos escolhido para o segundo fator — a velocidade de agitação — os limites de 95 e 105 rpm (em vez de 90 e 110). Essa decisão teria as seguintes consequências:

1. O coeficiente de x_2 na Equação 6.3 se reduziria de 4,25 para 2,125, porque a variação unitária em x_2 agora corresponderia, em unidades reais, a 5 rpm, não mais a 10 rpm.

2. Com este novo coeficiente, teríamos, na Equação 6.4,

$$\Delta x_2 = \frac{2,125}{-5,25}\Delta x_1 = -0,405\Delta x_1 \ .$$

3. Consequentemente, o deslocamento Δx_2 correspondente a $\Delta x_1 = -1$ seria $+0,405$, que equivaleria agora a $\Delta V = +0,405 \times 5 = 0,203$ rpm. Ou seja: em termos da velocidade de agitação, cada deslocamento seria apenas *um quarto* do deslocamento do planejamento original. Quando chegássemos à etapa *Centro*+5Δ, ainda estaríamos com uma velocidade de 110,1 rpm.

Se, ao contrário, tivéssemos preferido uma escala mais ampliada, evidentemente o deslocamento passaria a ser mais rápido. No entanto, também estaríamos correndo riscos. Dependendo da ampliação, poderíamos sair da região linear da superfície, ou mesmo cair "do outro lado do morro", já no primeiro deslocamento, e assim perder a oportunidade de descobrir a direção do ponto ótimo.

Como fazer, então, para determinar a melhor escala? Infelizmente, a resposta não está neste livro, nem em nenhum livro de estatística, porque depende de cada problema, e muitas vezes não pode ser conhecida *a priori*. A mesma decisão, aliás, também precisa ser tomada em experimentos univariados. O que podemos dizer é que os pesquisadores devem apoiar-se em todo o conhecimento disponível sobre o sistema em estudo e procurar escolher deslocamentos nem tão pequenos que não produzam efeitos significativos na resposta, nem tão grandes que varram faixas exageradas dos fatores.

Somos os primeiros a reconhecer que isto é mais fácil de falar do que de fazer, mas serve mais uma vez para lembrar como é importante fazer os experimentos de forma sequencial e iterativa. Caso a análise dos primeiros resultados nos leve a fazer modificações nos planejamentos originais, o prejuízo será menor se não nos apressarmos em fazer muitos experimentos logo de saída.

6.3 Um experimento com três fatores e duas respostas

Na metodologia de superfícies de resposta o número de fatores não é uma restrição, nem o número de respostas. A RSM pode ser aplicada a qualquer número de fatores, assim como pode modelar várias respostas ao mesmo tempo.[1] Essa é uma característica importante, porque muitas vezes um produto ou processo tem de satisfazer mais de um critério, como, digamos, apresentar o máximo de rendimento com o mínimo de impurezas, ou ter custo mínimo mantendo os parâmetros de qualidade dentro das especificações. Para ilustrar essa flexibilidade da RSM, apresentamos nesta seção uma aplicação real, cujo objetivo era a maximização simultânea de duas respostas distintas.

R. A. Zoppi, do Instituto de Química da Unicamp, realizou uma série de experimentos de síntese de polipirrol numa matriz de borracha de EPDM, sob a orientação dos professores M. A. de Paoli e M. I. Felisberti. Seu objetivo era conseguir um produto que tivesse ao mesmo tempo propriedades elétricas semelhantes às do polipirrol e propriedades mecânicas parecidas com as da borracha de EPDM. O polipirrol é um polímero condutor muito quebradiço, o que prejudica o seu uso em aplicações de interesse prático.

Os fatores escolhidos para estudo foram o tempo de reação (**t**), a concentração do agente oxidante (**C**) e a granulometria das partículas do oxidante (**P**). O pesquisador, que não tinha instrução formal em técnicas de planejamento de experimentos, decidiu realizar 27 ensaios em quadruplicata, seguindo o planejamento fatorial 3^3 da Tabela 6.9. Para cada ensaio foram registrados o rendimento da reação e os valores de várias propriedades mecânicas do produto final, entre as quais o Módulo de Young. As respostas que aparecem na tabela são as médias e os desvios-padrão dos quatro ensaios[2] realizados para cada combinação de níveis dos fatores, num total de 106 ensaios. Observe que o tamanho das partículas não é definido de forma precisa. Os três níveis representam intervalos granulométricos, e não tamanhos específicos.

M. R. Vallim e V. F. Juliano analisaram os dados da Tabela 6.9 como tarefa num curso de quimiometria, e logo perceberam que, como existem 27 ensaios diferentes, é possível ajustar a eles uma função com até 27 parâmetros. As funções lineares e quadráticas de três variáveis são definidas por apenas quatro e dez parâmetros, respectivamente. Se as usarmos para modelar os dados da tabela, ainda teremos muitos graus de liberdade sobrando para estimar a falta de ajuste.

Os coeficientes do modelo e seus erros-padrão foram calculados como de costume, por meio das equações matriciais 5.12 e 5.30. Para o Módulo de Young, o emprego do modelo linear resultou na equação

$$\hat{M} = \underset{(\pm 0,03)}{1,13} + \underset{(\pm 0,04)}{0,01\mathbf{t}} + \underset{(\pm 0,04)}{0,74\mathbf{C}} - \underset{(\pm 0,04)}{0,15\mathbf{P}} \:, \tag{6.9}$$

---

[1] Embora, como veremos adiante, a análise possa ficar um tanto complicada.

[2] Em alguns casos, três.

Tabela 6.9 Planejamento 3^3 para investigar o efeito do tempo de reação (**t**), da concentração de oxidante (**C**) e da granulometria (**P**) no rendimento (**R**) e no Módulo de Young (**M**) do produto de uma síntese de polipirrol numa matriz de borracha de EPDM

Nível	−1	0	+1
t (h)	8	16	24
C (ppc)	10	30	50
P ($mesh$)	>150	150-100	100-60

t	C	P	R (%)	M (MPa)
−1	−1	−1	4,55 ± 0,17	0,61 ± 0,07
−1	−1	0	2,77 ± 0,10	0,57 ± 0,03
−1	−1	1	2,01 ± 0,08	0,54 ± 0,02
−1	0	−1	10,75 ± 0,41	0,99 ± 0,10
−1	0	0	7,32 ± 0,28	0,86 ± 0,05
−1	0	1	6,07 ± 0,23	0,74 ± 0,18
−1	1	−1	13,98 ± 0,53	2,13 ± 0,24
−1	1	0	14,59 ± 0,55	2,13 ± 0,18
−1	1	1	12,23 ± 0,46	1,61 ± 0,10
0	−1	−1	4,57 ± 0,17	0,57 ± 0,02
0	−1	0	3,28 ± 0,12	0,50 ± 0,05
0	−1	1	2,37 ± 0,09	0,58 ± 0,05
0	0	−1	11,24 ± 0,43	0,81 ± 0,12
0	0	0	7,37 ± 0,28	0,98 ± 0,09
0	0	1	7,31 ± 0,28	0,79 ± 0,13
0	1	−1	20,02 ± 0,76	2,38 ± 0,48
0	1	0	17,64 ± 0,67	2,07 ± 0,21
0	1	1	16,53 ± 0,63	1,45 ± 0,21
1	−1	−1	5,98 ± 0,23	0,54 ± 0,06
1	−1	0	5,14 ± 0,19	0,45 ± 0,05
1	−1	1	3,27 ± 0,12	0,45 ± 0,12
1	0	−1	13,17 ± 0,50	0,91 ± 0,13
1	0	0	10,78 ± 0,41	0,84 ± 0,06
1	0	1	9,72 ± 0,37	0,77 ± 0,07
1	1	−1	20,34 ± 0,77	2,58 ± 0,18
1	1	0	22,83 ± 0,86	2,06 ± 0,21
1	1	1	18,69 ± 0,71	1,78 ± 0,27

enquanto o modelo quadrático produziu

$$\hat{M} = \underset{(\pm 0,09)}{0,86} + \underset{(\pm 0,04)}{0,01\mathbf{t}} + \underset{(\pm 0,04)}{0,74\mathbf{C}} - \underset{(\pm 0,04)}{0,16\mathbf{P}} - \underset{(\pm 0,07)}{0,02\mathbf{t}^2} + \underset{(\pm 0,07)}{0,44\mathbf{C}^2}$$

$$- \underset{(\pm 0,07)}{0,05\mathbf{P}^2} + \underset{(\pm 0,05)}{0,07\mathbf{tC}} - \underset{(\pm 0,05)}{0,01\mathbf{tP}} - \underset{(\pm 0,05)}{0,18\mathbf{CP}} \;.$$

[6.10]

A análise da variância para os dois ajustes está na Tabela 6.10. Os valores de MQ_R/MQ_r são 141,5 e 171,4 para os modelos linear e quadrático, respectivamente. Comparando esses valores com $F_{3,102} = 2,71$ e $F_{9,96} = 2,00$, no nível de 95% de confiança, vemos que os dois modelos são altamente significativos.

Embora não pareça haver muita diferença entre os dois modelos, um exame mais detalhado da Tabela 6.10 mostra que devemos preferir o modelo quadrático. Enquanto para o modelo linear a razão MQ_{faj}/MQ_{ep} é igual a 12,61, valor bem superior a $F_{23,79} = 1,67$, o modelo quadrático tem $MQ_{faj}/MQ_{ep} = 2,22$, que está apenas um pouco acima de $F_{17,79} = 1,75$.

A diferença entre os modelos fica ainda mais evidente nos gráficos dos resíduos (Figura 6.7). Para o modelo linear, o gráfico apresenta uma curvatura. Os valores passam de positivos para negativos e depois se tornam positivos novamente. O mesmo não acontece com o modelo quadrático, cujos resíduos parecem flutuar aleatoriamente em torno do valor zero. Em ambos os casos, no entanto, a variância residual parece aumentar com o valor da resposta, o que pode indicar que os dados são heteroscedásticos.

A preferência pelo modelo quadrático é confirmada ainda pelos valores dos coeficientes de C^2 e CP na Equação 6.10, 0,44 e $-0,18$. Eles são significativamente superiores aos seus erros-padrão (0,07 e 0,05), o que quer dizer que os dois termos devem ser incluídos no modelo. Como eles estão ausentes do modelo linear, não devemos estranhar que o gráfico dos resíduos na Figura 6.7(a) tenha um comportamento sistemático.

Exercício 6.9

Use os dados da Tabela 6.10 para calcular uma estimativa do erro experimental com mais de 79 graus de liberdade.

Tabela 6.10 Análise da variância para o ajuste de modelos linear e quadrático aos valores do Módulo de Young dados na Tabela 6.9. Os valores para o modelo quadrático estão entre parênteses

Fonte de variação	Soma quadrática		Nº de g. l.		Média quadrática	
Regressão	37,34	(43,23)	3	(9)	12,45	(4,80)
Resíduos	8,44	(2,55)	102	(96)	0,088	(0,028)
F. ajuste	6,76	(0,87)	23	(17)	0,29	(0,051)
Erro puro	1,68		79		0,023	
Total	45,78		105			

% de variação explicada: 81,56 (94,43)
% máxima de variação explicável: 96,33

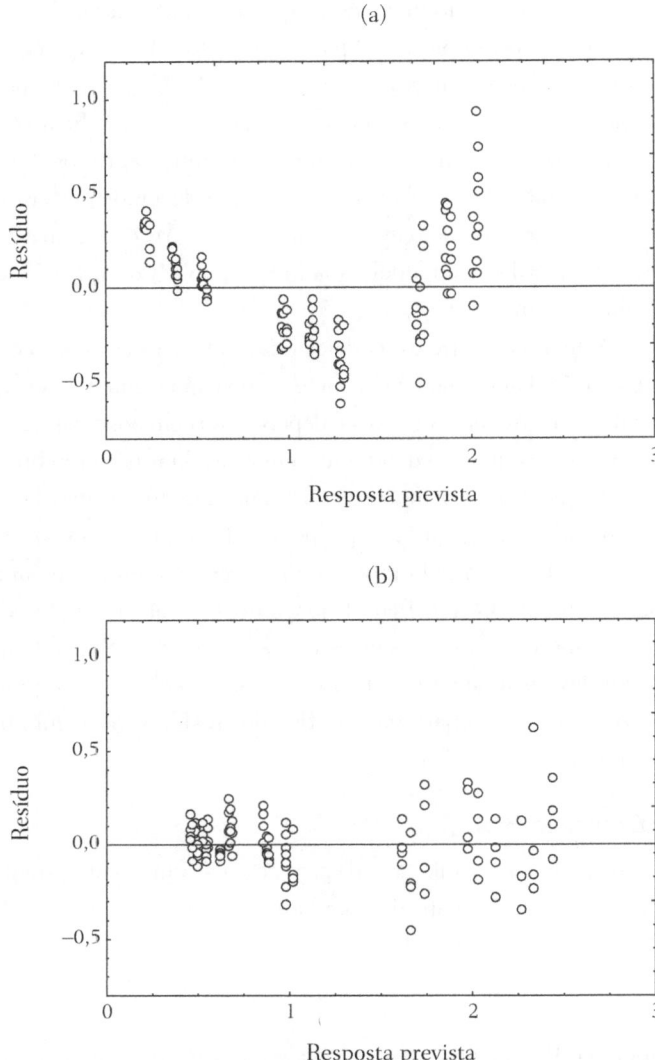

Figura 6.7 (a) Resíduos deixados pelo ajuste de um modelo linear aos valores do módulo de Young dados na Tabela 6.9. (b) Resíduos deixados pelo ajuste de um modelo quadrático aos mesmos dados.

Exercício 6.10

Sabendo que a estimativa do erro-padrão foi obtida a partir do valor de MQ_{ep} na Tabela 6.10, determine, no nível de 95% de confiança, quais são os coeficientes estatisticamente significativos na Equação 6.10.

Após a validação estatística do modelo, podemos tentar interpretar a Equação 6.10, para entender melhor o comportamento do Módulo de Young (e, portanto, das propriedades mecânicas) das amostras em questão. Os resultados mostram que o valor do Módulo de Young só depende da concentração do oxidante e do tamanho de suas partículas (Exercício 6.10). Nenhum dos termos envolvendo o tempo de reação é estatisticamente significativo. Numa primeira aproximação, portanto, podemos eliminar os termos em **t**, reduzindo o modelo a

$$\hat{\mathbf{M}} = 0{,}86 + 0{,}74\mathbf{C} - 0{,}16\mathbf{P} + 0{,}44\mathbf{C}^2 - 0{,}18\mathbf{CP}\ .\qquad [6.11]$$

A forma da superfície de resposta gerada por esta expressão é revelada pela Figura 6.8. Trata-se de uma espécie de vale, situado quase perpendicularmente ao eixo das concentrações.

Na prática, a utilidade da Equação 6.11 (e da Figura 6.8) é nos ajudar a prever que condições experimentais resultarão num valor de interesse para o Módulo de Young. A Tabela 6.11 mostra uma comparação dos valores médios observados com os valores previstos pela Equação 6.11. A concordância é muito boa. O erro médio das previsões, em valor absoluto, é de apenas 0,06, o que não chega a 4% da faixa de variação dos valores da Tabela 6.9. Isso comprova que quase toda a variação observada nos valores do Módulo de Young pode ser explicada pelas mudanças feitas na concentração e na granulometria do oxidante.

Se nosso objetivo é obter um produto com um alto valor de **M**, a Figura 6.8(b) indica que devemos usar um nível de concentração de 50 partes por 100 e partículas com granulometria >150 *mesh*. Caso o modelo possa ser extrapolado, podemos

Tabela 6.11 Valores previstos pela Equação 6.11 e valores médios observados para o Módulo de Young. O erro médio absoluto é dado por $\bar{e} = \left(\sum |e|\right)/N = 0{,}06\,MPa$

c	P	$\overline{\mathbf{M}}_{obs}$	$\hat{\mathbf{M}}$	$e = \overline{\mathbf{M}}_{obs} - \hat{\mathbf{M}}$
−1	−1	0,57	0,53	0,04
−1	0	0,51	0,55	−0,04
−1	1	0,52	0,57	−0,05
0	−1	0,90	1,03	−0,13
0	0	0,89	0,87	0,02
0	1	0,77	0,71	0,06
1	−1	2,36	2,37	−0,02
1	0	2,09	2,03	0,06
1	1	1,61	1,69	−0,08

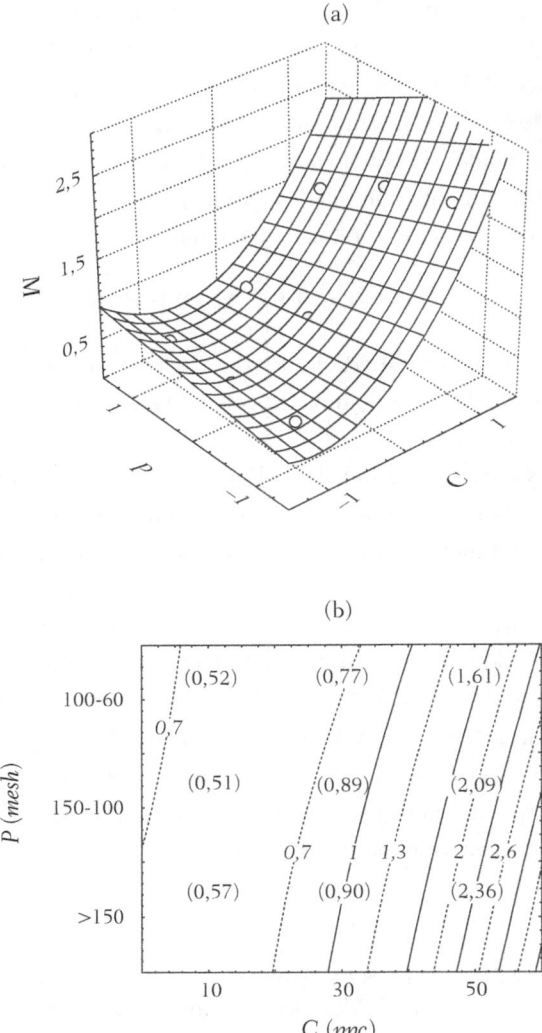

Figura 6.8 (a) Superfície de resposta descrita pela Equação 6.11, que relaciona o Módulo de Young com a concentração e a granulometria do oxidante. (b) Curvas de nível para a superfície do item (a). Os valores entre parênteses são as respostas médias observadas.

obter valores ainda maiores continuando a aumentar a concentração e a diminuir a granulometria das partículas.[3] Da mesma forma, para obter pequenos valores do Módulo de Young, devemos usar uma baixa concentração de oxidante, cerca de 10

---

[3] Valores em *mesh* numericamente maiores significam partículas menores, isto é, uma granulometria mais fina.

partes por 100. Nesse caso, porém, o tamanho da partícula não tem importância. Todos os resultados experimentais obtidos com 10 ppc estão no fundo do vale, onde a granulometria varia sem afetar a resposta.

Como o tempo de reação não alterou o valor do Módulo de Young, podemos usar qualquer valor, entre 8 e 24 horas. Se só estivermos interessados nessa resposta, não precisamos nos importar com o tempo. Neste estudo, porém, os pesquisadores também queriam aumentar o rendimento da reação, e para isso fizeram um ajuste semelhante ao que acabamos de discutir. Daí resultou a equação

$$\hat{R} = 9,24 + 1,93t + 6,81C - 1,47P + 1,28C^2 + 1,26tC ,$$

onde somente aparecem os termos estatisticamente significativos. Nesta expressão, o tempo é um fator importante. Todos os termos em **t** têm coeficientes positivos, o que significa que tempos mais longos produzirão maiores rendimentos. Colocando o tempo no seu valor máximo (24 horas, ou $t = +1$), podemos escrever

$$\hat{R} = 11,17 + 8,07C - 1,47P + 1,28C^2 . \tag{6.12}$$

A superfície de resposta descrita por esta expressão está representada na Figura 6.9. Comparando-a com a Figura 6.8, podemos constatar que a região que produz altos Módulos de Young (o canto inferior direito do gráfico das curvas de nível) também produz altos rendimentos. O mesmo paralelismo se observa no fundo do vale: valores de **M** da ordem de 0,50 MPa correspondem a rendimentos baixos, de cerca de 5%.

Embora o planejamento que acabamos de discutir tenha permitido descrever adequadamente as superfícies de resposta na região estudada, poderíamos chegar às mesmas conclusões com um planejamento mais econômico. Inicialmente, poderíamos fazer um planejamento fatorial com apenas dois níveis, para sondar o espaço definido pelos fatores e tentar demarcar uma região para um estudo mais detalhado. Dependendo dos resultados, poderíamos

a. ampliar o planejamento inicial com mais ensaios para transformá-lo num planejamento em estrela, ou
b. deslocar os experimentos para uma região mais promissora, a ser investigada com um novo fatorial.

Essas considerações não desmerecem o estudo que apresentamos nesta seção. Todos os experimentos foram feitos de acordo com um planejamento sistemático, que permitiu caracterizar, com bastante precisão, a influência dos fatores investigados sobre as respostas de interesse. Esse modo de proceder é indiscutivelmente superior à maneira, digamos, intuitiva que ainda prevalece em muitos laboratórios de pesquisa.

(a)

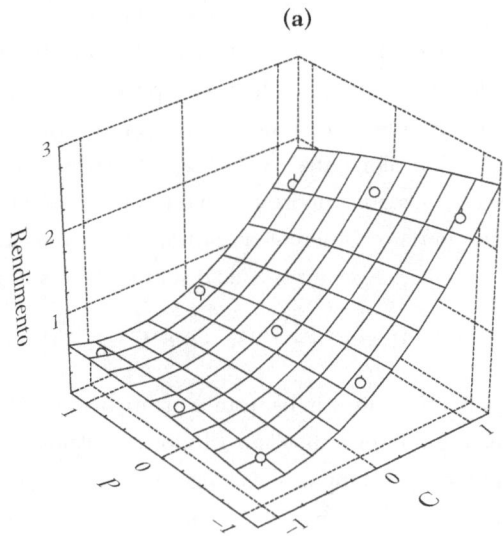

(b)

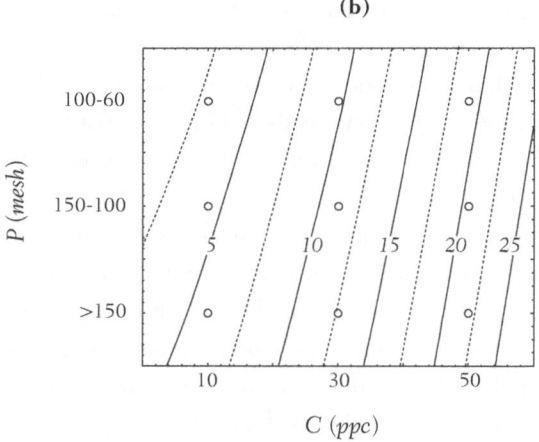

Figura 6.9 Superfície de resposta e curvas de nível para a Equação 6.12, mostrando o rendimento após 24 horas de reação, em função da concentração (**C**) e da granulometria do oxidante (**P**).

6.4 Como tratar problemas com muitas variáveis

No nosso último exemplo, apesar de termos três fatores a considerar, conseguimos reduzir nossa análise a gráficos envolvendo apenas dois deles (mais a resposta). Isso nos permitiu localizar a região desejada por simples inspeção visual das duas superfícies ajustadas. Se todos os três fatores tivessem se mostrado significativos, a visualização não seria mais possível (exigiria quatro dimensões) e precisaríamos nos arranjar de outra forma. Também tivemos a sorte de verificar que a região ótima dos níveis dos dois fatores era a mesma para as duas respostas. Caso não fosse, não poderíamos otimizá-las simultaneamente e teríamos de partir para alguma solução de meio termo. Evidentemente, à medida que o número de fatores for aumentando, a análise tenderá a se tornar mais complicada. Na próxima seção falaremos sobre planejamentos apropriados para essas situações.

Consideremos um problema geral de otimização, com várias respostas $y_1, y_2, \ldots, y_m$, para as quais construímos modelos baseados no mesmo conjunto de fatores codificados $x_1, x_2, \ldots, x_n$. Como fazer para descobrir os níveis dos fatores que produzirão o conjunto de respostas mais satisfatório?

Existem várias possibilidades. Se o número de fatores significativos x_i permitir a visualização dos modelos ajustados, e se o número de respostas não for grande demais, podemos sobrepor as superfícies de resposta e localizar a melhor região por inspeção visual. Foi o que fizemos na seção anterior.

Se, por outro lado, o nosso objetivo for maximizar ou minimizar uma dada resposta mantendo as outras respostas sujeitas a determinadas restrições, podemos recorrer aos métodos de programação linear — ou mesmo não linear — comumente usados nas engenharias.

Finalmente, se o problema não se enquadrar em nenhuma dessas categorias, podemos tentar usar a metodologia de otimização simultânea proposta por G. C. Derringer e R. Suich (1980), que pode ser bastante útil quando usada com o devido cuidado.

O método de Derringer e Suich se baseia na definição de uma **função de desejabilidade** para cada resposta, com valores restritos ao intervalo [0, 1]. Zero significa um valor inaceitável, e um o valor mais desejável. A natureza da função depende dos objetivos do experimento, como logo veremos.

Uma vez que as funções de desejabilidade tenham sido especificadas para todas as respostas, devemos combiná-las numa desejabilidade global, normalmente dada pela média geométrica das m desejabilidades individuais:

$$D = \sqrt[m]{d_1 d_2 \ldots d_m} \ . \tag{6.13}$$

Com este artifício, a otimização simultânea das várias respostas se reduz à maximização de um único valor, a desejabilidade global. Nosso problema transforma-se em descobrir os níveis dos fatores que maximizem o valor de D. Outra vantagem desta definição é que o uso da média geométrica faz com que a desejabilidade global se anule sempre que uma das respostas tiver um valor inaceitável, não importa quão satisfatórios sejam os valores das outras respostas.

A forma da função de desejabilidade de uma dada resposta depende de como o problema está formulado. Suponhamos que a resposta tenha um valor-alvo ótimo, digamos A, situado em algum ponto dentro de uma faixa de aceitação, cujos limites inferior e superior representaremos por LI e LS, respectivamente. Nesse caso, a função de desejabilidade da resposta é definida por

$$d = \left(\frac{\hat{y}-LI}{A-LI}\right)^s, \qquad \text{para } LI \leq \hat{y} \leq A; \qquad (6.14a)$$

$$d = \left(\frac{\hat{y}-LS}{A-LS}\right)^t, \qquad \text{para } A \leq \hat{y} \leq LS; \qquad (6.14b)$$

$$d = 0, \qquad \text{para } \hat{y} \text{ fora do intervalo } (LI, LS). \qquad (6.14c)$$

Observe que o valor de d está restrito ao intervalo [0, 1]. Uma desejabilidade igual a 1 só será obtida se a resposta coincidir exatamente com o valor-alvo, e tornar os numeradores das frações iguais aos respectivos denominadores. À medida que o valor de $\hat{y}$ se afaste do alvo A, o valor da desejabilidade irá caindo, tornando-se zero quando um dos limites da faixa de aceitação for alcançado.

A taxa de variação da desejabilidade com a resposta estimada pelo modelo é definida pelos valores dos expoentes s e t. Fazendo-os variar, podemos acelerá-la ou retardá-la, e assim atribuir diferentes desejabilidades aos diversos níveis da resposta. Valores altos dos dois expoentes (por exemplo, 10) farão com que a desejabilidade caia rapidamente, tornando-se muito baixa a menos que $\hat{y}$ esteja muito perto do alvo. Valores baixos, por outro lado, permitirão que a resposta tenha uma variação mais ampla sem que a desejabilidade seja muito diminuída. A escolha vai depender da prioridade ou da importância relativa que resolvermos atribuir a cada resposta. Além disso, a taxa de queda da desejabilidade não precisa ser simétrica em torno do alvo. Os valores de s e de t podem ser diferentes. Se, por exemplo, for mais aceitável que o valor da resposta fique acima do alvo do que abaixo dele, devemos escolher $t \ll s$.[4]

Muitas vezes não temos um valor-alvo, e sim um limite unilateral, acima ou abaixo do qual queremos que a resposta fique. Para tratar desses casos, devemos modificar uma parte da definição de desejabilidade, fazendo o valor-alvo coincidir com um dos extremos e considerando $d = 1$ a partir daí. Existem duas possibilidades:

---

[4] Por exemplo, se a resposta for a quantidade de cerveja contida numa garrafa, o fabricante certamente preferirá pecar pelo excesso do que arriscar sua reputação pondo à venda garrafas com um nível inferior ao normal.

1. Eliminar a Equação 6.14a e fazer $d = 1$ para $\hat{y} \leq LI$. Isso significa que estaremos plenamente satisfeitos com qualquer valor da resposta abaixo do limite inferior LI.
2. Se, ao contrário, nosso objetivo for manter a resposta acima do limite superior LS, descartamos a Equação 6.14b e fazemos $d = 1$ para qualquer $\hat{y} \geq LS$.

Em alguns problemas de otimização, não é possível especificar claramente intervalos de aceitação para algumas respostas. Não podemos, portanto, definir a desejabilidade através das Equações 6.14. A melhor alternativa nesses casos parece ser uma função exponencial. Mais detalhes sobre este assunto podem ser encontrados, por exemplo, em Wu e Hamada (2000).

Mesmo com a interessante metodologia de Derringer e Suich (1980), precisamos ter todo o cuidado quando tentarmos otimizar simultaneamente várias respostas. Se nos limitarmos a aplicar mecanicamente o algoritmo de busca, podemos ser levados a um conjunto de condições matematicamente "otimizadas" porém sem viabilidade prática, talvez porque algumas condições de contorno tenham sido relaxadas no início da investigação, ou porque os expoentes não foram escolhidos da forma mais adequada. Às vezes, só percebemos que o problema está mal formulado quando descobrimos que condições experimentais absurdas são identificadas como ótimas pelo *software* utilizado.

Uma boa estratégia é alimentar o algoritmo de otimização com várias escolhas diferentes para os expoentes s e t. Assim, chegaremos a vários conjuntos de condições otimizadas, dentre os quais poderemos selecionar o que melhor nos convier. A própria variedade desses conjuntos já nos dará uma ideia da robustez das condições experimentais sugeridas. Se elas forem relativamente insensíveis à variação dos expoentes s e t, isso é um bom sinal.

Depois de descobrir um conjunto de condições que maximize a desejabilidade global D, não podemos deixar de examinar o comportamento individual de cada uma das respostas, para nos certificarmos de que todas estão realmente em regiões aceitáveis, com todas as restrições satisfeitas. Também é altamente recomendável fazer alguns experimentos confirmatórios nas condições selecionadas e, se possível, no seu entorno. Experimentos confirmatórios sempre são uma excelente ideia. Quando várias respostas estão em jogo, tornam-se praticamente imprescindíveis.

Para exemplificar a aplicação do método de Derringer e Suich (1980), vamos adaptar um pouco o problema de três fatores e duas respostas que apresentamos na Seção 6.3. Partiremos dos dados da Tabela 6.9, mas admitiremos inicialmente que estamos interessados em obter um produto com o valor do módulo de Young o mais próximo possível de 2,0 Mpa, e que também queremos um rendimento não muito inferior a 15%. O algoritmo que utilizamos (Statsoft, 1998) exige a especificação de valores numéricos para *LI*, *LS* e *A*, além de *s*, *t* e da desejabilidade. Para chegar aos resultados que vamos ver, utilizamos os valores que estão na Tabela 6.12.

Observe que, para o módulo de Young, estamos considerando inaceitáveis as respostas que caírem abaixo de 0,5 ou acima de 2,5. Como, na verdade, queríamos maximizar esta propriedade, estamos modificando um pouco o objetivo original, para fins didáticos. Além disso, os valores altos dos expoentes *s* e *t* farão com que a desejabilidade seja muito pequena se a resposta não estiver muito próxima do valor-alvo 2. Para o rendimento, estamos aceitando valores acima de 10%, mas o desejável é que eles fiquem acima de 15%. Abaixo disso o valor alto escolhido para o expoente *s* (5, de novo) fará com que a desejabilidade caia logo. As desejabilidades iguais a 1 especificadas tanto para 15% quanto para 20% significam que qualquer rendimento nessa faixa será considerado perfeitamente satisfatório.

A Figura 6.10 mostra os resultados do algoritmo de otimização. Usamos uma grade com 20 pontos em cada um dos três fatores, o que significa que os valores das respostas e suas correspondentes desejabilidades foram calculados em 20 × 20 × 20 = 8.000 combinações de níveis dos fatores. Tanto o módulo de Young quanto o rendimento foram ajustados com modelos quadráticos completos.

Os dois gráficos da última coluna mostram os perfis das desejabilidades das duas respostas, definidos de acordo com os valores escolhidos para os limites e os expoentes na Tabela 6.12. Note que, para o módulo de Young, a desejabilidade tem um pico bem pronunciado sobre o valor-alvo, como já esperávamos. Para o rendimento, temos um patamar de desejabilidade 1 acima de 15%. As linhas tracejadas verticais sinalizam as condições de máxima desejabilidade global, que neste exemplo chegou a 0,99, como mostra a última linha de gráficos, e é obtida com **t** = −0,158, **C** = 0,895 e **P** = −0,474. Nessas condições, devemos ter um módulo de Young igual a 2,00 Mpa e um rendimento de 16,5%, como mostram os valores assinalados nos respectivos eixos.

As curvas mostram como as respostas variam com cada fator, mantidos fixos os níveis dos outros fatores nos valores especificados. No segundo gráfico da primeira coluna, por exemplo, vemos que o módulo de Young praticamente não é afetado

Tabela 6.12 Parâmetros utilizados na otimização simultânea das respostas da síntese de polipirrol na borracha de EPDM. Os valores entre parênteses são as desejabilidades

Resposta	LI	A	LS	s	t
Módulo de Young (Mpa)	0,5 (0)	2,0 (1)	2,5 (0)	5	5
Rendimento (%)	10 (0)	15 (1)	20 (1)	5	1

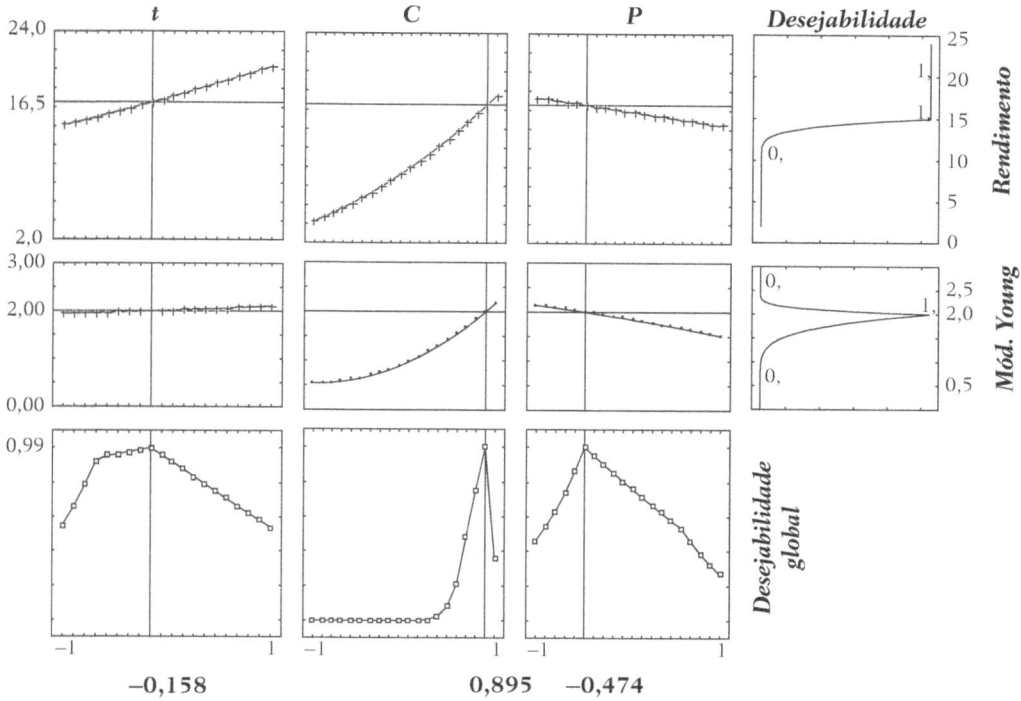

Figura 6.10 Exemplo da aplicação da metodologia de Derringer e Suich para a otimização das propriedades do sistema polipirrol — borracha de EPDM.

pela variação de **t**, como já havíamos descoberto na Seção 6.3. O fator crucial para a determinação do ponto ótimo é **C**, a concentração de oxidante, que apresenta as inclinações mais pronunciadas. Essas inclinações todas são muito instrutivas, porque fornecem uma ideia da margem de manobra que existe em torno das condições ótimas. O gráfico da desejabilidade global em função de **t** mostra que este fator pode variar numa faixa razoável sem prejudicar muito o valor de D. Por outro lado, qualquer alteração no valor de **C** provocará uma queda brusca na desejabilidade. Este fator, portanto, deve ser mantido sob controle mais rigoroso.

Os gráficos para o fator **P** ilustram os problemas que discutimos há pouco. Eles mostram que o aumento de **P** tende a diminuir o rendimento e o módulo de Young, mais ou menos na mesma proporção. Ocorre, no entanto, que **P** (a granulometria) é uma variável categórica, cujos únicos valores possíveis, neste experimento, são os três níveis usados no planejamento: -1, 0 e $+1$. O valor ótimo encontrado, $\mathbf{P} = -0{,}474$, não tem qualquer significado prático. Dos três níveis possíveis, o menos favorável é, sem dúvida, o valor $+1$. Para escolher entre os dois restantes, o pesquisador deve decidir se prefere desviar-se para cima ou para baixo do ponto ótimo encontrado ($P = -1$ ou $P = 0$, respectivamente). Lembrando que o que queríamos mesmo era maximizar as duas respostas, devemos optar por $P = -1$. Aliás, levando a maximização totalmente a sério, devemos preferir também $C = +1$ e $t = +1$. Essa escolha só não foi feita pelo algoritmo desde o começo porque resolvemos especificar para o módulo de Young um perfil de desejabilidade muito estreito e centrado no valor 2 MPa.

6.5 Planejamentos compostos centrais

O planejamento em estrela da Figura 6.5 é um exemplo de **planejamento composto central** para dois fatores. Em geral, um planejamento composto central para k fatores, devidamente codificados como $(x_1,..., x_k)$, é formado de três partes:

1. Uma parte chamada **fatorial** (ou **cúbica**), contendo um total de n_{fat} pontos de coordenadas $x_i = -1$ ou $x_i = +1$, para todos os $i = 1,..., k$;
2. Uma parte **axial** (ou **em estrela**), formada por $n_{ax} = 2k$ pontos com todas as coordenadas nulas, exceto uma, que é igual a um certo valor α (ou $-\alpha$);
3. Um total de n_{centr} ensaios realizados no **ponto central**, onde, é claro, $x_1 = ... x_k = 0$.

Para realizar um planejamento composto central, precisamos definir como será cada uma dessas três partes. Precisamos decidir quantos e quais serão os pontos cúbicos, qual o valor de α e quantas repetições faremos no ponto central. No planejamento da Tabela 6.7, por exemplo, temos $k = 2$. A parte cúbica é formada pelos quatro primeiros ensaios, a parte em estrela pelos quatro últimos (com $\alpha = \sqrt{2}$), e existem três ensaios repetidos no ponto central. O caso de três fatores é mostrado na Figura 6.11, onde podemos perceber a origem da terminologia empregada para as três partes do planejamento.

Os pontos cúbicos, como você já deve ter notado, são idênticos aos de um planejamento fatorial de dois níveis. Na Tabela 6.7 usamos um planejamento fatorial completo, mas isso não seria estritamente necessário. Dependendo do número de fatores, poderia nem ser aconselhável, porque produziria um número de ensaios inconvenientemente grande. O total de níveis distintos num planejamento composto central é $n_{fat} + 2k + 1$. O modelo quadrático completo para k fatores é dado pela Equação 6.15, que contém $(k + 1)(k + 2) / 2$ parâmetros. Com dois fatores, temos seis parâmetros. O planejamento da Tabela 6.7 tem nove diferentes combinações de níveis, e a rigor poderíamos estimar todos os parâmetros do modelo usando apenas dois pontos cúbicos, correspondentes a uma das duas frações 2^{2-1}. Num planeja-

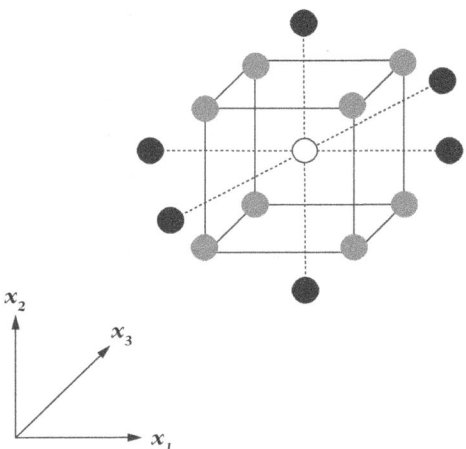

Figura 6.11 Planejamento composto central para três fatores. As bolas cinzas são a parte cúbica — os ensaios de um fatorial 2^3. As bolas pretas representam a parte em estrela.

mento tão simples, a economia é muito pouca e dificilmente justificaria a destruição da simetria da porção cúbica, mas um procedimento semelhante — isto é, escolher os pontos cúbicos como os de um planejamento fracionário e não de um planejamento completo — torna-se cada vez mais indicado à medida que o número de fatores aumenta. Do ponto de vista da resolução, é recomendável usar um fatorial fracionário de resolução V, que nos permitirá estimar os efeitos principais e as interações de dois fatores com um confundimento relativamente baixo. Se decidirmos usar frações menores, porém, a escolha da fração apropriada não é trivial. Só para dar um exemplo: quando $k = 4$, a fração 2_{III}^{4-1} gerada por $I=124$ é melhor do que a fração 2_{IV}^{4-1} gerada por $I=1234$, por incrível que pareça. Explicar por que isso acontece está além do escopo deste livro, mas fica o aviso. Uma lista das frações mais adequadas pode ser encontrada em Wu e Hamada (2000).

$$y = \beta_0 + \sum_i \beta_i x_i + \sum_i \beta_{ii} x_i^2 + \sum_{i<j} \sum_j \beta_{ij} x_i x_j + \varepsilon \qquad (6.15)$$

O valor de α costuma ficar entre 1 e $\sqrt{k}$. Quando $\alpha = \sqrt{k}$, como na Tabela 6.7, os pontos cúbicos e os pontos axiais ficam sobre a superfície de uma (hiper)esfera,[5] e o planejamento é chamado de **esférico**. Na Tabela 6.7, por exemplo, todos os pontos periféricos estão sobre a mesma circunferência. No outro extremo, quando

---

[5] O prefixo *hiper* é usado aqui para indicar uma figura geométrica em mais de três dimensões.

$\alpha = 1$, os pontos axiais se localizam nos centros das faces do (hiper)cubo definido pela parte cúbica do planejamento. Este tipo de planejamento é vantajoso quando o espaço experimental é cúbico, o que ocorre de forma natural quando os fatores são variados independentemente uns dos outros. Tem ainda a vantagem de só precisar de três níveis dos fatores, o que pode ser de grande ajuda no caso de algum fator ser qualitativo.

Se escolhermos $\alpha = \sqrt{k}$, estaremos colocando os pontos em estrela cada vez mais distantes do ponto central, à medida que o número de fatores for crescendo. Essa escolha deve ser feita — se for feita — com muito cuidado, porque estaremos correndo o risco de deixar a região intermediária sem ser investigada. Com nove fatores, por exemplo, α seria igual a 3. Não ficaríamos sabendo de nada sobre o comportamento da superfície de resposta no intervalo 1-3 ao longo de cada eixo.

Box e Hunter (1957) propuseram o conceito de **rotabilidade**[6] como critério para escolher o valor de α. Um planejamento é chamado de **rodável** se a variância de suas estimativas, $V(\hat{y})$, só depender da distância em relação ao ponto central, isto é, se a precisão da resposta prevista for a mesma em todos os pontos situados numa dada (hiper)esfera com centro no próprio centro do planejamento. A Tabela 6.13 mostra como podemos construir planejamentos rodáveis para três e quatro fatores.

Para um planejamento cuja porção cúbica seja um fatorial completo ou um fatorial fracionário de resolução V, pode-se demonstrar que a rotabilidade é obtida

Tabela 6.13 Parte axial de planejamentos rodáveis com três e quatro fatores. As partes cúbicas são fatoriais completos 2^3 e 2^4

$k = 3$			$k = 4$			
x_1	x_2	x_3	x_1	x_2	x_3	x_4
−1,68	0	0	−2	0	0	0
1,68	0	0	2	0	0	0
0	−1,68	0	0	−2	0	0
0	1,68	0	0	2	0	0
0	0	−1,68	0	0	−2	0
0	0	1,68	0	0	2	0
			0	0	0	−2
			0	0	0	2

---

[6] *Rotability*, em inglês.

se fizermos $\alpha = \sqrt[4]{n_{fat}}$. Mesmo que a resolução não seja exatamente essa, a expressão serve como guia para a escolha do valor de α, que de qualquer forma deve ser analisado quanto à sua conveniência e praticidade. Se, por exemplo, estivermos interessados em investigar a região mais próxima das faces do hipercubo, então é melhor escolher um valor de α menor do que o valor rodável. Também pode acontecer que o valor de α leve a alguns ensaios inviáveis. Nesse caso, precisaremos definir novas condições experimentais para esses ensaios. Finalmente, a rotabilidade depende de como os fatores foram codificados. Em geral, a rotabilidade do planejamento será destruída se precisarmos fazer transformações das variáveis usando diferentes escalas. Uma *quase* rotabilidade parece ser o critério mais razoável (Wu; Hamada, 2000).

As repetições no ponto central têm duas finalidades: fornecer uma medida do erro puro e estabilizar a variância da resposta prevista. Para estabilizar a variância, uma regra prática é fazer de 3 a 5 ensaios repetidos se α estiver próximo de $\sqrt{k}$, e somente um ou dois a mais se estiver perto de 1. Para obter uma estimativa do erro, já sabemos que quanto mais repetições, melhor.

Uma outra vantagem dos planejamentos compostos centrais é que, por serem eles formados de três partes distintas, podemos construí-los sequencialmente, conforme a necessidade. Se estivermos numa região da superfície de resposta em que a curvatura não seja importante, então não precisamos de um modelo quadrático, e podemos nos dar por satisfeitos somente com a parte cúbica do planejamento, com a qual podemos ajustar um modelo linear e, em seguida, se for o caso, nos deslocar para uma região mais interessante da superfície. Se estivermos em dúvida sobre a curvatura, podemos usar os ensaios no ponto central para testar sua significância. Finalmente, se a curvatura se revelar significativa, aí, sim, podemos completar o planejamento com os pontos axiais. Estaremos, na verdade, fazendo os ensaios em dois blocos — primeiro o cúbico e depois o axial.

Suponhamos que as respostas do bloco axial contenham um erro sistemático em relação às respostas obtidas no primeiro bloco. Dentro de certas condições, esse erro não afetará as estimativas dos coeficientes do modelo, isto é, o efeito de bloco não se confundirá com os efeitos dos outros fatores. Para que isso ocorra, é preciso que a blocagem do planejamento seja ortogonal, o que por sua vez depende do valor de α. A blocagem será ortogonal se

$$\alpha = \sqrt{\frac{n_{fat}(n_{ax} + n_{centr,ax})}{2(n_{fat} + n_{centr,fat})}} ,$$

onde $n_{centr,fat}$ e $n_{centr,ax}$ são os ensaios do ponto central no bloco cúbico e no bloco axial, respectivamente (Montgomery, 1997). Em geral, quando fazemos o planejamento em blocos ortogonais, estamos ao mesmo tempo sacrificando sua rotabilidade, mas existem alguns planejamentos em que as duas condições são aproximadamente satisfeitas, e outros em que ambas são exatamente satisfeitas. A Tabela 6.14 mostra três planejamentos em blocos que também são rodáveis.

A metodologia de superfícies de resposta é um assunto muito importante e vasto, com livros muito mais extensos do que este integralmente dedicados a ele. Se você quiser saber mais sobre a RSM, recomendamos os excelentes textos de Box e Draper (1987), de Myers e Montgomery (1995) e de Goupy (1999).

Tabela 6.14 Três planejamentos compostos centrais que podem ser realizados em blocos, sequencialmente, e que preservam a rotabilidade

Número de fatores (k)	2	4	5
Parte cúbica			
n_{fat}	4	16	16
Número de blocos	1	2	1
$n_{centr,fat}$ (em cada bloco)	3	2	6
Total de pontos por bloco	7	10	22
Parte axial (em um só bloco)			
n_{ax}	4	8	10
$n_{centr,ax}$	3	2	1
α	1,414	2,00	2,00
Total de pontos do planejamento	14	30	33

6A Aplicações

6A.1 Resposta catalítica do Mo(VI)

A oxidação do íon iodeto pela água oxigenada em meio ácido,

$$3I^- + H_2O_2 + 2H^+ \rightarrow I_3^- + 2H_2O,$$

é catalisada por vários metais em estados de oxidação elevados. Andrade, Eiras e Bruns. (1991) resolveram usar esta reação como base de um método para determinar traços de molibdênio em um sistema de fluxo contínuo monossegmentado, tendo como resposta a intensidade do sinal espectroscópico a 350 nm. Na tentativa de maximizar a sensibilidade do método (isto é, maximizar a intensidade do sinal), os pesquisadores usaram o planejamento composto central cujos dados estão na Tabela 6A.1, onde x_1 e x_2 representam valores codificados das concentrações de H_2SO_4 e KI, respectivamente.

Tabela 6A.1 Planejamento para o estudo da resposta catalítica do Mo(VI)

x_1	x_2	Resposta
−1	−1	0,373
+1	−1	0,497
−1	+1	0,483
+1	+1	0,615
−1,4	0	0,308
+1,4	0	0,555
0	−1,4	0,465
0	+1,4	0,628
0	0	0,538
0	0	0,549
0	0	0,536
0	0	0,549
0	0	0,538

Os modelos linear e quadrático ajustados aos dados da tabela são os seguintes:

$$\hat{y} = \underset{(0,002)}{0,510} + \underset{(0,002)}{0,076}x_1 + \underset{(0,002)}{0,058}x_2, \quad \text{com} \quad MQ_{faj}/MQ_{ep} = 90,7 ;$$

$$\hat{y} = \underset{(0,003)}{0,542} + \underset{(0,002)}{0,076}x_1 + \underset{(0,002)}{0,058}x_2 - \underset{(0,002)}{0,055}x_1^2 + \underset{(0,002)}{0,003}x_2^2 + \underset{(0,003)}{0,002}x_1x_2 ,$$

com $MQ_{faj}/MQ_{ep} = 9,6$.

Embora este último valor ainda seja maior do que $F_{3,4}$ no nível de 95% de confiança (6,59), é evidente que o modelo quadrático é muito superior ao linear, como podemos comprovar pelos gráficos das respostas previstas contra as respostas observadas (Figura 6A.1). A melhoria é devida inteiramente ao termo quadrático em x_1.

Para x_1 (a concentração de H_2SO_4), tanto o termo linear quanto o termo quadrático são estatisticamente significativos. Para x_2 (a concentração de KI), somente o termo linear é significativo. A interação não é significativa. Os dois termos lineares têm coeficientes positivos, indicando que a intensidade do sinal deve aumentar se aumentarmos x_1 e x_2. No entanto, como o modelo também tem uma contribuição *negativa* em x_1^2, e de coeficiente semelhante ao do termo linear, uma variação em x_1 em qualquer das direções terminará levando a uma redução do sinal. Em termos geométricos, dizemos que a superfície de resposta é uma **cumeeira** (Figura 6A.2). Em termos práticos, o sinal deverá aumentar se formos aumentando a concentração de KI, pelo menos na região estudada. Já para o ácido sulfúrico, existe uma região ótima (a cumeeira), fora da qual o sinal tende a diminuir.

6A.2 Desidratação osmótica de frutas

Um dos principais objetivos das pesquisas em conservação de frutas é o desenvolvimento de produtos com longo prazo de validade[1] e cujas propriedades sensoriais e nutritivas se pareçam ao máximo com as da fruta *in natura*. Evidentemente, essas duas características aumentam a probabilidade de aceitação do produto pelos consumidores.

A desidratação osmótica é uma técnica que permite reduzir o teor de água de um alimento, e consequentemente aumentar a vida útil do produto final. O processo consiste em colocar a matéria-prima em contato com uma solução muito concentrada de um agente osmótico que seja sensorialmente compatível com o produto que se deseja obter. Com isso se estabelece um gradiente osmótico que progressivamente vai retirando a água. Como trabalho para um curso de quimiometria, P.

---

[1] Em inglês se diz *shelf-life*, literalmente *vida de prateleira*.

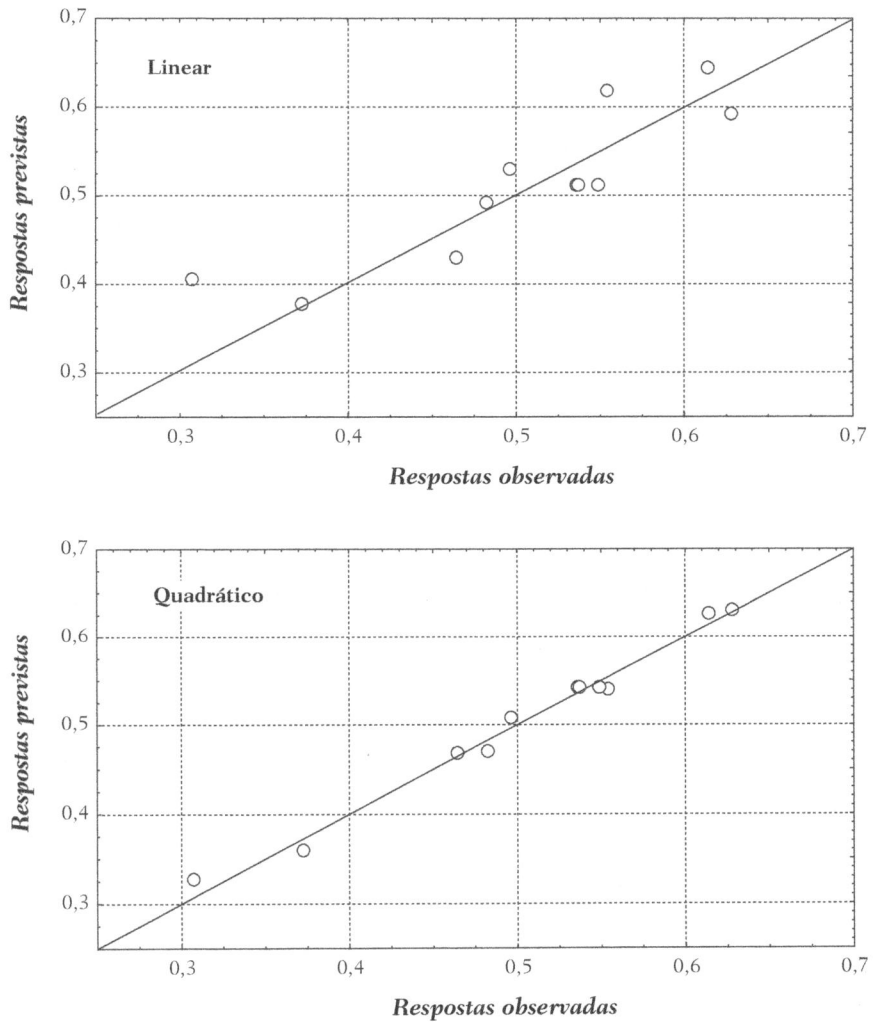

Figura 6A.1 Comparação das previsões dos dois modelos com os valores observados.

R. Buchweitz e E. R. Bruno resolveram usar um planejamento composto central para estudar como a desidratação de pedaços de abacaxi dependia de três fatores: o tempo de contato (1), a temperatura do processo (2) e a concentração da solução osmótica (3). A perda de peso relativa ao final de cada ensaio foi tomada como medida do nível de desidratação. Os resultados obtidos estão na Tabela 6A.2, onde x_1, x_2 e x_3 são valores codificados dos três fatores.

Ajustando os modelos linear e quadrático aos dados da tabela, obtemos as seguintes equações:

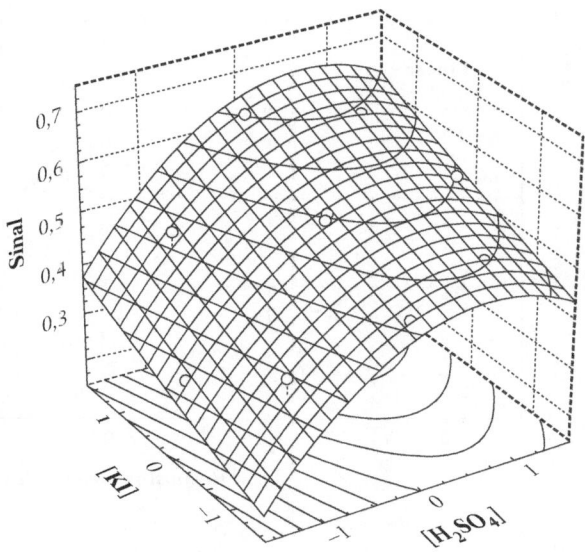

Figura 6A.2 Superfície de resposta para o modelo quadrático do sinal do Mo(VI).

Tabela 6A.2 Planejamento para o estudo da desidratação osmótica de abacaxi

Ensaio	x_1	x_2	x_3	Perda de peso, %
1	−1	−1	−1	47,34
2	−1	−1	−1	53,00
3	−1	+1	−1	53,64
4	+1	+1	−1	54,28
5	−1	−1	+1	48,85
6	+1	−1	+1	53,73
7	−1	+1	+1	55,19
8	+1	+1	+1	58,31
9	−1,682	0	0	51,90
10	+1,682	0	0	57,34
11	0	−1,682	0	47,62
12	0	+1,682	0	57,35
13	0	0	−1,682	50,73
14	0	0	+1,682	57,68
15	0	0	0	56,24
16	0	0	0	55,74
17	0	0	0	57,23
18	0	0	0	56,85
19	0	0	0	55,42

$$\hat{y} = 54{,}13 + 1{,}72\underset{(0{,}20)}{x_1} + 2{,}55\underset{(0{,}20)}{x_2} + 1{,}43\underset{(0{,}22)}{x_3} \ , \quad \text{com} \quad MQ_{faj}/MQ_{ep} = 8{,}50 \ ;$$
$$\phantom{\hat{y} = }{\scriptstyle(0{,}17)}$$

$$\hat{y} = 56{,}32 + 1{,}72\underset{(0{,}20)}{x_1} + 2{,}55\underset{(0{,}20)}{x_2} + 1{,}43\underset{(0{,}20)}{x_3} - 0{,}71\underset{(0{,}20)}{x_1^2} - 1{,}47\underset{(0{,}20)}{x_2^2} - 0{,}86\underset{(0{,}20)}{x_3^2}$$
$$\phantom{\hat{y} = }{\scriptstyle(0{,}34)}$$
$$- 0{,}85\underset{(0{,}27)}{x_1 x_2} + 0{,}21\underset{(0{,}27)}{x_1 x_3} + 0{,}42\underset{(0{,}27)}{x_2 x_3} \ ,$$

com $MQ_{faj}/MQ_{ep} = 2{,}66$.

É evidente que o modelo quadrático apresenta menor falta de ajuste, e portanto é melhor do que o modelo linear. Você poderá comprovar, consultando a Tabela do teste F, que na verdade o modelo quadrático não apresenta nenhuma evidência de falta de ajuste, no nível de 95% de confiança. Ele explica 95,4% da variação em torno da média e tem $MQ_R/MQ_r = 20{,}69$, que é mais de seis vezes o valor de $F_{9,9}$ (no mesmo nível de confiança, é claro), o que significa que a regressão é significativa.

Os gráficos dos resíduos deixados pelos dois modelos (Figura 6A.3) comprovam visualmente a superioridade do modelo quadrático. Os coeficientes dos termos lineares são todos positivos, o que significa que, aumentando os níveis de todos os fatores, deveremos obter desidratações mais intensas. Por outro lado, como os coeficientes dos termos quadráticos são todos negativos, a própria elevação do nível dos fatores *também* tenderá a diminuir a desidratação, e na proporção do quadrado da variação. Tudo isso sugere que a região onde a desidratação é máxima não deve estar muito longe.

6A.3 Diminuindo o colesterol

No 11º Congresso Brasileiro de Engenharia Química foi apresentado um trabalho sobre o uso da quilaia (um preparado comercial de saponinas obtido de cascas da *Quillaja saponaria Molina*) para reduzir o teor de colesterol do óleo de manteiga (Brunhara, 1997). O processo consiste em duas etapas: (a) a agregação do colesterol com micelas das saponinas em solução aquosa e (b) a adsorção desses agregados por terra diatomácea. Quatro fatores foram investigados visando à otimização do processo: a concentração da solução de quilaia (1), a quantidade de terra diatomácea usada como adsorvente (2), a temperatura de contato (3) e o pH (4). O experimento baseou-se no planejamento composto central cujos dados estão na Tabela 6A.3, já codificados. Os teores residuais de colesterol no óleo foram determinados cromatograficamente, depois da separação das fases por decantação.

Procedendo da forma habitual, descobrimos que o modelo quadrático é superior ao linear, não apresenta evidência de falta de ajuste no nível de 95% de confiança, e explica 94,3% da variação em torno da média. A análise da variância mostra que somente os termos envolvendo a concentração de quilaia e o pH são significativos, e com isso o modelo se reduz à equação

$$\hat{y} = 1{,}861 - 0{,}189x_1 - 0{,}083x_1^2 + 0{,}348x_4 - 0{,}093x_4^2 + 0{,}176x_1x_4 \ .$$

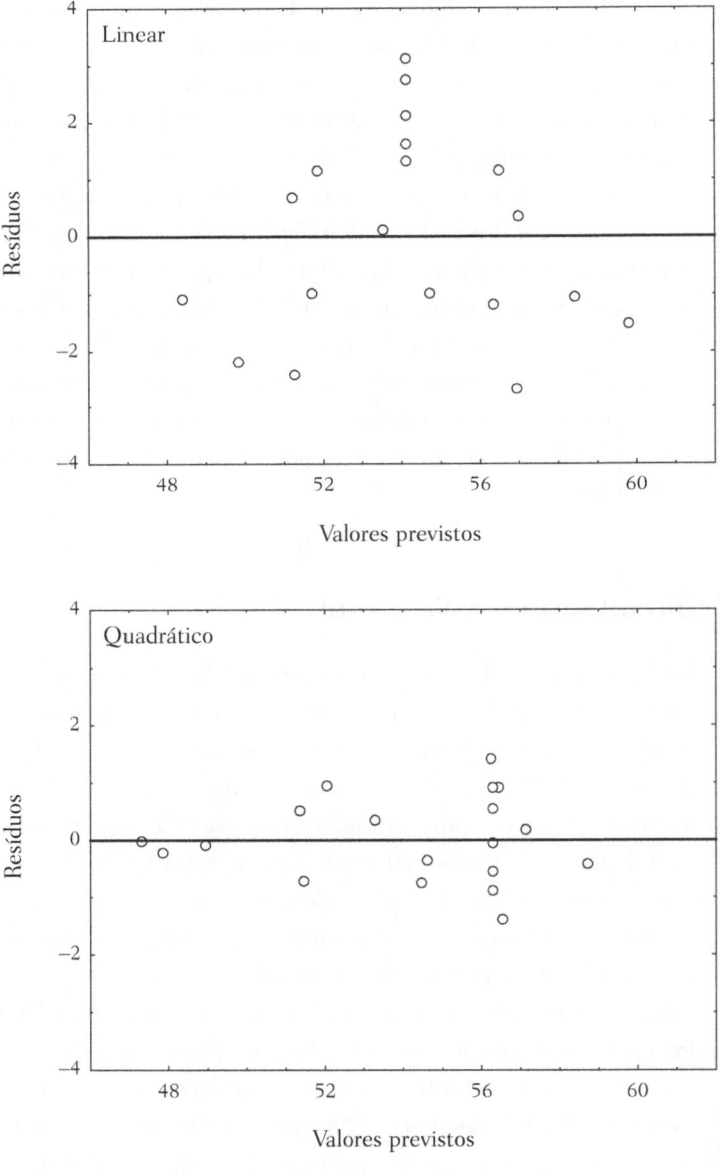

Figura 6A.3 Resíduos deixados pelos dois modelos.

6A Aplicações

Tabela 6A.3 Planejamento para o estudo da redução do colesterol em óleo de manteiga

Ensaio	x_1	x_2	x_3	x_4	Colesterol (mg/g)
1	−1	−1	−1	−1	1,701
2	+1	−1	−1	−1	1,120
3	−1	+1	−1	−1	1,607
4	+1	+1	−1	−1	0,881
5	−1	−1	+1	−1	1,860
6	+1	−1	+1	−1	0,965
7	−1	+1	+1	−1	1,786
8	+1	+1	+1	−1	0,933
9	−1	−1	−1	+1	2,131
10	+1	−1	−1	+1	2,072
11	−1	+1	−1	+1	2,095
12	+1	+1	−1	+1	2,002
13	−1	−1	+1	+1	2,101
14	+1	−1	+1	+1	2,055
15	−1	+1	+1	+1	2,017
16	+1	+1	+1	+1	1,972
17	0	0	0	0	1,763
18	0	0	0	0	1,840
19	0	0	0	0	1,935
20	−2	0	0	0	1,713
21	+2	0	0	0	1,089
22	0	−2	0	0	1,643
23	0	+2	0	0	1,601
24	0	0	−2	0	1,691
25	0	0	+2	0	1,648
26	0	0	0	−2	0,675
27	0	0	0	+2	2,049
28	0	0	0	0	1,783
29	0	0	0	0	1,983

Tabela 6A.4 Ensaios que apresentaram teor de colesterol inferior a 1,2 mg/g

Ensaio	x_1	x_2	x_3	x_4	Colesterol (mg/g)
2	**+1**	−1	−1	−1	1,120
4	**+1**	+1	−1	−1	0,881
6	**+1**	−1	+1	−1	0,965
8	**+1**	+1	+1	−1	0,933
21	**+2**	0	0	**0**	1,089
26	**0**	0	0	**−2**	0,675

Os coeficientes mais importantes são os dos dois termos lineares, que têm sinais contrários — o da concentração de quilaia é negativo e do pH é positivo. Como queremos reduzir o teor de colesterol, esses termos nos dizem que deveríamos elevar a concentração e usar um pH mais ácido, em princípio. No entanto, como a interação e os termos quadráticos também são significativos, devemos tomar um pouco de cuidado com a interpretação desses resultados.

A Figura 6A.4 compara as respostas observadas com os valores previstos pelo modelo quadrático. As respostas se dividem em dois grupos, com seis ensaios apresentando teores de colesterol inferiores a 1,2 mg/g, enquanto os demais estão todos acima de 1,6 mg/g. Os seis ensaios com menos colesterol são mostrados novamente na Tabela 6A.4. De fato, todos eles têm $x_1 \geq 0$ e $x_4 \leq 0$, mas, para o menor valor de todos (o do ensaio 26), três dos fatores — entre os quais a concentração de quilaia — estão nos seus níveis centrais. Diante desses fatos, você não acha que seria uma boa ideia tentar fazer um ensaio com, digamos, $x_4 = -2$, como no próprio Ensaio 26, *mas também* $x_1 = +2$, ou até mesmo $x_1 = +1$? A Figura 6A.5 mostra que essa região não foi investigada neste primeiro planejamento. O plano corresponde a 1,2 mg/g de colesterol, e foi desenhado apenas para destacar a separação entre os dois conjuntos de respostas.

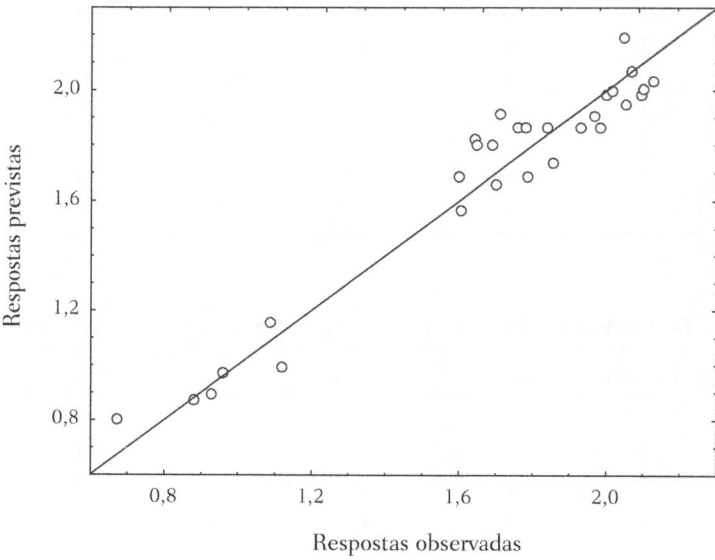

Figura 6A.4 Respostas previstas pelo modelo quadrático.

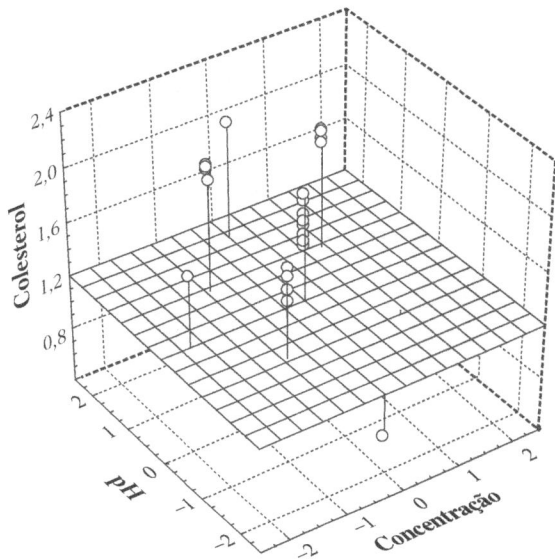

Figura 6A.5 Teor de colesterol observado, em função da concentração de quilaia e do pH.

6A.4 Produção de lacase

A lacase, um polifenol-oxidase com várias aplicações industriais, é produzida pelo fungo *Botryosphaeria sp* induzido por álcool veratrílico. Vasconcelos e colaboradores. (2000) decidiram investigar como a produção dessa enzima dependia do tempo de cultivo e da concentração do álcool. Para isso, realizaram o planejamento composto central da Tabela 6A.5, onde a resposta é a atividade enzimática em $U\ mL^{-1}$, definida como o número de μmols de ABTS (um derivado do ácido sulfônico) oxidados por minuto por mL da solução de enzima, nas condições padrão do ensaio enzimático. Todos os cultivos foram feitos a 28°C, sob agitação constante de 180 rpm.

Mais uma vez, o modelo quadrático mostra-se superior ao linear, não apresenta evidência de falta de ajuste e explica 84,9% da variação em torno da média. O máximo explicável é 91,2%, porque a contribuição do erro puro é relativamente alta. A equação do modelo ajustado é

$$\hat{y} = \underset{(0,35)}{4,93} - \underset{(0,18)}{1,18} x_1 + \underset{(0,18)}{0,97} x_2 - \underset{(0,23)}{0,70} x_1^2 - \underset{(0,23)}{1,25} x_2^2 - \underset{(0,25)}{0,21} x_1 x_2 ,$$

onde todos os termos são significativos, exceto a interação. Como os termos quadráticos têm o sinal negativo, a conclusão aqui é semelhante à da aplicação anterior: de-

Tabela 6A.5 Planejamento para o estudo da produção de lacase

Fatores:		Níveis				
	1: Concentração do álcool, mM	28	30	35	40	42
	2: Tempo de cultivo, $dias$	2,5	3	4	5	5,5
	Codificação	$-1,41$	-1	0	$+1$	$+1,41$

Ensaio	x_1	x_2	PPO-I, U ml^{-1}
1	-1	-1	3,50
2	-1	-1	3,20
3	$+1$	-1	1,17
4	$+1$	-1	1,70
5	-1	$+1$	4,10
6	-1	$+1$	5,40
7	$+1$	$+1$	1,90
8	$+1$	$+1$	2,10
9	0	0	4,80
10	0	0	5,00
11	0	0	4,70
12	0	0	5,20
13	$-1,41$	0	5,25
14	$-1,41$	0	5,41
15	0	$+1,41$	6,00
16	0	$+1,41$	3,20
17	$+1,41$	0	2,30
18	$+1,41$	0	1,60
19	0	$-1,41$	0,50
20	0	$-1,41$	0,50

vemos estar próximos da região ótima. Para obter os melhores rendimentos, devemos — mais ou menos, por causa das considerações que acabamos de fazer — utilizar um nível baixo da concentração do álcool veratrílico (cujo termo linear também é negativo) e um nível alto do tempo de cultivo. A Figura 6A.6 mostra as curvas de nível do modelo quadrático. O ponto de rendimento máximo localiza-se na parte superior esquerda, onde parece haver uma espécie de platô.

6A.5 Aumentando o oxigênio do ar

Em indústrias químicas, petroquímicas e correlatas, os processos de separação normalmente são responsáveis por grande parte dos custos de produção. Na separação de misturas gasosas, processos adsortivos como a PSA (do inglês *Pressure Swing Adsorption*)

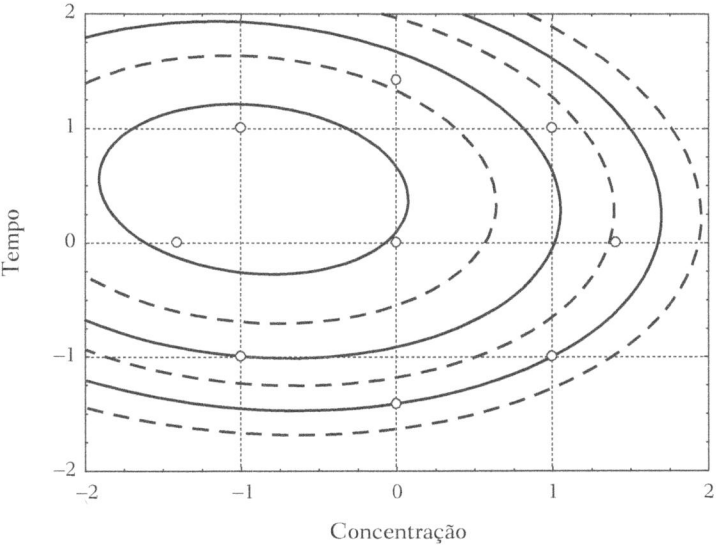

Figura 6A.6 Curvas de nível para a produção da lacase.

estão sendo muito utilizados por indústrias de pequeno e médio porte, principalmente porque se mostram mais eficientes e econômicos do que os métodos de separação tradicionais. Como parte de seu projeto de doutorado na FEQ-Unicamp, C. F. C. Neves desenvolveu uma instalação de separação de gases por PSA para produzir ar enriquecido com oxigênio na faixa 25-50%, a ser utilizado em processos de combustão e oxidação. Seu estudo baseou-se num planejamento fatorial 2^4, realizado em duplicata e acrescido de outros 20 ensaios situados no interior do hipercubo definido pelos níveis extremos (Neves, 2000). A resposta foi o teor de oxigênio na mistura enriquecida, e os fatores foram as pressões de adsorção e de dessorção (1 e 2), a vazão de alimentação (3) e o tempo de adsorção (4), cujos valores codificados aparecem na Tabela 6A.6.

Começaremos nossa análise usando os 32 ensaios do planejamento 2^4 como **conjunto de treinamento** para ajustar um modelo. Em seguida, veremos como esse modelo se comporta ao fazer previsões para os ensaios restantes, realizados nos níveis intermediários (o nosso **conjunto de teste**).

Ajustando ao conjunto de treinamento um modelo contendo até interações de três fatores, chegamos à equação

$$\hat{y} = 36{,}15 + 2{,}04x_1 - 2{,}61x_2 - 5{,}07x_3 - 3{,}91x_4 \\ + 0{,}26x_1x_3 + 0{,}23x_1x_4 + 0{,}95x_2x_3 + 0{,}69x_2x_4 - 0{,}71x_1x_3x_4$$

onde só são mostrados os termos significativos no nível de 95% de confiança. A equação não apresenta falta de ajuste, e explica 99,57% da variação em torno da

Tabela 6A.6 Planejamento para o estudo do aumento do teor de O_2 no ar

Ensaio	x_1	x_2	x_3	x_4	% oxigênio
1	−1	−1	−1	−1	50,1
2	−1	−1	−1	−1	48,1
3	1	−1	−1	−1	50,7
4	1	−1	−1	−1	49,5
5	−1	1	−1	−1	39,4
6	−1	1	−1	−1	39,6
7	1	1	−1	−1	42,1
8	1	1	−1	−1	41,7
9	−1	−1	1	−1	34,5
10	−1	−1	1	−1	33,8
11	1	−1	1	−1	40,3
12	1	−1	1	−1	39,9
13	−1	1	1	−1	30,3
14	−1	1	1	−1	30,2
15	1	1	1	−1	35,6
16	1	1	1	−1	35,2
17	−1	−1	−1	1	37,0
18	−1	−1	−1	1	37,3
19	1	−1	−1	1	43,4
20	1	−1	−1	1	42,1
21	−1	1	−1	1	32,0
22	−1	1	−1	1	32,0
23	1	1	−1	1	37,6
24	1	1	−1	1	36,9
25	−1	−1	1	1	26,6
26	−1	−1	1	1	26,3
27	1	−1	1	1	30,4
28	1	−1	1	1	30,1
29	−1	1	1	1	24,6
30	−1	1	1	1	24,0
31	1	1	1	1	27,9
32	1	1	1	1	27,6
33	−1	0	−1	1	32,8
34	−0,8	0,6	−0,7	−0,09	33,5
35	−0,8	0,87	0,9	−0,91	24,7
36	−0,4	−0,33	−0,4	−0,36	38,0
37	0	−0,07	0	0,55	31,2
38	0	−0,33	−0,2	−0,09	34,6
39	0	0	−1	−1	44,0
40	0	−1	1	1	27,1
41	0,2	−0,07	0	0,09	33,3
42	0,4	−0,47	−0,2	0,09	35,8
43	0,4	0,33	0,3	0,27	30,7
44	0,6	−0,73	0,6	−0,73	37,2
45	0,6	0,6	0,6	0,55	29,5
46	0,8	−0,73	−0,8	−0,82	45,3
47	0,8	−0,87	−0,9	0,09	42,8
48	0,8	0,8	0,8	0,82	28,0
49	1	−1	1	0	32,4
50	0	0	0	0	33,6
51	0	0	0	0	33,6
52	0	0	0	0	33,4

média, sendo 99,73% o máximo explicável. O gráfico cúbico da Figura 6A.7 mostra os valores previstos por esse modelo e o seu significado prático: para obter o máximo teor de oxigênio, devemos colocar a pressão de dessorção, a vazão de alimentação e o tempo de adsorção nos seus níveis inferiores.

Um modelo eficiente deve ser capaz de fazer previsões confiáveis para o valor da resposta na região estudada. Os erros de previsão, como sabemos, não devem apresentar comportamento sistemático e sua extensão deve ser da mesma ordem de grandeza do erro puro. A Figura 6A.8 compara os resíduos deixados pelo ajuste do modelo com os erros de previsão das respostas do conjunto de teste. É evidente que alguma coisa está faltando. Embora esteja muito bem ajustado aos ensaios do planejamento 2^4, nosso modelo comete erros sistemáticos nas previsões para os pontos intermediários. Todos os resíduos para o conjunto de teste são negativos, o que significa que as previsões do modelo superestimam as respostas observadas.[2] A pior previsão é a do Ensaio 35.

Precisamos de um modelo melhor, e o próximo passo, naturalmente, é incluir termos quadráticos. Para termos graus de liberdade suficientes, precisaremos também acrescentar ao conjunto de treinamento ensaios em níveis diferentes de ±1.

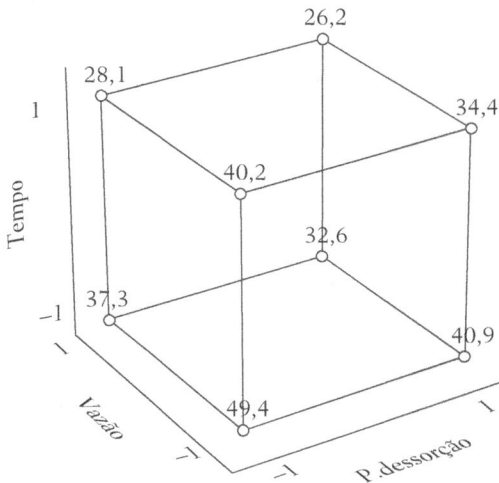

Figura 6A.7 Valores previstos pelo modelo ajustado para o teor de oxigênio.

---

[2] Já que o erro de previsão é, por definição, o valor observado menos o valor previsto.

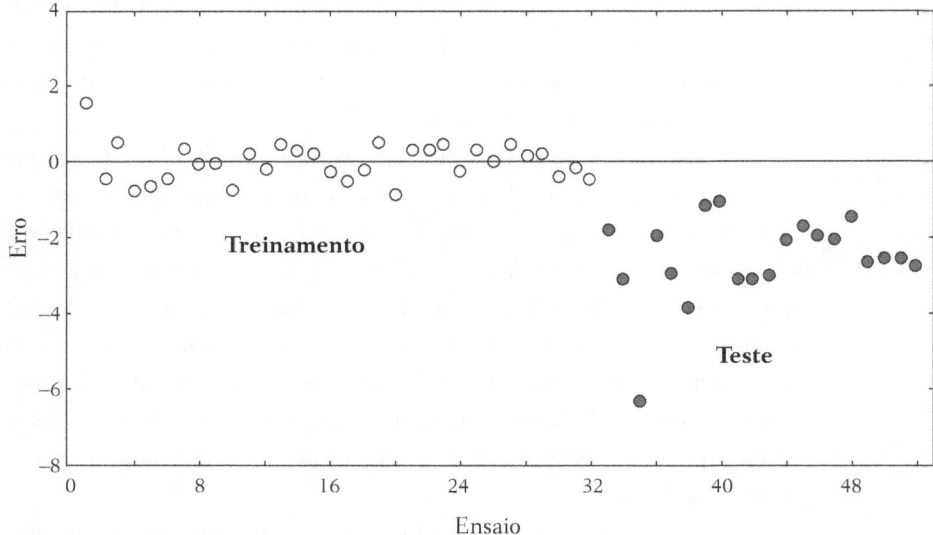

Figura 6A.8 Erros de previsão do modelo, dados pela equação $e = y - \hat{y}$.

Usando todos os 52 ensaios da tabela para ajustar um modelo quadrático completo, chegamos à equação

$$\hat{y} = 33,01 + 2,00x_1 - 2,56x_2 - 5,09x_3 - 3,96x_4 \\ + 1,67x_2^2 + 1,94x_4^2 - 0,21x_1x_3 + 0,98x_2x_3 + 0,69x_2x_4,$$

que ainda apresenta uma certa falta de ajuste, no nível de 95% de confiança, mas cujas previsões são melhores do que as do modelo anterior, como mostra o novo gráfico dos resíduos (Figura 6A.9). O maior resíduo acontece novamente no Ensaio 35. A presença desse ponto anômalo no conjunto de treinamento, aliás, introduz um certo desvio sistemático no modelo, fazendo com que os resíduos negativos sejam mais numerosos do que os positivos. O ideal, diante disso, seria realizar novamente o Ensaio 35, para verificar se o valor registrado na tabela não é decorrência de algum erro. Podemos notar também que as previsões para os ensaios iniciais (que correspondem a baixos tempos de adsorção) ficaram piores. Concluímos, portanto, que o modelo ainda pode ser aperfeiçoado, e que o sistema em estudo é realmente bastante complexo, envolvendo várias interações e efeitos não lineares. Ao que tudo indica, se quisermos uma representação mais adequada, teremos de incluir no modelo termos de ordem mais alta.

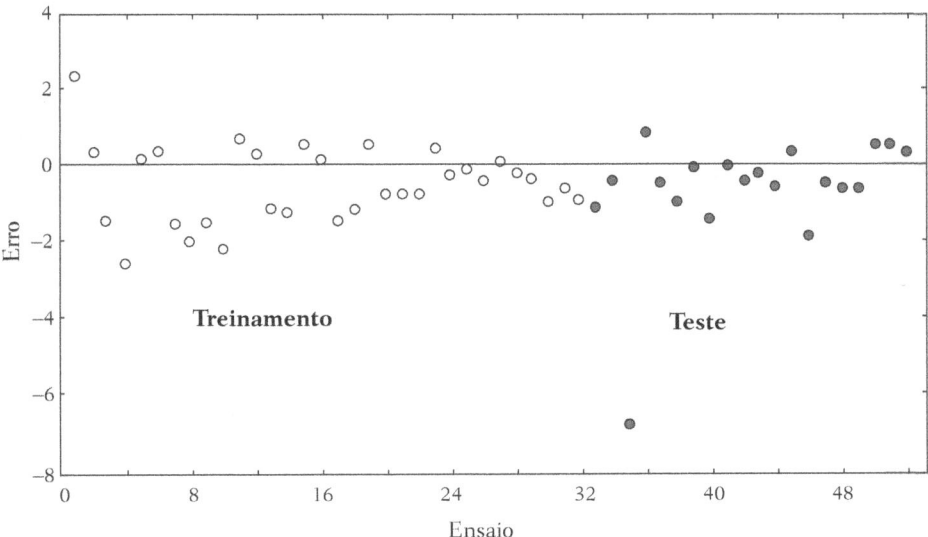

Figura 6A.9 Resíduos deixados pelo ajuste do modelo quadrático.

Capítulo 7

Como Modelar Misturas

Os planejamentos experimentais para o estudo de misturas apresentam uma importante diferença em relação aos planejamentos que discutimos até agora. Num dos planejamentos do Capítulo 3, por exemplo, estudamos a influência de dois fatores — temperatura e concentração — no rendimento de uma reação. Imaginemos que os valores dos níveis dos dois fatores sejam dobrados. Esperaremos, como consequência, que não só o rendimento seja afetado, como também as propriedades do produto final, como, digamos, viscosidade e densidade ótica.

Se o nosso sistema fosse uma mistura, a situação seria um pouco diferente. Se dobrarmos, por exemplo, as quantidades de todos os ingredientes de uma mistura de bolo, esperaremos obter apenas um bolo duas vezes maior, porém com o mesmo sabor, a mesma textura e a mesma cor, pois as propriedades de uma mistura são determinadas pelas *proporções* de seus ingredientes, não por valores absolutos.

A soma das proporções dos diversos componentes de uma mistura é sempre 100%. Para uma mistura qualquer de q componentes, podemos escrever

$$\sum_{i=1}^{q} x_i = 100\% = 1 ,$$

(7.1)

onde x_i representa a proporção do i-ésimo componente. Esta equação retira um grau de liberdade das proporções. Para especificar a composição da mistura, só precisamos fixar as proporções de $q - 1$ componentes. A proporção do último componente será sempre o que falta para completar 100%.

Se quisermos modificar as propriedades de uma mistura mudando a sua formulação, as novas proporções têm de continuar obedecendo à Equação 7.1. Por causa dessa restrição, as metodologias que discutimos até agora devem ser modificadas, para adaptar-se aos problemas específicos das misturas. Esses métodos modificados têm encontrado larga aplicação na ciência, na engenharia e, particularmente, na indústria (Cornell, 1990a, 1990c; Goupy, 2000).

Exercício 7.1

Em várias indústrias o processo de fabricação consiste apenas em misturar diversos ingredientes, nas proporções adequadas, para dar um produto final com as características desejadas. Você pode dar exemplos de indústrias desse tipo, de preferência na sua cidade?

Para uma mistura binária (isto é, uma mistura formada por apenas dois componentes), a Equação 7.1 reduz-se a $x_1 + x_2 = 1$. No sistema de eixos mostrado na Figura 7.1(a), esta equação é representada pela reta $x_2 = 1 - x_1$. Todas as possíveis misturas dos dois componentes correspondem a pontos localizados sobre essa reta. Se x_1 e x_2 não fossem proporções, e sim fatores independentes como, digamos, temperatura e pH, todo o espaço dentro do quadrado mostrado na Figura 7.1(a) poderia ser investigado experimentalmente. No estudo de misturas, porém, o espaço experimental fica restrito aos pontos da reta, ou seja, torna-se unidimensional. Fazendo dessa reta o eixo das abscissas, podemos usar um gráfico como o da Figura 7.1(b) para mostrar como diversas propriedades da mistura variam com a sua composição.

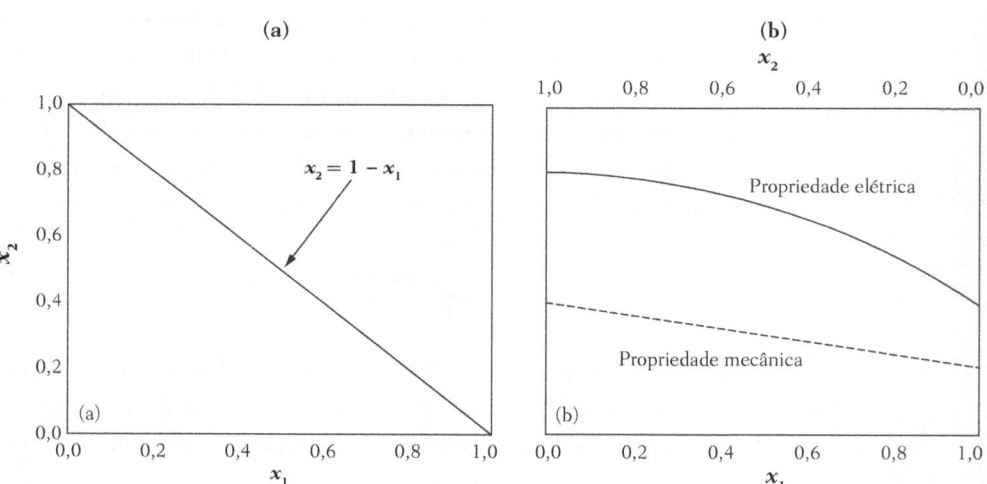

Figura 7.1 (a) O espaço experimental para sistemas com duas variáveis independentes inclui todos os pontos dentro do quadrado. O espaço experimental para misturas de dois componentes está limitado aos pontos sobre a reta $x_2 = 1 - x_1$. (b) Curvas representando a variação de duas propriedades de uma mistura binária com a sua composição. Note que as escalas de x_1 e de x_2 estão em sentidos contrários.

Para sistemas com três fatores independentes, podemos realizar experimentos correspondentes a qualquer ponto dentro do cubo da Figura 7.2(a). Um estudo da variação do rendimento de uma reação com $x_1 =$ tempo, $x_2 =$ temperatura e $x_3 =$ pressão, por exemplo, seria um caso típico. Caso o sistema seja uma mistura de três componentes, porém, terá de obedecer à restrição $x_1 + x_2 + x_3 = 1$, que define um triângulo equilátero inscrito no cubo, também mostrado na Figura 7.2(a).

Todas as composições possíveis da mistura ternária são representadas pelos pontos pertencentes ao triângulo. Os vértices correspondem aos componentes puros e os lados às misturas binárias, enquanto os pontos situados no interior do triângulo representam as misturas de três componentes. A variação de uma dada propriedade com a composição da mistura pode ser descrita por uma superfície de resposta desenhada acima do triângulo, como na Figura 7.2(b). Representando essa superfície por suas curvas de nível, obteríamos um diagrama triangular como o da Figura 7.2(c).[1]

7.1 Misturas de dois componentes

Em termos gerais, a investigação das propriedades de uma mistura segue o mesmo caminho que percorremos para sistemas com variáveis independentes. Começamos postulando um modelo para descrever como as propriedades de interesse variam em função da composição da mistura. Depois, fazemos um planejamento experimental, especificando as composições das misturas a serem estudadas. Por fim, o modelo é ajustado aos resultados experimentais, avaliado e, se for o caso, comparado com modelos alternativos. As duas primeiras etapas estão estreitamente relacionadas. A forma inicialmente escolhida para o modelo determinará quais são as composições mais adequadas, do ponto de vista estatístico, para a obtenção de estimativas dos seus parâmetros.

O modelo mais simples para uma mistura de dois componentes é o modelo aditivo, ou linear:

$$y_i = \beta_0 + \beta_1 x_1 + \beta_2 x_2 + \varepsilon_i , \qquad (7.2)$$

onde y_i é um valor experimental da resposta de interesse, β_0, β_1 e β_2 são os parâmetros do modelo e ε_i representa o erro aleatório associado à determinação do valor de y_i. Ajustando o modelo às observações feitas com essa finalidade, obtemos a expressão

$$\hat{y} = b_0 + b_1 x_1 + b_2 x_2 , \qquad (7.3)$$

---

[1] Se você já estudou físico-química, deve ter visto gráficos parecidos: diagramas de fase para sistemas ternários.

(a)

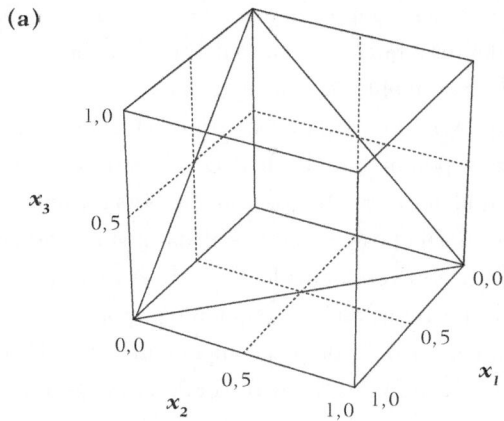

(b)

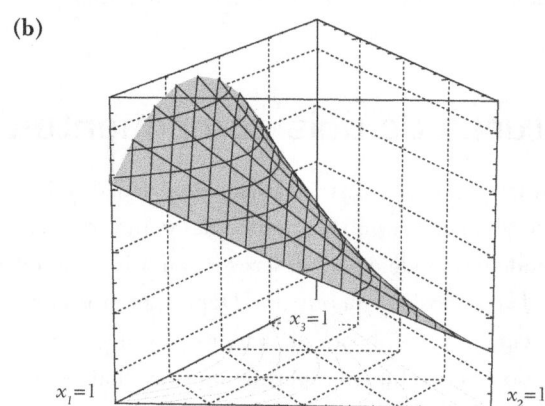

(c)

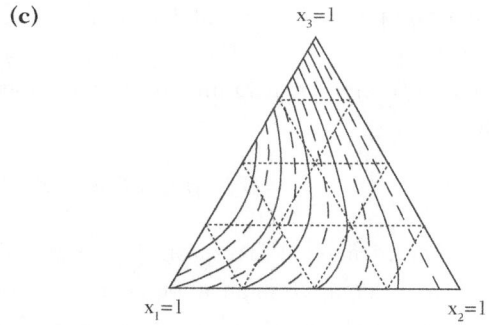

Figura 7.2 (a) O espaço experimental para processos com três fatores independentes inclui todos os pontos dentro do cubo. O espaço experimental para misturas de três componentes limita-se aos pontos pertencentes ao triângulo. (b) Uma superfície de resposta para todas as possíveis misturas dos componentes 1, 2 e 3. (c) Suas curvas de nível.

que nos permite estimar a resposta média num ponto qualquer de composição (x_1, x_2). Esta equação, aliás, é formalmente idêntica à Equação 6.1. A única diferença é que, como ela se refere a uma mistura, os fatores x_1 e x_2 não são mais variáveis independentes. Como consequência, a matriz $\mathbf{X^t X}$ é singular, e não podemos mais usar a Equação 5.12 para estimar os coeficientes do modelo.

Poderíamos usar diretamente a restrição $x_1 + x_2 = 1$ para eliminar x_1 ou x_2 da expressão do modelo, mas adotaremos uma estratégia diferente, com a qual obteremos modelos mais fáceis de interpretar. Como a soma $x_1 + x_2$ é sempre igual a 1, podemos introduzi-la como coeficiente de b_0 na Equação 7.3 sem que a igualdade se altere:

$$\hat{y} = b_0(x_1 + x_2) + b_1 x_1 + b_2 x_2 \ .$$

Com um pequeno rearranjo, ficamos com

$$\hat{y} = (b_0 + b_1) x_1 + (b_0 + b_2) x_2 = b_1^* x_1 + b_2^* x_2 \ , \tag{7.4}$$

onde $b_i^* = b_0 + b_i$. Com este artifício, o modelo passa a ter apenas dois coeficientes a serem determinados, b_1^* e b_2^*, em vez dos três que aparecem na equação original. Para determiná-los, só precisamos de dois ensaios distintos.

Quando $(x_1, x_2) = (1, 0)$, isto é, quando a "mistura" contém apenas o componente 1, a Equação 7.4 reduz-se a $\hat{y} = b_1^* = y_1$, onde y_1 é a resposta observada para o componente 1 puro. Da mesma forma, quando $(x_1, x_2) = (0, 1)$, temos $\hat{y} = b_2^* = y_2$, ou seja, os dois coeficientes do modelo aditivo são as próprias respostas dos respectivos componentes puros. Caso o modelo seja válido, poderemos prever as propriedades de uma mistura qualquer sem ter precisado fazer mistura nenhuma! Essa situação é representada geometricamente na Figura 7.3. A superfície de resposta, que nesse caso é unidimensional, é simplesmente a reta ligando y_1 a y_2. A resposta para uma mistura qualquer será uma média ponderada das respostas dos componentes puros, tendo como pesos as proporções x_1 e x_2 presentes na mistura.

Podemos aumentar a precisão do modelo fazendo repetições dos ensaios com os componentes puros. Teremos, então, $b_1^* = \bar{y}_1$ e $b_2^* = \bar{y}_2$, onde $\bar{y}_1$ e $\bar{y}_2$ são as médias das respostas repetidas. Os erros-padrão dos valores de b_1^* e b_2^* podem ser obtidos diretamente da expressão que deduzimos para o erro-padrão da média (Seção 2.6):

$$\Delta b_i^* = \frac{s}{\sqrt{n_i}} \ , \tag{7.5}$$

onde s é uma estimativa conjunta do erro-padrão de uma resposta, obtida a partir das observações repetidas, n_i é o número de observações usadas para calcular o valor médio $\bar{y}_i$ e $i = 1, \ldots, q$.

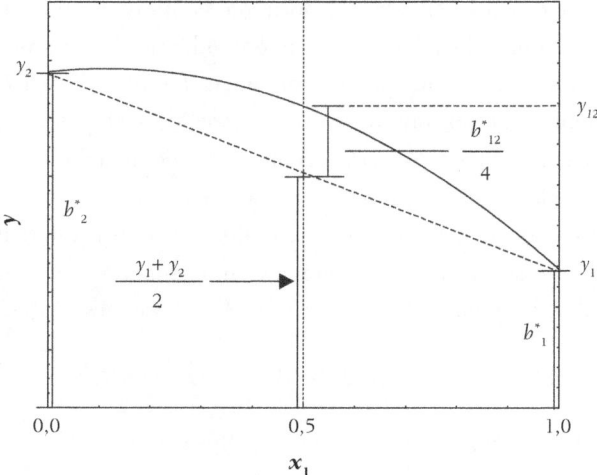

Figura 7.3 A reta tracejada representa um modelo linear para uma mistura de dois componentes, $\hat{y} = b_1^* x_1 + b_2^* x_2$. Os coeficientes b_1^* e b_2^* são os valores das respostas para os componentes **1** e **2** puros, enquanto o modelo quadrático é representado pela curva sólida. Além de incluir os termos do modelo linear, ele contém um termo que descreve a interação dos dois componentes, $b_{12}^* x_1 x_2$.

Embora os resultados obtidos com os componentes puros determinem completamente o modelo linear, é claro que precisamos realizar experimentos com misturas binárias, para verificar se o modelo é mesmo adequado. Pode ser que os efeitos da composição sobre a resposta sejam mais complicados, e um modelo mais sofisticado seja necessário.

Exercício 7.2

Duas gasolinas, A e B, são misturadas. Quando puras, elas rendem 14 e 6 quilômetros por litro, respectivamente. (a) Determine a equação do modelo aditivo para o rendimento de uma mistura qualquer das duas gasolinas. (b) Calcule o rendimento previsto para uma mistura em partes iguais. (c) Faça o mesmo para uma mistura contendo apenas 30% da gasolina B.

A ampliação mais simples do modelo linear é o modelo quadrático, que é definido pela equação

$$\hat{y} = b_0 + b_1 x_1 + b_2 x_2 + b_{11} x_1^2 + b_{22} x_2^2 + b_{12} x_1 x_2 \;. \tag{7.6}$$

Esta expressão — igual à Equação 6.7 — contém seis parâmetros, mas para misturas binárias esse número se reduz, por causa da soma constante das proporções dos dois componentes. Substituindo as identidades $x_1 + x_2 = 1$, $x_1^2 = x_1(1 - x_2)$ e $x_2^2 = x_2(1 - x_1)$, temos

$$\hat{y} = b_0(x_1 + x_2) + b_1 x_1 + b_2 x_2 + b_{11} x_1(1 - x_2) + b_{22} x_2(1 - x_1) + b_{12} x_1 x_2 \ .$$

Reunindo os termos em x_1 e x_2, ficamos com

$$\hat{y} = (b_0 + b_1 + b_{11})x_1 + (b_0 + b_2 + b_{22})x_2 + (b_{12} - b_{11} - b_{22})x_1 x_2 \ ,$$

e finalmente com

$$\hat{y} = b_1^* x_1 + b_2^* x_2 + b_{12}^* x_1 x_2 \qquad (7.7)$$

onde $b_i^* = b_0 + b_i + b_{ii}$ (para $i = 1,2$) e $b_{12}^* = b_{12} - b_{11} - b_{22}$. Temos, portanto, apenas um coeficiente a mais do que no modelo linear. Para obter um planejamento experimental com um número mínimo de ensaios, só precisamos acrescentar, aos dois valores utilizados para determinar o modelo linear, uma outra medida feita numa mistura binária de composição qualquer. O bom senso — e também a estatística — sugere que a mistura mais adequada é aquela que contém os dois componentes em partes iguais (1:1). A resposta observada para essa mistura, que designaremos y_{12}, corresponde a

$$x_1 = x_2 = \frac{1}{2} \ .$$

Substituindo esses valores na Equação 7.7, temos

$$y_{12} = b_1^*\left(\frac{1}{2}\right) + b_2^*\left(\frac{1}{2}\right) + b_{12}^*\left(\frac{1}{4}\right) . \qquad (7.8)$$

Você pode confirmar que continuamos tendo $b_1^* = y_1$ e $b_2^* = y_2$, isto é, esses coeficientes são os mesmos do modelo linear. Substituindo essas duas igualdades na Equação 7.8, obtemos finalmente a expressão do coeficiente que falta, b_{12}^*, em termos das três respostas observadas:

$$b_{12}^* = 4y_{12} - 2(y_1 + y_2) \ .$$

Como sempre, todos esses cálculos podem ser postos em termos de matrizes. A Equação 7.7, que define o modelo, é dada por

$$\hat{y}(x_1, x_2) = [x_1 \quad x_2 \quad x_1 x_2] \times \begin{bmatrix} b_1^* \\ b_2^* \\ b_{12}^* \end{bmatrix},$$

ou

$$\hat{\mathbf{y}} = \mathbf{X}\mathbf{b}^*.$$

Usando para x_1 e x_2 os valores correspondentes aos componentes puros e à mistura 1:1, podemos escrever

$$\begin{bmatrix} y_1 \\ y_2 \\ y_{12} \end{bmatrix} = \begin{bmatrix} 1 & 0 & 0 \\ 0 & 1 & 0 \\ 1/2 & 1/2 & 1/4 \end{bmatrix} \times \begin{bmatrix} b_1^* \\ b_2^* \\ b_{12}^* \end{bmatrix}.$$

Pré-multiplicando essa equação pela inversa da matriz **X**, obtemos o vetor contendo os valores dos coeficientes:

$$\begin{bmatrix} b_1^* \\ b_2^* \\ b_{12}^* \end{bmatrix} = \begin{bmatrix} 1 & 0 & 0 \\ 0 & 1 & 0 \\ -2 & -2 & 4 \end{bmatrix} \times \begin{bmatrix} y_1 \\ y_2 \\ y_{12} \end{bmatrix}.$$

Note que a resposta medida para a mistura binária só afeta o termo de interação b_{12}^*. Os outros dois coeficientes são totalmente determinados pelas observações feitas nos componentes puros.

Para obter valores mais precisos dos coeficientes do modelo, podemos fazer ensaios repetidos e usar as respostas médias observadas, exatamente como fizemos no caso do modelo linear. Teremos, então,

$$b_i^* = \overline{y}_i \qquad \text{e} \qquad b_{12}^* = 4\overline{y}_{12} - 2(\overline{y}_1 + \overline{y}_2).$$

Um modelo quadrático hipotético é representado na Figura 7.3 por uma curva sólida situada acima da reta correspondente ao modelo linear. A diferença entre os valores previstos pelos dois modelos depende da composição da mistura. Nesse exemplo, o valor dado pelo modelo quadrático para a resposta y_{12} é maior do que a previsão do modelo linear (que é a média das respostas dos componentes puros), o que significa que o termo de interação b_{12}^* na Equação 7.8 é positivo. Quando isso acontece, dizemos que os dois componentes da mistura apresentam um efeito **sinérgico** ou interagem sinergicamente. A resposta obtida com os dois componentes misturados é sempre maior do que a simples soma de suas respostas individuais (devidamente ponderadas pelas respectivas proporções). No caso contrário, quando $b_{12}^* < 0$, as previsões do modelo quadrático são sempre inferiores às do modelo linear. Dizemos, então, que a interação dos dois componentes é **antagônica**. Um exemplo prático de interação é o aviso das bulas de quase todos os remédios, sobre os riscos de usá-los em combinação com certas substâncias.

Se houver necessidade, podemos construir modelos mais complexos do que o quadrático, basta colocar termos de ordem mais alta, e realizar o número necessário de experimentos adicionais. Neste livro, vamos reservar a discussão de modelos mais extensos para misturas de mais componentes, que normalmente têm maior relevância prática.

Exercício 7.3

Uma mistura 1:1 das duas gasolinas do Exercício 7.2 rendeu 12 quilômetros por litro. (a) Determine os coeficientes do modelo quadrático para uma mistura qualquer dessas duas gasolinas. A interação entre elas é sinérgica ou antagônica? (b) Uma mistura formada de dois terços de gasolina A e um terço de gasolina B apresentou um rendimento de 13 quilômetros por litro. Este resultado está em boa concordância com o valor previsto pelo modelo quadrático?

Exercício 7.4

A tabela abaixo contém medidas repetidas da viscosidade de dois vidros fundidos puros e também de uma mistura contendo os dois em partes iguais.

	$\eta/10^5\,\text{kgm}^{-1}\text{s}^{-1}$		
Vidro A	1,41	1,47	
Vidro B	1,73	1,68	
Vidro A-B (50%-50%)	1,38	1,34	1,40

Determine os valores de b_1^*, b_2^* e b_{12}^* no modelo quadrático da mistura e seus erros-padrão. Admita que a variância é constante para essas repetições e que, portanto, você pode combinar todas as observações para obter uma estimativa conjunta.

7.2 Misturas de três componentes

Podemos obter modelos de misturas de três componentes (ou misturas ternárias) ampliando os modelos que usamos para misturas binárias. O modelo linear é dado por

$$\hat{y} = b_0 + b_1 x_1 + b_2 x_2 + b_3 x_3 \,, \tag{7.9}$$

com a restrição $x_1 + x_2 + x_3 = 1$.

Substituindo o termo b_0 por $b_0 (x_1 + x_2 + x_3)$ e agrupando os termos em x_i, obtemos

$$\hat{y} = b_1^* x_1 + b_2^* x_2 + b_3^* x_3 \,, \tag{7.10}$$

sendo $b_i^* = b_0 + b_i$, para $i = 1$, 2 e 3.

A interpretação dos coeficientes b_i^* é a mesma que no caso de dois componentes. Quando $x_i = 1$ (e, portanto, $x_{j \ne i} = 0$), a resposta y_i será igual ao coeficiente b_i^*. Por exemplo, quando $(x_1, x_2, x_3) = (1, 0, 0)$, teremos $y_1 = b_1^*$. Continuamos podendo determinar os coeficientes do modelo linear sem precisar fazer nenhuma mistura. Da mesma forma, podemos obter estimativas mais precisas utilizando respostas médias de ensaios repetidos.

Uma superfície para um modelo linear de três componentes é mostrada na Figura 7.4(a). Nesse exemplo, a superfície é um plano inclinado, com $b_1^* > b_3^* > b_2^*$.

Exercício 7.5

Como você interpretaria um modelo aditivo de uma mistura ternária em que os três coeficientes tivessem o mesmo valor?

Caso o modelo linear não se mostre satisfatório, devemos tentar ajustar um modelo quadrático, como já vimos. Para misturas de três componentes, a expressão geral do modelo quadrático contém dez termos:

$$\hat{y} = b_0 + b_1 x_1 + b_2 x_2 + b_3 x_3 + b_{11} x_1^2 + b_{22} x_2^2 + b_{33} x_3^2$$
$$+ b_{12} x_1 x_2 + b_{13} x_1 x_3 + b_{23} x_2 x_3 \tag{7.11}$$

Substituindo as relações $1 \times b_0 = (x_1 + x_2 + x_3) \times b_0$ e $b_{11} x_1^2 = b_{11} x_1 (1 - x_2 - x_3)$, além de expressões análogas para $b_{22} x_2^2$ e $b_{33} x_3^2$, temos

$$\hat{y} = b_0 (x_1 + x_2 + x_3) + b_1 x_1 + b_2 x_2 + b_3 x_3$$
$$+ b_{11} x_1 (1 - x_2 - x_3) + b_{22} x_2 (1 - x_1 - x_3) + b_{33} x_3 (1 - x_1 - x_2) \,.$$
$$+ b_{12} x_1 x_2 + b_{13} x_1 x_3 + b_{23} x_2 x_3$$

(a)

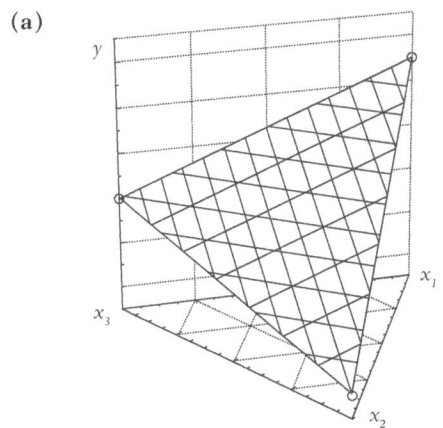

(b)

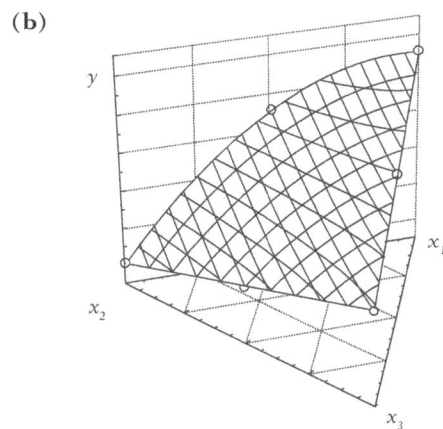

Figura 7.4 (a) Superfície de resposta de um modelo linear para uma mistura de três componentes, com $b_1^* > b_3^* > b_2^*$. O modelo pode ser determinado usando-se somente as respostas medidas para os componentes puros, que correspondem aos vértices do triângulo de base. (b) Superfície de resposta de um modelo quadrático de uma mistura de três componentes, com $b_1^* > b_3^* > b_2^*$, $b_{12}^* > 0$ e $b_{13}^* = b_{23}^* = 0$. O modelo quadrático pode ser determinado usando-se somente as respostas medidas para os componentes puros e para as misturas binárias representadas pelos pontos médios dos três lados do triângulo.

Agrupando os termos, obtemos finalmente

$$\hat{y} = b_1^* x_1 + b_2^* x_2 + b_3^* x_3 + b_{12}^* x_1 x_2 + b_{13}^* x_1 x_3 + b_{23}^* x_2 x_3 \qquad (7.12)$$

onde $b_i^* = b_0 + b_i + b_{ii}$ e $b_{ij}^* = b_{ij} - b_{ii} - b_{jj}$, com $i \neq j$.

Os dez coeficientes da Equação 7.11 ficaram reduzidos a seis. Para determinar seus valores, precisamos de um planejamento experimental contendo pelo menos seis ensaios distintos. Realizando ensaios com os componentes puros, obtemos os valores dos três coeficientes lineares:

$$y_i = b_i^*, \qquad (7.13)$$

para $i = 1, 2$ e 3, como no modelo linear.

Para os três ensaios que faltam, podemos usar as três possíveis misturas binárias contendo os componentes em partes iguais, onde

$$y_{ij} = b_i^*\left(\frac{1}{2}\right) + b_j^*\left(\frac{1}{2}\right) + b_{ij}^*\left(\frac{1}{2}\right)\left(\frac{1}{2}\right), \qquad (7.14)$$

para $i, j = 1, 2, 3$ e $i \neq j$, que nada mais é do que uma extensão da Equação 7.8 para o caso de três componentes.

As seis equações representadas por (7.13) e (7.14) podem ser reunidas numa única equação matricial $\mathbf{y} = \mathbf{X}\mathbf{b}^*$. Escrevendo-a por extenso, temos

$$\begin{bmatrix} y_1 \\ y_2 \\ y_3 \\ y_{12} \\ y_{13} \\ y_{23} \end{bmatrix} = \begin{bmatrix} 1 & 0 & 0 & 0 & 0 & 0 \\ 0 & 1 & 0 & 0 & 0 & 0 \\ 0 & 0 & 1 & 0 & 0 & 0 \\ 1/2 & 1/2 & 0 & 1/4 & 0 & 0 \\ 1/2 & 0 & 1/2 & 0 & 1/4 & 0 \\ 0 & 1/2 & 1/2 & 0 & 0 & 1/4 \end{bmatrix} \times \begin{bmatrix} b_1^* \\ b_2^* \\ b_3^* \\ b_{12}^* \\ b_{13}^* \\ b_{23}^* \end{bmatrix}.$$

Resolvendo esta equação, obtemos de uma só vez os valores dos seis coeficientes:

$$\mathbf{b}^* = \mathbf{X}^{-1}\mathbf{y},$$

ou

$$\begin{bmatrix} b_1^* \\ b_2^* \\ b_3^* \\ b_{12}^* \\ b_{13}^* \\ b_{23}^* \end{bmatrix} = \begin{bmatrix} 1 & 0 & 0 & 0 & 0 & 0 \\ 0 & 1 & 0 & 0 & 0 & 0 \\ 0 & 0 & 1 & 0 & 0 & 0 \\ -2 & -2 & 0 & 4 & 0 & 0 \\ -2 & 0 & -2 & 0 & 4 & 0 \\ 0 & -2 & -2 & 0 & 0 & 4 \end{bmatrix} \times \begin{bmatrix} y_1 \\ y_2 \\ y_3 \\ y_{12} \\ y_{13} \\ y_{23} \end{bmatrix}.$$

Individualmente, os coeficientes são determinados pelo conjunto de equações

$$b_1^* = y_1 \qquad b_{12}^* = 4y_{12} - 2(y_1 + y_2),\qquad\text{(7.15a)}$$

$$b_2^* = y_2 \qquad b_{13}^* = 4y_{13} - 2(y_1 + y_3),\qquad\text{(7.15b)}$$

$$b_3^* = y_3 \qquad b_{23}^* = 4y_{23} - 2(y_2 + y_3).\qquad\text{(7.15c)}$$

Essas relações, mais uma vez, são semelhantes às equações deduzidas para misturas de dois componentes. Os coeficientes b_i^* são as respostas medidas para os componentes puros, enquanto os valores de b_{ij}^* são obtidos a partir de ensaios feitos com os componentes i e j puros e com uma mistura binária de i e j na proporção 50%-50%. O modelo fica completamente determinado sem que haja necessidade de fazer nenhum ensaio com misturas ternárias.

Se desejarmos obter valores mais precisos dos coeficientes, procedemos como antes, realizando ensaios repetidos em cada composição. Com isso, ao resolvermos as Equações 7.15, empregaremos respostas médias, em vez de valores individuais.

Uma superfície de resposta para um modelo quadrático com $b_1^* > b_3^* > b_2^*$, $b_{12}^* > 0$ e $b_{13}^* = b_{23}^* = 0$ é ilustrada na Figura 7.4(b). Os limites da superfície situados acima dos lados do triângulo (e que, portanto, se referem a misturas binárias) são análogos às curvas de resposta da Figura 7.3. Como, neste exemplo, $b_{13}^* = b_{23}^* = 0$, as curvas para as misturas binárias dos componentes **1** e **3** (e **2** e **3**) são retas, mostrando como a resposta para elas varia linearmente com as proporções dos dois componentes envolvidos. Já a curva localizada sobre o lado que representa as misturas binárias dos componentes **1** e **2** é semelhante à curva sólida da Figura 7.3, porque $b_{12}^* > 0$ (isto é, os componentes interagem sinergicamente). Para misturas ternárias, que correspondem a pontos no interior do triângulo, a interpretação da superfície é mais complicada. A resposta passa a ser a soma das contribuições lineares devidas aos componentes puros com as contribuições das misturas binárias.

O planejamento experimental representado pelos seis pontos da Figura 7.4(b) é usado com frequência suficiente para merecer um nome próprio. Na literatura sobre misturas, ele é comumente chamado de **planejamento em rede simplex** (do inglês *simplex lattice design*).

7.3 Um exemplo: misturas de três componentes

Antes de passar para modelos mais complicados e sistemas com mais componentes, vamos apresentar uma modelagem de misturas com dados reais, feita em 1991 no laboratório do Professor G. Oliveira Neto (Unicamp, Instituto de Química).

Alguns substratos biológicos podem ser analisados com eletrodos seletivos. Uma das partes críticas desses eletrodos é uma membrana, cujas propriedades têm grande influência na sensibilidade analítica do eletrodo. O objetivo do estudo era determinar a composição da membrana que produzisse o maior sinal analítico possível. Os pesquisadores utilizaram um planejamento em rede simplex, para o qual mediram as respostas da Tabela 7.1. As composições das misturas estudadas estão representadas no triângulo da Figura 7.5(a), juntamente com as respostas médias obtidas.

Os componentes **1** e **3** puros produziram sinais médios de 3,10 cm e 0,35 cm, respectivamente. Para uma mistura (1:1) desses dois componentes, o sinal médio observado foi de 4,13 cm. Como esse valor é muito maior do que a média das respostas obtidas com os componentes puros, concluímos que um modelo aditivo não seria apropriado, e passamos logo para o ajuste de um modelo quadrático.

Substituindo nas Equações 7.15 as médias das respostas observadas para cada mistura, chegamos aos seguintes valores para os coeficientes do modelo quadrático:

$$b_1^* = 3{,}10 \qquad b_{12}^* = -0{,}30$$

$$b_2^* = 0{,}45 \qquad b_{13}^* = 9{,}62$$

$$b_3^* = 0{,}35 \qquad b_{23}^* = -0{,}52$$

Tabela 7.1 Estudo de membranas para a fabricação de um eletrodo seletivo. Composição das misturas e valores dos sinais analíticos observados. O sinal é a altura do pico, em centímetros

i	x_1	x_2	x_3	Sinal			$\bar{y}_i$	s_i^2
1	1	0	0	3,2	3,0		3,10	0,020
2	0	1	0	0,5	0,4		0,45	0,005
3	0	0	1	0,4	0,3		0,35	0,005
4	1/2	1/2	0	1,9	1,2	2,0	1,70	0,190
5	1/2	0	1/2	3,9	4,4	4,1	4,13	0,063
6	0	1/2	1/2	0,3	0,3	0,2	0,27	0,003

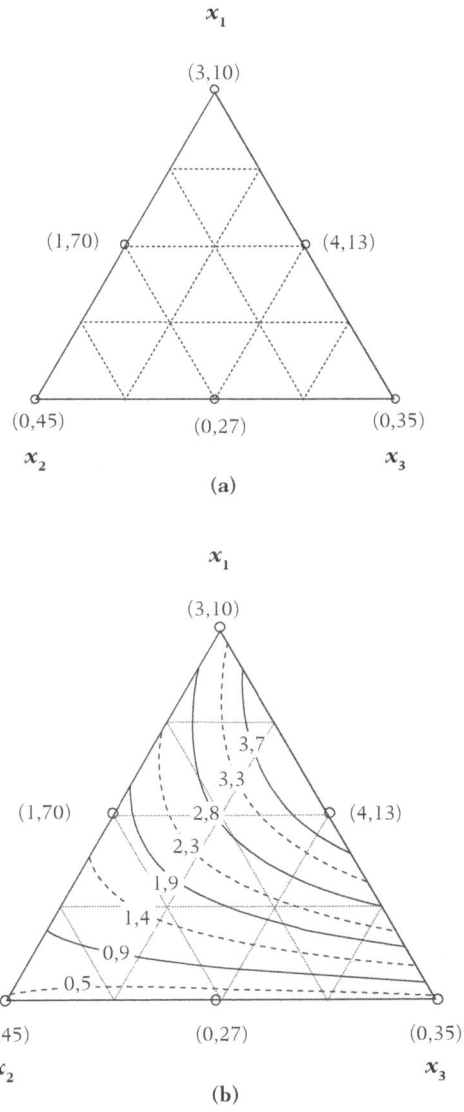

Figura 7.5 (a) Planejamento em rede simplex e sinais analíticos médios observados para as misturas representadas pelos pontos. (b) Curvas de nível do modelo quadrático do sinal analítico, Equação 7.16.

O alto valor do coeficiente b_{13}^* sugere imediatamente uma forte interação sinérgica entre os componentes **1** e **3**. No entanto, manda a boa prática estatística que só tentemos interpretar os resultados depois de ter uma estimativa de sua margem de erro. Como os ensaios foram repetidos, podemos usar as variâncias observadas nas respostas de cada um deles (última coluna da Tabela 7.1) para obter uma estimativa conjunta da variância de uma resposta individual. Daí, por meio da Equação 5.30, chegamos a estimativas dos erros-padrão dos coeficientes. Com elas podemos finalmente escrever a equação completa do modelo ajustado:

$$\hat{y} = \underset{(\pm 0,17)}{3,10 x_1} + \underset{(\pm 0,17)}{0,45 x_2} + \underset{(\pm 0,17)}{0,35 x_3} - \underset{(\pm 0,75)}{0,30 x_1 x_2} + \underset{(\pm 0,75)}{9,62 x_1 x_3} - \underset{(\pm 0,75)}{0,52 x_2 x_3} .$$

Só os coeficientes b_1^* e b_{13}^* têm valores muito superiores aos seus respectivos erros-padrão. Podemos adotar, portanto, o modelo simplificado

$$\hat{y} = 3,10 x_1 + 9,62 x_1 x_3 . \tag{7.16}$$

O modelo nos diz que a presença do componente **1** na mistura leva a sinais analíticos mais intensos. O componente **2** não aparece na equação, e portanto não contribui para aumentar o sinal, embora possa ser importante para determinar outras propriedades da membrana. Como já havíamos notado, o componente **3** tem uma interação sinérgica com o componente **1**. Isso significa que a presença simultânea dos dois componentes na mistura produzirá sinais mais fortes do que poderíamos esperar com um modelo aditivo.

Pela Equação 7.16, o valor máximo do sinal analítico para o tipo de membrana estudado deve ser de 4,2 cm, e deve ser obtido com uma membrana contendo somente os componentes **1** e **3**, na proporção 66%-34%.

As curvas de nível correspondentes à Equação 7.16 são mostradas na Figura 7.5(b). Cada curva passa por todas as misturas que teoricamente dariam um sinal com a mesma altura, especificada pelo valor numérico correspondente. A interpretação dessas curvas é análoga à interpretação dos diagramas de fase de sistemas ternários, estudados na físico-química. Para obter sinais analíticos de aproximadamente 4 cm, devemos preparar membranas contendo duas vezes mais componente **1** do que componente **3**.

Exercício 7.6

Faça um teste *t* para verificar se os coeficientes da equação completa do modelo quadrático da membrana são significativos.

Exercício 7.7

Use a equação simplificada do modelo quadrático, (7.16), para determinar, no exemplo da membrana, a composição da mistura que resultaria no valor máximo do sinal analítico e o valor desse sinal.

Exercício 7.8

Em um projeto realizado no Centro de Pesquisa da Pirelli, tendo como objetivo a melhoria do revestimento de cabos elétricos, foram obtidos os resultados médios mostrados a seguir (Costa, *et al.*, 1991).

Mistura	Al_2O_3	Fe_2O_3	Co_3O_4	Perda de massa	Trilhamento
1	1	0	0	2,84	94,26
2	0	1	0	5,24	8,95
3	0	0	1	3,80	11,52
4	1/2	1/2	0	1,18	125,00
5	1/2	0	1/2	2,18	103,00
6	0	1/2	1/2	3,38	10,55

a. Um alto valor do trilhamento é desejável, pois significa que o cabo resiste por mais tempo a uma determinada tensão elétrica, sem deixar vazar corrente. Qual dos três componentes você colocaria em altos teores, para ter um revestimento com trilhamento alto?

b. Determine as equações dos modelos quadráticos para ambas as respostas. Seus resultados confirmam sua resposta para o item (a)?

7.4 Modelos cúbicos para misturas de três componentes

O modelo quadrático da Equação 7.12 contém, além dos termos do modelo aditivo, termos cruzados que descrevem as interações entre dois componentes, e por isso geralmente consegue reproduzir de maneira satisfatória os valores da resposta nos vértices e nas arestas do triângulo de concentrações, que representam respectivamente os componente puros e suas misturas binárias. Não devemos estranhar, porém, que efeitos não aditivos envolvendo a presença simultânea de três componentes sejam importantes para descrever a resposta de determinadas misturas ternárias (os pontos no interior do triângulo). Se esse for o caso, o modelo quadrático se mostrará insuficiente, e precisaremos acrescentar-lhe termos cúbicos.

O modelo cúbico completo para uma mistura de três componentes é dado pela equação

$$\hat{y} = b_0 + \sum_{i=1}^{3} b_i x_i + \sum_{i \leq j}^{3} \sum_{j}^{3} b_{ij} x_i x_j + \sum_{i \leq j}^{3} \sum_{j \leq k}^{3} \sum_{k}^{3} b_{ijk} x_i x_j x_k \ .$$

[7.17]

Usando, como de costume, a identidade $1 = x_1 + x_2 + x_3$, e fazendo as substituições apropriadas, podemos chegar à expressão

$$\hat{y} = b_1^* x_1 + b_2^* x_2 + b_3^* x_3 + b_{12}^* x_1 x_2 + b_{13}^* x_1 x_3 + b_{23}^* x_2 x_3$$
$$+ d_{12}^* x_1 x_2 (x_1 - x_2) + d_{13}^* x_1 x_3 (x_1 - x_3) + d_{23}^* x_2 x_3 (x_2 - x_3)$$
$$+ b_{123}^* x_1 x_2 x_3 \tag{7.18}$$

Como esta equação tem dez termos, teríamos de fazer no mínimo dez ensaios diferentes para determinar os valores de todos os seus coeficientes (para muitas situações práticas isso é um exagero). Muitas vezes, basta introduzir um único termo cúbico para que o modelo passe a descrever satisfatoriamente toda a região experimental. Eliminando os termos em d_{ij}^* na Equação 7.18, chegamos à expressão do **modelo cúbico especial**, que possui apenas um termo a mais do que o modelo quadrático, e portanto só precisa de um ensaio adicional:

$$\hat{y} = b_1^* x_1 + b_2^* x_2 + b_3^* x_3 + b_{12}^* x_1 x_2 + b_{13}^* x_1 x_3 + b_{23}^* x_2 x_3 + b_{123}^* x_1 x_2 x_3 \,. \tag{7.19}$$

O planejamento experimental normalmente empregado para determinar os valores dos coeficientes do modelo cúbico especial é o chamado **centroide simplex**, que obtemos acrescentando ao simplex em rede um ponto central que corresponde à mistura ternária em partes iguais, $(x_1, x_2, x_3) = \left(\dfrac{1}{3}, \dfrac{1}{3}, \dfrac{1}{3}\right)$. O coeficiente do termo cúbico é dado por

$$b_{123}^* = 27 y_{123} - 12 (y_{12} + y_{13} + y_{23}) + 3 (y_1 + y_2 + y_3) \,,$$

onde y_{123} é a resposta observada para a mistura ternária (1:1:1). Os demais coeficientes têm os mesmos valores do modelo quadrático.

Em uma experiência em duplicata usando a mistura (1/3, 1/3, 1/3) para a membrana do eletrodo seletivo, observou-se um sinal médio de 3,50 cm, resultante de duas observações individuais de 3,40 e 3,60 cm. Combinando esse resultado com as respostas já apresentadas para os componentes puros e as misturas binárias, chegamos ao valor 33,00 para o coeficiente b_{123}^*, que é altamente significativo.

Exercício 7.9

Suponha que, no experimento das membranas, a resposta observada para a mistura ternária em partes iguais tivesse sido de 2,50 cm (média de dois ensaios), ao invés de 3,50 cm. (a) Calcule o valor do coeficiente b_{123}^*. (b) Usando o valor 0,056 como estimativa da variância do sinal analítico, calcule o erro-padrão do novo valor de b_{123}^*. Ele é significativo?

Eliminando os termos com coeficientes não significativos, reduzimos a equação para o modelo cúbico especial do sinal analítico das membranas a

$$\hat{y} = 3{,}10x_1 + 9{,}62x_1x_3 + 33{,}00x_1x_2x_3 \ . \tag{7.20}$$

Observe que os valores dos termos não cúbicos são os mesmos do modelo quadrático, como já dissemos. As curvas de nível correspondentes a essa expressão são mostradas na Figura 7.6, junto com os resultados experimentais do planejamento centroide simplex. Perto dos lados do triângulo, as previsões do modelo cúbico são muito parecidas com as do modelo quadrático, pois uma das três proporções fica próxima de zero, reduzindo a importância do termo cúbico. Na região central, por outro lado, as previsões dos dois modelos diferem bastante, porque aí o termo cúbico passa a ter um valor numérico da mesma ordem de grandeza das outras duas contribuições.

O modelo cúbico prevê um sinal analítico máximo de 4,2 cm, valor idêntico ao previsto pelo modelo quadrático. Para produzir esse sinal a mistura deve ter 62%,

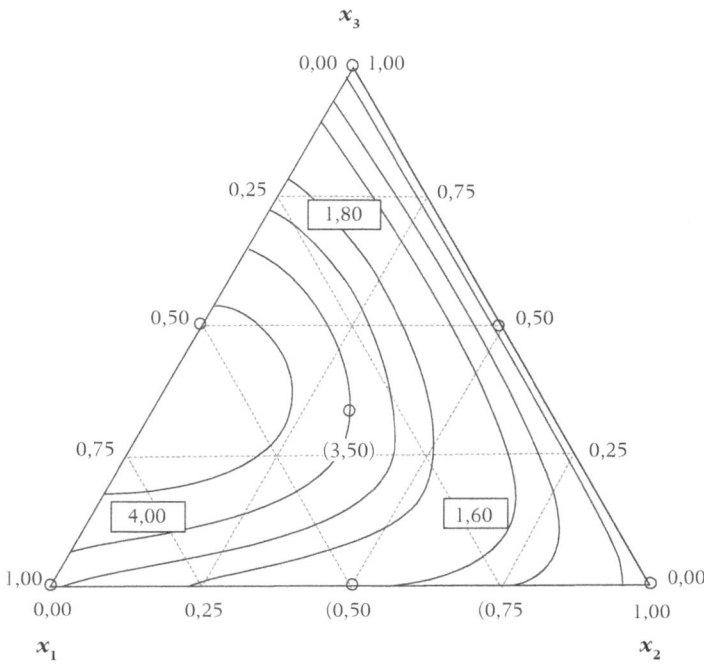

Figura 7.6 Planejamento centroide simplex, respostas médias para as misturas representadas pelos pontos e curvas de nível do modelo cúbico especial, Equação 7.20. As respostas indicadas com um asterisco foram usadas para testar a qualidade do ajuste do modelo.

4% e 34% dos componentes **1**, **2** e **3**, respectivamente. A composição dessa mistura é praticamente a mesma da mistura indicada pelo modelo quadrático (66%, 0% e 34%). Na verdade, como mostra a Figura 7.6, a região do ponto ótimo é uma espécie de platô, onde podemos variar as concentrações sem que a resposta seja muito afetada. Por exemplo, se substituirmos $(x_1, x_2, x_3) = (0{,}70, 0{,}05, 0{,}25)$ na Equação 7.20, obteremos $\hat{y} = 4{,}14$, uma resposta indistinguível, para todos os efeitos práticos, do valor matematicamente ótimo. Essa é uma situação interessante, porque nos permite alterar a composição da mistura de acordo com outros critérios, sem que a desejabilidade da resposta caia. Por exemplo, se o componente **3** for mais caro do que o **1**, é mais vantajoso usar a última mistura do que a mistura correspondente à resposta máxima.

Exercício 7.10
Qual a previsão do modelo quadrático para a resposta média de uma membrana feita dos três componentes em partes iguais? Como ela se compara com a previsão do modelo cúbico especial?

Exercício 7.11
O ajuste de um modelo cúbico também pode ser expresso em termos de matrizes, como o de qualquer outro modelo. Escreva por extenso a equação matricial que devemos resolver para obter os valores dos sete coeficientes do modelo cúbico especial para o sinal analítico das membranas.

7.5 Avaliação de modelos

Nesta altura temos certeza de que você não se espantará se dissermos que a construção de modelos para misturas nada mais é do que um caso particular de ajuste por mínimos quadrados. O que fizemos na seção anterior, na verdade, foi o mesmo que resolver a Equação 5.12 para um conjunto de dezessete observações: as quinze que aparecem na Tabela 7.1, mais as duas feitas no ponto central do triângulo. Para isso, utilizamos dois modelos: o quadrático, com seis parâmetros, e o cúbico especial, com sete. A significância estatística desses modelos pode ser avaliada com uma análise da variância.

O modelo cúbico não pode apresentar falta de ajuste, pois para ele o número de parâmetros é igual ao número de ensaios distintos. Não temos, portanto, como fazer uma comparação direta do grau de ajuste dos dois modelos. Consequentemente, na análise da variância desdobraremos a variação total em torno da média em duas parcelas apenas: a da regressão e a dos resíduos. Em outras palavras, a ANOVA neste caso será semelhante à da Tabela 5.2. Os resultados estão na Tabela 7.2.

Os valores de MQ_R / MQ_r são 31,63 e 111,33 para os modelos quadrático e cúbico especial, respectivamente. Como já sabemos, eles devem ser comparados com os valores de $F_{5,11}$ e $F_{6,10}$. No nível de 99% de confiança, esses valores são apenas 5,32 e 5,39, o que mostra que ambos os modelos são altamente significativos. O valor superior para o modelo cúbico indica que ele explica uma percentagem de variância maior, mas também devemos levar em conta que tem um parâmetro a mais, e que um modelo com mais parâmetros necessariamente explicará uma soma quadrática maior.

Quando acrescentamos um termo ao modelo, estamos transferindo um grau de liberdade da soma quadrática residual para a soma quadrática da regressão. Para decidir se isso vale a pena, podemos usar um novo teste F, em que vamos comparar a redução nos resíduos causada pela ampliação do modelo com a média quadrática residual do modelo mais extenso. Se o teste não for significativo, é porque não valeu a pena introduzir mais parâmetros. Este procedimento não está restrito a misturas — pode ser aplicado a qualquer modelo ajustado por mínimos quadrados.

Consideremos o caso geral de dois modelos quaisquer, **I** e **II**, onde **II** tem d parâmetros a mais do que **I**. O modelo **I** deixa uma soma quadrática residual $SQ_{r,I}$, que é reduzida a $SQ_{r,II}$ quando os d termos adicionais são introduzidos. A relação de interesse será

$$F = \frac{(SQ_{r,I} - SQ_{r,II})/d}{MQ_{r,II}} \qquad (7.21)$$

Tabela 7.2 Análise da variância para o ajuste dos modelos quadrático e cúbico especial aos dados da Tabela 7.1, acrescidos dos resultados observados para a mistura com $x_1 = x_2 = x_3 = 1/3$ (respostas em duplicata com média de 3,50 cm), o que eleva o número total de observações para dezessete. Os valores em parênteses se referem ao modelo cúbico especial

Fonte de variação	Soma quadrática	Nº de g. l.	Média quadrática
Regressão	37,96 (40,06)	5 (6)	7,59 (6,68)
Resíduos	2,66 (0,56)	11 (10)	0,24 (0,06)
Total	40,62	16	

No nosso exemplo, **I** é o modelo quadrático, **II** é o modelo cúbico especial e $d = 1$. Teremos simplesmente

$$F = \frac{SQ_{r,quad} - SQ_{r,cub}}{MQ_{r,cub}},$$

onde os índices *quad* e *cub* indicam os modelos quadrático e cúbico especial. Utilizando os valores da Tabela 7.2, temos

$$F = \frac{2,66 - 0,56}{0,06} = 35,0.$$

Comparando este resultado com $F_{1,10} = 10,0$ (99% de confiança), podemos concluir que o modelo cúbico especial é de fato melhor do que o modelo quadrático, para os dados do nosso exemplo.

Uma maneira mais segura de testar a qualidade dos dois modelos, e certamente mais interessante para o pesquisador, é determinar novas respostas para misturas que não foram usadas na modelagem, e comparar os resultados observados com os valores previstos por cada modelo. No estudo das membranas foram realizados três desses ensaios, indicados com asteriscos na Figura 7.6. Nas novas misturas os componentes estão nas proporções $(x_1, x_2, x_3) = (2/3, 1/6, 1/6)$, $(1/6, 2/3, 1/6)$ e $(1/6, 1/6, 2/3)$.

Na Tabela 7.3, as previsões dos dois modelos são comparadas com as respostas médias observadas nos ensaios. Note que as previsões só diferem para misturas

Tabela 7.3 Estudo de membranas para a fabricação de um eletrodo seletivo. Comparação entre os sinais analíticos observados ($\bar{y}_{obs}$) e os valores previstos pelos modelos quadrático ($\bar{y}_{quad}$) e cúbico especial ($\bar{y}_{cub}$). Os números entre parênteses são os resíduos deixados pelos modelos, $e = \bar{y}_{obs} - \hat{y}$

Mistura	x_1	x_2	x_3	$\hat{y}_{quad}$	$\hat{y}_{cub}$	$\bar{y}_{obs}$
1	1	0	0	3,10 (*0*)	3,10 (*0*)	3,10
2	0	1	0	0 (*0,35*)	0 (*0,35*)	0,35
3	0	0	1	0 (*0,35*)	0 (*0,35*)	0,35
4	1/2	1/2	0	1,55 (*0,15*)	1,55 (*0,15*)	1,70
5	1/2	0	1/2	3,96 (*0,17*)	3,96 (*0,17*)	4,13
6	0	1/2	1/2	0 (*0,28*)	0 (*0,28*)	0,28
7[a]	1/3	1/3	1/3	2,10 (*1,40*)	3,33 (*0,17*)	3,50
8[b]	2/3	1/6	1/6	3,14 (*0,86*)	3,75 (*0,25*)	4,00
9[b]	1/6	2/3	1/6	0,79 (*0,81*)	1,40 (*0,20*)	1,60
10[b]	1/6	1/6	2/3	1,59 (*0,21*)	2,20 (*−0,40*)	1,80

[a] Duplicata com resultados individuais 3,60 e 3,40 cm.
[b] Medidas sem repetição.

ternárias, o que não é de surpreender, já que as equações correspondentes são idênticas, exceto pelo termo em $x_1x_2x_3$. Como já devíamos esperar, o modelo cúbico é superior. Para as três misturas ternárias de teste, o resíduo médio deixado por esse modelo é 0,28 (usando valores absolutos). Para o modelo quadrático, o resíduo médio é 0,63 — mais que o dobro.

Um terceiro modo de comparar a eficiência dos dois modelos é realizar uma análise da variância incluindo falta de ajuste, agora que temos, no total, mais ensaios do que parâmetros para todos os modelos. Os resultados dessa análise estão na Tabela 7.4. A sua interpretação confirma o que acabamos de discutir e será deixada como exercício.

Tabela 7.4 Análise da variância para o ajuste dos modelos quadrático e cúbico especial aos valores individuais dos sinais analíticos. O número de misturas diferentes agora é dez, o que permite testar a falta de ajuste dos dois modelos. Os valores em parênteses são os do modelo cúbico especial

Fonte de variação	Soma quadrática	Nº de g. l.	Média quadrática
Regressão	41,81 (*43,91*)	5 (*6*)	8,36 (*7,32*)
Resíduos	3,05 (*0,95*)	14 (*13*)	0,22 (*0,073*)
F. ajuste	2,49 (*0,39*)	4 (*3*)	0,62 (*0,13*)
Erro puro	0,56	10	0,056
Total	44,86	19	

% de variação explicada: 93,20 (*97,88*)
% máxima de variação explicável: 98,75

7.6 Pseudocomponentes

Na prática, os problemas de otimização de misturas normalmente requerem a presença de todos os componentes, para que tenhamos um produto aceitável. Para produzir a membrana do eletrodo seletivo, por exemplo, precisamos misturar soluções de pirrol, KCl e $K_4Fe(CN)_6$. A formação de uma membrana só ocorre se os três componentes estiverem presentes. Apesar disso, na nossa discussão utilizamos valores referentes aos componentes puros e às misturas binárias. Como isso foi possível, se com essas composições não existe membrana nenhuma?

Na verdade, os "componentes" **1**, **2** e **3** cujas proporções aparecem na Tabela 7.1 são **pseudocomponentes**, isto é, *misturas* dos componentes propriamente ditos.

A experiência mostra que para a membrana se formar é preciso que a mistura tenha pelo menos 10% de cada um dos três componentes (pirrol, KCl e $K_4Fe(CN)_6$).

A existência desses limites inferiores também impõe limites superiores para os teores dos componentes. O máximo que uma mistura pode ter de um dado componente é 80%, porque sabe-se que cada um dos outros dois tem de entrar com pelo menos 10%. Nesse exemplo, chamando de c_i a proporção do componente i na mistura, podemos concluir que $0{,}10 \leq c_i \leq 0{,}80$.

Esta situação pode ser generalizada para uma mistura qualquer, em que as proporções dos componentes puros tenham de obedecer a limites inferiores não nulos, que chamaremos de a_i. Obviamente, a soma de todos esses limites tem de ser menor do que um, senão a mistura será impossível de preparar. Para um caso geral de q componentes, podemos escrever então

$$0 \leq a_i \leq c_i \quad \text{e} \quad \sum_{i=1}^{q} a_i < 1, \quad i = 1, 2, \ldots, q. \tag{7.22}$$

No exemplo da membrana, como todos os limites inferiores são iguais a 0,10, o valor do somatório é 0,30.

Os teores da mistura em termos de pseudocomponentes, designados por x_i, são dados pela expressão

$$x_i = \frac{c_i - a_i}{1 - \sum_{i=1}^{q} a_i} \tag{7.23}$$

que é uma espécie de codificação. Para o caso da membrana, isso corresponde a

$$x_i = \frac{c_i - 0{,}1}{0{,}7}, \quad i = 1, 2, 3. \tag{7.24}$$

Assim, por exemplo, o pseudocomponente de composição (1, 0, 0) na Tabela 7.1 na realidade corresponde a uma mistura com proporções 0,8, 0,1 e 0,1 das soluções de pirrol, KCl e $K_4Fe(CN)_6$, respectivamente.

Exercício 7.12

Qual a composição verdadeira, em termos dos componentes puros, das misturas correspondentes às quatro últimas linhas da Tabela 7.3?

Usando a Equação 7.24 na expressão do modelo cúbico especial em termos de pseudocomponentes (Equação 7.20), podemos escrever a resposta como uma função explícita das proporções das soluções de pirrol, KCl e $K_4Fe(CN)_6$ na mistura:

$$\hat{y} = -0{,}34 + 3{,}43 c_{pirrol} + 0{,}97 c_{KCl} - 1{,}00 c_{K_4Fe(CN)_6} - 9{,}67 c_{pirrol} c_{KCl}$$
$$+ 9{,}98 c_{pirrol} c_{K_4Fe(CN)_6} - 9{,}67 c_{KCl} c_{K_4Fe(CN)_6} + 96{,}74 c_{pirrol} c_{KCl} c_{K_4Fe(CN)_6} \quad (7.25)$$

Além de esta expressão obviamente ter mais termos do que a Equação 7.20, a interpretação de seus coeficientes é bem mais complicada. As curvas de nível correspondentes são mostradas na Figura 7.7. Observe que nesta representação, em termos das concentrações dos componentes puros e não dos pseudocomponentes, a região experimental fica limitada ao triângulo interno. Usar a Equação 7.25 para prever os valores das respostas fora dessa região seria extrapolar, e já sabemos que isso deve ser feito com a máxima desconfiança. No nosso exemplo específico, esses pontos correspondem a misturas que dificilmente produziriam membranas aceitáveis. Note, finalmente, que as superfícies das Figuras 7.7 e 7.6 são equivalentes. A única diferença é a forma de descrever a composição. O que na Figura 7.6 passa por um componente puro (por exemplo, $x_1 = 1$), na verdade é uma mistura ternária ($c_{pirrol} = 0{,}8$, $c_{KCl} = c_{K_4Fe(CN)_6} = 0{,}1$).

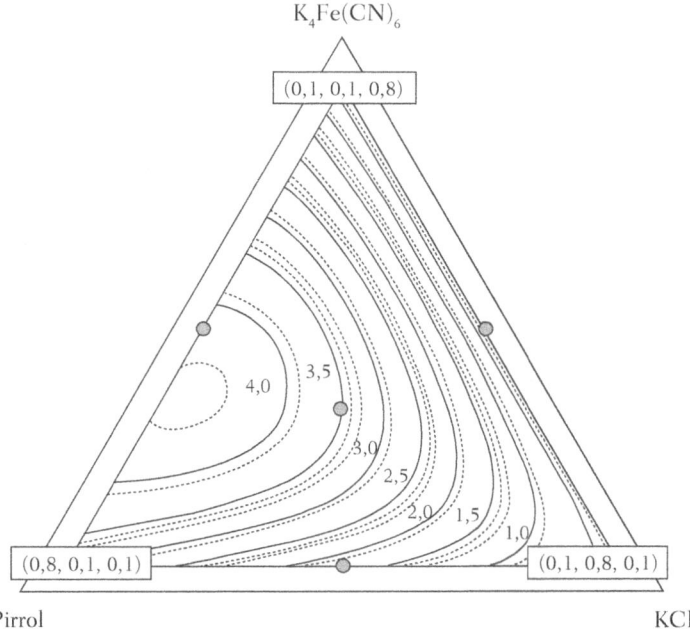

Figura 7.7 Curvas de nível do modelo cúbico especial em função das proporções das soluções de pirrol, de KCl e de $K_4Fe(CN)_6$.

7.7 Outros planejamentos

Quando as proporções dos componentes devem obedecer a limites inferiores, a região experimental fica limitada e o problema torna-se mais fácil de analisar em termos de pseudocomponentes, como acabamos de ver. Em muitas formulações, a composição da mistura tem de satisfazer não apenas limites inferiores como também limites superiores, o que diminui ainda mais a região que pode ser estudada e dificulta a escolha dos pontos do planejamento. Nesta seção vamos apresentar um exemplo desse tipo de problema, também estudado no Instituto de Química da Unicamp, no laboratório da Profa. I. Joekes (Rubo, 1991). Tentaremos apenas transmitir um pouco da metodologia apropriada. Um tratamento detalhado poderá ser encontrado em livros e artigos mais especializados, como os de Cornell (1990a, 1990c).

O objetivo da investigação era estudar a elongação e o intumescimento, em dioxano, de filmes poliméricos constituídos de poli-isobuteno (**PIB**), polietileno (**PE**) e cera parafínica (**CE**). Por razões técnicas, as proporções desses componentes na mistura tiveram de ficar restritas aos intervalos

$$0,50 \leq c_{PIB} \leq 0,65$$
$$0,15 \leq c_{PE} \leq 0,35$$
$$0,10 \leq c_{CE} \leq 0,25 \ .$$

Como os limites são todos diferentes, essas desigualdades definem no interior do triângulo das concentrações um hexágono irregular, mostrado na Figura 7.8(a). Os pontos pertencentes a esse hexágono representam as misturas que em princípio podem ser estudadas. Com essas especificações, os pseudocomponentes são definidos pelas expressões

$$x_{PIB} = \frac{c_{PIB} - 0,50}{0,25}$$
$$x_{PE} = \frac{c_{PE} - 0,15}{0,25}$$
$$x_{CE} = \frac{c_{CE} - 0,10}{0,25} \ .$$

Para definir o planejamento, precisamos considerar que modelos poderiam ser apropriados para descrever as duas respostas de interesse — a elongação até a ruptura e o intumescimento dos filmes. Normalmente, é claro, isso não pode ser determinado antes de fazermos as experiências. Além do mais, é natural que diferentes respostas sigam diferentes modelos. Como é possível que a descrição dos resultados venha a requerer um modelo cúbico especial, é bom estarmos precavidos e realizarmos pelo menos sete ensaios distintos, para termos condições de determinar os sete coeficientes desse modelo.

Como em qualquer ajuste por mínimos quadrados, a propagação do erro experimental até os valores dos coeficientes do modelo é feita por meio da Equação 5.30, que contém a matriz de planejamento $\mathbf{X}$. Dependendo do planejamento escolhido, as estimativas serão mais ou menos afetadas pelos erros experimentais. Em geral, os erros nas estimativas dos coeficientes são menores quando os pontos do planejamento se distribuem uniformemente pela região estudada. É por isso que preferimos utilizar vértices, posições de meia aresta e pontos centroides. Neste exemplo, dois planejamentos foram considerados inicialmente:

a. Os seis vértices do hexágono mais o ponto central;
b. Os pontos médios das arestas mais o ponto central.

Examinando-se a matriz $(\mathbf{X}^t\mathbf{X})^{-1}$ para essas duas possibilidades, pode-se constatar que o primeiro planejamento [pontos **1 — 7** na Figura 7.8(a)] produz estimativas dos coeficientes 10%-70% mais precisas do que as do segundo planejamento, e por isso ele foi o escolhido para a realização dos experimentos. Das sete misturas previstas, todas resultaram em filmes que podiam ser estudados, exceto a mistura número **6**. Em seu lugar foi preparada então a mistura **6'**, de composição definida pelo ponto médio da aresta **1-6**.

Pode ser que você esteja se perguntando como faria para escolher os melhores níveis de um estudo de misturas com muitos componentes, onde sequer teríamos condições de enxergar a superfície de resposta. Felizmente essa escolha não precisa ser motivo de preocupação para o pesquisador. Hoje existem vários programas comerciais de planejamento experimental que usam critérios estatísticos e fazem isso por nós.

A matriz de planejamento, cujos elementos são as proporções utilizadas para preparar as várias misturas, é apresentada na Tabela 7.5, tanto em termos dos componentes puros quanto em termos dos pseudocomponentes. A Figura 7.8(b) mostra a representação geométrica do planejamento em termos de pseudocomponentes. Os valores das duas respostas de interesse foram determinados em duplicata para cada mistura. Desses valores, que também são mostrados na Tabela 7.5, foi obtida uma estimativa conjunta da variância experimental, usada para calcular os erros-padrão das estimativas dos parâmetros.

A Equação 5.12 foi empregada para ajustar modelos lineares, quadráticos e cúbicos especiais para os valores de cada resposta. A análise dos resultados levou às seguintes conclusões:

(a)

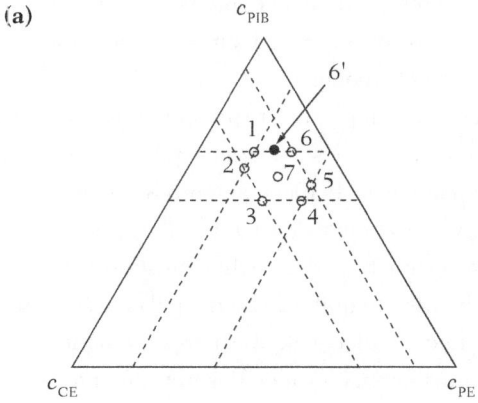

(b)

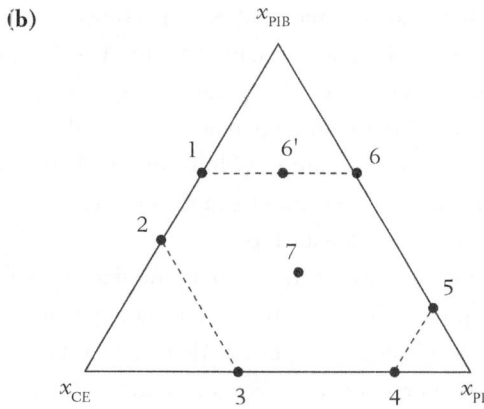

Figura 7.8 (a) Triângulo das concentrações de poli-isobuteno (**PIB**), polietileno (**PE**) e cera parafínica (**CE**). A região estudada é determinada pelos limites inferiores e superiores das concentrações desses componentes e resulta no hexágono irregular cujos vértices estão numerados de 1 a 6. (b) A mesma região, em termos de pseudocomponentes.

◆ Para a elongação, o modelo linear

$$\hat{y}_{el} = \underset{(\pm 18)}{479 x_{PIB}} + \underset{(\pm 12)}{176 x_{PE}} + \underset{(\pm 20)}{20 x_{CE}}$$

mostrou-se o mais adequado. A superfície de resposta descrita por essa equação é um plano inclinado, cujas curvas de nível são mostradas na Figura 7.9(a).

Tabela 7.5 Composição dos filmes preparados com misturas **PIB-PE-CE**, em valores reais dos componentes (c_i) e em pseudocomponentes (x_i), e os valores medidos para a elongação até a ruptura e para o intumescimento em dioxano. As respostas foram determinadas em duplicata

Filme	c_{PIB}	c_{PE}	c_{CE}	x_{PIB}	x_{PE}	x_{CE}
1	0,650	0,150	0,200	0,600	0,000	0,400
2	0,600	0,150	0,250	0,400	0,000	0,600
3	0,500	0,250	0,250	0,000	0,400	0,600
4	0,500	0,350	0,150	0,000	0,800	0,200
5	0,550	0,350	0,100	0,200	0,800	0,000
6'	0,650	0,200	0,150	0,600	0,200	0,200
7	0,575	0,250	0,175	0,300	0,400	0,300

	Elongação, %		Intumescimento, $m^3\ kg^{-1}$	
1	214	232	176	177
2	130	236[a]	172	182
3	114	137	161	153
4	111	91	139	134
5	227	189	165	165
6'	408	394	177	184
7	303	265	165	165

[a] Valor excluído dos cálculos, porque o filme formou-se com dificuldade e a elongação medida não foi considerada digna de confiança.

- aPara o intumescimento, o melhor modelo foi o quadrático, dado por

$$\hat{y}_{in} = \underset{(\pm15)}{202x_{PIB}} + \underset{(\pm5)}{140x_{PE}} + \underset{(\pm14)}{212x_{CE}} + \underset{(\pm32)}{76x_{PIB}x_{PE}} - \underset{(\pm54)}{126x_{PIB}x_{CE}} - \underset{(\pm34)}{110x_{PE}x_{CE}}$$

e pelas curvas de nível mostradas na Figura 7.9(b).

O objetivo final dos pesquisadores era obter um filme que apresentasse ao mesmo tempo um alto valor da elongação e um baixo valor do intumescimento. De acordo com a Figura 7.9(a), podemos obter a primeira característica com misturas de composição semelhante à do ponto **6'**. Por outro lado, para termos baixos valores do intumescimento, deveremos preparar misturas próximas do ponto **4**, que fica diametralmente oposto. A conclusão é clara, ainda que um tanto frustrante. Com esses componentes químicos, a produção de um filme com propriedades aceitáveis terá de surgir de um meio-termo entre as duas características desejadas, a alta elongação e o baixo intumescimento. O método de Derringer e Suich (1980), que discutimos na Seção 6.4, pode ajudar a encontrar esse meio-termo.

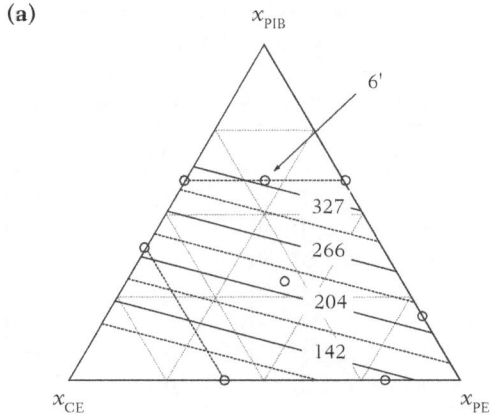

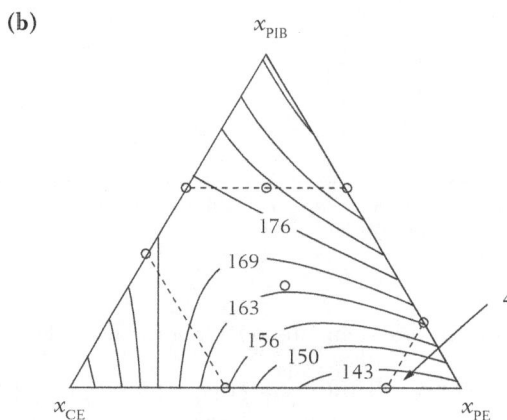

Figura 7.9 Curvas de nível das propriedades dos filmes **PIB-PE-CE**, em termos de pseudocomponentes. (a) Modelo linear para a elongação. (b) Modelo quadrático para o intumescimento. As características desejáveis são obtidas com composições semelhantes às da mistura **6'** (alta elongação) e da mistura **4** (baixo intumescimento).

7.8 Misturas com mais de três componentes

Os modelos para misturas contendo mais de três componentes são simples extensões dos modelos para três componentes. Para o caso geral de q componentes, os modelos linear, quadrático e cúbico especial são dados, respectivamente, por

$$\hat{y} = \sum_{i=1}^{q} b_i^* x_i \,,$$

$$\hat{y} = \sum_{i=1}^{q} b_i^* x_i + \sum_{i<j}^{q}\sum_{j}^{q} b_{ij}^* x_i x_j \,,$$

$$\hat{y} = \sum_{i=1}^{q} b_i^* x_i + \sum_{i<j}^{q}\sum_{j}^{q} b_{ij}^* x_i x_j + \sum_{i<j}^{q}\sum_{j<k}^{q}\sum_{k}^{q} b_{ijk}^* x_i x_j x_k \,.$$

Os cálculos necessários para determinar os coeficientes desses modelos são extremamente rápidos, sobretudo para quem tem acesso a um computador. Tudo, em última análise, se resume a resolver as Equações 5.12 e 5.30 com as matrizes apropriadas. A maior dificuldade é a representação gráfica dos resultados. Em alguns casos, as equações podem ser simplificadas, pois se descobre que um componente não é importante. Em outros, podemos visualizar curvas de nível fazendo cortes transversais em direções apropriadas, mas em geral a representação gráfica é problemática, e se complica ainda mais quando várias respostas estão em jogo. Do ponto de vista algébrico, porém, os modelos continuam sendo interpretados da mesma maneira que nos casos envolvendo menos componentes.

Para uma mistura de quatro componentes, o modelo quadrático tem dez termos, cujos coeficientes podem ser estimados usando-se um planejamento em rede simplex {4, 2}, que é mostrado no tetraedro da Figura 7.10(a). Cada face do tetraedro tem um arranjo de pontos igual ao empregado no ajuste de um modelo quadrático para misturas de três componentes.

O número total de pontos na rede {4, 2} é igual ao número de termos no modelo quadrático. Em geral, para misturas de q componentes, o número de ensaios num planejamento em rede simplex {q, 2} é igual ao número de termos contidos na expressão do modelo quadrático. Para o ajuste de um modelo quadrático, portanto, esse planejamento é o mais econômico.

O modelo cúbico especial para misturas de quatro componentes tem catorze termos, e seus coeficientes podem ser determinados com o planejamento mostrado na Figura 7.10(b). Em cada face do tetraedro, os pontos agora reproduzem o arranjo correspondente ao planejamento centroide simplex, que usamos para determinar o modelo cúbico especial no problema de três componentes.

Se quisermos acrescentar ao modelo um termo de quarta ordem, $b_{1234}x_1x_2x_3x_4$, precisaremos fazer pelo menos mais um ensaio, na composição especificada pelo ponto central do tetraedro, $x_1 = x_2 = x_3 = x_4 = \dfrac{1}{4}$. Esse ponto é indicado com um asterisco na Figura 7.10(b). Em geral, modelos desse tipo, definidos pela expressão

$$\hat{y} = \sum_{i=1}^{q} b_i^* x_i + \sum_{i<j}^{q}\sum_{j}^{q} b_{ij}^* x_i x_j + \sum_{i<j}^{q}\sum_{j<k}^{q}\sum_{k}^{q} b_{ijk}^* x_i x_j x_k + \ldots + b_{12\ldots q}^* x_1 x_2 \ldots x_q \; ,$$

têm um total de 2^q-1 termos, cujos coeficientes podem ser determinados usando-se os 2^q-1 pontos de um planejamento centroide simplex, cuja representação geométrica exigiria um espaço de dimensão $q-1$.

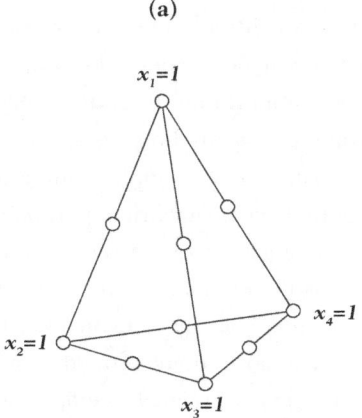

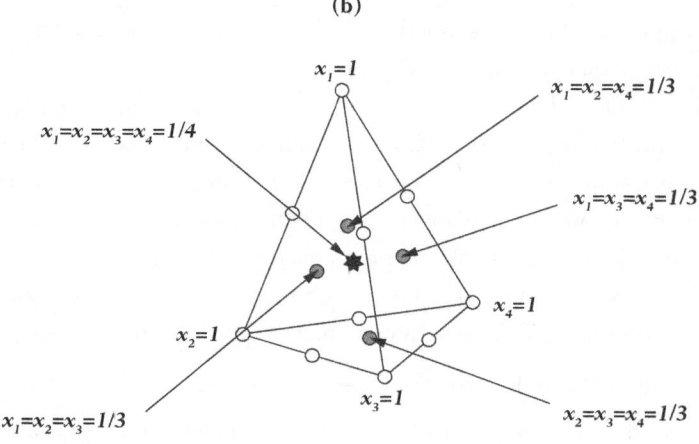

Figura 7.10 Planejamentos experimentais para o estudo de misturas de quatro componentes. (a) Planejamento em rede simplex. (b) Planejamento centroide simplex.

/ 7A

Aplicações

7A.1 Influência do solvente na complexação do íon Fe(III)

Em solução aquosa, o íon Fe(III) apresenta um comportamento que varia bastante com as condições do meio, por causa de sua capacidade de formar diferentes complexos e sua tendência a sofrer hidrólise, mesmo em soluções ácidas. Na presença de íons tiocianato, o Fe(III) produz uma solução de cor vermelha, resultante da mistura de vários complexos de Fe(III) com o íon SCN^-:

$$\left[Fe(H_2O)_6\right]^{3+} + nSCN^- \rightarrow \left[Fe(SCN)_n(H_2O)_{6-n}\right]^{3-n} + nH_2O.$$

Para estudar os efeitos do solvente sobre esta reação de complexação, Bruns e colaboradores (1996) utilizaram 16 misturas ternárias de água, etanol e acetona, às quais foram adicionadas quantidades fixas dos íons Fe(III) e SCN^-. As misturas foram preparadas nas composições especificadas pelo planejamento aproximadamente hexagonal da Tabela 7A.1, onde as concentrações dos solventes estão representadas em termos de pseudocomponentes, na ordem água, etanol e acetona. Como resposta, mediu-se a concentração do complexo através da absorvância registrada em 623 nm. Todos os ensaios foram feitos em duplicata.

Ajustando aos dados da tabela os modelos linear, quadrático e cúbico especial, chegamos às seguintes equações:

$$\hat{y} = \underset{(0,006)}{0,322}x_1 + \underset{(0,006)}{0,754}x_2 + \underset{(0,006)}{0,531}x_3 \, ;$$

$$\hat{y} = \underset{(0,008)}{0,357}x_1 + \underset{(0,008)}{0,791}x_2 + \underset{(0,006)}{0,518}x_3 - \underset{(0,029)}{0,205}x_1x_2 - \underset{(0,029)}{0,012}x_1x_3 - \underset{(0,029)}{0,017}x_2x_3 \, ;$$

$$\hat{y} = \underset{(0,011)}{0,355}x_1 + \underset{(0,011)}{0,789}x_2 + \underset{(0,011)}{0,516}x_3 - \underset{(0,047)}{0,194}x_1x_2 - \underset{(0,047)}{0,001}x_1x_3 - \underset{(0,047)}{0,006}x_2x_3 - \underset{(0,168)}{0,051}x_1x_2x_3 \, .$$

Os resultados da análise da variância desses três modelos são dados na Tabela 7A.2. O modelo linear apresenta falta de ajuste, ao passo que os outros dois não. Isso se deve à presença do termo de interação entre os componentes 1 e 2 (a água e o álcool), já que as outras duas interações binárias não são estatisticamente significativas. O termo cúbico também não é significativo. Quando o incluímos, retiramos

Tabela 7A.1 Planejamento para o estudo da complexação do Fe(III) com tiocianato

Ensaio	x_1	x_2	x_3	Absorvância	
1	0,667	0,000	0,333	0,411	0,412
2	0,333	0,667	0,000	0,612	0,607
3	0,000	0,333	0,667	0,614	0,605
4	0,667	0,333	0,000	0,451	0,450
5	0,000	0,667	0,333	0,693	0,688
6	0,333	0,000	0,667	0,456	0,464
7	0,555	0,222	0,222	0,461	0,455
8	0,222	0,555	0,222	0,608	0,605
9	0,222	0,222	0,555	0,521	0,531
10	0,111	0,444	0,444	0,607	0,615
11	0,444	0,111	0,444	0,468	0,457
12	0,444	0,444	0,111	0,520	0,524
13	0,333	0,333	0,333	0,533	0,534
14	0,778	0,111	0,111	0,412	0,403
15	0,111	0,111	0,778	0,528	0,519
16	0,111	0,778	0,111	0,682	0,699

Tabela 7A.2 ANOVA para os modelos ajustados aos dados da Tabela 7A.1

Modelo	MQ_{faj}/MQ_{ep}	ν_{faj}	ν_{ep}	$F_{faj,ep}$ (95%)	R^2
Linear	7,45	13	16	2,40	98,6%
Quadrático	1,70	10	16	2,49	99,6%
Cúbico especial	1,87	9	16	2,54	99,6%

um grau de liberdade da média quadrática de falta de ajuste, e na verdade terminamos piorando a modelagem, como mostram os valores da segunda coluna da tabela. Como o planejamento tem 16 diferentes combinações de níveis dos fatores, poderíamos ajustar modelos contendo ainda mais termos, como o modelo cúbico completo. Fazendo isso, porém, descobriremos que nenhum dos novos termos é significativo.

Em suma: devemos preferir o modelo quadrático, cujas curvas de nível são mostradas na Figura 7A.1. As absorvâncias mais intensas são obtidas na direção do vértice inferior direito, que corresponde a misturas mais ricas em etanol. A ausência de interações significativas envolvendo o componente 3 (acetona) se reflete nas curvas de níveis quase verticais. O gráfico das respostas previstas contra as respostas observadas (Figura 7A.2) confirma visualmente a qualidade do ajuste. Note que as respostas estão estratificadas em cinco grupos, correspondendo mais ou menos às cinco colunas de pontos na Figura 7A.1.

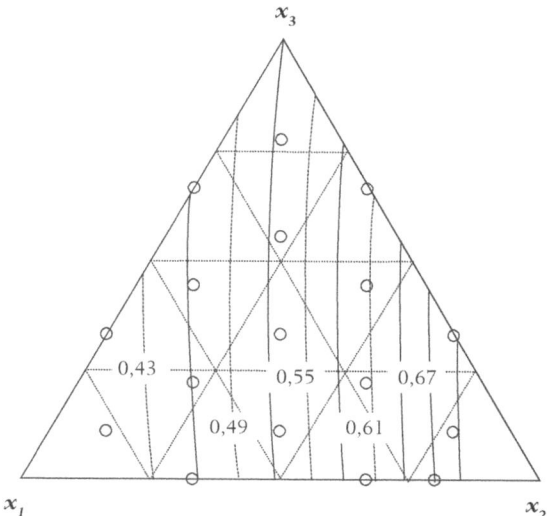

Figura 7A.1 Curvas de nível para o modelo quadrático.

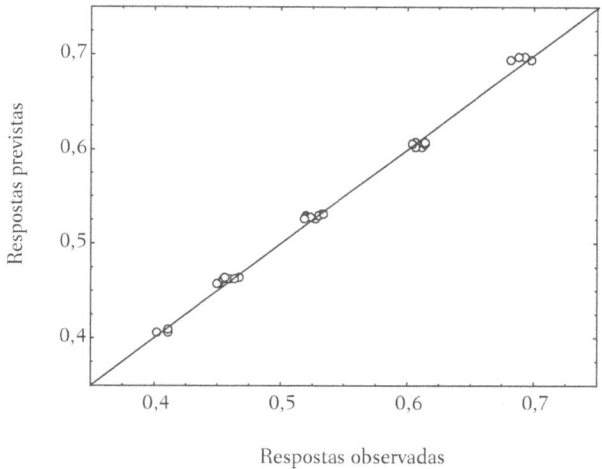

Figura 7A.2 Respostas previstas pelo modelo quadrático.

7A.2 Resistência à tração de misturas poliméricas

Preparar blendas — isto é, misturas — é uma das formas que os pesquisadores mais usam para tentar otimizar as propriedades de produtos poliméricos. Entre as principais propriedades descritas nas patentes desses materiais estão a resistência ao impacto, a facilidade de processamento e a resistência à tração. Siqueira, Bruns e Nunes (1993), em um estudo visando à maximização da resistência à tração de blendas de polifluoreto de vinilidenila (PVDF), polimetacrilato de metila (PMMA) e poliestireno (PS), obtiveram os resultados da Tabela 7A.3, onde os 16 primeiros ensaios correspondem a um planejamento centroide simplex com nove repetições, mas nos ensaios 17-20 a proporção PVDF:PS é mantida igual a 1, variando-se apenas o teor de PMMA.

Procedendo da mesma forma que no exemplo anterior, chegamos aos seguintes modelos ajustados:

$$\hat{y} = \underset{(5,99)}{44,25}x_1 + \underset{(4,66)}{29,68}x_2 + \underset{(5,06)}{19,65}x_3 \ ;$$

$$\hat{y} = \underset{(5,10)}{49,72}x_1 + \underset{(2,96)}{20,79}x_2 + \underset{(3,62)}{18,66}x_3 + \underset{(20,22)}{61,77}x_1x_2 - \underset{(14,39)}{36,89}x_1x_3 + \underset{(14,38)}{57,89}x_2x_3 \ ;$$

$$\hat{y} = \underset{(4,44)}{51,09}x_1 + \underset{(2,56)}{21,32}x_2 + \underset{(3,14)}{19,34}x_3 + \underset{(20,45)}{36,21}x_1x_2 - \underset{(13,29)}{48,18}x_1x_3 + \underset{(13,06)}{48,22}x_2x_3 + \underset{(97,87)}{234,99}x_1x_2x_3 \ .$$

Os resultados das análises da variância (Tabela 7A.4) mostram que o modelo linear é insatisfatório, e que os outros dois modelos não apresentam falta de ajuste.

Tabela 7A.3 Planejamento para o estudo de misturas poliméricas ternárias

Ensaio	x_{PVDF}	x_{PMMA}	x_{PS}	Resistência (MPa)
1	1,0	0,0	0,0	51,2
2	0,0	1,0	0,0	20,0
3	0,0	0,0	1,0	20,2
4	0,5	0,5	0,0	44,8
5	0,5	0,0	0,5	23,5
6	0,0	0,5	0,5	35,7
7	0,333	0,333	0,333	45,4
8	0,0	1,0	0,0	20,8
9	0,0	1,0	0,0	23,0
10	0,0	0,0	1,0	18,6
11	0,0	0,5	0,5	23,0
12	0,0	0,5	0,5	38,0
13	0,5	0,0	0,5	28,3
14	0,5	0,0	0,5	22,6
15	0,5	0,0	0,5	25,4
16	0,333	0,333	0,333	46,5
17	0,490	0,020	0,490	21,5
18	0,475	0,050	0,475	23,5
19	0,450	0,100	0,450	35,1
20	0,400	0,200	0,400	33,6

Tabela 7A.4 ANOVA para os modelos ajustados aos dados da Tabela 7A.3

Modelo	MQ_{faj} / MQ_{ep}	ν_{faj}	ν_{ep}	$F_{faj,ep}$ (95%)	R^2
Linear	9,50	8	9	3,23	28,3%
Quadrático	2,46	5	9	3,48	82,0%
Cúbico especial	1,44	4	9	3,63	87,6%

Desta vez, porém, o modelo cúbico especial é superior. A variação explicada é maior, a razão MQ_{faj} / MQ_{ep} é menor, e o termo cúbico é significativo. Suas curvas de nível estão na Figura 7A.3. As maiores resistências à tração são obtidas perto da base do triângulo, na direção do vértice esquerdo, o que corresponde a blendas com predomínio de PVDF e com pouco ou nenhum poliestireno.

Infelizmente, este ajuste ainda está longe de ser satisfatório, como podemos deduzir a partir da Figura 7A.4, que apresenta o gráfico das respostas previstas contra as respostas observadas. Em primeiro lugar, as previsões para três dos quatro ensaios que não pertencem ao planejamento simplex (os círculos brancos na Figura 7A.3) estão bastante superestimadas, indicando que o modelo não está representando muito bem essa região. Mas o mais preocupante é que os pontos 11 e 12 são ensaios *repetidos*, e a diferença entre suas respostas é quase a metade da diferença entre os valores extremos de toda a tabela. Como o erro puro é calculado a partir dos ensaios repetidos, essa enorme variação inflaciona MQ_{ep} e termina fazendo com que um modelo problemático pareça bem ajustado.

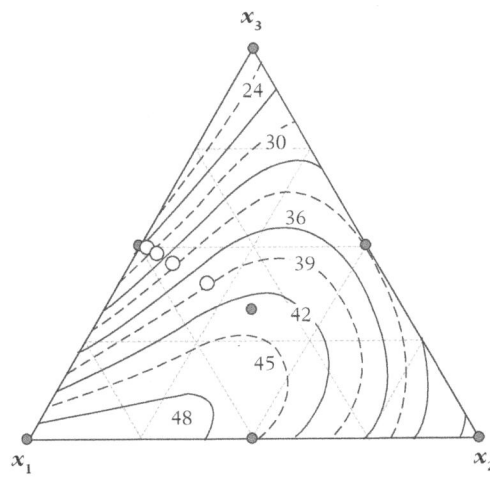

Figura 7A.3 Curvas de nível para o modelo cúbico especial.

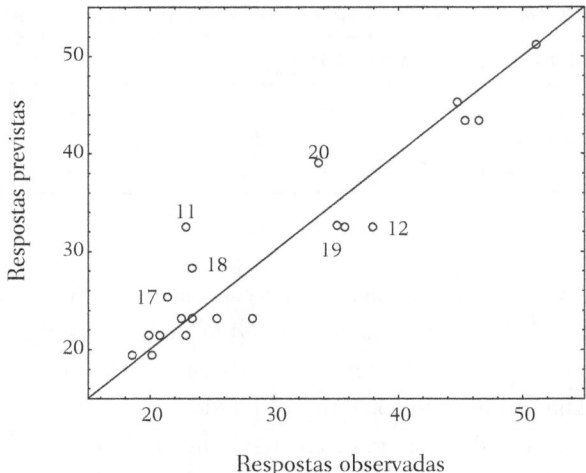

Figura 7A.4 Resposta previstas pelo modelo cúbico especial.

A Figura 7A.5 mostra todas as respostas do planejamento simplex em função do número do ensaio. Os Ensaios 1 e 4 não foram repetidos. Você percebe algo de estranho nas respostas dos outros ensaios? Algum valor parece anômalo?

Esta é mais uma demonstração de que sempre devemos fazer uma análise gráfica de qualquer ajuste. Se só nos baseássemos nos valores da ANOVA, dificilmente suspeitaríamos de que havia algo errado com a modelagem.

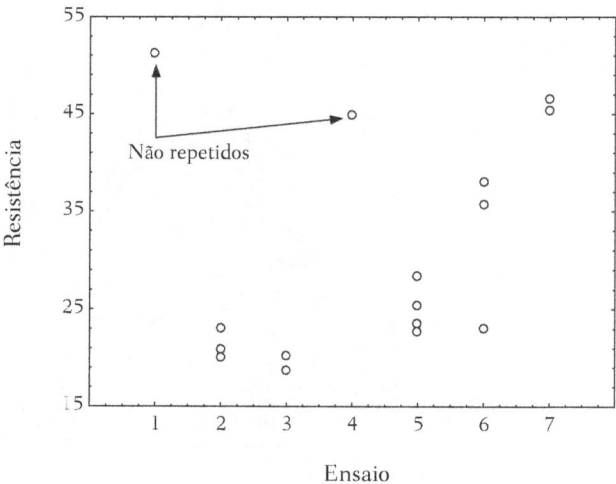

Figura 7A.5 Respostas nos sete ensaios do planejamento simplex centroide.

7A.3 Determinação catalítica de Cr(VI)

Nos planejamentos fatoriais completos devemos realizar ensaios em todas as possíveis combinações dos níveis escolhidos. Às vezes isso é inconveniente, porque alguns fatores são mais trabalhosos de mudar do que outros. Uma alternativa, nesses casos, é realizar um planejamento hierárquico (*split-plot*), em que os níveis de alguns dos fatores são variados enquanto os dos outros — os mais difíceis de mudar — são mantidos constantes numa certa combinação. Nesta aplicação, os pesquisadores queriam desenvolver um método analítico para determinar o íon Cr(VI), baseado na catálise da reação da *o*-dianisidina com H_2O_2, em meio levemente ácido. No estudo original (Reis *et al.*, 1998), um sistema controlado pelas concentrações de três reagentes (HCl, *o*-dianisidina e H_2O_2) e pela composição do meio (uma mistura de água, acetona e N,N-dimetilformamida) foi otimizado empregando-se um planejamento hierárquico. Na Tabela 7A.5 apresentamos somente os resultados da variação das proporções dos três solventes, para uma certa combinação fixa das concentrações dos reagentes. x_1, x_2 e x_3 são os teores, em pseudocomponentes, correspondendo à água, à acetona e à N,N-dimetilformamida, respectivamente. A resposta é a absorvância, cujo valor queremos maximizar. Todos os ensaios foram feitos em duplicata.

O modelo linear apresenta falta de ajuste. Os modelos quadrático e cúbico especial são representados pelas expressões

$$\hat{y} = \underset{(0,091)}{\mathbf{1{,}036}x_1} + \underset{(0,026)}{\mathbf{0{,}265}x_2} + \underset{(0,026)}{0{,}048x_3} + \underset{(0,211)}{0{,}106x_1x_2} - \underset{(0,211)}{\mathbf{0{,}555}x_1x_3} - \underset{(0,116)}{0{,}202x_2x_3} \quad \text{e}$$

$$\hat{y} = \underset{(0,095)}{\mathbf{1{,}106}x_1} + \underset{(0,025)}{\mathbf{0{,}275}x_2} + \underset{(0,025)}{\mathbf{0{,}056}x_3} - \underset{(0,235)}{0{,}110x_1x_2} - \underset{(0,235)}{\mathbf{0{,}771}x_1x_3} - \underset{(0,124)}{\mathbf{0{,}304}x_2x_3} + \underset{(0,782)}{1{,}330x_1x_2x_3}.$$

Tabela 7A.5 Planejamento para a determinação catalítica de Cr(VI)

Ensaio	x_1	x_2	x_3	Absorvância	
1	0,625	0,375	0,000	0,810	0,777
2	0,000	1,000	0,000	0,279	0,288
3	0,000	0,000	1,000	0,054	0,046
4	0,625	0,000	0,375	0,507	0,498
5	0,313	0,687	0,000	0,474	0,486
6	0,000	0,500	0,500	0,115	0,077
7	0,313	0,000	0,687	0,277	0,232
8	0,313	0,344	0,344	0,409	0,370
9	0,468	0,266	0,266	0,548	0,492
10	0,156	0,211	0,633	0,192	0,109

onde os coeficientes significativos estão em negrito. Os resultados da análise da variância dos dois modelos são muito parecidos:

Modelo quadrático: $MQ_{faj}/MQ_{ep} = 3,92$ $(F_{4,10} = 3,48)$ $R^2 = 97,8\%$

Modelo cúbico: $MQ_{faj}/MQ_{ep} = 3,66.$ $(F_{3,10} = 3,71)$ $R^2 = 98,2\%$

Embora o coeficiente do termo cúbico não seja significativo, no nível de 95% de confiança, o modelo cúbico especial parece ligeiramente superior, a julgar pelos gráficos dos resíduos (Figura 7A.6). Suas curvas de nível estão na Figura 7A.7. As

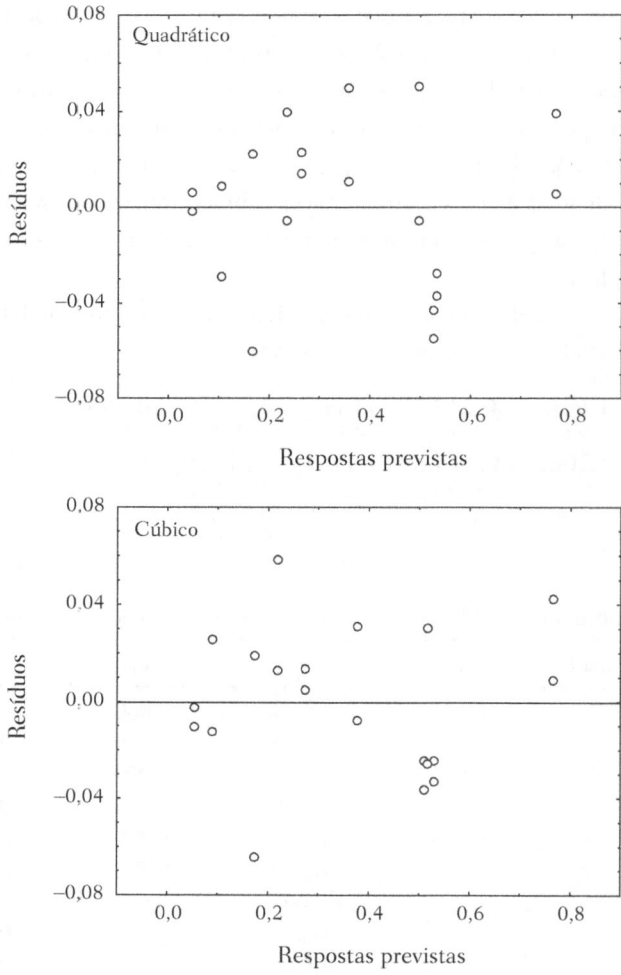

Figura 7A.6 Resíduos deixados pelos dois modelos.

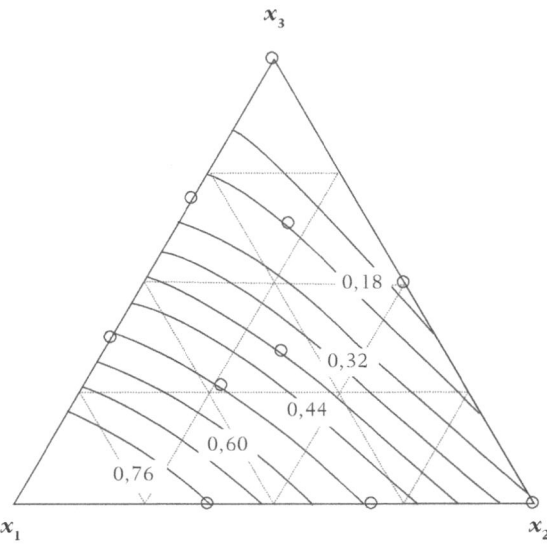

Figura 7A.7 Curvas de nível para o modelo cúbico especial.

maiores absorvâncias são obtidas perto do vértice esquerdo, isto é, quando a mistura solvente é mais rica em água.

7A.4 Condutividade de uma blenda polimérica

Incorporando a um polímero flexível uma concentração de sal relativamente alta, podemos obter filmes poliméricos eletrolíticos, que podem ser usados na fabricação de dispositivos eletroquímicos miniaturizados. Para reduzir o risco de cristalização e também aumentar a mobilidade segmentacional (o que pode traduzir-se numa maior condutividade), costuma-se acrescentar à mistura um agente plastificante. Quase todos os estudos de otimização que constam na literatura baseiam-se em planejamentos univariados, onde a proporção de um ingrediente – normalmente o sal – é mantida constante. Recentemente publicou-se uma otimização multivariada de misturas de perclorato de lítio e polióxido de etila (POE), tendo como agente plastificante o carbonato de etileno (Silva; Marzana; Bruns, 2000). Os resultados estão na Tabela 7A.6, onde c_1, c_2 e c_3 são as proporções de polímero, sal e plastificante, respectivamente. Duas respostas foram acompanhadas: a condutividade iônica da blenda (em escala logarítmica) e a temperatura de transição vítrea, T^*. A Figura 7A.8 mostra a disposição dos ensaios do planejamento em termos dos verdadeiros teores dos três componentes e em termos de pseudocomponentes.

Tabela 7A.6 Planejamento para as misturas do eletrólito polimérico ternário

Ensaio	c_1	c_2	c_3	$Log(cond)$	T^* (°C)
1	0,86	0,07	0,07	−6,000	−47
2	0,75	0,18	0,07	−4,699	−48
3	0,64	0,29	0,07	−4,523	−67
4	0,50	0,29	0,21	−3,523	−67
5	0,50	0,21	0,29	−3,398	−68
6	0,64	0,07	0,29	−4,398	−64
7	0,75	0,07	0,18	−6,000	−45
8	0,66	0,17	0,17	−4,155	−56
9	0,66	0,17	0,17	−4,097	−63
10	0,76	0,12	0,12	−5,000	−51
11	0,76	0,12	0,12	−4,699	−50
12	0,60	0,25	0,15	−4,155	−71
13	0,60	0,25	0,15	−4,000	−69
14	0,60	0,15	0,25	−3,699	−50
15	0,60	0,15	0,25	−3,699	−49

* Os valores de T^* são temperaturas de transição corrigidas para materiais com cristalinidade acima de 20%.

Ao ajustar os modelos aos dados da tabela, descobrimos que este sistema é bem mais complexo do que os outros que vimos até agora. Todos os modelos mais simples apresentam falta de ajuste, e só um modelo cúbico completo mostra-se satisfatório, para ambas as respostas. Em termos dos teores originais, esses modelos são dados pelas equações abaixo, onde só aparecem os termos significativos no nível de 95% de confiança.

$$Log(cond) = -9c_1 + 327c_2 - 601c_1c_2 - 920c_2c_3 + 1.090c_1c_2c_3 + 334c_1c_2(c_1 - c_2)$$

$$T^* = -9.080c_3 + 15.732c_1c_3 - 7.589c_1c_3(c_1 - c_3) - 10.846c_2c_3(c_2 - c_3).$$

As variações explicadas são 99,27% e 93,99%, respectivamente. As curvas de nível são mostradas na Figura 7A.9, onde os vértices representam pseudocomponentes. Se quisermos obter condutividades mais altas (isto é, logaritmos menos negativos), devemos nos deslocar para o lado direito do gráfico, o que corresponde a aumentar a proporção de sal na blenda. Para aumentar a temperatura de transição, a região favorável está do lado oposto. Isso significa que a otimização simultânea das duas respostas não é factível, e que teremos de nos contentar com um meio-termo, ou então sacrificar uma das respostas em proveito da otimização da outra.

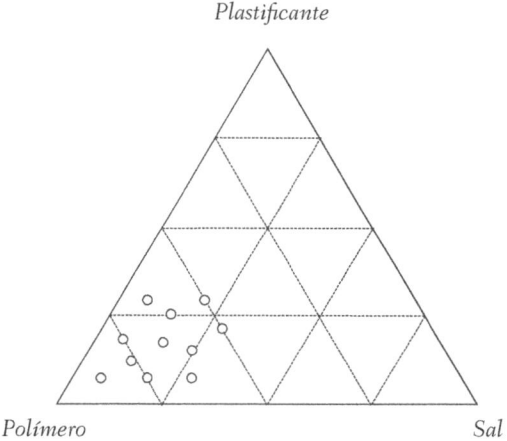

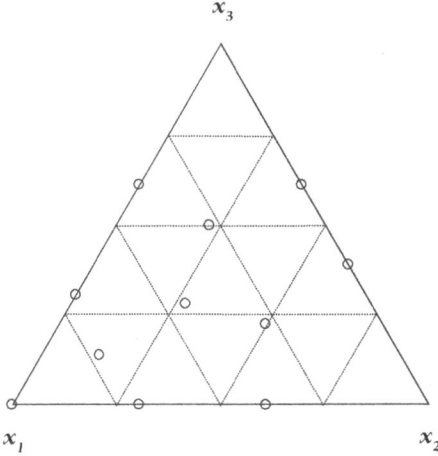

Figura 7A.8 Planejamento da Tabela 7A.6, em termos dos verdadeiros teores e em termos de pseudocomponentes.

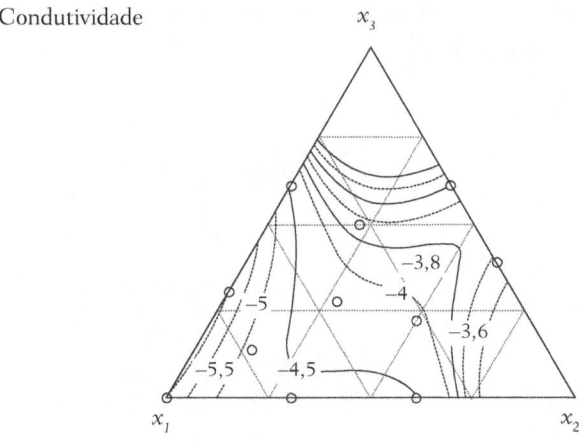

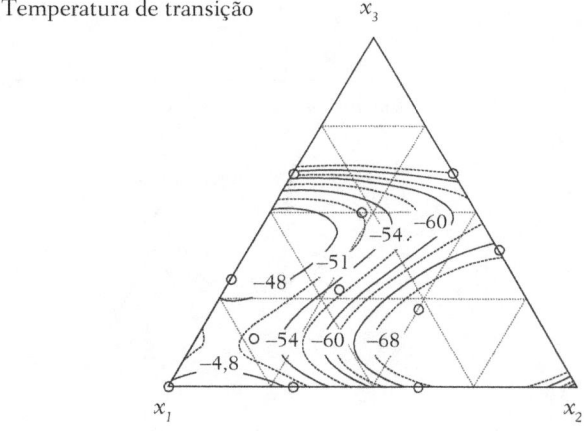

Figura 7A.9 Curvas de nível para os modelos cúbicos completos ajustados aos dados da Tabela 7A.6.

7A.5 Não precisa comer para conhecer o pudim

Os produtos alimentícios industriais são misturas mais ou menos complexas, cujas propriedades devem ser reconhecidas e apreciadas pelos consumidores. Ao desenvolver um novo produto, os técnicos precisam levar em conta suas propriedades químicas, composicionais, estruturais e texturais, que serão determinantes na sua aceitação pelo mercado. Além disso, como em qualquer indústria, têm de considerar também os aspectos econômicos, que às vezes terminam sendo os que mais pesam na decisão de comercializar (ou não) o produto desenvolvido.

O açúcar, o amido e o leite em pó são os componentes presentes em maior proporção numa formulação genérica para a preparação de pudins. A proporção de amido é um dos fatores que mais influenciam as propriedades texturais e estruturais do pudim. Braga Neto (1999) investigou como cinco dessas propriedades eram afetadas pela variação das proporções dos três ingredientes principais, e obteve os resultados da Tabela 7A.7. As unidades foram omitidas, para economizar espaço.

Os coeficientes dos termos estatisticamente significativos dos modelos ajustados para as cinco respostas são dados na Tabela 7A.8. O modelo cúbico especial é o que melhor se ajusta a todas as propriedades, exceto a coesividade, para a qual o modelo quadrático é suficiente. De todos os modelos ajustados, somente o da firmeza ainda apresenta falta de ajuste, mas o número de níveis do experimento não é suficiente para que possamos tentar ajustar um modelo cúbico completo. Os valores dos coeficientes deixam claro que o amido é de fato o componente mais importante, mas seu efeito é afetado pelos teores de açúcar e de leite em pó.

A variação na qualidade dos ajustes é revelada pelos gráficos das respostas previstas contra as respostas observadas (Figura 7A.10). A firmeza e a fraturabilidade estão bem modeladas, e a adesividade mais ou menos, mas os modelos da coesividade e, principalmente, da elasticidade deixam a desejar.

Tabela 7A.7 Planejamento para o estudo das formulações para pudim

Ordem	Pseudocomponentes		
	Amido (x_1)	Leite em pó (x_2)	Açúcar (x_3)
4	0,176	0,000	0,824
7	0,000	0,000	1,000
9	0,000	0,412	0,588
6	0,000	0,824	0,176
2	0,176	0,412	0,412
3	0,088	0,824	0,088
5	0,088	0,000	0,912
1	0,088	0,412	0,500
8	0,176	0,824	0,000

	Firmeza			Fraturabilidade			Adesividade			Coesividade			Elasticidade		
4	42,0	41,0	45,0	87,5	82,0	92,0	1,50	1,80	1,60	0,37	0,38	0,37	2,00	1,85	2,00
7	11,0	11,0	10,0	11,7	11,5	10,5	0,53	0,55	0,65	0,70	0,82	0,97	2,28	2,38	2,25
9	10,0	10,5	11,0	7,0	8,5	9,5	0,10	0,15	0,10	0,94	0,85	0,89	1,65	1,78	1,65
6	9,0	9,5	10,0	6,0	7,0	7,0	0,10	0,10	0,10	0,87	1,00	0,96	1,50	1,75	2,00
2	34,0	31,0	32,5	44,0	45,0	47,5	2,40	2,80	2,20	0,49	0,57	0,50	2,30	2,50	2,20
3	24,0	24,5	26,0	19,0	23,0	22,0	1,17	1,30	1,25	0,71	0,55	0,69	2,32	2,27	2,29
5	28,0	25,5	28,5	39,0	45,0	42,5	1,00	0,90	0,90	0,42	0,44	0,47	2,28	2,05	1,98
1	17,0	18,5	20,0	20,0	22,5	21,5	1,00	1,30	0,95	0,59	0,60	0,63	2,45	2,48	2,43
8	48,0	49,5	50,0	45,0	51,0	50,0	2,20	2,70	2,30	0,60	0,52	0,51	2,05	2,18	2,20

Tabela 7A.8 Coeficientes dos termos significativos nos modelos ajustados

	x_1	x_2	x_3	x_1x_2	x_1x_3	x_2x_3	$x_1x_2x_3$
Firmeza	273,8	8,5	11,1	---	---	---	−478,2
Fraturabilidade	876,6	7,8	10,4	−768,8	−530,1	---	−693,1
Adesividade	28,1	---	0,6	−19,1	−26,1	−1,5	22,6
Coesividade	10,8	0,9	0,8	−14,5	−15,1	---	---
Elasticidade	−19,3	1,9	2,2	27,2	23,6	−1,6	22,4

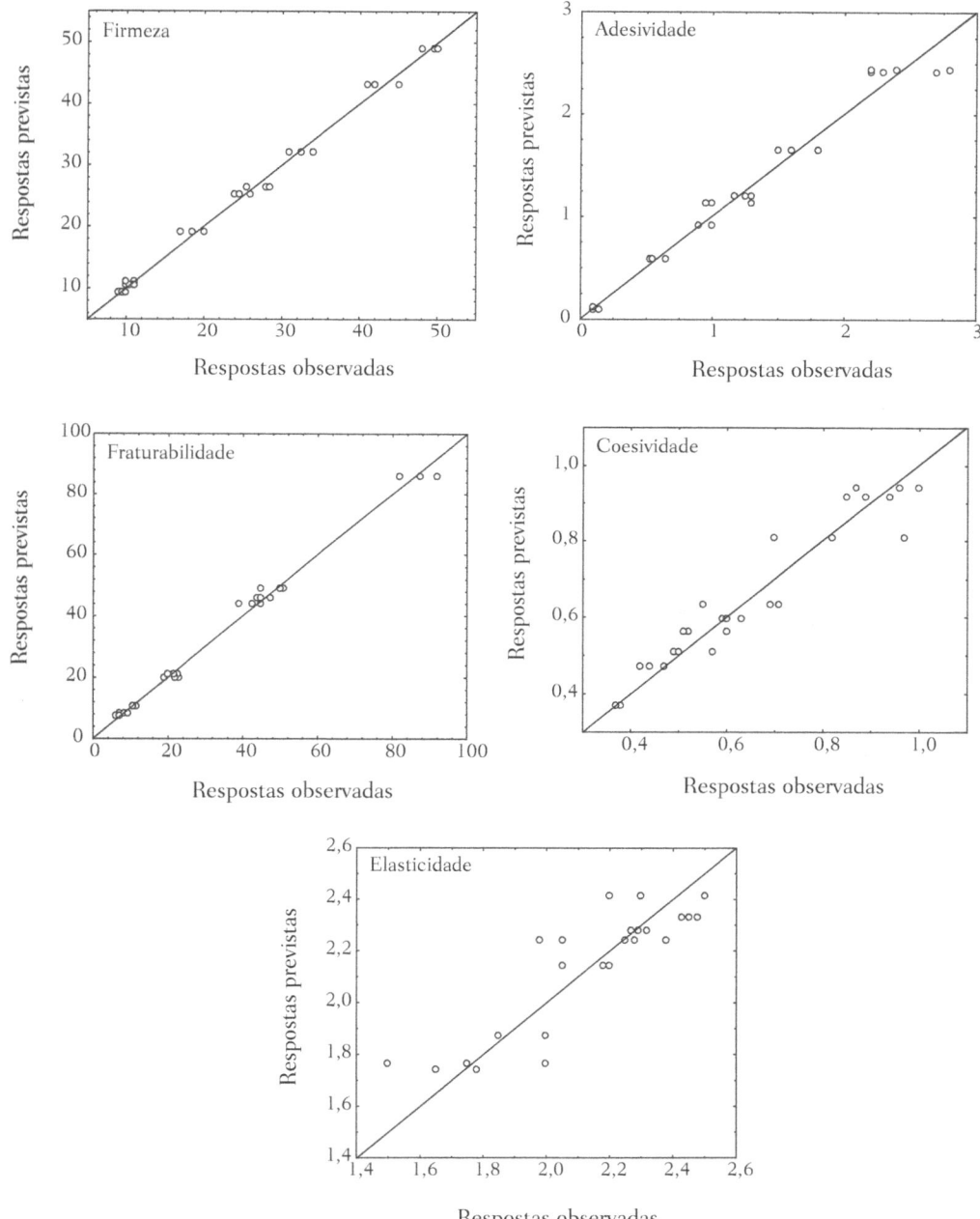

Figura 7A.10 Comparação das respostas previstas com as respostas observadas.

Otimização Simplex

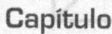
Capítulo 8

Nos métodos de otimização que vimos nos capítulos anteriores, a resposta do sistema era expressada como uma função matemática dos fatores a serem otimizados, e a otimização propriamente dita começava pela obtenção de valores numéricos para os parâmetros dessa função. Existe uma outra classe de métodos que nos permite otimizar um sistema sem que precisemos conhecer, ou sequer postular, qualquer relação matemática entre a resposta e as variáveis independentes. Neste capítulo estudaremos um desses métodos, o **simplex sequencial**, que é bastante usado nas engenharias e até recentemente gozou de muita popularidade entre os químicos analíticos. Os métodos simplex funcionam bem na presença de erros experimentais e são capazes de otimizar sistemas controlados por um grande número de variáveis independentes. Além disso, não exigem o emprego de testes de significância (como os testes t e F), o que é uma vantagem a mais para pesquisadores alérgicos a cálculos estatísticos.

Os métodos simplex, como o próprio nome indica, se baseiam em algoritmos muito simples, que podem ser facilmente implementados em instrumentos analíticos, transformando a otimização do funcionamento desses aparelhos em um procedimento automático. Por outro lado, numa otimização simplex só podemos passar para a etapa seguinte depois de conhecer a resposta da etapa imediatamente anterior. Enquanto na metodologia das superfícies de resposta podíamos realizar vários experimentos ao mesmo tempo para completar um planejamento fatorial, nos métodos simplex só podemos fazer um experimento de cada vez (daí o termo *sequencial*). Essa característica faz com que o emprego do simplex seja mais conveniente em instrumentos de resposta rápida, como os sistemas de fluxo.

Os métodos simplex têm ainda outras limitações, que precisamos levar em conta na hora de escolher um método de otimização. Em primeiro lugar, eles só podem ser empregados com variáveis quantitativas. Fatores qualitativos, como tipo de catalisador e presença/ausência de determinado componente, não podem fazer parte de uma otimização simplex, pelas próprias características do algoritmo. Em segundo lugar, e pelos mesmos motivos, caso haja dificuldade para controlar os fatores experimentais nas condições indicadas pelo simplex, o sistema não poderá ser otimizado por esse método. Por último, só temos condições de otimizar uma resposta de cada vez. Se houver várias respostas de interesse, precisaremos decidir em qual delas a aplicação do simplex será baseada. Essa restrição não é tão grave, porque às vezes podemos contorná-la usando como "resposta" uma combinação das verdadeiras respostas experimentais, ponderadas de acordo com a sua importância relativa para o problema, como na metodologia de Derringer e Suich (1980).

A décima edição do *Webster's Collegiate Dictionary* (1998) define **simplex** como "uma configuração espacial de n dimensões determinada por $n + 1$ pontos num espaço de dimensão igual ou maior do que n". Nos métodos de otimização simplex, essa configuração é um polígono (ou o seu equivalente multidimensional) de $p + 1$ vértices, onde p é o número de variáveis independentes que queremos ajustar. Com duas variáveis, portanto, o simplex é um triângulo. Com três, um tetraedro. Com quatro ou mais, um hiperpoliedro. O número de fatores define as dimensões em que o simplex se move.

Existem diversos métodos de otimização simplex. Neste capítulo discutiremos três deles, em ordem crescente de complexidade: o simplex básico, o simplex modificado e o simplex supermodificado. Os métodos mais sofisticados conseguem adaptar-se melhor à superfície estudada, mas a construção de cada simplex exige um número maior de experimentos. Apesar disso, o simplex modificado e o supermodificado normalmente conseguem aproximar-se do máximo (ou do mínimo, se for o caso) com um número *total* de experimentos menor do que o que seria necessário com um simplex básico. Neste capítulo veremos exemplos com duas ou três variáveis somente, para que possamos acompanhar graficamente a evolução do simplex. Trata-se apenas de uma conveniência didática. A eficiência do simplex, em comparação com métodos univariados de otimização, cresce com o número de fatores.

8.1 O simplex básico

Exatamente: você adivinhou. É o mais simples de todos. O simplex é sempre uma figura geométrica regular, cujas dimensões não variam ao longo do processo de otimização, e por isso o método não é muito eficiente (Spendley; Hext; Himsworth, 1964; Deming, 1981). Com dois fatores, o simplex é um triângulo equilátero. Com três, um tetraedro regular. A Figura 8.1 apresenta graficamente o deslocamento do simplex básico num problema bidimensional, em que os fatores são o tempo de reação

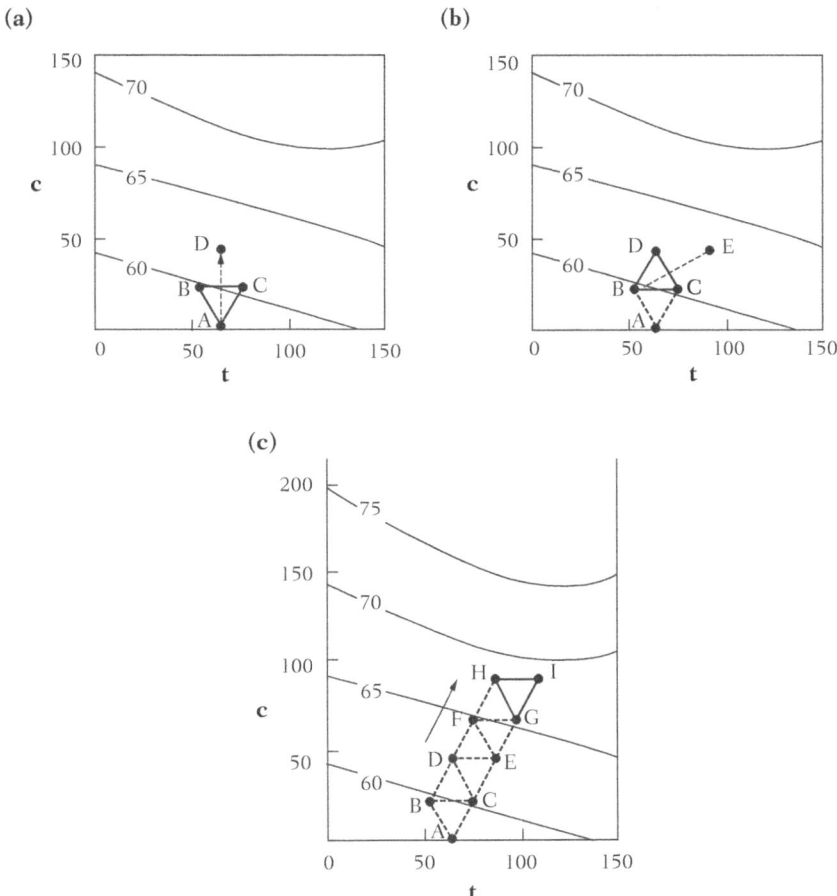

Figura 8.1 Deslocamento do simplex básico bidimensional. (a) O simplex inicial é o triângulo **ABC**. A reflexão do pior vértice (**A**) na aresta **BC** gera o novo simplex, **BCD**. (b) A rejeição do vértice **B** produz o simplex **CDE**. (c) Os sucessivos deslocamentos do simplex resultam num movimento ascendente sobre a superfície de resposta.

e a concentração de um reagente, e a resposta é o rendimento da reação, todos medidos em unidades arbitrárias. Para facilitar a argumentação, estamos admitindo que a superfície de resposta é aproximadamente plana e ascendente do canto inferior esquerdo para o canto superior direito da figura, como mostram as curvas de nível. Mais uma vez, isto é apenas um recurso didático. Em um problema real, é provável que não tenhamos nenhum conhecimento prévio sobre a forma da superfície. Até porque, se tivéssemos, faríamos um negócio mais proveitoso usando a metodologia de superfícies de resposta ao invés do simplex.

A ideia básica dos métodos discutidos neste capítulo é deslocar o simplex sobre a superfície de resposta de modo a *evitar* regiões de resposta insatisfatória. No presente exemplo, como obviamente desejamos atingir o rendimento máximo, devemos nos afastar dos pontos que apresentem baixos rendimentos. Isso é feito de acordo com cinco regras.

Regra 1 *O primeiro simplex é determinado fazendo-se um número de experimentos igual ao número de fatores mais um.* O tamanho, a posição e a orientação desse simplex inicial são escolhidos pelo pesquisador, levando em conta a sua experiência e as informações disponíveis sobre o sistema investigado (Burton; Nickless, 1987). Na Figura 8.1(a), o primeiro simplex é definido pelos vértices **A**, **B** e **C**. Realizando experimentos nas condições indicadas por esses vértices e comparando os resultados, verificamos que eles correspondem, respectivamente, à pior, à segunda pior e à melhor das três respostas observadas, como você pode facilmente constatar pela localização do simplex em relação às curvas de nível da superfície. Essa classificação é necessária para que possamos definir a localização do segundo simplex, feita de acordo com a Regra 2.

Regra 2 *O novo simplex é formado rejeitando-se o vértice correspondente à pior resposta* (Na Figura 8.1(a), o vértice **A**) *e substituindo-o pela sua reflexão na hiperface definida pelos vértices restantes* (**B** e **C**). No nosso exemplo bidimensional, onde a hiperface é simplesmente a aresta **BC**, isso produzirá o vértice **D** [Figura 8.1(a)], e o novo simplex será o triângulo **BCD**. Na linguagem da geometria descritiva, esse movimento é chamado de *rebatimento* do triângulo **ABC** sobre a aresta **BC**.

A pior resposta do novo simplex (**BCD**) ocorre no vértice **B**, cuja rejeição levará ao simplex **CDE** [Figura 8.1(b)]. Fazendo isso várias vezes, obtemos uma espécie de deslocamento em zigue-zague com uma resultante quase perpendicular às curvas de nível da superfície de resposta, correspondendo aproximadamente ao percurso de máxima inclinação [Figura 8.1(c)].

Para uma superfície plana, como na Figura 8.1, o simplex, sendo também plano, adapta-se perfeitamente ao relevo e o seu deslocamento se dá sem problemas. Havendo curvatura significativa, porém, a aplicação da Regra 2 pode levar a uma paralisação do movimento. O simplex **TUV**, na Figura 8.2(a), ilustra esse problema. Ele é obtido a partir do simplex **STU** pela rejeição do vértice **S**, que é substituído pelo vértice **V**. O vértice **V**, porém, tem a pior das três respostas do novo simplex **TUV**. Pela Regra 2, ele deve ser descartado, para obtermos o simplex seguinte. Isso nos trará de volta ao vértice **S**, fazendo com que o novo simplex seja idêntico ao simplex de partida, o triângulo **STU**. Nessas condições, se continuarmos usando a Regra 2, manteremos o simplex preso no mesmo local da superfície de resposta, oscilando entre os vértices **S** e **V**. Para sair dessa situação, aplicamos a Regra 3.

Regra 3 *Quando o vértice refletido tiver a pior das respostas do novo simplex, devemos rejeitar o segundo pior vértice.* Aplicando essa regra ao simplex **TUV**, descartamos o vértice **T** (ao invés do vértice **V**) e obtemos o simplex **UVW** [Figura 8.2(b)]. A partir dele, voltando a aplicar a Regra 2, obtemos os simplexes[1] **UWX**, **WXY** e **WYZ**. Para sair do simplex **WYZ**, no entanto, temos de usar novamente a Regra 3, já que o vértice **Z**, gerado pela reflexão do vértice **X**, é o pior dos três. Rejeitamos, portanto, o vértice **W** e obtemos o simplex **YZA′**.

Como nos métodos simplex não realizamos ensaios em duplicata, não temos uma estimativa do erro experimental, e por isso não podemos avaliar a precisão das respostas. Corremos assim o risco de manter no simplex respostas errôneas, sejam altas demais, sejam baixas demais. Em um estudo cujo objetivo é a maximização,

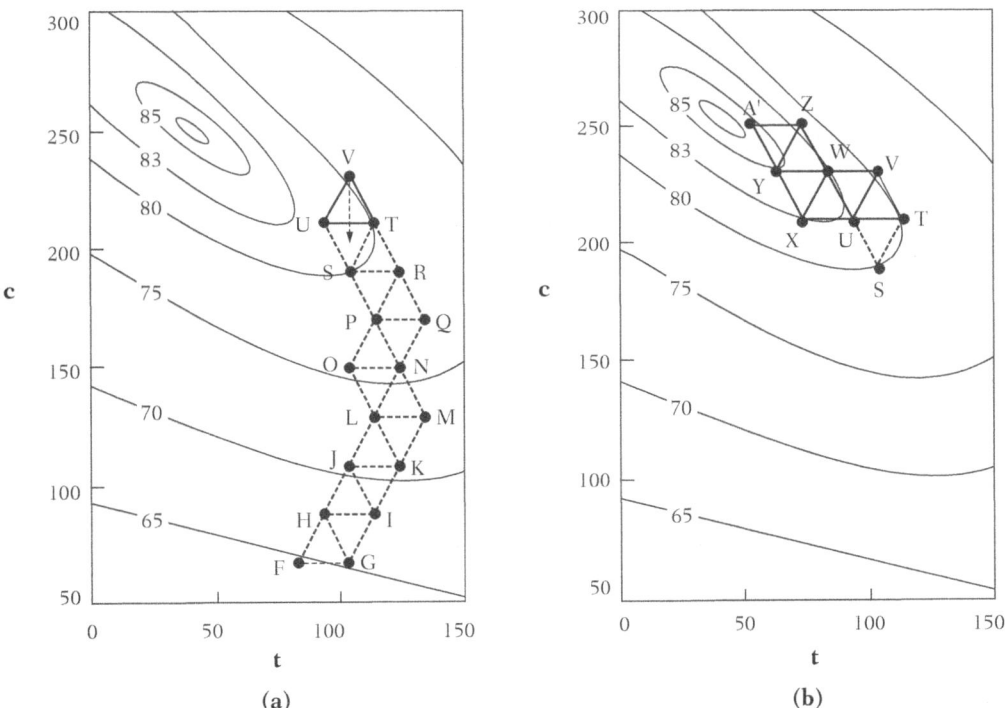

Figura 8.2 (a) O fenômeno do simplex oscilante. A aplicação da Regra 2 faz com que o vértice **S** seja substituído pelo vértice **V**, e vice-versa. (b) Deslocamento do simplex depois da aplicação da Regra 3 ao simplex **TUV**.

---

[1] Os puristas preferem o plural *simplices*.

incluir uma resposta falsamente baixa, isto é, uma resposta que parece mais baixa do que de fato é, não tem consequências muito sérias. As respostas seguintes provavelmente se mostrarão mais altas, e terminaremos descartando o vértice errado. O perigo está na determinação de uma resposta falsamente alta. As outras respostas talvez não se mostrem mais altas do que ela, e podemos acabar retendo indevidamente o vértice errado. Nosso simplex começará então a girar em torno de um falso máximo. Se o estudo visar à minimização, é claro que a situação se inverte, e o risco passa a residir nas respostas falsamente baixas, que podem levar a mínimos fictícios. Para nos prevenir contra esse tipo de problema é que devemos empregar a Regra 4.

Regra 4 *Se um mesmo vértice tiver sido mantido em $p + 1$ simplexes* [como os vértices **U** e **W** na Figura 8.2(b)], *antes de construir o próximo simplex devemos determinar novamente a resposta correspondente a esse vértice.* Se a primeira resposta tiver sido alta demais por causa de algum erro experimental, é improvável que esse fenômeno se repita na segunda determinação. A nova resposta deverá então ser mais baixa, e o vértice terminará sendo descartado. Se, ao contrário, a resposta se mantiver alta, então é provável que estejamos realmente próximos de um ponto de máximo, e o vértice será merecidamente retido. No percurso mostrado na Figura 8.2(b), devemos, de acordo com esta regra, fazer novos ensaios nos pontos **U** e **W**, para confirmar se as respostas nesses vértices são tão altas quanto pareceram ser na primeira determinação.

Às vezes, o método simplex pode especificar para o próximo ensaio condições experimentais impossíveis ou muito difíceis de executar. Por exemplo, a reflexão do simplex poderia levar a figura para uma região de concentrações negativas. Ou então, na otimização de um método analítico, para um tempo de reação longo demais para ter utilidade prática. A Regra 5 nos diz como proceder nesses casos.

Regra 5 *Se o novo vértice ultrapassar os limites aceitáveis para qualquer uma das variáveis que estão sendo ajustadas, devemos atribuir um valor indesejável à resposta nesse vértice.* A aplicação das Regras 2 e 3 fará então o simplex voltar para a região de valores aceitáveis para a variável em questão. Mais adiante veremos um exemplo real desse tipo de comportamento.

A Figura 8.3 mostra o que termina ocorrendo com o simplex básico quando ele se aproxima o suficiente do valor procurado. Tendo chegado perto do máximo, que é o valor desejado neste exemplo, o simplex passa a descrever um movimento circular em torno da resposta mais alta observada (o ponto $\mathbf{A'}$, na Figura 8.3), e daí não sai mais. Nesse estágio não temos mais o que fazer, porque o simplex básico não pode diminuir de tamanho. O processo de otimização deve ser interrompido, e a precisão com que as condições otimizadas são determinadas fica dependendo do tamanho e da localização do simplex inicial. No nosso exemplo, a resposta máxima é um pouco superior a 86. O valor máximo alcançado pelo sim-

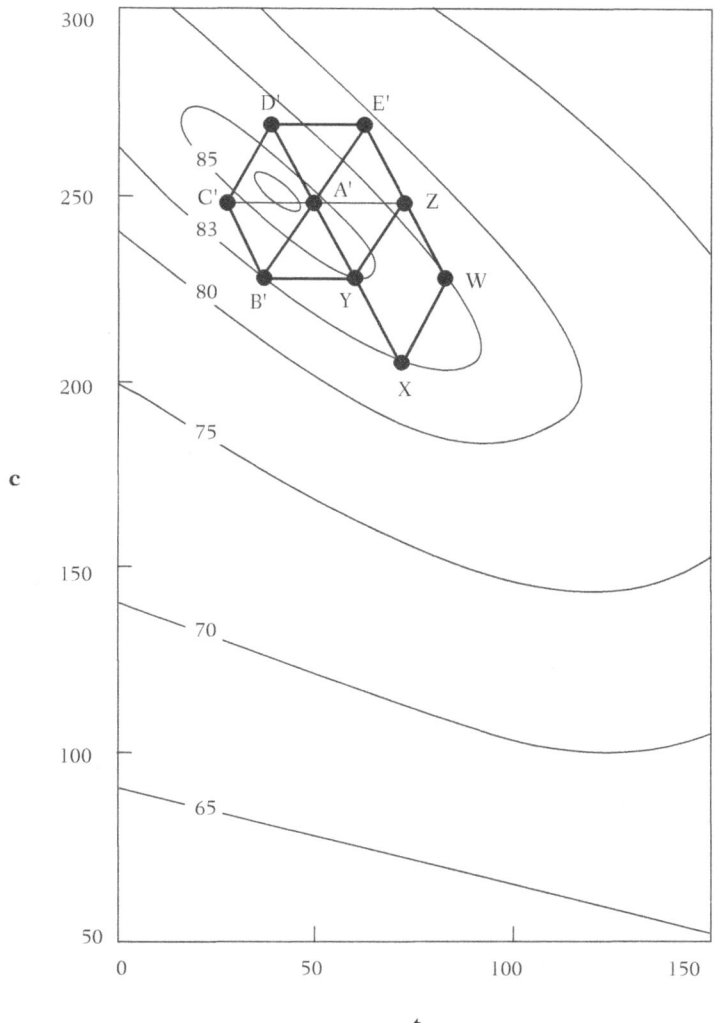

Figura 8.3 Movimento circular do simplex básico perto do máximo. O vértice **A′** é retido em todos os simplexes.

plex fica até bem próximo: cerca de 85,3, nas condições experimentais definidas pelo vértice **A′**, $t \cong 50$ e $c \cong 247$.

Exercício 8.1

Na Figura 8.3, quais são os simplexes obtidos pela aplicação da Regra 2? Quais decorrem da Regra 3? Precisaríamos aplicar a Regra 4 a algum vértice?

8.2 O simplex modificado

No algoritmo modificado (Nelder; Mead, 1965), o simplex pode alterar seu tamanho e sua forma, e consequentemente adaptar-se melhor à superfície de resposta. Essa flexibilidade permite uma determinação mais precisa do ponto ótimo, porque o simplex pode "encolher" nas suas proximidades. Além dessa característica desejável, o método modificado também pode resultar num número de ensaios menor do que o necessário para a execução do simplex básico, pois o simplex pode "esticar-se" quando estiver longe do ponto procurado e, assim, aproximar-se mais rapidamente da região de interesse.

Os possíveis movimentos do simplex modificado estão ilustrados na Figura 8.4. O simplex inicial é o triângulo **BNW**. Esta notação já classifica os vértices de acordo com as respostas correspondentes. **B** (de *best*) é o vértice com a melhor resposta e **W** (*worst*) é o que tem a pior. O vértice **N** (*next to worst*) corresponde à segunda pior resposta. O primeiro movimento, partindo do simplex inicial, é idêntico ao do simplex básico: uma reflexão do pior vértice no centroide dos vértices restantes. Na Figura 8.4, isso corresponde a rebater o ponto **W** através do ponto médio do segmento **BN**, identificado como $\overline{P}$. O resultado é o ponto **R**, e o novo simplex passa a ser **BNR**. Para decidir se esse simplex será retido, porém, precisamos comparar a resposta observada em **R** com as respostas obtidas no simplex anterior, **BNW**. Três casos são possíveis. Para discuti-los, vamos identificar as respostas com as mesmas

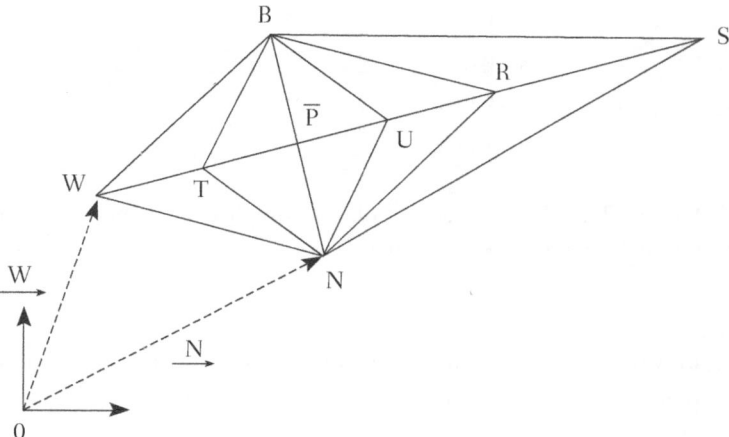

Figura 8.4 Possíveis movimentos para o simplex modificado. O simplex **BNR** é obtido a partir do simplex inicial **BNW** por meio de uma reflexão simples. Os outros três correspondem aos seguintes movimentos: expansão (**BNS**), contração (**BNU**) e contração com mudança de direção (**BNT**).

letras usadas para rotular os vértices. Admitiremos também, para simplificar a discussão, que estamos em busca de um máximo.

Primeiro caso: $R > B$. A nova resposta é melhor do que todas as respostas do simplex anterior. Isso nos faz supor que o simplex está no caminho certo, e que devemos continuar nossas investigações na mesma direção. Realizamos, então, uma nova determinação no ponto **S**, localizado sobre a reta $W\overline{P}R$ de forma que a distância $\overline{P}S$ seja o dobro da distância $\overline{P}R$. Dependendo do valor da resposta no ponto **S**, temos duas possibilidades:

1a) $S > R$. A resposta ficou ainda melhor. A expansão valeu a pena, e o novo simplex passa a ser **BNS**.

1b) $S < R$. O resultado piorou com a expansão. Devemos ficar com o simplex não expandido, **BNR**.

Segundo caso: $N < R < B$. A resposta observada depois da reflexão é inferior à melhor resposta do simplex inicial, mas ainda continua superior à segunda pior resposta. Nesse caso, não vale a pena expandir nem contrair, e o simplex **BNR** deve ser mantido.

Terceiro caso: $R < N$. A nova resposta é menor do que a segunda pior do simplex de partida. Concluímos que a direção do movimento não está sendo satisfatória, e que precisamos corrigir o rumo. Temos novamente duas possibilidades:

3a) $R < W$. Aconteceu o pior: a nova resposta é inferior a qualquer uma das observadas anteriormente. Devemos recuar. O novo simplex passa a ser **BNT**, sendo **T** o ponto médio do segmento $W\overline{P}$. Nesse caso, ocorre não apenas uma contração como também uma *mudança no sentido* do deslocamento (isto é, um recuo propriamente dito).

3b) $W < R < N$. Embora a nova resposta seja ruim, ainda é superior à pior das respostas anteriores. Devemos recuar, mas com moderação. O simplex é contraído para uma posição intermediária entre $\overline{P}$ e **R**. O novo simplex passa a ser **BNU**, onde **U** é o ponto médio do segmento $\overline{P}R$.

Usando geometria analítica elementar, podemos calcular facilmente a localização dos diversos vértices à medida que o simplex se movimenta. Só precisamos considerar as coordenadas de cada ponto como componentes de um vetor e aplicar as regras da composição de vetores. Assim, por exemplo, o vetor que localiza o ponto $\overline{P}$ é a média dos vetores **B** e **N**:

$$\overline{P} = \frac{B+N}{2} .$$

(8.1a)

No nosso exemplo, o simplex é um triângulo, e por isso o vetor $\bar{\mathbf{P}}$ contém as médias das coordenadas de apenas dois vértices. Se estivéssemos otimizando um sistema de três variáveis, o simplex seria um tetraedro, e o ponto $\bar{\mathbf{P}}$ seria dado pela média dos três vértices situados na face oposta ao pior vértice, e assim por diante.

Uma reflexão simples (ou seja, sem expansão nem contração) gera o ponto $\mathbf{R}$, dado por

$$\mathbf{R} = \bar{\mathbf{P}} + (\bar{\mathbf{P}} - \mathbf{W}) \ . \tag{8.2a}$$

Caso a reflexão seja feita a partir do segundo pior vértice, isto é, seja resultante da aplicação da Regra 3, é só substituir o vértice $\mathbf{W}$ pelo vértice $\mathbf{N}$:

$$\mathbf{R} = \bar{\mathbf{P}} + (\bar{\mathbf{P}} - \mathbf{N}) \ . \tag{8.2b}$$

Nesse caso, o ponto $\bar{\mathbf{P}}$ também mudará, passando a ser dado por

$$\bar{\mathbf{P}} = \frac{\mathbf{B} + \mathbf{W}}{2} \ . \tag{8.1b}$$

Com as Equações vetoriais 8.1 e 8.2, podemos determinar as coordenadas de todos os pontos varridos pelo simplex básico.

Exercício 8.2

Use a "regra do paralelogramo", da geometria vetorial, para demonstrar que a Equação 8.2a é verdadeira.

Exercício 8.3

As coordenadas dos vértices $\mathbf{A}$, $\mathbf{B}$ e $\mathbf{C}$ na Figura 8.1(a) são dadas, respectivamente, por $(t, C) = (68, 0)$, $(56, 21)$ e $(80, 21)$. (a) Quais são as coordenadas do ponto $\mathbf{D}$? (b) Quais são as coordenadas do ponto $\mathbf{E}$?

No simplex modificado, temos movimentos de expansão e de contração. Neles, o vetor $(\bar{\mathbf{P}} - \mathbf{W})$ [ou, se for o caso, $(\bar{\mathbf{P}} - \mathbf{N})$] é multiplicado por um fator, que o aumenta ou diminui. Na expansão, temos

$$\mathbf{S} = \bar{\mathbf{P}} + 2(\bar{\mathbf{P}} - \mathbf{W}) \ . \tag{8.3}$$

Para a contração, teremos

$$\mathbf{U} = \bar{\mathbf{P}} + \frac{1}{2}(\bar{\mathbf{P}} - \mathbf{W}) \ . \tag{8.4}$$

Se, além de contrair o simplex, precisarmos mudar sua direção, teremos uma subtração de vetores, em vez de uma adição:

$$T = \bar{P} - \frac{1}{2}(\bar{P} - W) \ .\tag{8.5}$$

Usando fatores diferentes de 2 e 1/2, podemos variar o tamanho da extensão ou da contração do simplex, mas esses valores são os mais comuns. Todas essas equações podem ser facilmente resolvidas com um programa de álgebra linear, ou mesmo com uma das muitas planilhas disponíveis no mercado.

Nas Figuras 8.5 e 8.6 usamos a mesma superfície de resposta das Figuras 8.1 e 8.2 para mostrar a aplicação do algoritmo modificado. Os valores numéricos da concentração e do tempo correspondentes aos diversos vértices estão na Tabela 8.1. Note que o simplex inicial **ABC** é o mesmo do exemplo do simplex básico, o que nos permitirá comparar melhor a eficiência dos dois algoritmos.

Tabela 8.1 Coordenadas dos vértices do simplex modificado bidimensional cujo deslocamento é ilustrado nas Figuras 8.5 e 8.6

Vértice	Simplex	t	Conc.	Movimento
A		68	0	Inicialização
B		56	21	Inicialização
C	ABC	80	21	Inicialização
D	BCD	68	63	Expansão
E	CDE	110	84	Expansão
F	DEF	107	178,5	Expansão
G	EFG	149	199,5	Reflexão
H	FGH	137	241,5	Contração
I	FGI	132,5	215,25	Contração e mudança de direção
J	FIJ	90,5	194,26	Reflexão
K	JFK	115,63	200,82	Contração e mudança de direção
L	JKL	99,13	216,58	Reflexão
M	JLM	74,01	210,02	Reflexão
N	LMN	82,63	232,34	Reflexão
O	MNO	57,54	225,78	Reflexão
P	MOP	74,19	225,12	Contração e mudança de direção
Q	OPQ	57,69	240,88	Reflexão
R	OQR	41,08	241,54	Reflexão
S	QRS	41,19	256,64	Reflexão
T	RST	24,50	257,30	Reflexão
U	RTU	36,97	253,03	Contração e mudança de direção

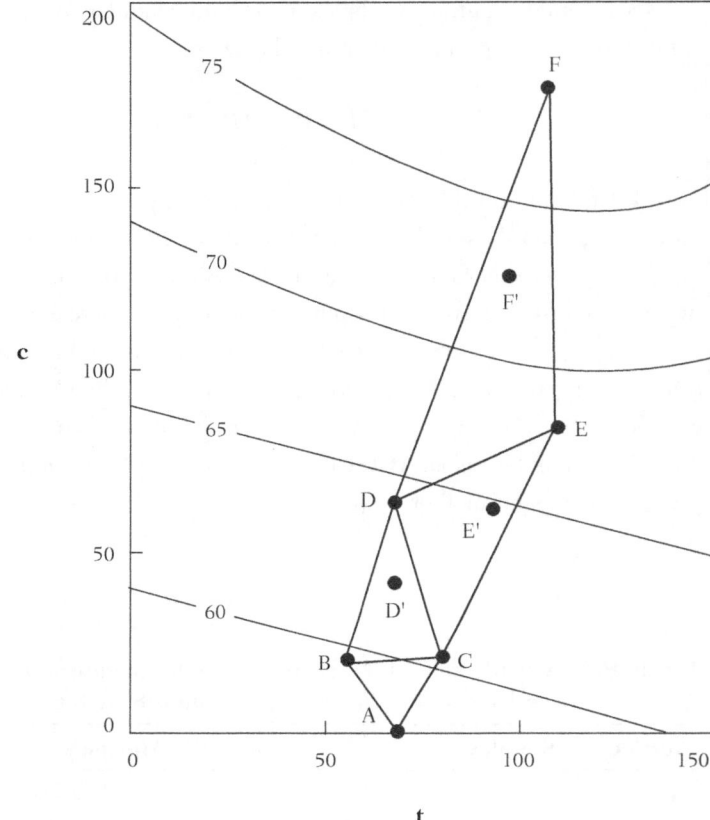

Figura 8.5 Deslocamento do simplex modificado bidimensional numa superfície de resposta plana.

O primeiro movimento é uma reflexão, que nos leva ao ponto **D'**. Como a resposta nesse ponto é superior a todas as respostas do simplex inicial, fazemos uma expansão até o ponto **D**, cuja resposta é ainda melhor. O novo simplex é, portanto, o triângulo **BCD**, cujo pior vértice é o ponto **B**. Este, refletido, nos leva ao ponto **E'**, e daí, por expansão, ao ponto **E**, formando o simplex **CDE**.

Exercício 8.4

Use as coordenadas do simplex BCD dadas na Tabela 8.1 e calcule os valores do tempo e da concentração no ponto E mostrado na Figura 8.5.

Tanto a Figura 8.1(c) quanto a Figura 8.5 apresentam a situação do simplex depois de nove experimentos. Na Figura 8.1(c), que mostra a aplicação do simplex básico, a resposta no nono ponto (o vértice **I**) é ≅ 68. Já na Figura 8.5, em que foi aplicado o algoritmo modificado, a resposta final (vértice **F**) sobe para cerca de 79, porque o simplex modificado foi "acelerando" a subida, à medida que as novas respostas iam-se mostrando melhores do que as precedentes. Nessa região, no entanto, a superfície de resposta começa a curvar-se, e o simplex, se prosseguir na mesma direção, terminará passando ao largo do máximo. A Figura 8.6 mostra o que realmente

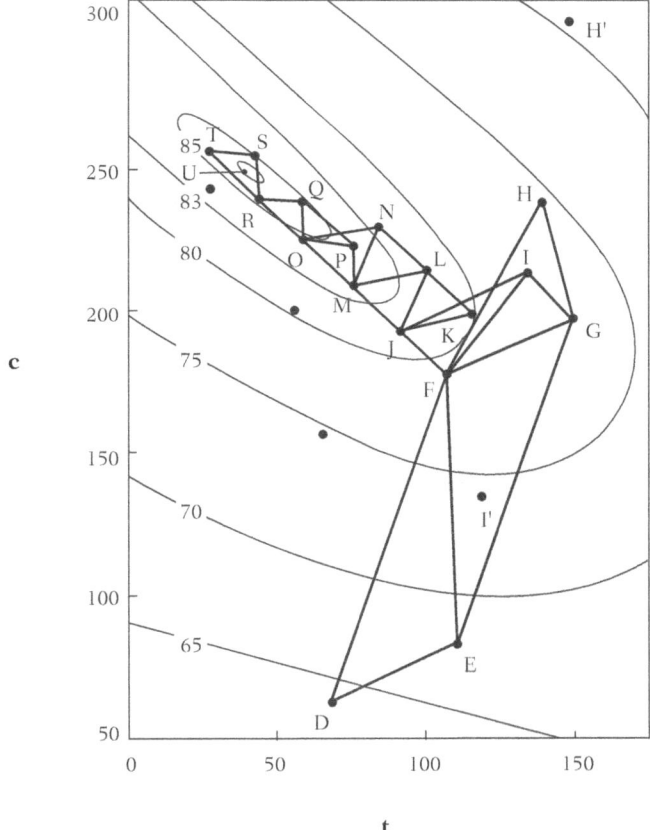

Figura 8.6 Deslocamento do simplex modificado bidimensional numa cumeeira ascendente. Os pontos não incluídos nos simplexes são os vértices rejeitados pelas regras do algoritmo.

acontece. A passagem **DEF** → **EFG** é trivial. Deste último simplex, uma reflexão nos levaria ao ponto **H′**, no canto superior direito da figura. A resposta nesse ponto é superior à resposta no ponto **E**, mas é menor do que a resposta no ponto **G**, que é o segundo pior vértice do simplex **EFG**. O procedimento recomendado nesse caso é uma contração simples (Regra 3b), que produz o simplex **FGH**. Uma reflexão simples nos leva em seguida ao ponto **I′** (embaixo, à direita), cuja resposta, no entanto, é pior do que a pior das respostas em **FGH**. Pela Regra 3a, devemos fazer não apenas uma contração, mas também uma mudança de direção. O resultado é o ponto **I**, e o novo simplex passa a ser **FGI**.

Exercício 8.5

Use os dados do simplex **FIJ** (Tabela 8.1) para calcular os valores do tempo e da concentração correspondentes ao vértice **K** na Figura 8.6.

Exercício 8.6

Qual o simplex imediatamente posterior ao simplex **RST**, na Figura 8.6? Ele é o resultado da aplicação de qual regra?

O último vértice atingido na Figura 8.6 (o ponto **U**) está muito próximo do máximo da superfície. Caso seja necessária uma maior precisão, pode-se realizar mais experimentos, que certamente farão o simplex diminuir de tamanho e produzirão uma região mais restrita ainda nos arredores do máximo. É óbvio que o simplex não poderá reduzir-se a um ponto, por mais que encolha, e por isso é improvável que o máximo matemático seja atingido. Para evitar que a sua busca se prolongue indefinidamente, costuma-se dar por encerrada a investigação quando as diferenças entre as respostas dos vértices do simplex ficam do mesmo tamanho do erro experimental.

Para concluir nossa discussão do simplex modificado, vamos apresentar um exemplo com dados reais, obtidos numa tentativa de otimizar a análise de molibdênio pelo método baseado na catálise da reação de KI e H_2O_2 (Eiras, 1991). A investigação desse mesmo sistema por meio de fatoriais fracionários foi discutida no Capítulo 4. No exemplo que vamos apresentar agora, os pesquisadores estudaram uma outra região da superfície de resposta. As coordenadas dos vértices de todos os simplexes construídos nessa investigação e os valores das respostas analíticas correspondentes são apresentados na Tabela 8.2. Como os fatores estudados são três (as concentrações de H_2SO_4, KI e H_2O_2), o simplex é um tetraedro. Acompanhar graficamente o seu deslocamento é complicado, mas os valores das concentrações correspondentes a cada vértice são facilmente calculados por meio das Equações 8.1-8.5.

O primeiro simplex é definido pelos vértices 1-4. Destes, o que apresenta a menor resposta é o vértice 1. Como estamos querendo aumentar o valor do sinal, esta também é a pior resposta, e portanto o vértice 1 deve ser descartado. Devemos refleti-lo no ponto central da face oposta, que é dado por

$$\bar{P} = 1/3 \, (B + N + I) \,, \qquad (8.6)$$

onde **B** e **N** têm o seu significado usual e **I** representa o vértice restante. Substituindo os valores numéricos apropriados, podemos escrever

$$\bar{P} = 1/3 \left\{ \begin{bmatrix} 0,3200 \\ 0,0400 \\ 0,0040 \end{bmatrix} + \begin{bmatrix} 0,3200 \\ 0,0300 \\ 0,0040 \end{bmatrix} + \begin{bmatrix} 0,3200 \\ 0,0300 \\ 0,0050 \end{bmatrix} \right\} = \begin{bmatrix} 0,3200 \\ 0,0333 \\ 0,0043 \end{bmatrix}.$$

O novo vértice, **R**, será obtido refletindo-se o vértice 1 (que nesse caso é o vértice **W**) no ponto $\bar{P}$. Aplicando a Equação 8.2a, temos

$$R = \begin{bmatrix} 0,3200 \\ 0,0333 \\ 0,0043 \end{bmatrix} + \left\{ \begin{bmatrix} 0,3200 \\ 0,0333 \\ 0,0043 \end{bmatrix} - \begin{bmatrix} 0,4200 \\ 0,0300 \\ 0,0040 \end{bmatrix} \right\} = \begin{bmatrix} 0,2200 \\ 0,0366 \\ 0,0046 \end{bmatrix}.$$

Exercício 8.7

Calcule as concentrações de H_2SO_4, KI e H_2O_2 correspondentes ao vértice 8, que é o resultado de uma expansão do simplex formado pelos vértices 2, 3, 5 e 6 na Tabela 8.2.

Exercício 8.8

Calcule a concentração de H_2SO_4 no vértice 15, que é obtido por reflexão a partir do simplex formado pelos vértices 8, 9, 11 e 14 na Tabela 8.2.

O resultado do Exercício 8.8 é um exemplo de violação dos limites aceitáveis para as condições experimentais. É claro que não se pode preparar uma solução com uma concentração negativa de ácido sulfúrico, e portanto não é possível executar um experimento nas condições especificadas pelo vértice 15. Assim sendo, atribuímos arbitrariamente um valor ruim para a resposta nesse vértice. Isso fará com que o simplex se afaste dele e retorne à região experimentalmente permitida.

Exercício 8.9

Calcule a concentração de H_2SO_4, KI e H_2O_2 correspondentes ao vértice 16, partindo do simplex formado pelos vértices 8, 11, 14 e 15 na Tabela 8.2.

Tabela 8.2 Aplicação do simplex modificado à otimização da determinação de Mo(VI) em função das concentrações de H_2O_2, KI e H_2SO_4. A resposta observada, que deve ser maximizada, é representada por ΔA

Vértice	Movimento[a]	Vs. Retidos	$C_{H_2SO_4}$	C_{KI}	$C_{H_2O_2}$	ΔA
1			0,4200	0,0300	0,0040	0,183
2			0,3200	0,0400	0,0040	0,314
3			0,3200	0,0300	0,0050	0,236
4[b]			0,3200	0,0300	0,0040	0,198
5	R	2, 3, 4	0,2200	0,0366	0,0046	0,253
6	R	2, 3, 5	0,2533	0,0411	0,0051	0,307
7	R	2, 5, 6	0,2089	0,0485	0,0042	0,352
8	E	2, 5, 6	0,1533	0,0578	0,0038	0,372
9	R	2, 6, 8	0,2644	0,0559	0,0039	0,353
10	R	2, 8, 9	0,2385	0,0614	0,0027	0,341
11	R	8, 9, 10	0,1175	0,0767	0,0029	0,457
12	E	8, 9, 10	0,0162	0,0951	0,0024	0,370
13	R	8, 9, 11	0,1183	0,0655	0,0044	0,523
14	E	8, 9, 11	0,0582	0,0676	0,0052	0,528
15	R	8, 11, 14	−0,0451*	0,0788	0,0041	---
16	C	8, 11, 14	0,1870	0,0617	0,0040	0,426
17	R	11, 14, 16	0,0885	0,0795	0,0042	0,542
18	E	11, 14, 16	0,0561	0,0903	0,0044	0,595
19	R	11, 14, 18	−0,0325*	0,0948	0,0044	---
20	CMD	11, 14, 18	0,1321	0,0699	0,0040	0,421
21**		---	0,0868	0,0835	0,0037	0,479
22		---	0,0572	0,0790	0,0048	0,517
23		---	0,1216	0,0760	0,0042	0,481
24	R	18,22,23	0,0698	0,0800	0,0052	0,516
25	R	18,22,24	0,0005	0,0902	0,0054	0,116
26	CMD	18,22,24	0,0913	0,0796	0,0045	0,531
27	R	18,22,26	0,0666	0,0859	0,0039	0,550
28	R	18,26,27	0,0855	0,0915	0,0037	0,527
29	C	18,26,27	0,0784	0,0884	0,0040	0,560
30	R	18,27,29	0,0427	0,0968	0,0037	0,503

[a] Movimentos do simplex: R = Reflexão; E = Expansão; C = Contração; CMD = Contração com Mudança de Direção.
[b] 1-4: Vértices do simplex inicial.
* Como a concentração do ácido é negativa, a resposta nesse vértice foi considerada o pior resultado.
** 21-23: Contração maciça mantendo o vértice 18.

Um dos simplexes da Tabela 8.2 foi obtido de uma forma que ainda não discutimos. O vértice 20 foi o resultado de uma contração com mudança de direção. Essa, por sua vez, foi consequência de uma reflexão mal sucedida, que havia produzido um ponto experimentalmente inviável (o vértice 19). Ocorre, no entanto, que o vértice 20 apresenta uma resposta pior do que as respostas do simplex anterior. Em outras palavras, nem a reflexão nem a contração na direção oposta tiveram êxito. Nessa situação, o procedimento indicado é uma drástica contração do simplex na direção do vértice que apresenta a melhor resposta. Esse movimento, que é chamado de *contração maciça*, é ilustrado na Figura 8.7 para um simplex triangular. Nessa figura, o vértice **T**, que é obtido a partir do simplex **BNW** por meio de uma contração com mudança de direção, apresenta uma resposta inferior à pior resposta do simplex anterior, que é a do ponto **W**. Isso sugere que, para obtermos uma resposta otimizada, devemos investigar melhor a região do ponto **B**, o que se pode fazer por meio de uma contração maciça. Nesse tipo de movimento, apenas o vértice com a melhor resposta (**B**) é mantido. Os demais (**N** e **W**, em nosso exemplo) são substituídos por pontos localizados no meio das arestas que os ligam ao vértice **B**. O novo simplex passa a ser, então, o triângulo **BX'Y'**. Na Tabela 8.2, como o simplex é um tetraedro, será necessário descartar três vértices. O vértice 18, que é o melhor dos quatro, é mantido, e os vértices 11, 14 e 16 são substituídos. O novo simplex passa a ser formado pelos vértices 18, 21, 22 e 23, e a otimização prossegue.

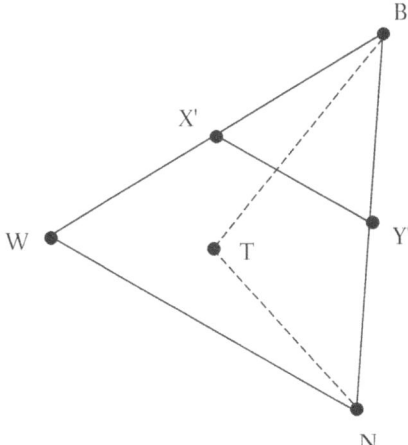

Figura 8.7 Contração maciça de um simplex triangular. A resposta no ponto **T** é pior do que a resposta no ponto **W**. O novo simplex é **BX'Y'**.

> **Exercício 8.10**
>
> Calcule as coordenadas dos vértices 21, 22 e 23, resultantes de uma contração maciça do simplex formado pelos vértices 11, 14, 16 e 18 na Tabela 8.2.

Na continuação do processo de otimização da Tabela 8.2, podemos notar que o vértice 18 é mantido em todos os simplexes construídos depois da contração maciça. O simplex permanece ancorado nesse ponto, e passa a descrever um movimento circular ao seu redor, indicando que chegamos a uma região de máximo. Nesse ponto, para melhor determinar o máximo, seria conveniente abandonar o método simplex e mapear a região em torno do vértice 18, empregando a metodologia de superfícies de resposta que discutimos no Capítulo 6.

8.3 O simplex supermodificado

No algoritmo modificado, o simplex inicial **BNW** pode ser submetido a cinco diferentes operações: reflexão, expansão, contração, contração com mudança de direção e contração maciça. No simplex supermodificado (Routh; Swartz; Denton, 1977), esse leque de opções é ampliado.

As Equações 8.2-8.5, que governam o movimento do simplex modificado, podem ser consideradas casos especiais de uma só,

$$\mathbf{Y} = \bar{\mathbf{P}} + \alpha(\bar{\mathbf{P}} - \mathbf{W}),\qquad(8.7)$$

onde **Y** representa o novo vértice, cuja localização depende do valor do parâmetro α. Quando α é igual a 1, 2, 0,5 e −0,5, o vértice **Y** corresponde, respectivamente, aos vértices **R**, **S**, **U** e **T** das Equações 8.2-8.5 e da Figura 8.4. Na seção anterior, salientamos que outros valores de α poderiam ser utilizados, embora estes fossem os mais corriqueiros. O valor ideal, isto é, aquele que nos leva mais depressa para perto do ponto desejado, depende de vários fatores, como a forma da superfície, o tamanho do simplex e a extensão do erro experimental. No simplex supermodificado, isso é levado em consideração e o valor de α é estimado de acordo com as características da superfície estudada. O deslocamento do simplex torna-se, assim, mais eficiente. Em compensação, a determinação de cada novo simplex requer a realização de mais experimentos do que no caso do algoritmo modificado.

Para discutir o algoritmo supermodificado, é conveniente fazer uma pequena modificação na Equação 8.7, substituindo o parâmetro α por $(\beta - 1)$. Com isso e com um pequeno rearranjo, a equação torna-se

$$\mathbf{Y} = \beta \overline{\mathbf{P}} + (1-\beta)\mathbf{W}. \quad (8.8)$$

Fazendo $\beta = 2, 3, 1,5$ e $0,5$, respectivamente, obtemos os pontos **R**, **S**, **U** e **T**, que podem ser dispostos ao longo de um eixo, como mostra a Figura 8.8. Para discutir a aplicação do simplex supermodificado, vamos imaginar que as respostas determinadas nos vértices **W** e **R** se apresentem como na Figura 8.8(a). No método modificado, o deslocamento indicado nesse caso seria uma expansão, que levaria à realização de um experimento no ponto **S**. Suponhamos agora que a superfície de resposta nessa região seja descrita pela curva mostrada na Figura 8.8(b), que apresenta um máximo entre os pontos **W** e **R**. É óbvio, nesse caso, que o ponto **S** (isto é,

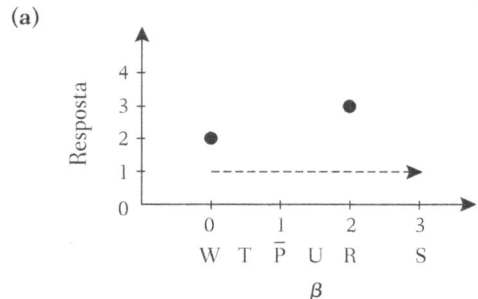

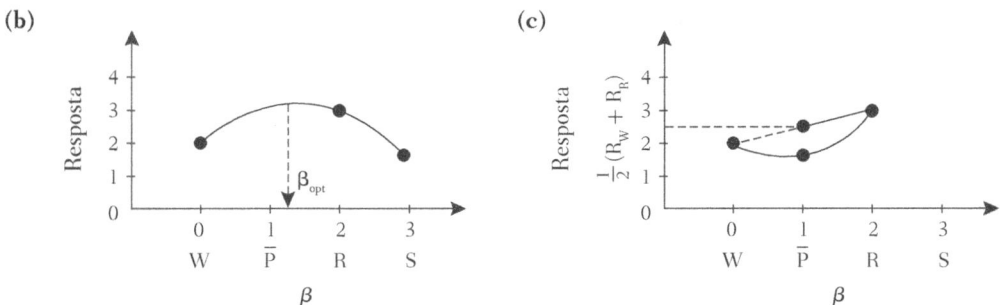

Figura 8.8 O simplex supermodificado. (a) As respostas observadas em **W** e **R** indicariam uma expansão no simplex modificado. (b) Com essa superfície de resposta a expansão não seria o melhor movimento. Um valor de β de cerca de 1,3 produziria a maior resposta. (c) Para uma superfície côncava, o vértice **R** é mantido.

um valor de β igual a 3) seria uma escolha infeliz. Um valor de β menor, ao redor de 1,3, teria produzido a melhor resposta. Essas sábias considerações, infelizmente, só podem ser feitas *a posteriori*, depois que a resposta no ponto **S** tiver sido determinada, ou então se conhecermos de antemão a superfície de resposta, caso em que não precisaríamos mais realizar experimento algum.

Para evitar situações como a apresentada na Figura 8.8(b), o simplex supermodificado estabelece a realização do novo experimento não no ponto **S**, mas no ponto intermediário $\bar{\mathbf{P}}$. Com as respostas nos três pontos **W**, $\bar{\mathbf{P}}$ e **R** (correspondentes a β = 0, 1 e 2), ajustamos então a resposta a um polinômio do segundo grau em β. Derivando essa função, obtemos o valor ótimo de β, que é dado pela expressão

$$\beta_{opt} = \frac{R_W - R_{\bar{P}}}{R_R - 2R_{\bar{P}} + R_W} + 0,5 \qquad (8.9)$$

onde R_W, $R_{\bar{P}}$ e R_R são as respostas determinadas nos pontos **W**, $\bar{\mathbf{P}}$ e **R**, respectivamente. O novo simplex será formado pelos vértices **B**, **N** e **Z**, onde

$$\mathbf{Z} = \beta_{opt}\bar{\mathbf{P}} + (1 - \beta_{opt})\mathbf{W} . \qquad (8.10)$$

Exercício 8.11

Ajuste a equação $R = a\beta^2 + b\beta + c$ aos pontos cujas coordenadas são $(0, R_W)$, $(1, R_{\bar{P}})$, e $(2, R_R)$. Derive essa equação em relação a β, iguale a derivada a zero e confirme que

$$\beta_{opt} = \frac{R_R - 4R_{\bar{P}} + 3R_W}{2R_R - 4R_{\bar{P}} + 2R_W} .$$

Mostre que essa expressão é equivalente à Equação 8.9.

Aplicando a Equação 8.9 à curva mostrada na Figura 8.8(b), onde $R_W = 2,0$, $R_{\bar{P}} = 3,2$ e $R_R = 3,0$, obtemos $\beta_{opt} = 1,36$ e, portanto,

$$\mathbf{Z} = 1,36\bar{\mathbf{P}} - 0,36\mathbf{W} .$$

A curvatura da superfície de resposta pode ser determinada comparando-se a resposta observada no ponto $\bar{\mathbf{P}}$ com a média das respostas dos pontos **W** e **R**. Se, por acaso, $R_{\bar{P}} < \frac{1}{2}(R_W + R_R)$, a superfície é côncava, como na Figura 8.8(c). Obviamente, em um caso desses, não é interessante continuarmos investigando a região situada entre **W** e **R**, e o ponto **R** é mantido como o novo vértice.

O número de valores possíveis para β_{opt} é infinito. Algumas faixas de valores, no entanto, são inconvenientes. Caso o valor de β_{opt} caia numa dessas faixas, que estão ilustradas na Figura 8.9, é descartado e o novo vértice passa a ser definido pelas regras a seguir.

1. Valores de β_{opt} inferiores a -1 ou superiores a 3 representariam extrapolações do simplex maiores do que se obteria com o algoritmo modificado, e isso é considerado excessivo. Nesse caso adota-se a expansão (ou contração) determinada pelo simplex modificado.
2. Valores de β_{opt} próximos de zero devem ser evitados, porque resultariam num novo simplex muito parecido com o original. Normalmente, define-se uma margem de segurança, s_β, e caso β_{opt} caia no intervalo $(-s_\beta, s_\beta)$, o seu valor é substituído por s_β ou $-s_\beta$. Tipicamente, o valor de s_β fica entre 0 e 0,5.
3. Se o valor de β_{opt} for exatamente igual a 1, o simplex perde uma dimensão. O novo ponto $\mathbf{Z}$ na Equação 8.10 coincide com o ponto $\bar{\mathbf{P}}$, e a reflexão não pode ser efetuada. Valores de β_{opt} próximos de 1, portanto, também devem ser evitados. Se $(1 - s_\beta) \leq \beta_{opt} \leq (1 + s_\beta)$, o valor de β_{opt} é substituído pelo limite mais próximo, $(1 - s_\beta)$ ou $(1 + s_\beta)$.

Nos casos de violação dos limites experimentais estabelecidos para as variáveis estudadas, a escolha do novo simplex supermodificado é mais complicada do que nos outros algoritmos, porque a resposta no vértice $\mathbf{R}$ (que pode ser impossível de determinar) é necessária para o cálculo de β_{opt}. O leitor poderá descobrir como tratar esse problema em Morgan, Burton e Nickless (1990).

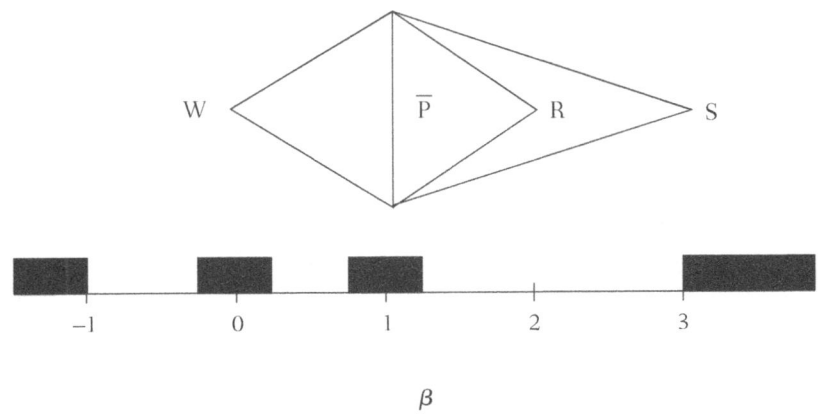

Figura 8.9 Intervalos proibidos para os valores de β.

A maior desvantagem do simplex supermodificado é que a definição de cada novo simplex requer um experimento a mais, feito no ponto $\bar{\mathbf{P}}$. Alguns pesquisadores têm preferido evitar esse esforço adicional, usando a média das respostas em todos os vértices do simplex (exceto **W**) como uma estimativa da resposta em $\bar{\mathbf{P}}$. Essa variante do algoritmo supermodificado já foi testada em várias superfícies de resposta (Brown, 1994).

Respostas aos Exercícios

Capítulo 2

2.1 Nós já fizemos isso. Agora é a sua vez.

2.2 Para nós não vale. Já sabemos que está por volta de 5.000.

2.3 Infinita. Os valores possíveis correspondem a um intervalo (indeterminado) no eixo dos números reais.

2.4 Você tem duas opções: (a) somar as frequências dos intervalos correspondentes e (b) somar os números de caroços nesses intervalos e dividir pelo número total, 140. Os resultados são 54,3% e 54,28%. A diferença é devida aos erros de arredondamento.

2.5 Sugerimos intervalos com largura de 0,1%.

2.6 $\bar{x} = 0{,}1887; s = 0{,}0423$.

2.7 $\bar{x} = 3{,}8; s = 0{,}15$. Os limites são 3,50% e 4,10%. Você acredita em coincidência?

2.8 $x = \mu + z\sigma = 3{,}80 + 2{,}5 \times 0{,}15 = 4{,}18$.

2.9 (a) 73,24%; (b) (0,1313, 0,2735); (c) 52,6% de probabilidade, admitindo-se 5.000 caroços/kg e interpolando-se entre os valores mais próximos na Tabela A.1.

2.10 (a) 0; (b) 50%; (c) 15,87%; (d) 84,13%; (e) 100%. Para o aspecto da curva, veja a Figura 3.7.

2.11 (2.955, 5.098).

2.12 (a) $r(x, y) = 0$, porque para cada valor positivo de x há um valor de mesmo módulo, porém negativo, com a mesma ordenada. Os produtos desses pares (x, y) têm o mesmo módulo, mas sinais contrários. Quando eles forem combinados no coeficiente de correlação, se anularão dois a dois. (b) Qualquer função par, isto é, que satisfaça $f(x) = f(-x)$. Por exemplo: $y = \cos x$, $y = x^4$.

2.13 $Cov(x, y) = 0,00167$; $r(x, y) = 0,9864$.

2.14 Aplicando a Equação 2.12, temos (a) $s^2_y = s_1^2 + s_2^2 + 2(1)(-1)s_1 s_2(1) = s_1^2 + s_2^2 - 2s_1 s_2$, (b) $s_y^2 = s_1^2 + s_2^2 + 2(1)(-1)s_1 s_2(0) = s_1^2 + s_2^2$. Como as variâncias são iguais a 1, temos (a) $s^2_y = 0$ e (b) $s^2_y = 2$.

2.15 De 4.798 a 5.092, com 95% de confiança.

2.16 De 3.858 a 7.429.

2.17 (4.796, 5.094). Estes valores são praticamente idênticos aos do Exercício 2.15, porque o número de graus de liberdade é muito grande.

2.18 Os valores da última linha da Tabela A.2 são os valores da distribuição normal padronizada (z) correspondentes às áreas de cauda à direita 0,4, 0,25, 0,1, 0,05, 0,025, 0,01, 0,005, 0,0025, 0,001 e 0,0005.

2.19 Não é verdade. Apenas a transformação de peso para o número de caroços não é linear. O peso entra no denominador, numa fração de numerador constante, o que faz a mesma faixa de variação de pesos, quando centrada num valor menor, produzir uma maior variação no número de caroços.

2.20 Usando a Equação 2.17, obtemos $0,00064 < \sigma^2 < 0,01757$, e daí $0,0253 < \sigma < 0,1326$.

2.21 O intervalo de 95% de confiança é $3,527\% < \mu < 4,307\%$. Como ele não inclui o valor 4,45%, podemos rejeitar a hipótese nula e concluir que o teor de ácido no lote é inferior ao teor mínimo exigido.

2.22 O intervalo de confiança é $13,65\% < \mu < 14,20\%$, e não inclui o valor verdadeiro, 14,3%. Isto é uma evidência de que as quatro determinações não vêm de uma distribuição com média de 14,3%. Em outras palavras, rejeitamos a hipótese nula neste nível de confiança e concluímos que a nova metodologia não tem a exatidão necessária.

2.23 $\left(\dfrac{z\sigma}{L}\right)^2 = \left(\dfrac{1,96 \times 0,5}{0,2}\right)^2 = 24,01$. Logo, precisamos de pelo menos 25 determinações.

2.24 O intervalo é definido por $\bar{x} \pm \left[\dfrac{t}{\sqrt{N}}\right]s$. Como queremos que ele seja igual a $\bar{x} \pm 0,5s$, devemos procurar na Tabela A.2, na coluna correspondente a 95% de confiança, um número de caroços tal que $\frac{t}{\sqrt{N}} = 0,5$. O valor inteiro mais próximo de satisfazer essa condição é $N = 18$ ($\nu = 17$).

2.25 O intervalo de 95% de confiança para a diferença entre as duas médias é $(-3,74, -1,00)$, não incluindo o valor zero. Podemos rejeitar a hipótese nula e concluir que existe uma diferença sistemática entre os resultados obtidos com a correção e sem a correção da linha de base.

2.26 Usamos a Equação 2.29, substituindo Δ pelo valor de referência e $\bar{d}$ e s_d pela média e pelo desvio-padrão amostrais. Depois comparamos o valor de $\hat{t}$ com o valor tabelado, no nível de confiança desejado. Se o valor calculado for maior do que o tabelado, rejeitaremos a hipótese nula e concluiremos que a amostra é incompatível com o valor de referência.

2.27 $\hat{t} = \dfrac{|-2,37 - 0|}{\dfrac{1,021}{\sqrt{3}}} = 4,02$. Este valor corresponde aproximadamente ao nível de 94%.

Capítulo 3

3.1 Pense.

3.2 (2 níveis da temperatura) × (2 níveis do catalisador) × (3 níveis da pressão) = 12 ensaios, sem nenhum ensaio for repetido.

3.3 $\mathbf{CT} = \dfrac{1}{2}\{(\bar{y}_4 - \bar{y}_2) - (\bar{y}_3 - \bar{y}_1)\} = \dfrac{1}{2}(\bar{y}_4 - \bar{y}_2 - \bar{y}_3 + \bar{y}_1)$

$= \dfrac{1}{2}\{(\bar{y}_4 - \bar{y}_3) - (\bar{y}_2 - \bar{y}_1)\} = \mathbf{TC}$.

3.4 Como $N - 1 = 1$ e $\bar{x} = \dfrac{(x_1 + x_2)}{2}$, podemos escrever

$$s^2 = \dfrac{\sum(x_i - \bar{x})^2}{N-1} = \left[x_1 - \dfrac{(x_1 + x_2)}{2}\right]^2 + \left[x_2 - \dfrac{(x_1 + x_2)}{2}\right]^2$$

$$= \left[\dfrac{(x_1 - x_2)}{2}\right]^2 + \left[\dfrac{(x_2 - x_1)}{2}\right]^2$$

$$= \dfrac{d^2}{4} + \dfrac{d^2}{4} = \dfrac{d^2}{2},$$

onde $d^2 = (x_1 - x_2)^2 = (x_2 - x_1)^2$. Para a estimativa conjunta, temos

$$s^2 = \dfrac{(\nu_1 s_1^2 + \nu_2 s_2^2 + \ldots + \nu_N s_N^2)}{(\nu_1 + \nu_2 + \ldots + \nu_N)}.$$

Como $\nu_1 = \nu_2 = \ldots = \nu_N = 1$, a expressão se reduz a

$$s^2 = \left(\frac{\frac{d_1^2}{2} + \frac{d_2^2}{2} + \ldots + \frac{d_N^2}{2}}{N}\right) = \sum_i \frac{d_i^2}{2N}.$$

3.5 Qualquer efeito é sempre dado por uma diferença $(\bar{y}_+ - \bar{y}_-)$, onde cada média contém $\frac{N}{2}$ observações. Podemos escrever, então,

$$\sigma^2_{efeito} = \sigma^2(\bar{y}_+ - \bar{y}_-) = \sigma^2(\bar{y}_+) + \sigma^2(\bar{y}_-) = \frac{\sigma^2}{(N/2)} + \frac{\sigma^2}{(N/2)} = \frac{4\sigma^2}{N},$$

que é quatro vezes a variância da média, $\frac{\sigma^2}{N}$. Tirando a raiz quadrada, temos finalmente

$$\sigma_{efeito} = \frac{2\sigma}{\sqrt{N}} = 2\sigma_{\bar{y}}.$$

3.6 Aplicando a Equação 3.5, obtemos $s^2 = 7{,}99$ e, portanto, $s = 2{,}83$, com $\nu_T = 8$ graus de liberdade no total.

3.7 $\mathbf{G} = -1{,}60$, $\mathbf{A} = -2{,}11$ e $\mathbf{GA} = 0{,}52$. O erro-padrão de um efeito é 0,22, o que torna a interação $\mathbf{GA}$ não significativa, no nível de 95%. Os efeitos principais mostram que o tempo de pega diminui 1,6 minuto quando se usa a granulometria mais fina (150-200 *mesh*) e também diminui 2,11 minutos quando se aumenta a água residual para 7,5%.

3.8 $\mathbf{A}^{-1}\mathbf{e} = \begin{bmatrix} 1 & -\frac{1}{2} & -\frac{1}{2} & \frac{1}{2} \\ 1 & \frac{1}{2} & -\frac{1}{2} & -\frac{1}{2} \\ 1 & -\frac{1}{2} & \frac{1}{2} & -\frac{1}{2} \\ 1 & \frac{1}{2} & \frac{1}{2} & \frac{1}{2} \end{bmatrix} \times \begin{bmatrix} 67{,}75 \\ 22{,}50 \\ -13{,}50 \\ -8{,}50 \end{bmatrix} = \begin{bmatrix} 59 \\ 90 \\ 54 \\ 68 \end{bmatrix}$

$\mathbf{Xb} = \begin{bmatrix} 1 & -1 & -1 & 1 \\ 1 & 1 & -1 & -1 \\ 1 & -1 & 1 & -1 \\ 1 & 1 & 1 & 1 \end{bmatrix} \times \begin{bmatrix} 67{,}75 \\ 11{,}25 \\ -6{,}75 \\ -4{,}25 \end{bmatrix} = \begin{bmatrix} 59 \\ 90 \\ 54 \\ 68 \end{bmatrix}$

As duas primeiras colunas de $\mathbf{A}^{-1}$ e $\mathbf{X}$ são idênticas. As outras só diferem pelo fator $\frac{1}{2}$, que também é o responsável pela diferença entre os vetores $\mathbf{e}$ e $\mathbf{b}$.

3.9 Nível $(-)$ do fator **3**: Efeito $\mathbf{12}_{(-)} = \frac{1}{2}(54{,}0 - 86{,}5 - 48{,}0 + 63{,}0) = -8{,}75$.

Respostas aos Exercícios

Nível (+) do fator **3**:   Efeito $\mathbf{12}_{(+)} = \frac{1}{2}(63,0 - 93,5 - 58,5 + 72,0) = -8,50$.

Interação do fator **3** com a interação **12**: $\frac{1}{2}\left[\mathbf{12}_{(+)} - \mathbf{12}_{(-)}\right] = \frac{1}{2}(-8,50 + 8,75) = 0,125$.

Nível (−) do fator **1**:   Efeito $\mathbf{23}_{(-)} = \frac{1}{2}(54,0 - 48,0 - 63,0 + 58,5) = 0,75$.

Nível (+) do fator **1**:   Efeito $\mathbf{23}_{(+)} = \frac{1}{2}(86,5 - 63,0 - 93,5 + 72,0) = 1,0$.

Interação do fator **1** com a interação **23**: $\frac{1}{2}\left[\mathbf{23}_{(+)} - \mathbf{23}_{(-)}\right] = \frac{1}{2}(1,0 - 0,75) = 0,125$.

Os valores finais são idênticos ao valor da interação **123** dado no texto.

3.10 $V_{efeito} = V(\bar{y}_+ - \bar{y}_-) = V(\bar{y}_+) + V(\bar{y}_-) = \frac{s^2}{N/2} + \frac{s^2}{N/2}$

Para um fatorial 2^3 sem repetições, N = 8 e, portanto, $V_{efeito} = \frac{s^2}{4} + \frac{s^2}{4} = \frac{s^2}{2}$.

3.11   **t** = 3,87, **C** = 12,36, **P** = −2,17, **tC** = 2,54, **tP** = −0,02, **CP** = 0,47 e **tCP** = 0,07. O erro-padrão de um efeito é 0,325. Basta comparar a coluna das respostas com a matriz de planejamento para perceber que o padrão de oscilação das respostas entre três e quatro dígitos está associado ao padrão de níveis da concentração.

3.12   As mesmas da Figura 3.3.

3.13   Um contraste entre dois tetraedros.

3.14 $\hat{\mathbf{y}} = \begin{bmatrix} 1 & -1 & -1 & -1 & 1 & 1 & 1 & -1 \\ 1 & 1 & -1 & -1 & -1 & -1 & 1 & 1 \\ 1 & -1 & 1 & -1 & -1 & 1 & -1 & 1 \\ 1 & 1 & 1 & -1 & 1 & -1 & -1 & -1 \\ 1 & -1 & -1 & 1 & 1 & -1 & -1 & 1 \\ 1 & 1 & -1 & 1 & -1 & 1 & -1 & -1 \\ 1 & -1 & 1 & 1 & -1 & -1 & 1 & -1 \\ 1 & 1 & 1 & 1 & 1 & 1 & 1 & 1 \end{bmatrix} \times \begin{bmatrix} 67,3 \\ 11,4 \\ -6,9 \\ 4,4 \\ -4,3 \\ 0 \\ 0 \\ 0 \end{bmatrix} = \begin{bmatrix} 54,1 \\ 85,5 \\ 48,9 \\ 63,1 \\ 62,9 \\ 94,3 \\ 57,7 \\ 71,9 \end{bmatrix}$

$\mathbf{y} - \hat{\mathbf{y}} = \begin{bmatrix} 54,0 \\ 86,5 \\ 48,0 \\ 63,0 \\ 63,0 \\ 93,5 \\ 58,5 \\ 72,0 \end{bmatrix} - \begin{bmatrix} 54,1 \\ 85,5 \\ 48,9 \\ 63,1 \\ 62,9 \\ 94,3 \\ 57,7 \\ 71,9 \end{bmatrix} = \begin{bmatrix} -0,1 \\ 1,0 \\ -0,9 \\ -0,1 \\ 0,1 \\ -0,8 \\ 0,8 \\ 0,1 \end{bmatrix}$

Os resíduos são muito menores do que os valores observados, o que indica que o modelo simplificado explica a maior parte da variância das observações. Esse ponto será retomado no Capítulo 5.

3.15 $\hat{y}(x_1 x_2 x_3 x_4) = b_0 + b_1 x_1 + b_2 x_2 + b_3 x_3 + b_4 x_4 + b_{12} x_1 x_2 + b_{13} x_1 x_3 + b_{14} x_1 x_4 + b_{23} x_2 x_3$
$\qquad + b_{24} x_2 x_4 + b_{34} x_3 x_4 + b_{123} x_1 x_2 x_3 + b_{124} x_1 x_2 x_4 + b_{134} x_1 x_3 x_4 + b_{234} x_2 x_3 x_4$
$\qquad + b_{1234} x_1 x_2 x_3 x_4$

3.16 No nível de 95% de confiança o valor de t com 5 graus de liberdade é 2,571. O valor-limite para a significância de um efeito será, portanto, $0,54 \times 2,571 = 1,39$. Apenas os efeitos **1**, **2**, **3** e **12** são significativos nesse nível de confiança.

3.17 (a) 50%; (b) 84,1%; (c) 97,5%.

3.18 $(V_{efeito})_{\nu=11} = \dfrac{3(-0,625)^2 + (-0,125)^2 + 3(0,325)^2 + 4(0,8755)^2}{11} = 0,425$

$\dfrac{(V_{efeito})_{\nu=11}}{(V_{efeito})_{\nu=5}} = \dfrac{0,425}{0,291} = 1,459 < F_{11,5} = 4,71$, com 95% de confiança.

Logo, as duas estimativas podem ser consideradas da mesma população.

3.19 Podemos considerá-lo como o efeito da mudança do lote de matéria-prima.

3.20 A interação é dada por $\mathbf{23} = \dfrac{1}{4}(y_1 + y_2 + y_7 + y_8) - \dfrac{1}{4}(y_3 + y_4 + y_5 + y_6)$. Suponhamos que η_i represente os valores populacionais das respostas y_i. No primeiro bloco temos $y_i = \eta_i$, para $i = 1, 4, 6$ e 7. No segundo bloco, $y_i = \eta_i + h$, para $i = 2, 3, 5$ e 8. No cálculo da interação **23**, a diferença sistemática h se anulará, porque aparecerá duas vezes com o sinal positivo (para $i = 2$ e $i = 8$), e outras duas com o sinal negativo ($i = 3$ e $i = 5$).

Capítulo 4

4.1 Por exemplo: $\mathbf{2} = \dfrac{1}{8}(-52 - 61 + 124 + \ldots + 289 + 286) = 109,38$.

4.2 $134 = \dfrac{1}{4}(-52 - 86 + \ldots + 286) = 114,75 = l_2$

$\mathbf{1234} = $ O dobro da média de todas as respostas.

A Tabela 4.5 mostra as relações implícitas em cada contraste. Não é uma boa ideia interpretar esses valores como estimativas dos efeitos **134** e **1234**, pois eles estão misturados com efeitos hierarquicamente superiores.

4.3 16.

Respostas aos Exercícios

4.4 $2 = \dfrac{1}{8}(-y_1 - y_2 + y_3 + \ldots + y_{16})$

$134 = \dfrac{1}{8}(-y_1 + y_2 - y_3 + \ldots + y_{16})$

$2 + 134 = \dfrac{1}{8}(-2y_1 + 2y_4 + \ldots + 2y_{16})$

$= \dfrac{1}{4}(-y_1 + y_4 + \ldots + y_{16}) = l_2$.

4.5 Porque no cálculo de l_1 o divisor é 8, enquanto para os contrastes o divisor é 4.

4.6 $l_1^* = -2{,}50$; $l_2^* = 104{,}0$; $l_3^* = 57{,}0$; $l_4^* = 64{,}5$.

Efeito $\mathbf{i} = \dfrac{1}{2}(l_i + l_i^*)$, para $i = 1, 2, 3$ e 4. Por exemplo: $\mathbf{2} = 109{,}38 = \dfrac{1}{2}(l_2 + l_2^*)$.

4.7 $\mathbf{1234} = l_1 - l_1^* = 138{,}87 - 147{,}75 = -8{,}88.$

4.8 Os padrões de confundimento são os mesmos da Tabela 4.5, obtidos a partir de $\mathbf{I} = \mathbf{1234}$. Os valores calculados para os contrastes são os seguintes:

$l_1 = 58{,}13$	$l_1 = 8{,}75$	$l_2 = -11{,}25$	$l_3 = 48{,}75$
$l_4 = 48{,}75$	$l_{12} = l_{34} = -18{,}75$	$l_{13} = l_{24} = 6{,}25$	$l_{14} = l_{23} = -8{,}75$

Os contrastes correspondentes ao solvente (**3**) e ao catalisador (**4**) têm efeitos grandes e positivos (por coincidência são iguais). Os maiores rendimentos são obtidos quando esses dois fatores estão nos seus níveis superiores. O valor de $-18{,}75$ provavelmente pode ser atribuído à interação entre os fatores **3** e **4**.

4.9 Os efeitos principais estão confundidos com as interações de quinta ordem. As interações binárias se confundem com as interações de quatro fatores.

4.10 Quando t, [KI] e [H_2O_2] estão nos níveis superiores, (a) a resposta não é influenciada pela mudança dos níveis de [H_2SO_4] e do fluxo, ou então (b) as variações produzidas pelas mudanças nos níveis de [H_2SO_4] e do fluxo se cancelam.

4.11 Os primeiros quatro fatores têm os mesmos sinais de um fatorial completo 2^4. Quando os primeiros quatro fatores estão colocados na ordem-padrão, os sinais do quinto são, de cima para baixo, ($-++--++-+--++-+$). As relações geradoras entre os contrastes e os efeitos são as seguintes:

$l_1 = 1 + 245$	$l_2 = 2 + 145$	$l_3 = 3 + 12345$
$l_4 = 4 + 125$	$l_5 = 5 + 124$	$l_{12} = 12 + 45$
$l_{13} = 13 + 2345$	$l_{14} = 14 + 25$	$l_{15} = 15 + 24$
$l_{23} = 23 + 1345$	$l_{24} = 15 + 24$	$l_{25} = 25 + 14$
$l_{34} = 34 + 1235$	$l_{35} = 35 + 1234$	$l_{45} = 12 + 45$

O efeito principal **3** é contaminado por uma interação de quinta ordem, em vez de uma interação de quarta ordem. Em compensação, os outros quatro efeitos provavelmente são estimados com menos precisão, já que estão confundidos com interações de terceira ordem, e não de quarta, como no fatorial de resolução cinco. As interações binárias envolvendo o fator **3** estão contaminadas apenas por interações de quarta ordem. Esse fatorial, portanto, privilegia o fator **3** em detrimento dos demais. A menos que haja um bom motivo para isso, não recomendamos o seu uso.

4.12 (a) É só multiplicar o fator **1** pela identidade, $I = 1234 = 125 = 345$:
$1 \times I = 234 = 25 = 1345 \quad \rightarrow \quad l_1 = 1 + 25 + 234 + 1345$
(b) A mesma coisa, só que com o fator **5**:
$5 \times I = 12345 = 12 = 34 \quad \rightarrow \quad l_5 = 5 + 12 + 34 + 12345$.

4.13 $l_5 = \frac{1}{4}(56 - 66 + 51 - 52 - 54 + 70 - 42 + 64) = 6{,}75$.

4.14 Com algum esforço, você pode descobrir que $l_5 = 5 + 13 + 27 + 46 + 126 + 147 + 234 + 367 + 1245 + 1567 + 2356 + 3457 + 12357 + 13456 + 24567 + 123467$.

4.15 A única diferença é o lado da quadra. Na Tabela 4.10 o Ensaio 4 significa bater saques cortados, com alta frequência, de dia, num piso de concreto, a partir do lado direito, com camisa e com uma raquete média. Na Tabela 4.12, o saque é batido do lado esquerdo.

4.16 Multiplicando-se as três primeiras relações geradoras do planejamento da Tabela 4.10 pelo fator **8**, que, como corresponde à identidade, não as afeta. Como todas elas passam a ter um número par de termos (quatro, no caso), a troca de todos os sinais deixa o sinal do produto do mesmo jeito.

4.17 $l_1 = 1 + 248 + 358 + 237 + 346 + 256 + 678 + 457$.

Capítulo 5

5.1 A Equação 5.9 é a seguinte: 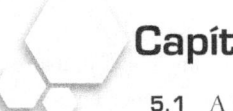. Desenvolvendo as expressões, temos:

Denominador:

$$\sum(X_i - \bar{X})^2 = \sum(X_i^2 - 2X_i\bar{X} + \bar{X}^2) = \sum X_i^2 - 2n\bar{X}^2 + n\bar{X}^2 = \sum X_i^2 - n\bar{X}^2$$

$$= \sum X_i^2 - n\left[\left(\frac{1}{n}\right)\sum X_i\right]^2 = \sum X_i^2 - \frac{1}{n}\left(\sum X_i\right)^2.$$

Respostas aos Exercícios

Numerador:

$$\sum (X_i - \bar{X})(y_i - \bar{y}) = \sum (X_i y_i - \bar{y} X_i - \bar{X} y_i + \bar{X}\bar{y})$$

$$= \sum X_i y_i - \bar{y}\sum X_i - \bar{X}\sum y_i + \sum \bar{X}\bar{y}$$

$$= \sum X_i y_i - \left(\frac{1}{n}\right)\sum y_i \sum X_i - \left(\frac{1}{n}\right)\sum X_i \sum y_i + n\bar{X}\bar{y}$$

$$= \sum X_i y_i - \left(\frac{2}{n}\right)\sum y_i \sum X_i + \left(\frac{1}{n}\right)\sum X_i \sum y_i$$

$$= \sum X_i y_i - \frac{1}{n}\left(\sum y_i\right)\left(\sum X_i\right).$$

Colocando as expressões finais de volta na fração, chegamos à Equação 5.8:

$$b_1 = \frac{\sum X_i y_i - \frac{1}{n}\left(\sum y_i\right)\left(\sum X_i\right)}{\sum X_i^2 - \frac{1}{n}\left(\sum X_i\right)^2}.$$

5.2 $\mathbf{X^t X} = \begin{bmatrix} 1 & 1 & \cdots & 1 \\ X_1 & X_2 & \cdots & X_n \end{bmatrix} \times \begin{bmatrix} 1 & X_1 \\ 1 & X_2 \\ \cdot & \cdot \\ \cdot & \cdot \\ \cdot & \cdot \\ 1 & X_n \end{bmatrix} = \begin{bmatrix} n & \sum X_i \\ \sum X_i & \sum X_i^2 \end{bmatrix}$

$\mathbf{X^t y} = \begin{bmatrix} 1 & 1 & \cdots & 1 \\ X_1 & X_2 & \cdots & X_n \end{bmatrix} \times \begin{bmatrix} y_1 \\ y_2 \\ \cdot \\ \cdot \\ \cdot \\ y_n \end{bmatrix} = \begin{bmatrix} \sum y_i \\ \sum X_i y_i \end{bmatrix}$

5.3 $s^2 = \dfrac{\sum (y_i - \bar{y})^2}{n-1} = \dfrac{S_{yy}}{(n-1)}$. Portanto, $s = \sqrt{\dfrac{S_{yy}}{n-1}}$.

5.4 (a) Não linear; (b) Linear; (c) Linear; (d) Linear; (e) Não linear, mas tirando o logaritmo dos dois lados ficamos com um modelo linear.

5.5 $\mathbf{b} = \left(\mathbf{C^t C}\right)^{-1} \mathbf{C^t A} = \begin{bmatrix} 0,000897 \\ 0,1838 \end{bmatrix}$.

5.6 $\mathbf{X^t X} = \begin{bmatrix} 4 & 0 & 0 & 0 \\ 0 & 4 & 0 & 0 \\ 0 & 0 & 4 & 0 \\ 0 & 0 & 0 & 4 \end{bmatrix}$; $(\mathbf{X^t X})^{-1} = \begin{bmatrix} \frac{1}{4} & 0 & 0 & 0 \\ 0 & \frac{1}{4} & 0 & 0 \\ 0 & 0 & \frac{1}{4} & 0 \\ 0 & 0 & 0 & \frac{1}{4} \end{bmatrix}$; $(\mathbf{X^t X})^{-1} \mathbf{X^t y} = \begin{bmatrix} 67{,}75 \\ 11{,}22 \\ -6{,}75 \\ -4{,}25 \end{bmatrix}$.

Os resultados são os valores numéricos dos coeficientes da Equação 3.11.

5.7 $\sum (\hat{y}_i - \bar{y})(y_i - \hat{y}) = \sum \left[\bar{y} + b_1(X_i - \bar{X}) - \bar{y} \right]\left[y_i - \hat{y}_i \right] = b_1 \sum (X_i - \bar{X})(y_i - \hat{y}_i)$

$= b_1 \sum (X_i - \bar{X})\left[y_i - \bar{y} - b_1(X_i - \bar{X}) \right]$

$= b_1 \left\{ \sum (X_i - \bar{X})(y_i - \bar{y}) - b_1 \sum (X_i - \bar{X})^2 \right\} = 0$,

porque os termos entre chaves se anulam, pela Equação 5.9.

5.8 $b_1 = \dfrac{\sum (X_i - \bar{X})(y_i - \bar{y})}{\sum (X_i - \bar{X})^2} = \dfrac{\sum (X_i - \bar{X}) y_i - \bar{y} \sum (X_i - \bar{X})}{\sum (X_i - \bar{X})^2}$.

O segundo somatório no numerador se anula, porque contém uma soma de resíduos em torno da média. Lembrando que o denominador é o próprio S_{xx}, podemos escrever finalmente

$b_1 = \dfrac{\sum (X_i - \bar{X}) y_i}{S_{xx}}$.

5.9 $Cov(\bar{y}, b_1) = \sigma^2 \sum a_i c_i = \dfrac{\sigma^2 \sum \left(\dfrac{1}{n} \right)\left[\sum (X_i - \bar{X}) \right]}{S_{xx}} = \dfrac{\sigma^2 \sum (X_i - \bar{X})}{n S_{xx}} = 0$,

pelo mesmo motivo do exercício anterior.

5.10

Fonte de variação	Soma quadrática	Nº de g. l.	Média quadrática
Regressão	0,295146	1	0,295146
Resíduos	0,000279	10	0,000028
Falta de ajuste	0,000170	4	0,000043
Erro puro	0,000109	6	0,000018
Total	0,295425	11	

% de variância explicada = 99,906

% de variância explicável = 99,963

$\dfrac{MQ_{faj}}{MQ_{ep}} = 2{,}39$. No nível de 95% de confiança, $F_{4,6} = 4{,}53$

Conclusão: não parece haver falta de ajuste.

5.11 $s^2 = 0,000028$
erro-padrão de b_0 : 0,00348
erro-padrão de b_1 : 0,00179
Com esses valores e $t_{10} = 2,228$ (95% de confiança), o valor de b_1 é significativo. O de b_0, não.

Capítulo 6

6.1 Efeito x_1 (concentração): $-10,5$
Efeito x_2 (velocidade de agitação): 8,5
Efeito de interação: x_1x_2: $-0,5$
Os efeitos principais são o dobro dos coeficientes b_1 e b_2 na regressão, porque b_1 e b_2 representam mudanças na resposta causadas por variações unitárias em x_1 e x_2. No cálculo dos efeitos, as mudanças em x_1 e x_2 são de duas unidades, de -1 a $+1$. O efeito de interação é pequeno em relação aos efeitos principais. Isso já era de se esperar, porque a superfície é bem representada por um modelo linear.

6.2 $V_{\bar{y}} = 0,333$ $\quad s_{\bar{y}} = 0,58$;
$V_{efeito} = 2,33$ $\quad s_{efeito} = 1,53$.
O erro-padrão da média é igual ao erro-padrão de b_0, porque $b_0 = \bar{y}$. O erro-padrão dos efeitos é o dobro do erro-padrão de b_1 e b_2, pois, como já vimos no exercício anterior, os efeitos são o dobro dos coeficientes.

6.3 $\dfrac{MQ_R}{MQ_r} = 66,4$ e $F_{2,4} = 6,94$ no nível de 95% de confiança. A regressão é altamente significativa. Mais uma vez, já devíamos esperar por isso, porque todos os coeficientes na Equação 6.3 são significativos.

6.4 $t_2 = 4,303$, com 95% de confiança.
$s(b_0) = 0,58 \times 4,303 = 2,49$
$s(b_1) = s(b_2) = 0,76 \times 4,303 = 3,27$.
Os intervalos de confiança de 95% são:
b_0 : (65,55, 70,45); b_1 : ($-1,98, -8,52$); b_2 : (0,98, 7,52).
Como nenhum desses intervalos contém o zero, todos os coeficientes são significativos no nível de confiança escolhido.

6.5 $G = 115\ gL^{-1}$, $A = 11,4\ gL^{-1}$, $T = 0,19\ mgL^{-1}$ e $\hat{y} = 72,7\%$.

6.6 Com a estimativa conjunta de variância tem quatro graus de liberdade, $t_4 = 2,776$, no nível de 95% de confiança. Os intervalos são os seguintes:
Para b_0: $85,71 \pm 2,776 \times 0,49$, ou $(84,35,\ 87,07)$
Para b_1: $1,25 \pm 2,776 \times 0,65$, ou $(+3,05,\ -0,55)$

Para b_2: $-2,25 \pm 2,776 \times 0,65$, ou $(-0,45, -4,05)$

Como o intervalo de b_1 contém o zero, esse coeficiente não é estatisticamente significativo, no nível de 95% de confiança. Os outros dois são significativos.

6.7 $\dfrac{MQ_R}{MQ_r} = 52,2 > F_{5,5} = 5,05$ (95% de confiança).

6.8 (a) Partindo da Equação 6.8, temos

$$\dfrac{\partial \hat{y}}{\partial x_1} = 1,51 - 5,62x_1 + 1,75x_2 = 0$$

$$\dfrac{\partial \hat{y}}{\partial x_2} = -2,36 + 1,75x_1 - 5,62x_2 = 0.$$

Resolvendo este sistema de equações, chegamos aos valores $x_1 = 0,152$ (ou seja, uma concentração de 35,8%) e $x_2 = -0,374$ (velocidade de agitação de 121,3 rpm).

(b) Com a Equação 6.6, o resultado seria

$$\dfrac{\partial \hat{y}}{\partial x_1} = +1,25 \neq 0 \quad \text{e} \quad \dfrac{\partial \hat{y}}{\partial x_2} = 2,25 \neq 0.$$

Ou seja: não existem valores extremos para essa função. Por que será?

6.9 Como praticamente não há falta de ajuste no modelo quadrático, podemos tomar a raiz quadrada da média quadrática residual como uma estimativa do erro-padrão:
Erro padrão $= \sqrt{MQ_r} = \sqrt{0,028} = 0,167$ MPa.
Esta é uma estimativa com 90 graus de liberdade.

6.10 Com $t_{79} = 1,99$ (95% de confiança) e os erros-padrão dados na Equação 6.10, calculamos intervalos de confiança que mostram que são significativos o termo constante, os termos lineares na concentração e no tamanho das partículas, o termo quadrático na concentração e o termo cruzado envolvendo a concentração e o tamanho da partícula.

Capítulo 7

7.1 Esperamos que sim.

7.2 (a) $\hat{y} = b_A^* x_A + b_B^* x_B$. Substituindo $b_A^* = 14$ e $b_B^* = 6$, temos $\hat{y} = 14x_A + 6x_B$.
(b) $\hat{y} = 14 \times 0,5 + 6 \times 0,5 = 10$ kmL^{-1}.
(c) $\hat{y} = 14 \times 0,7 + 6 \times 0,3 = 11,6$ kmL^{-1}.

7.3 (a) $b_A^* = 14,0$; $b_B^* = 6,0$; $b_{AB}^* = 4 \times 12 - 2(14+6) = 8,0$.

(b) O modelo prevê o rendimento $\hat{y} = \left(\dfrac{2}{3}\right)14 + \left(\dfrac{1}{3}\right)6 + \left(\dfrac{2}{3}\right)\left(\dfrac{1}{3}\right)8 = 13,1$ kmL^{-1} que está em boa concordância com o valor observado.

7.4 Coeficientes: $b_A^* = 1,44$; $b_B^* = 1,71$; $b_{AB}^* = -0,82$. O erro-padrão de uma observação é $s = 0,035$. Com ele calculamos os erros-padrão dos coeficientes: $\Delta b_A^* = \Delta b_B^* = 0,025$ e $\Delta b_{AB}^* = 0,107$.

7.5 Que o valor da resposta não depende da composição da mistura.

7.6 No nível de 95% de confiança, com $t_9 = 2,262$, o limite de significância para o valor absoluto dos termos lineares é $2,262 \times 0,17 = 0,38$, enquanto o dos termos quadráticos é $2,262 \times 0,75 = 1,70$. Os termos com $b_1^* = 3,10$ e $b_{13}^* = 9,62$ são altamente significativos. O termo linear em x_2 ($b_2^* = 0,45$) é levemente significativo.

7.7 Substituindo, na Equação 7.16, x_3 por $(1 - x_1)$, chegamos à equação $\hat{y} = 12,62x_1 - 9,62x_1^2$. Derivando-a e igualando a derivada a zero, obtemos $x_1 = 0,66$. Daí, $x_3 = 0,34$ e, portanto,
$\hat{y}_{max} = 3,10 \times 0,66 + 9,62 \times 0,66 \times 0,34 = 4,20$ cm.

7.8 (a) Al_2O_3. Basta comparar as composições com os valores do trilhamento.
(b) $\hat{y}_{perda\ de\ massa} = 2,84x_1 + 5,24x_2 + 3,80x_3 - 11,44x_1x_2 - 4,56x_1x_3 - 4,56x_2x_3$;
$\hat{y}_{trilhamento} = 94,3x_1 + 9,0x_2 + 11,5x_3 + 294,0x_1x_2 + 200,0x_1x_3 + 1,3x_2x_3$.

7.9 (a) $b_{123}^* = 6,0$. (b) Erro-padrão de b_{123}^*: 5,41. Como esse erro é quase igual ao valor do coeficiente, podemos considerar o termo cúbico como não significativo.

7.10 Das Equações 7.16 e 7.20 obtemos $\hat{y}_{quadrático} = 2,10$ cm e $\hat{y}_{cúbico\ especial} = 3,30$ cm. A estimativa do modelo cúbico está muito mais próxima do valor observado, 3,50 cm.

7.11 $\mathbf{b} = \mathbf{X}^{-1}\mathbf{y}$, onde $\mathbf{X} = \begin{bmatrix} 1 & 0 & 0 & 0 & 0 & 0 & 0 \\ 0 & 1 & 0 & 0 & 0 & 0 & 0 \\ 0 & 0 & 1 & 0 & 0 & 0 & 0 \\ \frac{1}{2} & \frac{1}{2} & 0 & \frac{1}{4} & 0 & 0 & 0 \\ \frac{1}{2} & 0 & \frac{1}{2} & 0 & \frac{1}{4} & 0 & 0 \\ 0 & \frac{1}{2} & \frac{1}{2} & 0 & 0 & \frac{1}{4} & 0 \\ \frac{1}{3} & \frac{1}{3} & \frac{1}{3} & \frac{1}{9} & \frac{1}{9} & \frac{1}{9} & \frac{1}{27} \end{bmatrix}$

e $\mathbf{y}^t = \begin{bmatrix} 3,10 & 0,45 & 0,35 & 1,70 & 4,13 & 0,27 & 3,50 \end{bmatrix}$.

7.12 (0,333, 0,333, 0,333);
(0,567, 0,217, 0,217);
(0,217, 0,567, 0,217);
(0,217, 0,217, 0,567).

Capítulo 8

8.1 Regra 2: **WYZ, YA'B', A'C'D'**.
Regra 3: **YZA', A'B'C', A'D'E', ZA'E'**;
Regra 4: Nos vértices **Y** e **A'**.

8.2 É só olhar com cuidado o paralelograma **WNBR**.

8.3 Aplicando a Equação 8.2a, temos

(a) $\mathbf{D} = \frac{1}{2}(\mathbf{B}+\mathbf{C}) + \left[\frac{1}{2}(\mathbf{B}+\mathbf{C}) - \mathbf{A}\right] = \mathbf{B}+\mathbf{C}-\mathbf{A} = (68, 42)$;

(b) $\mathbf{E} = \frac{1}{2}(\mathbf{C}+\mathbf{D}) + \left[\frac{1}{2}(\mathbf{C}+\mathbf{D}) - \mathbf{B}\right] = \mathbf{C}+\mathbf{D}-\mathbf{B} = (92, 42)$.

8.4 Usando a Equação 8.3, temos $\mathbf{E} = \frac{1}{2}(\mathbf{C}+\mathbf{D}) + 2\left[\frac{1}{2}(\mathbf{C}+\mathbf{D}) - \mathbf{B}\right] = \frac{3}{2}(\mathbf{C}+\mathbf{D}) - 2\mathbf{B}$. Substituindo as coordenadas da Tabela 8.1, chegamos a $t = 110$ e $C = 84$.

8.5 O ponto **K** é produzido a partir do simplex **FIJ** por uma contração com mudança de direção (Equação 8.5). Temos, portanto, $\mathbf{K} = \frac{1}{2}(\mathbf{J}+\mathbf{F}) - \frac{1}{2}\left[\frac{1}{2}(\mathbf{J}+\mathbf{F}) - \mathbf{I}\right] = \frac{1}{4}(\mathbf{J}+\mathbf{F}) + \frac{\mathbf{I}}{2}$. Com os valores numéricos apropriados, chegamos a $t = 115{,}63$ e $C = 200{,}82$.

8.6 O simplex **RTU**, produzido por contração e mudança de direção.

8.7 O simplex de partida é o **(2, 3, 5, 6)**, com $W = 3$ e $\bar{\mathbf{P}} = \frac{1}{3}(2+5+6)$. A reflexão do vértice **3** produz o vértice **7**. O ponto **8** é obtido por expansão, através da Equação 8.3. Os resultados são os da tabela.

8.8 $W = 9$, e $\bar{\mathbf{P}} = \frac{1}{3}(8+11+14)$. É só aplicar a Equação 8.2a para chegar a $C_{H_2SO_4} = -0{,}045\ M$.

8.9 $C_{H_2SO_4} = 0{,}1870\ M$, $C_{KI} = 0{,}0617\ M$ e $C_{H_2O_2} = 0{,}0039\ M$. Use a Equação 8.4, com $\bar{\mathbf{P}} = \frac{8+11+14}{3}$ e $W = 15$.

8.10 $21 = \frac{1}{2}(18+11) = (0{,}0868,\ 0{,}0835,\ 0{,}0037)$;

$22 = \frac{1}{2}(18+14) = (0{,}0572,\ 0{,}0790,\ 0{,}0048)$;

$23 = \frac{1}{2}(18+16) = (0{,}1216,\ 0{,}0760,\ 0{,}0042)$.

8.11 Faça o que o enunciado diz.

Tabelas

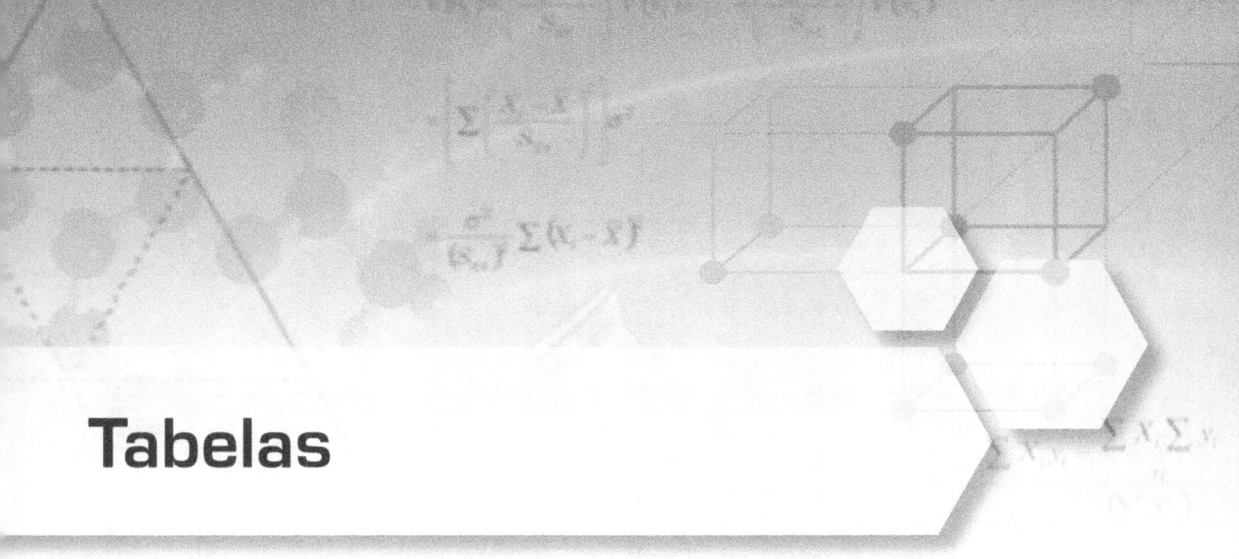

Tabela A.1 Área da cauda da distribuição normal padronizada

z	0,00	0,01	0,02	0,03	0,04	0,05	0,06	0,07	0,08	0,09
0,0	0,5000	0,4960	0,4920	0,4880	0,4840	0,4801	0,4761	0,4721	0,4681	0,4641
0,1	0,4602	0,4562	0,4522	0,4483	0,4443	0,4404	0,4364	0,4325	0,4286	0,4247
0,2	0,4207	0,4168	0,4129	0,4090	0,4052	0,4013	0,3974	0,3936	0,3897	0,3859
0,3	0,3821	0,3783	0,3745	0,3707	0,3669	0,3632	0,3594	0,3557	0,3520	0,3483
0,4	0,3446	0,3409	0,3372	0,3336	0,3300	0,3264	0,3228	0,3192	0,3156	0,3121
0,5	0,3085	0,3050	0,3015	0,2981	0,2946	0,2912	0,2877	0,2843	0,2810	0,2776
0,6	0,2743	0,2709	0,2676	0,2643	0,2611	0,2578	0,2546	0,2514	0,2483	0,2451
0,7	0,2420	0,2389	0,2358	0,2327	0,2296	0,2266	0,2236	0,2206	0,2177	0,2148
0,8	0,2119	0,2090	0,2061	0,2033	0,2005	0,1977	0,1949	0,1922	0,1894	0,1867
0,9	0,1841	0,1814	0,1788	0,1762	0,1736	0,1711	0,1685	0,1660	0,1635	0,1611
1,0	0,1587	0,1562	0,1539	0,1515	0,1492	0,1469	0,1446	0,1423	0,1401	0,1379
1,1	0,1357	0,1335	0,1314	0,1292	0,1271	0,1251	0,1230	0,1210	0,1190	0,1170
1,2	0,1151	0,1131	0,1112	0,1093	0,1075	0,1056	0,1038	0,1020	0,1003	0,0985
1,3	0,0968	0,0951	0,0934	0,0918	0,0901	0,0885	0,0869	0,0853	0,0838	0,0823
1,4	0,0808	0,0793	0,0778	0,0764	0,0749	0,0735	0,0721	0,0708	0,0694	0,0681
1,5	0,0668	0,0655	0,0643	0,0630	0,0618	0,0606	0,0594	0,0582	0,0571	0,0559
1,6	0,0548	0,0537	0,0526	0,0516	0,0505	0,0495	0,0485	0,0475	0,0465	0,0455
1,7	0,0446	0,0436	0,0427	0,0418	0,0409	0,0401	0,0392	0,0384	0,0375	0,0367
1,8	0,0359	0,0351	0,0344	0,0336	0,0329	0,0322	0,0314	0,0307	0,0301	0,0294
1,9	0,0287	0,0281	0,0274	0,0268	0,0262	0,0256	0,0250	0,0244	0,0239	0,0233
2,0	0,0228	0,0222	0,0217	0,0212	0,0207	0,0202	0,0197	0,0192	0,0188	0,0183
2,1	0,0179	0,0174	0,0170	0,0166	0,0162	0,0158	0,0154	0,0150	0,0146	0,0143
2,2	0,0139	0,0136	0,0132	0,0129	0,0125	0,0122	0,0119	0,0116	0,0113	0,0110
2,3	0,0107	0,0104	0,0102	0,0099	0,0096	0,0094	0,0091	0,0089	0,0087	0,0084
2,4	0,0082	0,0080	0,0078	0,0075	0,0073	0,0071	0,0069	0,0068	0,0066	0,0064
2,5	0,0062	0,0060	0,0059	0,0057	0,0055	0,0054	0,0052	0,0051	0,0049	0,0048
2,6	0,0047	0,0045	0,0044	0,0043	0,0041	0,0040	0,0039	0,0038	0,0037	0,0036
2,7	0,0035	0,0034	0,0033	0,0032	0,0031	0,0030	0,0029	0,0028	0,0027	0,0026
2,8	0,0026	0,0025	0,0024	0,0023	0,0023	0,0022	0,0021	0,0021	0,0020	0,0019
2,9	0,0019	0,0018	0,0018	0,0017	0,0016	0,0016	0,0015	0,0015	0,0014	0,0014
3,0	0,0013	0,0013	0,0013	0,0012	0,0012	0,0011	0,0011	0,0011	0,0010	0,0010
3,1	0,0010	0,0009	0,0009	0,0009	0,0008	0,0008	0,0008	0,0008	0,0007	0,0007
3,2	0,0007	0,0007	0,0006	0,0006	0,0006	0,0006	0,0006	0,0005	0,0005	0,0005
3,3	0,0005	0,0005	0,0005	0,0004	0,0004	0,0004	0,0004	0,0004	0,0004	0,0003
3,4	0,0003	0,0003	0,0003	0,0003	0,0003	0,0003	0,0003	0,0003	0,0003	0,0002
3,5	0,0002	0,0002	0,0002	0,0002	0,0002	0,0002	0,0002	0,0002	0,0002	0,0002
3,6	0,0002	0,0002	0,0001	0,0001	0,0001	0,0001	0,0001	0,0001	0,0001	0,0001
3,7	0,0001	0,0001	0,0001	0,0001	0,0001	0,0001	0,0001	0,0001	0,0001	0,0001
3,8	0,0001	0,0001	0,0001	0,0001	0,0001	0,0001	0,0001	0,0001	0,0001	0,0001
3,9	0,0000	0,0000	0,0000	0,0000	0,0000	0,0000	0,0000	0,0000	0,0000	0,0000

Fonte: Box, Hunter e Hunter (1978).

Tabela A.2 Pontos de probabilidade da distribuição t com ν graus de liberdade

	Área de probabilidade								
ν	0,4	0,25	0,1	0,05	0,025	0,01	0,005	0,0025	0,001	0,0005
1	0,325	1,000	3,078	6,314	12,706	31,821	63,657	127,32	318,31	636,62
2	0,289	0,816	1,886	2,920	4,303	6,965	9,925	14,089	22,326	31,598
3	0,277	0,765	1,638	2,353	3,182	4,541	5,841	7,453	10,213	12,924
4	0,271	0,741	1,533	2,132	2,776	3,747	4,604	5,598	7,173	8,610
5	0,267	0,727	1,476	2,015	2,571	3,365	4,032	4,773	5,893	6,869
6	0,265	0,718	1,440	1,943	2,447	3,143	3,707	4,317	5,208	5,959
7	0,263	0,711	1,415	1,895	2,365	2,998	3,499	4,029	4,785	5,408
8	0,262	0,706	1,397	1,860	2,306	2,896	3,355	3,833	4,501	5,041
9	0,261	0,703	1,383	1,833	2,262	2,821	3,250	3,690	4,297	4,781
10	0,260	0,700	1,372	1,812	2,228	2,764	3,169	3,581	4,144	4,587
11	0,260	0,697	1,363	1,796	2,201	2,718	3,106	3,497	4,025	4,437
12	0,259	0,695	1,356	1,782	2,179	2,681	3,055	3,428	3,930	4,318
13	0,259	0,694	1,350	1,771	2,160	2,650	3,012	3,372	3,852	4,221
14	0,258	0,692	1,345	1,761	2,145	2,624	2,977	3,326	3,787	4,140
15	0,258	0,691	1,341	1,753	2,131	2,602	2,947	3,286	3,733	4,073
16	0,258	0,690	1,337	1,746	2,120	2,583	2,921	3,252	3,686	4,015
17	0,257	0,689	1,333	1,740	2,110	2,567	2,898	3,222	3,646	3,965
18	0,257	0,688	1,330	1,734	2,101	2,552	2,878	3,197	3,610	3,922
19	0,257	0,688	1,328	1,729	2,093	2,539	2,861	3,174	3,579	3,883
20	0,257	0,687	1,325	1,725	2,086	2,528	2,845	3,153	3,552	3,850
21	0,257	0,686	1,323	1,721	2,080	2,518	2,831	3,135	3,527	3,819
22	0,256	0,686	1,321	1,717	2,074	2,508	2,819	3,119	3,505	3,792
23	0,256	0,685	1,319	1,714	2,069	2,500	2,807	3,104	3,485	3,767
24	0,256	0,685	1,318	1,711	2,064	2,492	2,797	3,091	3,467	3,745
25	0,256	0,684	1,316	1,708	2,060	2,485	2,787	3,078	3,450	3,725
26	0,256	0,684	1,315	1,706	2,056	2,479	2,779	3,067	3,435	3,707
27	0,256	0,684	1,314	1,703	2,052	2,473	2,771	3,057	3,421	3,690
28	0,256	0,683	1,313	1,701	2,048	2,467	2,763	3,047	3,408	3,674
29	0,256	0,683	1,311	1,699	2,045	2,462	2,756	3,038	3,396	3,659
30	0,256	0,683	1,310	1,697	2,042	2,457	2,750	3,030	3,385	3,646
40	0,255	0,681	1,303	1,684	2,021	2,423	2,704	2,971	3,307	3,551
60	0,254	0,679	1,296	1,671	2,000	2,390	2,660	2,915	3,232	3,460
120	0,254	0,677	1,289	1,658	1,980	2,358	2,617	2,860	3,160	3,373
∞	0,253	0,674	1,282	1,645	1,960	2,326	2,576	2,807	3,090	3,291

Fonte: Box, Hunter e Hunter (1978); Fisher e Yates (1974); Pearson e Hartley (1958).

Tabela A.3 Pontos de probabilidade da distribuição χ^2 com ν graus de liberdade

					Área de probabilidade									
ν	0,995	0,99	0,975	0,95	0,9	0,75	0,5	0,25	0,1	0,05	0,025	0,01	0,005	0,001
1	---	---	---	---	0,016	0,102	0,455	1,32	2,71	3,84	5,02	6,63	7,88	10,8
2	0,010	0,020	0,051	0,103	0,211	0,575	1,39	2,77	4,61	5,99	7,38	9,21	10,6	13,8
3	0,072	0,115	0,216	0,352	0,584	1,21	2,37	4,11	6,25	7,81	9,35	11,3	12,8	16,3
4	0,207	0,297	0,484	0,711	1,06	1,92	3,36	5,39	7,78	9,49	11,1	13,3	14,9	18,5
5	0,412	0,554	0,831	1,15	1,61	2,67	4,35	6,63	9,24	11,1	12,8	15,1	16,7	20,5
6	0,676	0,872	1,24	1,64	2,20	3,45	5,35	7,84	10,6	12,6	14,4	16,8	18,5	22,5
7	0,989	1,24	1,69	2,17	2,83	4,25	6,35	9,04	12,0	14,1	16,0	18,5	20,3	24,3
8	1,34	1,65	2,18	2,73	3,49	5,07	7,34	10,2	13,4	15,5	17,5	20,1	22,0	26,1
9	1,73	2,09	2,70	3,33	4,17	5,90	8,34	11,4	14,7	16,9	19,0	21,7	23,6	27,9
10	2,16	2,56	3,25	3,94	4,87	6,74	9,34	12,5	16,0	18,3	20,5	23,2	25,2	29,6
11	2,60	3,05	3,82	4,57	5,58	7,58	10,3	13,7	17,3	19,7	21,9	24,7	26,8	31,3
12	3,07	3,57	4,40	5,23	6,30	8,44	11,3	14,8	18,5	21,0	23,3	26,2	28,3	32,9
13	3,57	4,11	5,01	5,89	7,04	9,30	12,3	16,0	19,8	22,4	24,7	27,7	29,8	34,5
14	4,07	4,66	5,63	6,57	7,79	10,2	13,3	17,1	21,1	23,7	26,1	29,1	31,3	36,1
15	4,60	5,23	6,26	7,26	8,55	11,0	14,3	18,2	22,3	25,0	27,5	30,6	32,8	37,7
16	5,14	5,81	6,91	7,96	9,31	11,9	15,3	19,4	23,5	26,3	28,8	32,0	34,3	39,3
17	5,70	6,41	7,56	8,67	10,1	12,8	16,3	20,5	24,8	27,6	30,2	33,4	35,7	40,8
18	6,26	7,01	8,23	9,39	10,9	13,7	17,3	21,6	26,0	28,9	31,5	34,8	37,2	42,3
19	6,84	7,63	8,91	10,1	11,7	14,6	18,3	22,7	27,2	30,1	32,9	36,2	38,6	43,8
20	7,43	8,26	9,59	10,9	12,4	15,5	19,3	23,8	28,4	31,4	34,2	37,6	40,0	45,3
21	8,03	8,90	10,3	11,6	13,2	16,3	20,3	24,9	29,6	32,7	35,5	38,9	41,4	46,8
22	8,64	9,54	11,0	12,3	14,0	17,2	21,3	26,0	30,8	33,9	36,8	40,3	42,8	48,3
23	9,26	10,2	11,7	13,1	14,8	18,1	22,3	27,1	32,0	35,2	38,1	41,6	44,2	49,7
24	9,89	10,9	12,4	13,8	15,7	19,0	23,3	28,2	33,2	36,4	39,4	43,0	45,6	51,2
25	10,5	11,5	13,1	14,6	16,5	19,9	24,3	29,3	34,4	37,7	40,6	44,3	46,9	52,6
26	11,2	12,2	13,8	15,4	17,3	20,8	25,3	30,4	35,6	38,9	41,9	45,6	48,3	54,1
27	11,8	12,0	14,6	16,2	18,1	21,7	26,3	31,5	36,7	40,1	43,2	47,0	49,6	55,5
28	12,5	13,6	15,3	16,9	18,9	22,7	27,3	32,6	37,9	41,3	44,5	48,3	51,0	56,9
29	13,1	14,3	16,0	17,7	19,8	23,6	28,3	33,7	39,1	42,6	45,7	49,6	52,3	58,3
30	13,8	15,0	16,8	18,5	20,6	24,5	29,3	34,8	40,3	43,8	47,0	50,9	53,7	59,7

Fonte: Box, Hunter e Hunter (1978); Pearson e Hartley (1966).

Tabela A.4 Pontos de percentagem da distribuição F, 25%

v_2 \ v_1	1	2	3	4	5	6	7	8	9	10	12	15	20	24	30	40	60	120	∞
1	5,83	7,50	8,20	8,58	8,82	8,98	9,10	9,19	9,26	9,32	9,41	9,49	9,58	9,63	9,67	9,71	9,76	9,80	9,85
2	2,57	3,00	3,15	3,23	3,28	3,31	3,34	3,35	3,37	3,38	3,39	3,41	3,43	3,43	3,44	3,45	3,46	3,47	3,48
3	2,02	2,28	2,36	2,39	2,41	2,42	2,43	2,44	2,44	2,44	2,45	2,46	2,46	2,46	2,47	2,47	2,47	2,47	2,47
4	1,81	2,00	2,05	2,06	2,07	2,08	2,08	2,08	2,08	2,08	2,08	2,08	2,08	2,08	2,08	2,08	2,08	2,08	2,08
5	1,69	1,85	1,88	1,89	1,89	1,89	1,89	1,89	1,89	1,89	1,89	1,89	1,88	1,88	1,88	1,88	1,88	1,88	1,88
6	1,62	1,76	1,78	1,79	1,79	1,78	1,78	1,78	1,77	1,77	1,77	1,76	1,76	1,75	1,75	1,75	1,74	1,74	1,74
7	1,57	1,70	1,72	1,72	1,71	1,71	1,70	1,70	1,69	1,69	1,68	1,68	1,67	1,67	1,66	1,66	1,65	1,65	1,65
8	1,54	1,66	1,67	1,66	1,66	1,65	1,64	1,64	1,63	1,63	1,62	1,62	1,61	1,60	1,60	1,59	1,59	1,58	1,58
9	1,51	1,62	1,63	1,63	1,62	1,61	1,60	1,60	1,59	1,59	1,58	1,57	1,56	1,56	1,55	1,54	1,54	1,53	1,53
10	1,49	1,60	1,60	1,59	1,59	1,58	1,57	1,56	1,56	1,55	1,54	1,53	1,52	1,52	1,51	1,51	1,50	1,49	1,48
11	1,47	1,58	1,58	1,57	1,56	1,55	1,54	1,53	1,53	1,52	1,51	1,50	1,49	1,49	1,48	1,47	1,47	1,46	1,45
12	1,46	1,56	1,56	1,55	1,54	1,53	1,52	1,51	1,51	1,50	1,49	1,48	1,47	1,46	1,45	1,45	1,44	1,43	1,42
13	1,45	1,55	1,55	1,53	1,52	1,51	1,50	1,49	1,49	1,48	1,47	1,46	1,45	1,44	1,43	1,42	1,42	1,41	1,40
14	1,44	1,53	1,53	1,52	1,51	1,50	1,49	1,48	1,47	1,46	1,45	1,44	1,43	1,42	1,41	1,41	1,40	1,39	1,38
15	1,43	1,52	1,52	1,51	1,49	1,48	1,47	1,46	1,46	1,45	1,44	1,43	1,41	1,41	1,40	1,39	1,38	1,37	1,36
16	1,42	1,51	1,51	1,50	1,48	1,47	1,46	1,45	1,44	1,44	1,43	1,41	1,40	1,39	1,38	1,37	1,36	1,35	1,34
17	1,42	1,51	1,50	1,49	1,47	1,46	1,45	1,44	1,43	1,43	1,41	1,40	1,39	1,38	1,37	1,36	1,35	1,34	1,33
18	1,41	1,50	1,49	1,48	1,46	1,45	1,44	1,43	1,42	1,42	1,40	1,39	1,38	1,37	1,36	1,35	1,34	1,33	1,32
19	1,41	1,49	1,49	1,47	1,46	1,44	1,43	1,42	1,41	1,41	1,40	1,38	1,37	1,36	1,35	1,34	1,33	1,32	1,30
20	1,40	1,49	1,48	1,47	1,45	1,44	1,43	1,42	1,41	1,40	1,39	1,37	1,36	1,35	1,34	1,33	1,32	1,31	1,29
21	1,40	1,48	1,48	1,46	1,44	1,43	1,42	1,41	1,40	1,39	1,38	1,37	1,35	1,34	1,33	1,32	1,31	1,30	1,28
22	1,40	1,48	1,47	1,45	1,44	1,42	1,41	1,40	1,39	1,39	1,37	1,36	1,34	1,33	1,32	1,31	1,30	1,29	1,28
23	1,39	1,47	1,47	1,45	1,43	1,42	1,41	1,40	1,39	1,38	1,37	1,35	1,34	1,33	1,32	1,31	1,30	1,28	1,27
24	1,39	1,47	1,46	1,44	1,43	1,41	1,40	1,39	1,38	1,38	1,36	1,35	1,33	1,32	1,31	1,30	1,29	1,28	1,26
25	1,39	1,47	1,46	1,44	1,42	1,41	1,40	1,39	1,38	1,37	1,36	1,34	1,33	1,32	1,31	1,29	1,28	1,27	1,25
26	1,38	1,46	1,45	1,44	1,42	1,41	1,39	1,38	1,37	1,37	1,35	1,34	1,32	1,31	1,30	1,29	1,28	1,26	1,25
27	1,38	1,46	1,45	1,43	1,42	1,40	1,39	1,38	1,37	1,36	1,35	1,33	1,32	1,31	1,30	1,28	1,27	1,26	1,24
28	1,38	1,46	1,45	1,43	1,41	1,40	1,39	1,38	1,37	1,36	1,34	1,33	1,31	1,30	1,29	1,28	1,27	1,25	1,24
29	1,38	1,45	1,45	1,43	1,41	1,40	1,38	1,37	1,36	1,35	1,34	1,32	1,31	1,30	1,29	1,27	1,26	1,25	1,23
30	1,38	1,45	1,44	1,42	1,41	1,39	1,38	1,37	1,36	1,35	1,34	1,32	1,30	1,29	1,28	1,27	1,26	1,24	1,23
40	1,36	1,44	1,42	1,40	1,39	1,37	1,36	1,35	1,34	1,33	1,31	1,30	1,28	1,26	1,25	1,24	1,22	1,21	1,19
60	1,35	1,42	1,41	1,38	1,37	1,35	1,33	1,32	1,31	1,30	1,29	1,27	1,25	1,24	1,22	1,21	1,19	1,17	1,15
120	1,34	1,40	1,39	1,37	1,35	1,33	1,31	1,30	1,29	1,28	1,26	1,24	1,22	1,21	1,19	1,18	1,16	1,13	1,10
∞	1,32	1,39	1,37	1,35	1,33	1,31	1,29	1,28	1,27	1,25	1,24	1,22	1,19	1,18	1,16	1,14	1,12	1,08	1,00

(*continua*)

Tabela A.4 Pontos de percentagem da distribuição F, 10% (continuação)

v_1 \ v_2	1	2	3	4	5	6	7	8	9	10	12	15	20	24	30	40	60	120	∞
1	39,86	49,50	53,59	55,83	57,24	58,20	58,91	59,44	59,86	60,19	60,71	61,22	61,74	62,00	62,26	62,53	62,79	63,06	63,33
2	8,53	9,00	9,16	9,24	9,29	9,33	9,35	9,37	9,38	9,39	9,41	9,24	9,44	9,45	9,46	9,47	9,47	9,48	9,49
3	5,54	5,46	5,39	5,34	5,31	5,28	5,27	5,25	5,24	5,23	5,22	5,20	5,18	5,18	5,17	5,16	5,15	5,14	5,13
4	4,54	4,32	4,19	4,11	4,05	4,01	3,98	3,95	3,94	3,92	3,90	3,87	3,84	3,83	3,82	3,80	3,79	3,78	3,76
5	4,06	3,78	3,62	3,52	3,45	3,40	3,37	3,34	3,32	3,30	3,27	3,24	3,21	3,19	3,17	3,16	3,14	3,12	3,10
6	3,78	3,46	3,29	3,18	3,11	3,05	3,01	2,98	2,96	2,94	2,90	2,87	2,84	2,82	2,80	2,78	2,76	2,74	2,72
7	3,59	3,26	3,07	2,96	2,88	2,83	2,78	2,75	2,72	2,70	2,67	2,63	2,59	2,58	2,56	2,54	2,51	2,49	2,47
8	3,46	3,11	2,92	2,81	2,73	2,67	2,62	2,59	2,56	2,54	2,50	2,46	2,42	2,40	2,38	2,36	2,34	2,32	2,29
9	3,36	3,01	2,81	2,69	2,61	2,55	2,51	2,47	2,44	2,42	2,38	2,34	2,30	2,28	2,25	2,23	2,21	2,18	2,16
10	3,29	2,92	2,73	2,61	2,52	2,46	2,41	2,38	2,35	2,32	2,28	2,24	2,20	2,18	2,16	2,13	2,11	2,08	2,06
11	3,23	2,86	2,66	2,54	2,45	2,39	2,34	2,30	2,27	2,25	2,21	2,17	2,12	2,10	2,08	2,05	2,03	2,00	1,97
12	3,18	2,81	2,61	2,48	2,39	2,33	2,28	2,24	2,21	2,19	2,15	2,10	2,06	2,04	2,01	1,99	1,96	1,93	1,90
13	3,14	2,76	2,56	2,43	2,35	2,28	2,23	2,20	2,16	2,14	2,10	2,05	2,01	1,98	1,96	1,93	1,90	1,88	1,85
14	3,10	2,73	2,52	2,39	2,31	2,24	2,19	2,15	2,12	2,10	2,05	2,01	1,96	1,94	1,91	1,89	1,86	1,83	1,80
15	3,07	2,70	2,49	2,36	2,27	2,21	2,16	2,12	2,09	2,06	2,02	1,97	1,92	1,90	1,87	1,85	1,82	1,79	1,76
16	3,05	2,67	2,46	2,33	2,24	2,18	2,13	2,09	2,06	2,03	1,99	1,94	1,89	1,87	1,84	1,81	1,78	1,75	1,72
17	3,03	2,64	2,44	2,31	2,22	2,15	2,10	2,06	2,03	2,00	1,96	1,91	1,86	1,84	1,81	1,78	1,75	1,72	1,69
18	3,01	2,62	2,42	2,29	2,20	2,13	2,08	2,04	2,00	1,98	1,93	1,89	1,84	1,81	1,78	1,75	1,72	1,69	1,66
19	2,99	2,61	2,40	2,27	2,18	2,11	2,06	2,02	1,98	1,96	1,91	1,86	1,81	1,79	1,76	1,73	1,70	1,67	1,63
20	2,97	2,59	2,38	2,25	2,16	2,09	2,04	2,00	1,96	1,94	1,89	1,84	1,79	1,77	1,74	1,71	1,68	1,64	1,61
21	2,96	2,57	2,36	2,23	2,14	2,08	2,02	1,98	1,95	1,92	1,87	1,83	1,78	1,75	1,72	1,69	1,66	1,62	1,59
22	2,95	2,56	2,35	2,22	2,13	2,06	2,01	1,97	1,93	1,90	1,86	1,81	1,76	1,73	1,70	1,67	1,64	1,60	1,57
23	2,94	2,55	2,34	2,21	2,11	2,05	1,99	1,95	1,92	1,89	1,84	1,80	1,74	1,72	1,69	1,66	1,62	1,59	1,55
24	2,93	2,54	2,33	2,19	2,10	2,04	1,98	1,94	1,91	1,88	1,83	1,78	1,73	1,70	1,67	1,64	1,61	1,57	1,53
25	2,92	2,53	2,32	2,18	2,09	2,02	1,97	1,93	1,89	1,87	1,82	1,77	1,72	1,69	1,66	1,63	1,59	1,56	1,52
26	2,91	2,52	2,31	2,17	2,08	2,01	1,96	1,92	1,88	1,86	1,81	1,76	1,71	1,68	1,65	1,61	1,58	1,54	1,50
27	2,90	2,51	2,30	2,17	2,07	2,00	1,95	1,91	1,87	1,85	1,80	1,75	1,70	1,67	1,64	1,60	1,57	1,53	1,49
28	2,89	2,50	2,29	2,16	2,06	2,00	1,94	1,90	1,87	1,84	1,79	1,74	1,69	1,66	1,63	1,59	1,56	1,52	1,48
29	2,89	2,50	2,28	2,15	2,06	1,99	1,93	1,89	1,86	1,83	1,78	1,73	1,68	1,65	1,62	1,58	1,55	1,51	1,47
30	2,88	2,49	2,28	2,14	2,05	1,98	1,93	1,88	1,85	1,82	1,77	1,72	1,67	1,64	1,61	1,57	1,54	1,50	1,46
40	2,84	2,44	2,23	2,09	2,00	1,93	1,87	1,83	1,79	1,76	1,71	1,66	1,61	1,57	1,54	1,51	1,47	1,42	1,38
60	2,79	2,39	2,18	2,04	1,95	1,87	1,82	1,77	1,74	1,71	1,66	1,60	1,54	1,51	1,48	1,44	1,40	1,35	1,29
120	2,75	2,35	2,13	1,99	1,90	1,82	1,77	1,72	1,68	1,65	1,60	1,55	1,48	1,45	1,41	1,37	1,32	1,26	1,19
∞	2,71	2,30	2,08	1,94	1,85	1,77	1,72	1,67	1,63	1,60	1,55	1,49	1,42	1,38	1,34	1,30	1,24	1,17	1,00

(continua)

Tabela A.4 Pontos de percentagem da distribuição F, 5% (continuação)

v_1 / v_2	1	2	3	4	5	6	7	8	9	10	12	15	20	24	30	40	60	120	∞
1	161,4	199,5	215,7	224,6	230,2	234,0	236,8	238,9	240,5	241,9	243,9	245,9	248,0	249,1	250,1	251,1	252,2	253,3	254,3
2	18,51	19,00	19,16	19,25	19,30	19,33	19,35	19,37	19,38	19,40	19,41	19,43	19,45	19,45	19,46	19,47	19,48	19,49	19,50
3	10,13	9,55	9,28	9,12	9,01	8,94	8,89	8,85	8,81	8,79	8,74	8,70	8,66	8,64	8,62	8,59	8,57	8,55	8,53
4	7,71	6,94	6,59	6,39	6,26	6,16	6,09	6,04	6,00	5,96	5,91	5,86	5,80	5,77	5,75	5,72	5,69	5,66	5,63
5	6,61	5,79	5,41	5,19	5,05	4,95	4,88	4,82	4,77	4,74	4,68	4,62	4,56	4,53	4,50	4,46	4,43	4,40	4,36
6	5,99	5,14	4,76	4,53	4,39	4,28	4,21	4,15	4,10	4,06	4,00	3,94	3,87	3,84	3,81	3,77	3,74	3,70	3,67
7	5,59	4,74	4,35	4,12	3,97	3,87	3,79	3,73	3,68	3,64	3,57	3,51	3,44	3,41	3,38	3,34	3,30	3,27	3,23
8	5,32	4,46	4,07	3,84	3,69	3,58	3,50	3,44	3,39	3,35	3,28	3,22	3,15	3,12	3,08	3,04	3,01	2,97	2,93
9	5,12	4,26	3,86	3,63	3,48	3,37	3,29	3,23	3,18	3,14	3,07	3,01	2,94	2,90	2,86	2,83	2,79	2,75	2,71
10	4,96	4,10	3,71	3,48	3,33	3,22	3,14	3,07	3,02	2,98	2,91	2,85	2,77	2,74	2,70	2,66	2,62	2,58	2,54
11	4,84	3,98	3,59	3,36	3,20	3,09	3,01	2,95	2,90	2,85	2,79	2,72	2,65	2,61	2,57	2,53	2,49	2,45	2,40
12	4,75	3,89	3,49	3,26	3,11	3,00	2,91	2,85	2,80	2,75	2,69	2,62	2,54	2,51	2,47	2,43	2,38	2,34	2,30
13	4,67	3,81	3,41	3,18	3,03	2,92	2,83	2,77	2,71	2,67	2,60	2,53	2,46	2,42	2,38	2,34	2,30	2,25	2,21
14	4,60	3,74	3,34	3,11	2,96	2,85	2,76	2,70	2,65	2,60	2,53	2,46	2,39	2,35	2,31	2,27	2,22	2,18	2,13
15	4,54	3,68	3,29	3,06	2,90	2,79	2,71	2,64	2,59	2,54	2,48	2,40	2,33	2,29	2,25	2,20	2,16	2,11	2,07
16	4,49	3,63	3,24	3,01	2,85	2,74	2,66	2,59	2,54	2,49	2,42	2,35	2,28	2,24	2,19	2,15	2,11	2,06	2,01
17	4,45	3,59	3,20	2,96	2,81	2,70	2,61	2,55	2,49	2,45	2,38	2,31	2,23	2,19	2,15	2,10	2,06	2,01	1,96
18	4,41	3,55	3,16	2,93	2,77	2,66	2,58	2,51	2,46	2,41	2,34	2,27	2,19	2,15	2,11	2,06	2,02	1,97	1,92
19	4,38	3,52	3,13	2,90	2,74	2,63	2,54	2,48	2,42	2,38	2,31	2,23	2,16	2,11	2,07	2,03	1,98	1,93	1,88
20	4,35	3,49	3,10	2,87	2,71	2,60	2,51	2,45	2,39	2,35	2,28	2,20	2,12	2,08	2,04	1,99	1,95	1,90	1,84
21	4,32	3,47	3,07	2,84	2,68	2,57	2,49	2,42	2,37	2,32	2,25	2,18	2,10	2,05	2,01	1,96	1,92	1,87	1,81
22	4,30	3,44	3,05	2,82	2,66	2,55	2,46	2,40	2,34	2,30	2,23	2,15	2,07	2,03	1,98	1,94	1,89	1,84	1,78
23	4,28	3,42	3,03	2,80	2,64	2,53	2,44	2,37	2,32	2,27	2,20	2,13	2,05	2,01	1,96	1,91	1,86	1,81	1,76
24	4,26	3,40	3,01	2,78	2,62	2,51	2,42	2,36	2,30	2,25	2,18	2,11	2,03	1,98	1,94	1,89	1,84	1,79	1,73
25	4,24	3,39	2,99	2,76	2,60	2,49	2,40	2,34	2,28	2,24	2,16	2,09	2,01	1,96	1,92	1,87	1,82	1,77	1,71
26	4,23	3,37	2,98	2,74	2,59	2,47	2,39	2,32	2,27	2,22	2,15	2,07	1,99	1,95	1,90	1,85	1,80	1,75	1,69
27	4,21	3,35	2,96	2,73	2,57	2,46	2,37	2,31	2,25	2,20	2,13	2,06	1,97	1,93	1,88	1,84	1,79	1,73	1,67
28	4,20	3,34	2,95	2,71	2,56	2,45	2,36	2,29	2,24	2,19	2,12	2,04	1,96	1,91	1,87	1,82	1,77	1,71	1,65
29	4,18	3,33	2,93	2,70	2,55	2,43	2,35	2,28	2,22	2,18	2,10	2,03	1,94	1,90	1,85	1,81	1,75	1,70	1,64
30	4,17	3,32	2,92	2,69	2,53	2,42	2,33	2,27	2,21	2,16	2,09	2,01	1,93	1,89	1,84	1,79	1,74	1,68	1,62
40	4,08	3,23	2,84	2,61	2,45	2,34	2,25	2,18	2,12	2,08	2,00	1,92	1,84	1,79	1,74	1,69	1,64	1,58	1,51
60	4,00	3,15	2,76	2,53	2,37	2,25	2,17	2,10	2,04	1,99	1,92	1,84	1,75	1,70	1,65	1,59	1,53	1,47	1,39
120	3,92	3,07	2,68	2,45	2,29	2,17	2,09	2,02	1,96	1,91	1,83	1,75	1,66	1,61	1,55	1,50	1,43	1,35	1,25
∞	3,84	3,00	2,60	2,37	2,21	2,10	2,01	1,94	1,88	1,83	1,75	1,67	1,57	1,52	1,46	1,39	1,32	1,22	1,00

(continua)

Tabela A.4 Pontos de percentagem da distribuição F, 1% (continuação)

v_2 \ v_1	1	2	3	4	5	6	7	8	9	10	12	15	20	24	30	40	60	120	∞
1	4052	4999	5403	5625	5764	5859	5928	5982	6022	6056	6106	6157	6209	6235	6261	6287	6313	6339	6366
2	98,50	99,00	99,17	99,25	99,30	99,33	99,36	99,37	99,39	99,40	99,42	99,43	99,45	99,46	99,47	99,47	99,48	99,49	99,50
3	34,12	30,82	29,46	28,71	28,24	27,91	27,67	27,49	27,35	27,23	27,05	26,87	26,69	26,60	26,50	26,41	26,32	26,22	26,13
4	21,20	18,00	16,69	15,98	15,52	15,21	14,98	14,80	14,66	14,55	14,37	14,20	14,02	13,93	13,84	13,75	13,65	13,56	13,46
5	16,26	13,27	12,06	11,39	10,97	10,67	10,46	10,29	10,16	10,05	9,89	9,72	9,55	9,47	9,38	9,29	9,20	9,11	9,02
6	13,75	10,92	9,78	9,15	8,75	8,47	8,26	8,10	7,98	7,87	7,72	7,56	7,40	7,31	7,23	7,14	7,06	6,97	6,88
7	12,25	9,55	8,45	7,85	7,46	7,19	6,99	6,84	6,72	6,62	6,47	6,31	6,16	6,07	5,99	5,91	5,82	5,74	5,65
8	11,26	8,65	7,59	7,01	6,63	6,37	6,18	6,03	5,91	5,81	5,67	5,52	5,36	5,28	5,20	5,12	5,03	4,95	4,86
9	10,56	8,02	6,99	6,42	6,06	5,80	5,61	5,47	5,35	5,26	5,11	4,96	4,81	4,73	4,65	4,57	4,48	4,40	4,31
10	10,04	7,56	6,55	5,99	5,64	5,39	5,20	5,06	4,94	4,85	4,71	4,56	4,41	4,33	4,25	4,17	4,08	4,00	3,91
11	9,65	7,21	6,22	5,67	5,32	5,07	4,89	4,74	4,63	4,54	4,40	4,25	4,10	4,02	3,94	3,86	3,78	3,69	3,60
12	9,33	6,93	5,95	5,41	5,06	4,82	4,64	4,50	4,39	4,30	4,16	4,01	3,86	3,78	3,70	3,62	3,54	3,45	3,36
13	9,07	6,70	5,74	5,21	4,86	4,62	4,44	4,30	4,19	4,10	3,96	3,82	3,66	3,59	3,51	3,43	3,34	3,25	3,17
14	8,86	6,51	5,56	5,04	4,69	4,46	4,28	4,14	4,03	3,94	3,80	3,66	3,51	3,43	3,35	3,27	3,18	3,09	3,00
15	8,68	6,36	5,42	4,89	4,56	4,32	4,14	4,00	3,89	3,80	3,67	3,52	3,37	3,29	3,21	3,13	3,05	2,96	2,87
16	8,53	6,23	5,29	4,77	4,44	4,20	4,03	3,89	3,78	3,69	3,55	3,41	3,26	3,18	3,10	3,02	2,93	2,84	2,75
17	8,40	6,11	5,18	4,67	4,34	4,10	3,93	3,79	3,68	3,59	3,46	3,31	3,16	3,08	3,00	2,92	2,83	2,75	2,65
18	8,29	6,01	5,09	4,58	4,25	4,01	3,84	3,71	3,60	3,51	3,37	3,23	3,08	3,00	2,92	2,84	2,75	2,66	2,57
19	8,18	5,93	5,01	4,50	4,17	3,94	3,77	3,63	3,52	3,43	3,30	3,15	3,00	2,92	2,84	2,76	2,67	2,58	2,49
20	8,10	5,85	4,94	4,43	4,10	3,87	3,70	3,56	3,46	3,37	3,23	3,09	2,94	2,86	2,78	2,69	2,61	2,52	2,42
21	8,02	5,78	4,87	4,37	4,04	3,81	3,64	3,51	3,40	3,31	3,17	3,03	2,88	2,80	2,72	2,64	2,55	2,46	2,36
22	7,95	5,72	4,82	4,31	3,99	3,76	3,59	3,45	3,35	3,26	3,12	2,98	2,83	2,75	2,67	2,58	2,50	2,40	2,31
23	7,88	5,66	4,76	4,26	3,94	3,71	3,54	3,41	3,30	3,21	3,07	2,93	2,78	2,70	2,62	2,54	2,45	2,35	2,26
24	7,82	5,61	4,72	4,22	3,90	3,67	3,50	3,36	3,26	3,17	3,03	2,89	2,74	2,66	2,58	2,49	2,40	2,31	2,21
25	7,77	5,57	4,68	4,18	3,85	3,63	3,46	3,32	3,22	3,13	2,99	2,85	2,70	2,62	2,54	2,45	2,36	2,27	2,17
26	7,72	5,53	4,64	4,14	3,82	3,59	3,42	3,29	3,18	3,09	2,96	2,81	2,66	2,58	2,50	2,42	2,33	2,23	2,13
27	7,68	5,49	4,60	4,11	3,78	3,56	3,39	3,26	3,15	3,06	2,93	2,78	2,63	2,55	2,47	2,38	2,29	2,20	2,10
28	7,64	5,45	4,57	4,07	3,75	3,53	3,36	3,23	3,12	3,03	2,90	2,75	2,60	2,52	2,44	2,35	2,26	2,17	2,06
29	7,60	5,42	4,54	4,04	3,73	3,50	3,33	3,20	3,09	3,00	2,87	2,73	2,57	2,49	2,41	2,33	2,23	2,14	2,03
30	7,56	5,39	4,51	4,02	3,70	3,47	3,30	3,17	3,07	2,98	2,84	2,70	2,55	2,47	2,39	2,30	2,21	2,11	2,01
40	7,31	5,18	4,31	3,83	3,51	3,29	3,12	2,99	2,89	2,80	2,66	2,52	2,37	2,29	2,20	2,11	2,02	1,92	1,80
60	7,08	4,98	4,13	3,65	3,34	3,12	2,95	2,82	2,72	2,63	2,50	2,35	2,20	2,12	2,03	1,94	1,84	1,73	1,60
120	6,85	4,79	3,95	3,48	3,17	2,96	2,79	2,66	2,56	2,47	2,34	2,19	2,03	1,95	1,86	1,76	1,66	1,53	1,38
∞	6,63	4,61	3,78	3,32	3,02	2,80	2,64	2,51	2,41	2,32	2,18	2,04	1,88	1,79	1,70	1,59	1,47	1,32	1,00

Fonte: Box, Hunter e Hunter (1978); Merrihgton, Thompson e Pearson (1943).

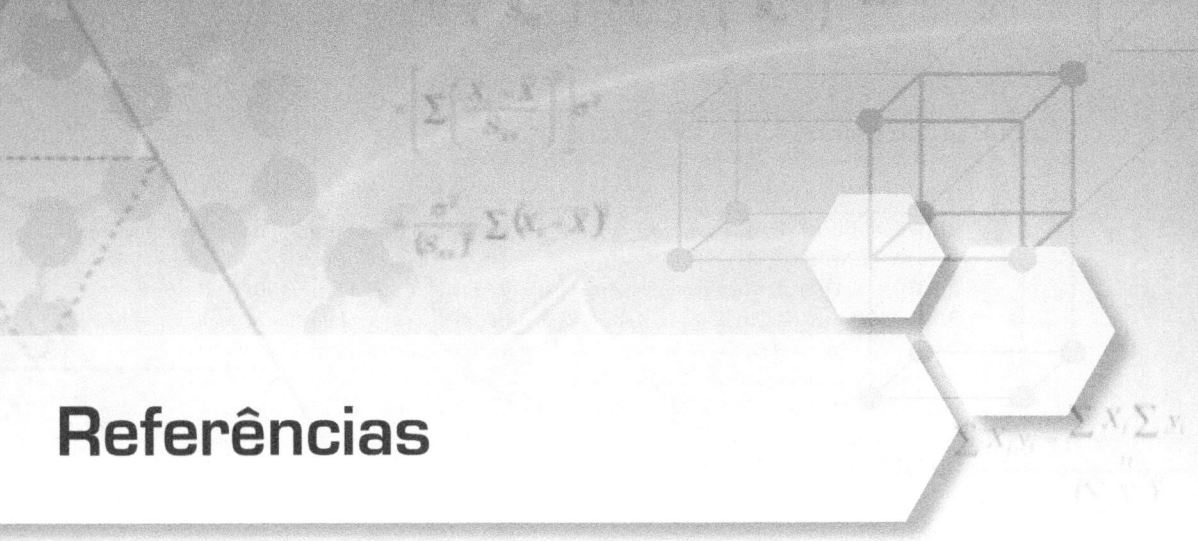

Referências

ANDRADE, J. C. de; EIRAS, S. P.; BRUNS, R. E. Study of the Mo(VI) catalytic response in the oxidation of iodide by hydrogen peroxide using a monosegmented continuous-flow system. *Analytica Chimica Acta*, v. 255, n. 1, p. 149-155, 1991.

ANDRADE, V. S. et al. A factorial design analysis of chitin production by Cunninghamella elegans. *Canadian Journal of Microbiology*, v. 46, p. 1042-1045, 2000.

ANSCOMBE, F. J. Graphs in statistical analysis. *The American Statistician*, v. 27, n. 1, p. 17-21, 1973.

AZEVEDO, A. L. M. S. de et al. A chemometric analysis of ab initio vibrational frequencies and infrared intensities of methyl fluoride. *Journal of Computational Chemistry*, v. 17, n. 2, p. 167-177, 1996.

BARNETT, V.; LEWIS, T. *Outliers in statistical data*. 2nd ed. New York: Wiley, 1984.

BHOTE, K. R. *Qualidade de classe mundial*. Rio de Janeiro: Qualitymark, 1996.

BOX, G. E. P. The exploration and exploitation of response surfaces: some considerations and examples. *Biometrics*, v. 10, p. 16-60, 1954.

BOX, G. E. P.; DRAPER, N. R. *Empirical model-building and response surfaces*. New York: Wiley, 1987.

BOX, G. E. P.; DRAPER, N. R. *Evolutionary operation*: a statistical method for process improvement. New York: Wiley, 1969.

BOX, G. E. P.; HUNTER, J. S. Evolutionary operation: a method for increasing industrial productivity. *Applied Statistics*, v. 6, n. 2, p. 3-23, 1957.

BOX, G. E. P.; HUNTER, W. G.; HUNTER, J. S. *Statistics for experimenters*: an introduction to design, data analysis, and model building. New York: Wiley, 1978.

BOX, G. E. P.; WETZ, J. *Criteria for judging adequacy of estimation by an approximate response function*. Wisconsin: University of Wisconsin, 1973. Technical Report, v. 9.

BOX, G. E. P.; WILSON, K. B. On the experimental attainment of optimum conditions. *Journal Royal Statistical Society*: series B, v. 13, n. 1, p. 1-38. 1951.

BOX, G. E. P.; YOULE, P. V. The exploration and exploitation of response surfaces: an example of the link between the fitted surface and the basic mechanism of the system. *Biometrics*, v. 11, p. 287-323, 1955.

BRAGA NETO, J. A. *Desenvolvimento de produto alimentar assistido por computador*: uma sistematização interativa pela aplicação combinada de métodos para planejamento, modelagem, analise e otimização na formulação de pudim. 1998. 146 f. Tese (Doutorado) – Departamento de Tecnologia de Alimentos e Medicamentos, Universidade Estadual de Londrina, Londrina, 1999.

BREYFOGLE III, F. W. *Implementing six sigma*: smarter solutions using statistical methods. New York: Wiley, 1999.

BROWN, S. D. et al. Chemometrics. *Anaytical Chemistry*, v. 66, n. 12, p. 315R-359R, 1994.

BRUNHARA, S. S. *Otimização do processo de extração de colesterol do óleo de manteiga utilizando extrato de Quilaia Saponaria*. 1997. 89 f. Dissertação (Mestrado em Engenharia Química) – Faculdade de Engenharia Química, Universidade Estadual de Campinas, Campinas, 1997.

BRUNS, R. E. et al. Is statistical lack of fit a reliable criterion for chemical complexity? *Chemometrics and Intelligent Laboratory Systems*, v. 33, n. 2, p. 159-166, 1996.

BURTON, K. W. C.; NICKLESS, G. Optimization via simplex: part 1: background, definitions and a simple application. *Chemometrics and Intelligent Laboratory Systems*, v. 1, n. 2, p. 135-149, 1987.

CAVALCANTE, R. M. *Estudo de bioequivalência de comprimidos de lamivudina*. 1999. 77 f. Dissertação (Mestrado em Ciências Farmacêuticas) – Departamento de Farmácia, Universidade Federal de Pernambuco, Recife, 1999.

CESTARI, A. R.; BRUNS, R. E.; AIROLDI, C. A fractional factorial design applied to organofunctionalized silicas for adsorption optimization. *Colloids and Surfaces A*: Physicochemical and Engineering Aspects, v. 117, n. 1-2, p. 7-13, 1996.

CORNELL, J. A. *Experiments with mixtures*: designs, models, and the analysis of mixture data. 2nd ed. New York: Wiley, 1990a.

CORNELL, J. A. *How to apply response surface methodology*. Milwaukee: ASQC, 1990b. (The ASQC basic references in quality control: statistical techniques, v. 8).

CORNELL, J. A. *How to run mixture experiments for product quality*. Milwaukee: ASQC, 1990c. (The ASQC basic references in quality control: statistical techniques, v. 5).

CORREA NETO, R. S. et al. Optimization of an Alkylation under PTC conditions. In: BRAZILIAN MEETING ON ORGANIC SYNTHESIS, 5., 1992, Campinas. *Abstract...* Campinas: BMOS, 1992. p. 114.

COSTA, R. A. et al. Optimization of EPDM compounds for resistant insulators to electrical tracking. In: INTERNATIONAL CONFERENCE ON PROPERTIES AND APPLICATIONS OF DIELECTRIC MATERIALS, 3., 1991, Tokyo. *Proceedings...* New York: IEEE, 1991. p. 300-304.

DEMING, S. N. Experimental designs: response surfaces. In: KOWALSKI, B. R. (Ed.). *Chemometrics, mathematics and statistics in chemistry*. Dordrecht: Reidel, 1984. p. 251-266

DERRINGER, G.; SUICH, R. Simultaneous optimization of several response variables. *Journal of Quality Technology*, v. 12, n. 4, p. 214-219, 1980.

DESCARTES, R. *Discours de la méthode de bien conduire sa raison et chercher la vérité dans les sciences, plus la dioptrique, les météores et la geométrie, qui sont des essais de cette méthode*. A Leyde: impr. de Jan Maire, 1637

DUDEWICZ, E. J.; MISHRA, S. N. *Modern mathematical statistics*. New York: Wiley, 1988.

EIRAS, S. de P. *Determinação catalítica de molibdênio em plantas usando análise em fluxo continuo monos segmentado com detecção espectrofotométrica*. 1991. 134 f. Tese (Doutorado) – Instituto de Química, Universidade Estadual de Campinas, Campinas, 1991.

FISHER, R. A.; YATES, F. *Statistical tables for biological, agricultural and medical research*. New York: Hafner Pub. Co, 1974.

GALTON, F. Regression towards mediocrity in hereditary stature. *The Journal of the Anthropological Institute of Great Britain and Ireland*, v. 15, p. 246-263, 1886.

GEYER, A. L. M. et al. Local and temporal variations in essential elements and agar of the marine algaePterocladia capillacea. *Hydrobiologia*, v. 194, n. 2, p. 143-148, 1990.

GOUPY, J. *Plans d'expériences pour surfaces de réponse*. Paris: Dunod, 1999.

GOUPY, J. *Plans d'éxpériences*: les mélanges. Paris: Dunod, 2000.

ISHIKAWA, K. *What is total quality control?* Englewood Cliffs: Prentice-Halll, 1985.

LOPES, L. *Separação e pré-concentração de cádmio, chumbo, cobre, níquel e zinco usando extração em fase solida com ditizona e naftaleno coprecipitados*. 1999. Dissertação (Mestrado) – Instituto de Química, Universidade Federal da Bahia, Salvador, 1999.

MATHIAS, A.; SCARMINIO, I. S.; BRUNS, R. E. Planejamento fatorial 23 aplicado a decomposição do oxalato de cálcio mono hidratado e da celulose usando termogravimétrica. In: REUNIÃO ANUAL DA SOCIEDADE BRASILEIRA DE QUÍMICA, 22., 1999. *Trabalhos*... Poços de Caldas: [s. n.], 1999.

MENDES, A. S. et al. Factorial design and response surface optimization of crude violacein for Chromobacterium violaceum production. *Biotechnology Letters*, v. 23, n. 23, p. 1963-1969, 2001.

SIMPLEX. In: MERRIAM-WEBSTER'S Collegiate Dictionary. 10th ed. Springfield: Merriam-Webster, 1998.

MERRINGTON, M.; THOMPSON, C. M.; PEARSON, E. S. Tables of percentage points of the inverted beta (f) distribution. *Biometrika*, v. 33, p. 73-88, 1943

MONTGOMERY, D. C. *Design and analysis of experiments*. 4th ed. New York: Wiley, 1997.

MONTGOMERY, D. C. *Introduction to statistical quality control*. 3rd ed. New York: Wiley, 1996.

MONTGOMERY, D. C.; RUNGER, G. C. *Applied statistics and probability for engineers*. 2nd ed. New York: John Wiley Sons, 1999.

MORGAN, E.; BURTON, K. W. C.; NICKLESS, G. Optimization using the super-modified simplex method. *Chemometrics and Intelligent Laboratory Systems*, v. 8, n. 2, p. 97-107. 1990.

MYERS, R. H.; MONTGOMERY, D. C. *Response surface methodology*: process and product optimization using designed experiments. New York: Wiley, 1995.

NELDER, J. A.; MEAD, R. A simplex method for function minimization. *The Computer Journal*, v. 7, p. 308-312, 1965.

NEVES, C. de F. C. *Desenvolvimento de uma instalação de separação de gases por adsorção e modelagem do processo*. 2000. 194 f. Tese (Doutorado em Engenharia Química) – Faculdade de Engenharia Química, Universidade Estadual de Campinas, Campinas, 2000.

OAKLAND, J. S.; FOLLOWELL, R. F. *Statistical process control*: a practical guide. 2nd ed. Oxford: Heinemann Newnes, 1990.

PEARSON, E. S.; HARTLEY, H. O. (Ed.). *Biometrika tables for statisticians*. Cambridge: Cambridge University Press, 1958. v. 1.

PEARSON, E. S.; HARTLEY, H. O. (Ed.). *Biometrika tables for statisticians*. 3rd ed. Cambridge: Cambridge University Press, 1966

PEARSON, E. S.; WISHART, J. (Ed). *Student's collected papers*. London: University College, 1943.

PIMENTEL, M. F. *Calibração univariada*. 1992. Dissertação (Mestrado em Química) – Universidade Federal de Pernambuco, Recife, 1992.

PIMENTEL, M. F.; BARROS NETO, B. de. Calibração: uma revisão para químicos analíticos. *Química Nova*, v. 19, n. 3, p. 268-277, 1996.

PLACKETT, R. L.; BURMAN, J. P. The design of optimum multifactorial experiments. *Biometrika*, v. 33, n. 4, p. 305-325, 1946.

REIS, C. et al. Application of the split-plot experimental design for the optimization of a catalytic procedure for the determination of Cr(VI). *Analytica Chimica Acta*, v. 369, n. 3, p. 269-279, 1998.

RIBEIRO, R. L. V. et al. Optimization through factorial planning of the use of ethanol: water as a mobile phase for reversed phase HPLC. *Journal of High Resolution Chromatography*, v. 22, n. 1, p. 52-54, 1999.

ROCHA, R. F. et al. Factorial design optimization of redox properties of methylene blue adsorbed on a modified silica gel surface. *Journal of Electroanalytical Chemistry*, v. 433, n. 1-2, p. 73-76, 1997.

RONCONI, C. M.; PEREIRA, E. C. Electrocatalytic properties of Ti/TiO2 electrodes prepared by the Pechini method. *Journal of Applied Electrochemistry*, v. 31, n. 3, p. 319-323, 2001.

RORABACHER, D. B. Statistical treatment for rejection of deviant values: critical values of Dixon's "Q" parameter and related subrange ratios at the 95% confidence level. *Analytical Chemistry*, v. 63, n. 2, p. 139-146, 1991.

ROUTH, M. W.; SWARTZ, P. A.; DENTON, M. B. Performance of the super modified simplex. *Analytical Chemistry*, v. 49, n. 9, p. 1422-1428, 1977.

RUBO, A. N. *Obtenção de filmes poliméricos por calandragem a partir de poliisobutileno, polietileno e cera parafínica*. 1991. 77 f. Dissertação (Mestrado) – Instituto de Química, Universidade Estadual de Campinas, Campinas, 1991.

SCARMINIO, I. S. et al. Desenvolvimento de programas computacionais para análise da composição química de misturas. In: ENCONTRO NACIONAL DE QUÍMICA ANALÍTICA, 7., 1993, Rio de Janeiro. *Livro de resumos*. Rio de Janeiro: PUC, 1993.

SILVA, G. G.; MARZANA, B. E.; BRUNS, R. E. A statistically designed study of ternary electrolyte polymer material (PEO/LiClO4/ethylene carbonate). *Journal of Materials Science*, v. 35, n. 18, p. 4721-4728, 2000.

SIMONI, J. A. *Química geral*: manual de laboratório. Campinas: Universidade Estadual de Campinas, 1998.

SIQUEIRA, D. F.; BRUNS, R. E.; NUNES, S. P. Optimization of polymer blends using statistical mixture analysis. *Polymer Blends, Alloys & Interpenetrating Polymer Networks*, v. 3, n. 2, p. 63-69, 1993.

SKOOG, D. A.; WEST, D. M.; HOLLER, F. J. *Fundamentals of analytical chemistry*. Fort Worth: Saunders College Publishing, 1996.

SMELLIE, William. Preface. In: ENCYCLOPAEDIA Britannica. Chicago: Encyclopaedia Britannica, 1768.

SPENDLEY, W.; HEXT, G. R.; HIMSWORTH, F. R. Sequential application of simplex designs in optimization and evolutionary operation. *Technometrics*, v. 4, n. 4, p. 441-461, 1962.

STATISTICA for Windows. Version 6.0. [S.l.]: StatSoft, 1998.

VASCONCELOS, A. F. D. et al. Optimization of laccase production by Botryosphaeria sp. in the presence of veratryl alcohol by the response-surface method. *Process Biochemistry*, v. 35, n. 10, p. 1131-1138, 2000.

VIEIRA, S. *Estatística para a qualidade*. Rio de Janeiro: Campus, 1999.

WU, C. F. J.; HAMADA, M. *Experiments*: planning, analysis and parameter design optimization. New York: Wiley, 2000.

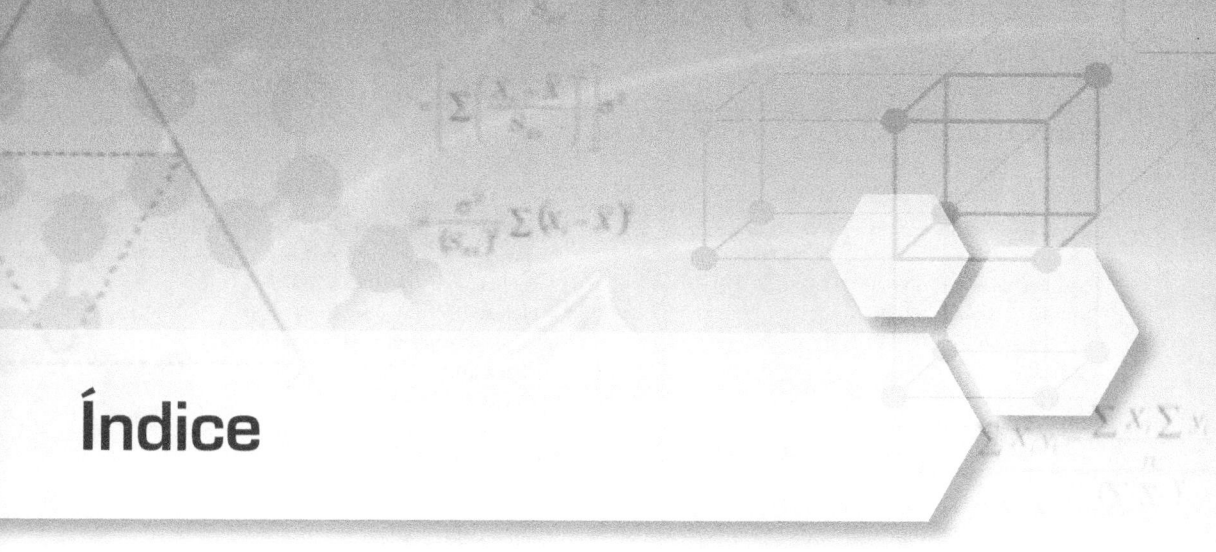

Índice

Aleatorização, 107
Amostra
　aleatória, 32
　representativa, 32
Análise
　de variância, 87, 227
　resíduo, 119-120
ANOVA, 230
Área de cauda, 45

Berra, Yogi, 20, 87
Blocagem, 107
　fatorial, 141-144
　superfície de resposta, 297-298
Box, G. E. P., 139, 265

Caminho
　máxima inclinação, 265, 270
Capacidade do processo, 78
Cartas de controle, 75
Codificação de variáveis, 116
Coeficiente
　contraste, 112
　correlação, 55, 59, 250-251
　correlação amostral, 55
　correlação múltipla, 251
　determinação, 229
Combinação linear
　variáveis aleatórias, 58-61
Comparação
　valor de referência, 70-72
Confundimentos
　padrões, 172

Conjunto
　teste, 309-313
　treinamento, 309-313
Contrastes, 105
Covariância, 53
Cumeeira, 300

Densidade de probabilidade, 41
Desvio, 36
　padrão, 38
　padrão amostral, 38
Diagramas de dispersão, 56
Distribuição
　contínua, 40
　F, 70
　Gaussiana, 29, 40
　normal, 29, 40, 63
　normal padrão, 41
　normal padronizada, 41
　qui-quadrado, χ^2, 62-63, 69
　t, Student, 63, 65-69

Efeito
　antagônico, 323
　erro-padrão, 108-110
　interação, 103-105
　principal, 103
　sinérgico, 323
　variância, 108
Ensaio, 101
Equações normais, 220
Erro
　aleatório, 28
　grosseiro, 26

médio (quadrático), 231
padrão, 83
padrão do efeito, 108-109, 124
puro (quadrático), 243
sistemático, 26
Estimador, 118
EVOP, 138-141
Experimentos confirmatórios, 241

Faixa de tolerância, 77
Falta de ajuste, 243-245
Fatores, 16, 79, 99-100
Fatorial
  completo, 101, 166-168
    2^2, 102-120
    2^3, 120-129
    2^4, 129-132
    2^k, 102
  embutido, 178-180
  fração complementar, 174
  fração meia, 170
  fracionário, 166, 169
    2^{4-1}, 169-174, 180
    2^{5-1}, 176-178,180
    2^{5-2}, 183
    2^{7-4}, 185-192
    2^{8-4}, 192-193
  geratriz, 173
  Plackett-Burman, 193-195
  relação geradora, 173
  saturado, 185
  sem repetição, 129-132, 136-138
  Taguchi, 195-199
  triagem, 182
Fisher, R. A., 94
Frequência relativa, 33
Função de desejabilidade, 289

Galton, Francis, 50, 219
Gauss, Karl, 40
Geradora, 173
Geratriz, 173
Gosset, W. S., 65
Gráficos
  normais, 132-138
  probabilidade, 132-136
  resíduos, 219, 239, 241, 247, 254-255, 257, 259, 262, 284
Graus de liberdade, 37

Hipótese nula, 71
Histograma, 34

Inclinação máxima, 270-273
Interação
  coeficiente, 103-105, 277, 320-321
  efeito, 103-105
Intervalo de confiança, 51-53, 65, 66-69, 109
  efeito, 109
  média, 66-69
  variância, 69
Ishikawa, K., 56

Limite
  inferior de controle, 77
  superior de controle, 75
  tolerância, 77

Mapa de controle, 75
Matriz
  covariância, 236
  planejamento, 102
Média
  amostral, 36
  aritmética, 35
  comparação, 79-81
  comparação emparelhada, 81-83
Média quadrática, 37, 230
  erro puro, 244-245
  falta de ajuste, 244-245
  regressão, 231, 237, 245
  residual, 231, 237, 245
  total, 231, 245
Método de Derringer e Suich, 289-294
Mínimos quadrados, 218
Mistura, 315
  cúbico especial, 332-333, 344
  modelo
    cúbico, 331
    linear, 319, 325
    quadrático, 321, 325, 344
Modelagem
  mínimos quadrados, 21, 218
  misturas, 315
Modelo
  aditivo, 319, 325
  ajuste do, 20-21, 219
  empírico, 19
  global, 18
  linear, 266-270
  local, 19
  mecanístico, 18
  não linear, 239, 248-249, 252-254, 257, 261, 277, 283, 301, 306, 308, 309

Índice Remissivo

quadrático, 239, 248, 252, 257, 261, 277, 283, 301, 303
respostas múltiplas, 280-294, 330, 339, 341, 355-361

Níveis, 16, 79

Operação evolucionária, 138-141
Ordem-padrão, 121

Padronização, 43
Parâmetro populacional, 39
Planejamento
  centroide simplex, 332-334
  composto central, 276, 294-298
  estrela, 275, 295, 296-297
  experimental, 17
  fatorial 2^k, 102
  fatorial 3^3, 280-288
  fatorial completo, 21, 101
  fatorial fracionário, 21, 166
  ortogonal, 120
  Plackett-Burman, 193-195
  ponto central, 266, 270, 294
  rede simplex, 327
  rodável, 296
  saturado, 184-192
  sem repetição, 129-132, 136-138
  Taguchi, 195-199
Polinômio
  primeiro grau, 215, 238, 246, 266
  segundo grau, 239, 248, 275-277
População, 30-31
Probabilidade cumulativa, 47, 132-139
Pseudocomponentes, 337

Regressão, 218-251
Relação geradora, 173
Repetição autêntica, 106
Resíduo, 119
Resolução, 175-178
Resposta, 16, 79, 99-100
Robustez, 48, 196
Rotabilidade, 296

Simplex, 363
  básico, 364
  contração, 373, 376
    maciça, 378, 379
    mudança de direção, 376
  expansão, 373-374

  modificado, 364, 370
  oscilante, 366-367
  rebatimento, 366
  reflexão, 366, 373
  sequencial, 21, 363
  supermodificado, 364, 381
Soma quadrática, 228
  erro puro, 243, 245
  falta de ajuste, 243, 245
  regressão, 228
  residual, 231
  total, 231
Student, 65
Superfície de resposta, 16, 21, 215, 265
  análise, 265-279

Tabela
  análise da variância, (ANOVA), 230, 231, 243-245
  f, 403-406
  Gaussiana, 400
  Normal, 400
  qui-quadrado, 402
  t, 401
Taguchi, G., 195
  técnicas, 195-199
Técnicas estatísticas robustas, 48
Teorema do limite central, 48
Teste
  duplo cego, 92
  falta de ajuste, 245
  Grubbs, 91
  hipóteses, 83
  Q de Dixon, 89
  valores anômolos, 89-92
Transformação linearizante, 253
Triagem de fatores, 20-21, 184-185

Valor nominal, 77
Variância, 37
  análise, 227-231, 243-245
  comparação, 83-84
  transformação estabilizadora, 257
Variável
  aleatória, 40
  contínua, 99
  dependente, 99
  independente, 99
  inerte, 178-179
  qualitativa, 99
  quantitativa, 99